# 工程招投标与合同管理
## (第 2 版)

王　平　主　编

清华大学出版社
北　京

## 内 容 简 介

本书共分为 3 编 13 章。第 1 编为招标投标法，包括招标投标基本原理，建设工程招标投标；第 2 编为合同法基本原理，包括合同的订立，合同的效力，合同的履行与保全，合同的变更、转让与终止，违约责任；第 3 编为建设工程合同管理，包括建设工程合同概述，实行建设工程合同示范文本制度，与建设工程相关的合同，建设工程合同管理，建设工程合同的谈判、签订与审查，建设工程合同的风险管理。书中每一章的开始都提出了本章的学习目标，并从掌握、熟悉、了解的不同层次加以说明，同时加入了每章内容的导读。书中每章后均有复习思考题，部分章后还附有案例分析题，为了方便学习，本书末附有《中华人民共和国招标投标法》《中华人民共和国合同法》。

本书为建筑工程管理本科专业及其他相关专业的教材，也可作为工程管理专业研究生的教学参考书。同时对于从事建筑工程管理、勘察设计、施工、建筑材料与设备采购、工程监理、工程造价、房地产开发与经营、物业管理等行业的管理人员和工程技术人员也有较大的参考价值。



**图书在版编目(CIP)数据**

工程招投标与合同管理/王平主编. —2 版. —北京：清华大学出版社，2020.6（2022.1重印）
ISBN 978-7-302-55398-4

Ⅰ. ①工… Ⅱ. ①王… Ⅲ. ①建筑工程—招标—高等学校—教材 ②建筑工程—投标—高等学校—教材 ③建筑工程—经济合同—管理—高等学校—教材 Ⅳ. ①TU723

中国版本图书馆 CIP 数据核字(2020)第 068572 号

**责任编辑**：石 伟 桑任松
**装帧设计**：刘孝琼
**责任校对**：吴春华
**责任印制**：丛怀宇
**出版发行**：清华大学出版社

**网 址**：http://www.tup.com.cn, http://www.wqbook.com
**地 址**：北京清华大学学研大厦 A 座 **邮 编**：100084
**社 总 机**：010-62770175 **邮 购**：010-62786544
**投稿与读者服务**：010-62776969, c-service@tup.tsinghua.edu.cn
**质量反馈**：010-62772015, zhiliang@tup.tsinghua.edu.cn
**课件下载**：http://www.tup.com.cn, 010-62791865

**印 刷 者**：北京富博印刷有限公司
**装 订 者**：北京市密云县京文制本装订厂
**经 销**：全国新华书店
**开 本**：185mm×260mm **印 张**：21.75 **字 数**：529 千字
**版 次**：2015 年 9 月第 1 版 2020 年 6 月第 2 版 **印 次**：2022 年 1 月第 4 次印刷
**定 价**：59.00 元

---

产品编号：085479-01

# 前　言

依法治国，是实现国家治理体系和治理能力现代化的必然要求，事关党执政兴国，事关人民的幸福安康，事关党和国家的长治久安。全面推进依法治国，总目标是建设中国特色社会主义法治体系，建设社会主义法治国家。因此，必须发挥法治的引领作用，用法律手段平衡社会利益、调节社会关系、规范社会行为。

规范建筑活动参与主体的行为，就要凸显国家和政府对建筑活动的监督管理。监督管理的一个重要手段就是制定相关的法律、法规、规章，建立公平竞争机制和维护建筑市场秩序，加强对建筑市场活动参与主体的行为的规范，增强其责任意识、质量意识、安全意识，确保建筑工程的质量和安全，确保人民的生命和财产安全，从而更好地促进建筑业的健康发展。

为了配合普通本科高校向应用技术型高校转型，提升人才培养质量，大力推动专业设置与产业需求、课程内容与职业标准、教学过程与生产过程“三对接”，积极推进学历证书和职业资格证书“双证书”制度，做到学以致用，以适应社会对应用型人才的需求，我们结合建筑工程管理类专业的特色和教学要求编写了本书。

本书以建筑工程领域涉及的我国《招标投标法》《民法通则》《建筑法》《合同法》《担保法》《保险法》等基本法律为基础，以建筑工程实践为背景，结合相关法律、法规、规章，对建筑工程管理中招标投标、勘察设计、建筑材料与设备采购、工程施工、竣工验收以及工程监理等合同管理的理论与实务进行了阐述。

本书注重现行法律、法规和政策规定，体现了理论与实践的统一，突出了实用性。在考虑到理论系统性的同时，加入了各种合同文本，并在书后附有建筑工程管理常用的法律、法规，以便读者学习参考。

本书在编写过程中参考了大量相关资料、著作和教材，在此向原作者表示衷心感谢。书中难免有不妥甚至错误之处，诚望读者批评指正。

编　者

# 目　　录

## 第 1 编　招标投标法


第 1 章　招标投标基本原理 ........................... 3

1.1　招标投标法概述 ........................... 3

1.1.1　招标投标的基本含义 ........................... 3

1.1.2　规范招标投标活动的必要性 ........................... 4

1.1.3　我国出台的规范招标投标活动的法律、法规和规章简介 ........................... 4

1.1.4　我国《招标投标法》的适用范围 ........................... 5

1.1.5　招标投标活动应当遵循的原则 ........................... 7

1.2　招标 ........................... 9

1.2.1　招标人与招标代理机构 ........................... 9

1.2.2　招标方式 ........................... 10

1.2.3　招标文件一般应包括的内容 ........................... 11

1.3　投标 ........................... 11

1.3.1　投标人及其应具备的条件 ........................... 11

1.3.2　投标的要求 ........................... 12

1.3.3　关于投标的禁止性规定 ........................... 14

1.4　开标、评标和中标 ........................... 15

1.4.1　开标 ........................... 15

1.4.2　评标 ........................... 15

1.4.3　中标 ........................... 16

复习思考题 ........................... 16

案例分析 ........................... 17

第 2 章　建设工程招标投标 ........................... 19

2.1　建设工程设计招标投标 ........................... 19

2.1.1　建设工程设计招标文件应包括的内容 ........................... 19

2.1.2　编制建设工程设计投标文件的要求 ........................... 20

2.1.3　建设工程设计投标文件作废的情形 ........................... 20

2.1.4　评标委员会 ........................... 20

2.2　工程建设项目勘察设计招标投标 ........................... 21

2.2.1　勘察设计项目的招标 ........................... 21

2.2.2　勘察设计项目的投标 ........................... 23

2.2.3　勘察设计项目的开标、评标和中标 ........................... 24

2.3　工程建设项目施工招标投标 ........................... 25

2.3.1　工程建设项目的施工招标 ........................... 25

2.3.2　工程建设项目的投标 ........................... 28

2.3.3　开标、评标和定标 ........................... 30

2.3.4　违法招标投标应承担的法律责任 ........................... 32

2.4　工程建设项目货物招标投标 ........................... 35

2.4.1　工程建设项目货物招标 ........................... 35

2.4.2　工程建设项目货物投标 ........................... 38

2.4.3　开标、评标和定标 ........................... 40

2.4.4　违反建设项目货物招标与投标的罚则 ........................... 42

复习思考题 ........................... 43

案例分析 ........................... 44


## 第 2 编　合同法基本原理


第 3 章　合同的订立 ........................... 47

3.1　合同与合同法概述 ........................... 47

3.1.1　合同概述 ........................... 47

3.1.2　合同法概述 ........................... 50

3.2　订立合同应遵循的基本原则 ........................... 52

3.2.1　合同当事人法律地位平等原则 ........................... 53

3.2.2 自愿原则 53
3.2.3 公平原则 53
3.2.4 诚实信用原则 53
3.2.5 合法原则 54
3.3 订立合同的方式 54
3.3.1 要约 54
3.3.2 承诺 58
3.4 订立合同采用的形式与合同的一般条款 61
3.4.1 订立合同采用的形式 61
3.4.2 合同的一般条款 63
3.5 格式条款 65
3.5.1 格式条款的含义 65
3.5.2 格式条款的无效 67
3.5.3 格式条款的解释 67
3.6 缔约过失责任 68
3.6.1 缔约过失责任的含义与构成要件 68
3.6.2 缔约过失责任的几种情形 69
复习思考题 70
案例分析 71

**第 4 章 合同的效力 72**

4.1 合同的生效 72
4.1.1 合同的成立与生效 72
4.1.2 附条件与附期限的合同 75
4.2 效力待定的合同 75
4.2.1 效力待定合同的含义 75
4.2.2 效力待定合同的几种情况 76
4.3 无效合同与可撤销合同 79
4.3.1 无效合同 79
4.3.2 可撤销合同 81
4.3.3 合同无效或被撤销的后果 85
复习思考题 86
案例分析 86

**第 5 章 合同的履行与保全 88**

5.1 合同履行的原则 88
5.1.1 全面履行原则 88
5.1.2 诚实信用原则 88
5.2 合同履行的规则 89
5.2.1 合同约定不明的履行规则 89
5.2.2 由第三人代为履行的合同 90
5.2.3 向第三人履行的合同 90
5.3 双务合同履行中的抗辩权 90
5.3.1 同时履行抗辩权 90
5.3.2 后履行抗辩权 91
5.3.3 不安抗辩权 92
5.4 合同的保全 93
5.4.1 代位权 93
5.4.2 撤销权 94
复习思考题 96
案例分析 96

**第 6 章 合同的变更、转让与终止 98**

6.1 合同的变更 98
6.1.1 合同变更的含义与特点 98
6.1.2 合同变更的条件 99
6.2 合同的转让 100
6.2.1 合同权利的转让 100
6.2.2 合同义务的移转 102
6.2.3 合同权利义务的概括转移 103
6.3 合同权利义务的终止 104
6.3.1 合同终止的含义 104
6.3.2 合同终止的法定情形 105
6.3.3 合同终止的效力 110
复习思考题 111
案例分析 111

**第 7 章 违约责任 113**

7.1 违约责任及其构成要件 113
7.1.1 违约责任的概念与特点 113
7.1.2 违约责任的构成要件 115
7.1.3 免责事由——不可抗力 116
7.2 违约行为形态 117
7.2.1 违约行为形态的概念及其分类意义 117
7.2.2 几种违约行为形态 118

7.3 承担违约责任的主要方式 122
7.3.1 继续履行 122
7.3.2 采取补救措施 124
7.3.3 赔偿损失 124
7.3.4 支付违约金 126
7.3.5 定金责任 127
7.4 责任竞合 128
7.4.1 责任竞合的概念及其特征 128
7.4.2 违约责任和侵权责任竞合发生的原因 128
7.4.3 对违约责任和侵权责任竞合的处理 129
复习思考题 130
案例分析 130

## 第 3 编　建设工程合同管理

第 8 章　建设工程合同概述 135
8.1 建设工程合同当事人的权利和义务 135
8.1.1 建设工程合同的概念和特点 135
8.1.2 建设工程合同当事人的权利和义务 136
8.2 建设工程合同的种类 137
8.2.1 建设工程勘察合同 137
8.2.2 建设工程设计合同 139
8.2.3 建设工程施工合同 140
复习思考题 142
第 9 章　实行建设工程合同示范文本制度 143
9.1 建设工程勘察合同示范文本 143
9.1.1 建设工程勘察合同示范文本(一) 143
9.1.2 建设工程勘察合同示范文本(二) 148
9.2 建设工程设计合同示范文本 153
9.2.1 建设工程设计合同示范文本(一) 153
9.2.2 建设工程设计合同示范文本(二) 157
9.3 建设工程施工合同文本 161
9.3.1 合同协议书部分的主要内容与格式 161
9.3.2 通用合同条款内容 163
9.3.3 专用条款部分的内容与具体格式 205
复习思考题 216
第 10 章　与建设工程相关的合同 217
10.1 建设工程委托监理合同 217
10.1.1 建设工程委托监理合同的概念和特点 217
10.1.2 建设工程委托监理合同示范文本 218
10.1.3 建设工程委托监理合同双方当事人的义务、权利与责任 218
10.1.4 完成监理业务时间的延长与监理合同的变更和终止 221
10.1.5 关于监理报酬、费用、奖励与保密的规定 221
10.2 工程建设项目货物采购合同 222
10.2.1 工程建设项目货物采购合同的概念与特点 222
10.2.2 工程建设项目材料采购合同 223
10.2.3 工程建设项目设备采购合同 226
10.3 借款合同 231
10.3.1 借款合同的概念和特点 231
10.3.2 借款合同的种类 231
10.4 租赁合同 233
10.4.1 租赁合同的概念和特征 233
10.4.2 租赁合同当事人的权利、义务与责任 234
10.5 融资租赁合同 236

10.5.1 融资租赁合同的概念及其特征......236
10.5.2 融资租赁合同中当事人的权利、义务与责任......237
10.6 承揽合同......242
10.6.1 承揽合同的概念和特征......242
10.6.2 承揽合同中当事人的义务与责任......242
10.7 运输合同......244
10.7.1 运输合同的概念与特点......244
10.7.2 货物运输合同......245
10.7.3 多式联运合同......246
10.8 保管合同......249
10.8.1 保管合同的概念和特点......249
10.8.2 保管合同当事人的义务......250
10.9 仓储合同......252
10.9.1 仓储合同的概念和特点......252
10.9.2 仓单......252
10.9.3 仓储合同当事人的义务......252
复习思考题......254
案例分析......255

**第11章 建设工程合同管理......257**

11.1 我国建设工程合同管理的特点与模式......257
11.1.1 我国建设工程合同管理的特点......257
11.1.2 我国建设工程合同管理的模式......258
11.2 建设企业合同管理制度的设立......260
11.2.1 建筑企业内部合同预签制度......260
11.2.2 建筑企业内部的审查、批准制度......260
11.2.3 严格保护、保管企业印章制度......260
11.2.4 检查和奖励制度......261
11.2.5 完善合同统计考核制度......261
11.2.6 建立合同管理评估制度......261
11.2.7 推行合同管理目标制度......261
11.2.8 建立合同管理质量责任制度......262
11.3 勘察设计合同的管理......262
11.3.1 从事勘察设计活动应遵循的原则......262
11.3.2 关于资质资格管理......263
11.3.3 建设工程勘察设计的发包与承包......263
11.3.4 建设工程勘察设计文件的编制与实施......264
11.3.5 违反《建设工程勘察设计管理条例》的法律责任......264
复习思考题......265
案例分析......266

**第12章 建设工程合同的谈判、签订与审查......267**

12.1 建设工程合同的谈判......267
12.1.1 合同谈判前需有相关法律知识的储备......267
12.1.2 合同谈判的准备工作......267
12.1.3 合同谈判的策略和技巧......269
12.2 建设工程合同的签订......271
12.2.1 订立建设工程合同应遵循的原则......271
12.2.2 订立建设工程合同的方式与形式......272
12.3 建设工程合同的审查......273
12.3.1 审查建设工程合同是否符合有效条件......273
12.3.2 审查建设工程合同有无效力待定情况......275
12.3.3 审查建设工程合同的主要内容......276
12.3.4 审查建设工程合同中有无免责及限制对方责任的问题......277
复习思考题......278

案例分析 278

**第 13 章　建设工程合同的风险管理** 280

13.1　建设工程合同风险管理概述 280

13.1.1　合同签订和履行带来的风险 280

13.1.2　建设工程合同的自身特点与履行环境带来的风险 281

13.1.3　风险的控制与转移 282

13.2　建设工程担保合同管理 282

13.2.1　担保的概念及特征 282

13.2.2　担保方式 283

13.2.3　工程合同中可采用的主要担保 285

13.2.4　工程担保合同的风险管理应注意的几个问题 286

13.3　建设工程保险合同管理 288

13.3.1　保险合同 288

13.3.2　建设工程保险合同 293

13.3.3　保险合同的管理 295

复习思考题 296

案例分析 297

**附录** 298

**参考文献** 338

# 第 1 编　招标投标法

# 第 1 章　招标投标基本原理

**学习目标**

- 掌握招标投标的基本含义、原则和我国招标投标法适用范围。
- 熟悉招标的方式与招标文件的内容。
- 熟悉投标人、投标的要求以及投标禁止性规定。
- 熟悉开标、评标、中标的内容和程序。
- 了解我国招标投标方面的法律、法规、规范。
- 了解招标代理机构。

**本章导读**

本章主要学习招标投标的基本含义、我国招标投标法的适用范围、招标方式、招标活动应遵循的原则，投标人、投标要求、投标禁止性规定等内容。

## 1.1　招标投标法概述

### 1.1.1　招标投标的基本含义

招标投标，是在市场经济条件下进行货物、工程和服务的采购时，达成交易的一种方式。在这种交易方式下，通常是由货物、工程或者服务的采购方作为招标方，通过发布招标公告或者向一定范围内的特定供应商、承包商发出投标邀请书等方式，发出招标采购的信息，提出招标采购文件，由各有意提供采购所需货物、工程或者服务的供应商、承包商作为投标方，向招标方书面提出响应招标文件要求的条件，参加投标竞争；招标方按照规定的程序从众多投标人中择优选定中标人，并与其签订采购合同。从交易过程来看，招标投标必然包括招标和投标两个最基本的环节。没有招标就不会有供应商或者承包商的投标；没有投标，采购人的招标就得不到响应，也就没有开标、评标、中标、合同签订及履行等环节。

采用招标投标的交易方式在国外已有二百多年的历史。由于招标投标具有程序规范、透明度高、公平竞争、择优定标等特点，因此被实行市场经济的国家在进行大宗采购活动时广泛采用，特别是使用财政资金等公共资金进行采购活动时被普遍采用。

现代招标投标的交易方式在我国起步较晚，是改革开放以后才兴起的事物。实行市场经济就要产生竞争，有竞争就要维护竞争的秩序，就要进行规范，如关于产品质量、反不正当竞争、消费者权益保障的法律法规的出台。随着改革开放的不断深入和商品经济的迅速发展，引进外资、利用外资、对外贸易往来、承揽国际工程、利用国外贷款等项目逐年增多。相应地，招标投标的涉及面不断扩大，在建筑工程发包、机电设备进口、成套设备引进等方面得到了广泛的应用，一些科研项目等服务采购也大胆采用招标投标方式。从我国几十年的实践来看，这种采购方式在约束交易者行为、创造公平竞争的市场环境、提高经济效益、保证工程质量、防止采购过程中的腐败现象、保障国有资金的有效使用等方面起到了积极作用。

## 1.1.2 规范招标投标活动的必要性

在招标投标活动中存在一些突出的问题，主要表现为：①推行招标投标的力度不够，不少单位不愿意招标或者想方设法规避招标。之所以出现这种现象，原因之一是某些单位不习惯招标，同时也不熟悉招标的一些规定；原因之二是招标投标有成本投入，如发布招标公告、设置资格预审、编制招标书等；原因之三是招标投标有透明度，不容易搞小动作，实际上不同程度地剥夺了一些人的权力。②招标投标程序不规范，做法不统一，漏洞较多，不少项目有招标之名而无招标之实。③招标投标中不正当交易和腐败现象比较严重，招标人虚假招标、私泄标底，招标人与投标人之间、投标人与投标人之间进行不正当交易，中标人中标后违法分包、转包，招标人吃回扣等现象时有发生。④政府对招标投标活动的行政干预过多，如强行指定招标代理机构或中标人。⑤一些地方和部门搞地方、部门保护主义，限制公平竞争等。这些问题亟待通过立法途径加以解决。为了规范招标投标活动，保护国家、社会公共利益和招投标活动当事人的合法权益，提高社会经济效益，保证项目质量，制定招标投标法、推行招标投标制度、规范招标投标行为十分必要。1999 年 8 月 30 日，第九届全国人民代表大会常务委员会第十一次会议通过了《中华人民共和国招标投标法》(以下简称《招标投标法》)，于 2000 年 1 月 1 日起实施。《招标投标法》是规范市场经济活动主体及其行为的重要法律之一，是招标投标法律体系中的基本法律。它的制定与颁布，是我国经济生活中的一件大事，也是我国公共采购市场管理逐步走上法制化轨道的重要里程碑。2011 年 11 月 30 日，国务院第 183 次常务会议通过了《中华人民共和国招标投标法实施条例》(以下简称《招标投标法实施条例》)，自 2012 年 2 月 1 日起施行。

## 1.1.3 我国出台的规范招标投标活动的法律、法规和规章简介

我国出台了一系列关于规范招标投标的法律、法规和规章。1991 年 10 月 18 日原能源部发布《大中型水电站工程建设施工与设备采购招标投标工作管理规定》；1995 年 11 月 27 日原国内贸易部发布《建设工程设备招标投标管理试行办法》；1998 年 1 月 12 日原电力工业部下发《关于颁发〈电力工程设计招标投标管理规定〉的通知》；1998 年 8 月 6 日原建设部发布《关于进一步加强工程招标投标管理的规定》；1998 年 2 月 9 日水利部下发《关于修改并重新发布〈水利工程建设项目施工招标投标管理规定〉的通知》；1998 年 12 月 28 日原交通部发布《公路工程施工监理招标投标管理办法》；2000 年 1 月 1 日《招标投标法》施行；2000 年 5 月 1 日原国家发展计划委员会发布《建设工程项目招标范围和规模标准规

定》；2000 年 6 月 30 日原建设部发布《建设工程项目招标代理机构资格认定办法》；2000 年 7 月 1 日原国家发展计划委员会发布《招标公告发布暂行办法》；2000 年 7 月 1 日原国家发展计划委员会发布《工程建设项目自行招标试行办法》；2000 年 10 月 18 日原建设部发布《建设工程设计招标投标管理办法》；2001 年 6 月 1 日原建设部发布《房屋建筑和市政基础设施工程施工招标投标管理办法》；2001 年 7 月 5 日原国家发展计划委员会、国家经济贸易委员会、建设部、铁道部、交通部、信息产业部、水利部联合发布《评标委员会和评标方法暂行规定》；2002 年 6 月 6 日交通部发布《公路工程施工招标投标管理办法》；2002 年 6 月 9 日交通部发布《水运工程施工监理招标投标管理办法》；2002 年 12 月 25 日水利部发布《关于印发<水利工程建设项目监理招标投标管理办法>的通知》；2003 年 2 月 22 日原国家发展计划委员会公布《评标专家和评标专家库管理暂行办法》；2003 年 3 月 11 日原交通部发布《公路工程施工招标评标委员会评标工作细则》；2003 年 3 月 8 日国家发改委发布《工程建设项目施工招标投标办法》；2003 年 6 月 12 日国家发改委发布《工程建设项目勘察设计招标投标办法》；2004 年 8 月 11 日财政部发布《政府采购货物和服务招标投标管理办法》；2004 年 12 月 7 日国家电网办发布《国家电网公司招标活动管理办法》，于 2004 年 12 月 31 日实施；2005 年 1 月 18 日国家发改委、建设部、铁道部、信息产业部、水利部、民用航空总局联合发布了《工程建设项目货物招标投标办法》，于 2005 年 3 月 1 日起施行。

随着我国经济的进一步发展，规范招标投标活动的法律、法规和规章也会逐渐增多，相互之间需要协调，国家在立法时应对此予以充分考虑，使法律、法规、规章更具规范性、权威性、严肃性、统一性和有效性。

## 1.1.4　我国《招标投标法》的适用范围

### 1. 《招标投标法》的适用范围和招标项目

我国《招标投标法》第二条规定，在中华人民共和国境内进行招标投标活动，适用该法。这是关于招标投标法适用范围和调整对象的规定。按照该条规定，《招标投标法》的适用范围为中华人民共和国境内。凡在我国境内进行招标投标活动，必须依照《招标投标法》的规定进行。

(1) 这里的“境内”，从领土的范围上说，包括香港特别行政区、澳门特别行政区，但是由于我国实行“一国两制”，按照我国香港、澳门两个特别行政区基本法的规定，只有被列入这两个基本法附件 3 的法律，才适用于这两个特别行政区。《招标投标法》没有被列入这两个基本法的附件 3 中，因此，《招标投标法》不适用香港、澳门两个特别行政区。

(2) 《招标投标法》只适用于在中国境内进行的招标投标活动，不适用于国内企业到中国境外投标。国内企业到中国境外投标的，应当适用招标所在地国家(地区)的法律。

(3) 在我国境内进行的招标投标活动，其资金来源属于国际组织或者外国政府贷款、援助资金的，贷款方、资金提供方对招标投标的具体条件和程序有不同规定的，可以适用其规定，但违背中华人民共和国社会公共利益的除外。

### 2. 必须进行招标的项目

《招标投标法》规定，在中国境内进行该法第三条规定的工程建设项目包括项目的勘察、设计、施工、监理以及与工程建设有关的重要设备、材料的采购，必须进行招标。关于工程建设项目，《招标投标法实施条例》第二条做了进一步解释，是指工程以及与工程建设有关的货物、服务。工程，是指建设工程，包括建筑物和构筑物的新建、改建、扩建及其相关的装修、拆除、修缮等；与工程建设有关的货物，是指构成工程不可分割的组成部分，且为实现工程基本功能所必需的设备、材料等；与工程建设有关的服务，是指为完成工程所需的勘察、设计、监理等服务。

必须进行招标的项目包括以下几种。

1) 大型基础设施、公用事业等关系社会公共利益、公众安全的项目

(1) 关系社会公共利益、公众安全的基础设施项目。主要包括：煤炭、石油、天然气、电力、新能源等能源项目；铁路、公路、管道、水运、航空以及其他交通运输业等交通运输项目；邮政、电信枢纽、通信、信息网络等邮电通信项目；防洪、灌溉、排涝、引(供)水、滩涂治理、水土保持、水利枢纽等水利项目；道路、桥梁、地铁和轻轨交通、污水排放及处理、垃圾处理、地下管道、公共停车场等城市设施项目；生态环境保护项目；其他基础设施项目。

(2) 关系社会公共利益、公众安全的公用事业项目。主要包括：供水、供电、供气、供热等市政工程项目；科技、教育、文化等项目；体育、旅游等项目；卫生、社会福利等项目；商品住宅项目，包括经济适用住房项目；其他公用事业项目。

2) 全部或者部分使用国有资金投资或者国家融资的项目

(1) 使用国有资金投资的项目。主要包括：使用各级财政预算资金的项目；使用纳入财政管理的各种政府性专项建设基金的项目；使用国有企业事业单位自有资金并且国有资产投资者实际拥有控制权的项目。

(2) 国家融资项目。主要包括：使用国家发行债券所筹资金的项目；使用国家对外借款或者担保所筹资金的项目；使用国家政策性贷款的项目；国家授权投资主体融资的项目；国家特许的融资项目。

(3) 使用国际组织或外国政府贷款、援助资金的项目。主要包括：使用世界银行、亚洲开发银行等国际组织贷款资金的项目；使用外国政府及其机构贷款资金的项目；使用国际组织或者外国政府援助资金的项目。

另外，根据《建设工程项目招标范围和规模标准规定》，依法必须进行招标的各类工程建设项目，包括项目的勘察、设计、施工、监理以及与工程建设有关的重要设备、材料等的采购，达到下列标准之一的，必须进行招标：施工单项合同估算价在 200 万元人民币以上的；重要设备、材料等货物的采购，单项合同估算价在 100 万元人民币以上的；勘察、设计、监理等服务的采购，单项合同估算价在 50 万元人民币以上的；单项合同估算价低于第(1)(2)(3)项规定的标准，但项目总投资额在 3000 万元人民币以上的。

建设项目的勘察、设计采用特定专利或者专有技术的，或者其建筑艺术造型有特殊要求的，经项目主管部门批准，可以不进行招标。

### 1.1.5　招标投标活动应当遵循的原则

#### 1. 公开原则

公开原则主要体现参与市场活动的主体之间在法律地位上平等，处于公平的竞争条件和竞争环境中。公开原则具体表现为：招标项目的信息公开、开标的程序公开、评标的标准和程序公开、中标的结果公开等。

1)　招标项目的信息公开

招标人采用公开招标方式的，应当发布招标公告；依法必须进行招标的项目的公告，应当通过国家指定的报刊、信息网络或者其他媒介发布。依据《招标投标法实施条例》第十五条的规定，依法必须进行招标的项目的资格预审公告和招标公告应当在国务院发展改革部门依法指定的媒介发布。在不同媒介发布的同一招标项目的资格预审公告或者招标公告的内容应当一致。指定媒介发布依法必须进行招标的项目的境内资格预审公告、招标公告不得收取费用。

招标人采用邀请招标方式的，应当向 3 个以上具备承担招标项目的能力、资信良好的特定的法人或者其他组织发出投标邀请书。招标公告、投标邀请书应当载明招标人的名称和地址、招标项目的性质、数量、实施地点和时间以及获取招标文件的办法等事项。招标人要求投标人提供有关资质证明文件和业绩情况、对潜在投标人进行资格审查的，应当在招标公告或者投标邀请书中载明。在发布招标公告、发出投标邀请书的基础上，招标人还应按照招标公告或者投标邀请书中载明的时间、地点提供招标文件。招标文件必须包括招标项目的技术要求、对投标人资格审查的标准、投标报价要求和评标标准等所有实质性要求和条件以及拟签订合同的主要条款。招标人对已发出的招标文件进行必要的澄清或者修改的，应当在招标文件要求提交投标文件截止时间至少 15 日前，以书面形式通知所有招标文件收受人。

2)　开标的程序公开

开标应当在招标文件确定的提交投标文件截止时间的同一时间公开进行，开标地点应当为招标文件中预先确定的地点。开标由招标人主持，邀请所有投标人参加。开标时，由投标人或者其推选的代表检查投标文件的密封情况，也可以由招标人委托的公证机构检查并公证；经确认无误后，由工作人员当众拆封，宣读投标人名称、投标价格和投标文件的其他主要内容。招标人在招标文件要求提交投标文件的截止时间前收到的所有投标文件，开标时都应当当众予以拆封、宣读。开标过程应当记录，并存档备查。

3)　评标的标准和程序公开

评标的标准和方法应当在提供给所有投标人的招标文件中载明，评标应当严格按照招标文件确定的评标标准和方法进行，不得采用招标文件未列明的标准。依据《招标投标法实施条例》第四十九条的规定，评标委员会成员应当依照《招标投标法》和《招标投标法实施条例》的规定，按照招标文件规定的评标标准和方法，客观、公正地对投标文件提出评审意见。招标文件没有规定的评标标准和方法，不得作为评标的依据。评标委员会成员不得私下接触投标人，不得收受投标人给予的财物或者其他好处，不得向招标人征询确定中标人的意向，不得接受任何单位或者个人明示或者暗示提出的倾向或者排斥特定投标人的要求，不得有其他不客观、不公正履行职务的行为。

4) 中标的结果公开

中标人确定后，招标人应当向中标人发出中标通知书，同时将中标结果通知所有未中标的投标人。未中标的投标人和其他利害关系人认为招标投标活动不符合《招标投标法》有关规定的，有权向招标人提出异议或者依法向有关行政监督部门投诉。

### 2. 公平原则

所谓公平原则，主要包括机会平等、标底保密、所有投标人都有权参加开标会。对招标人来说，就是严格按照公开的招标条件和程序办事，给予所有投标人平等的机会，使其享有同等的权利并履行相应的义务，不歧视任何一方；对于投标方来说，就是以正当的手段参加投标竞争，不得有不正当竞争行为。

按照《招标投标法》的规定，招标人不得以不合理的条件限制或者排斥潜在投标人，不得歧视潜在投标人。《招标投标法实施条例》第三十二条规定，招标人不得以不合理的条件限制、排斥潜在投标人或者投标人。招标人有下列行为之一的，属于以不合理条件限制、排斥潜在投标人或者投标人。

(1) 就同一招标项目向潜在投标人或者投标人提供有差别的项目信息。

(2) 设定的资格、技术、商务条件与招标项目的具体要求不符或者与合同履行无关。

(3) 依法必须进行招标的项目以特定行政区域或者特定行业的业绩、奖项作为加分条件或者中标条件。

(4) 对潜在投标人或者投标人采取不同的资格审查或者评标标准。

(5) 限定或者指定特定的专利、商标、品牌、原产地或者供应商。

(6) 依法必须进行招标的项目非法限定潜在投标人或者投标人的所有制形式或者组织形式。

(7) 以其他不合理条件限制、排斥潜在投标人或者投标人。

招标文件不得要求或者标明特定的生产供应者以及含有倾向或者排斥潜在投标人的其他内容；招标人不得向他人透露已获取招标文件的潜在投标人的名称、数量以及可能影响公平竞争的有关招标投标的其他情况；招标人设有标底的，标底必须保密；招标人对已发出的招标文件进行必要的澄清或者修改的，应当以书面形式通知所有招标文件收受人；所有投标人都有权参加开标会；所有在投标截止时间前收到的投标文件都应当在开标时当众拆封、宣读。投标人不得相互串通投标报价，不得排挤其他投标人的公平竞争，损害招标人或者其他投标人的合法权益；投标人不得与招标人串通投标，损害国家利益、社会公共利益或者他人的合法权益；投标人不得以向招标人或者评标委员会成员行贿的手段谋取中标。

### 3. 公正原则

所谓公正原则，就是要求评标时按事先公布的标准对待所有投标人。按照《招标投标法》的规定，评标委员会应当按照招标文件确定的评标标准和方法对投标文件进行评审和比较，从中推选出合格的中标候选人；任何单位和个人不得非法干预、影响评标的过程和结果。

4. 诚实信用原则

“诚实信用”是民事活动的基本原则，在《中华人民共和国民法通则》(以下简称《民法通则》)和《中华人民共和国合同法》(以下简称《合同法》)等民事基本法律中都规定了这一原则。招标投标活动是以订立采购合同为目的的民事活动，当然也适用这一原则。在招标投标活动中遵守诚实信用原则，要求招标投标当事人应当以诚实、守信的态度行使权利、履行义务，不得有欺骗、背信的行为。从这一原则出发，《招标投标法》规定，投标人不得串通投标；投标人不得以他人名义投标或者以其他方式弄虚作假骗取中标；中标订立合同后，合同双方都应当严格履行合同；中标人不得违反法律规定将中标项目转包、分包；对违反诚实信用原则给他人造成损失的，要依法承担赔偿责任。

# 1.2　招　　标

## 1.2.1　招标人与招标代理机构

1. 招标人

我国《招标投标法》第八条规定，招标人是依照该法规定提出招标项目、进行招标的法人或其他组织。正确理解招标人的定义，应当把握以下两点。

第一，招标人应当是法人或者其他组织，而自然人则不能成为《招标投标法》意义上的招标人。根据我国《民法通则》的规定，法人是指具有民事权利能力和民事行为能力并依法享有民事权利和承担民事义务的组织，包括企业法人、机关法人、事业单位法人和社会团体法人。法人必须具备以下条件：必须依法成立；必须有必要的财产或经费；有自己的名称、组织机构和场所；能够独立承担民事责任。所谓其他组织，是指除法人以外的不具备法人资格的其他实体，如法人的分支机构、合伙组织等。

第二，法人或者其他组织必须依照《招标投标法》的规定提出招标项目、进行招标。提出招标项目，是根据招标人的实际情况以及《招标投标法》的有关规定确定需要招标的具体项目，办理有关审批手续，落实项目的资金来源等。进行招标，是根据《招标投标法》规定的程序和实质内容确定招标方式，编制招标文件，发布招标公告，审查潜在投标人的资格，进行开标、评标、确定中标人及订立书面合同等。

2. 招标代理机构

我国《招标投标法》第十三条规定，招标代理机构是依法设立、从事招标代理业务并提供相关服务的社会中介组织。招标代理机构应当符合下列条件。

(1)　招标代理机构须依法设立。即设立目的和宗旨要符合国家和社会公共利益的要求；组织机构、设立方式、经营范围、经营方式要符合法律的要求并依照法律规定的登记程序办理有关手续。

(2)　招标代理机构须从事招标代理业务并提供相关服务。招标代理机构的业务范围包括：为招标人编制招标文件、审查投标人的资格、按程序组织评标、协调招标人与中标人的关系、监督合同的履行等。

(3)　招标代理机构是社会中介组织，这是由招标代理机构的性质所决定的。社会中介组织，是指那些本身不从事生产、经营和商品流通活动，而专门为从事生产、经营和商品流通活动的市场主体提供各种服务的组织，如律师事务所、会计师事务所、资产评估中心、行业协会、咨询公司、拍卖公司等。在代为办理招标的过程中，招标代理机构不仅必须接受招标人和投标人的监督，还要接受政府和社会的监督，以及受到执业资质和职业道德的约束。

(4) 招标代理机构应当有从事招标代理业务的营业场所和相应资金，有能够编制招标文件和组织评标的相应专业力量，有符合《招标投标法》规定条件、可以作为评标委员会成员人选的技术、经济等方面的专家库等。专家是应当从事相关领域工作满 8 年并具有高级职称或者具有同等专业水平的人员。

从事工程建设项目招标代理业务的招标代理机构，其资格由国务院或者省、自治区、直辖市人民政府的建设行政主管部门认定。招标代理机构与国家行政机关和其他国家机关不得存在隶属关系或者其他利益关系。

3. 工程建设项目招标代理机构

1) 工程建设项目与工程招标代理

根据《工程建设项目招标代理机构资格认定办法》的规定，工程建设项目(以下简称工程)，是指土木工程、建筑工程、线路管道和设备安装工程及装修工程项目。

工程招标代理，是指对工程的勘察、设计、施工、监理以及与工程建设有关的重要设备(进口机电设备除外)、材料采购招标的代理。

2) 申请工程招标代理机构应具备的条件

(1) 是依法设立的中介组织。

(2) 与行政机关和其他国家机关没有行政隶属关系或者其他利益关系。

(3) 有固定的营业场所和开展工程招标代理业务所需设施及办公条件。

(4) 有健全的组织机构和内部管理的规章制度。

(5) 具备编制招标文件和组织评标的相应专业力量。

(6) 具有可以作为评标委员会成员人选的技术、经济等方面的专家库。

工程招标代理机构资格可分为甲、乙两级。甲级工程招标代理机构资格按行政区划，由省、自治区、直辖市人民政府建设行政主管部门初审，报国务院建设行政主管部门认定；乙级工程招标代理机构资格由省、自治区、直辖市人民政府建设行政主管部门认定，报国务院建设行政主管部门备案。

## 1.2.2 招标方式

1. 公开招标

公开招标，是指招标人以招标公告的方式邀请不特定的法人或者其他组织投标；是招标人通过公开的媒体发布招标公告，使所有符合条件的潜在投标人可以有平等的机会参加投标竞争，招标人从中择优确定中标人的招标方式。

公开招标的特点：①投标人在数量上没有限制，具有广泛的竞争性；②招标采用公告的方式，向社会公众明示其招标要求，从而体现招标的公开性。

2. 邀请招标

邀请招标，是指招标人以投标邀请书的方式邀请特定的法人或者其他组织投标；是招标人预先确定一定数量的符合招标项目基本要求的潜在投标人并向其发出投标邀请书，由被邀请的潜在投标人参加竞争，招标人从中择优确定中标人的招标方式。

邀请招标的特点：①招标人邀请参加投标的法人或者其他组织在数量上是确定的。根据《招标投标法》第十七条的规定，采用邀请招标方式的招标人应当向 3 个以上的潜在投标人发出投标邀请书；②邀请招标的招标人要以投标邀请书的方式向一定数量的潜在投标人发出投标邀请，只有接受投标邀请书的法人或者其他组织才可以参加投标竞争，其他法人或者组织无权参加投标。

3. 公开招标与邀请招标的区别

1)　发布招标信息的方式不同

公开招标是以发布招标公告的方式发布招标信息，邀请招标是以发布投标邀请书的方式发布招标信息。

2)　潜在投标人的范围不同

公开招标是针对所有对招标项目有兴趣的法人或者其他组织，招标人事先不知道潜在投标人的数量；邀请招标是以发布投标邀请书的方式，潜在投标人的数量是预先知道的。

3)　公开的程度不同

公开招标的公开程度高于邀请招标的公开程度，其公开的范围也是不同的。

### 1.2.3　招标文件一般应包括的内容

招标人应当根据招标项目的特点和需要编制招标文件。招标文件应当包括招标项目的技术要求、对投标人资格审查的标准、投标报价要求和评标标准等所有实质性要求和条件以及拟签订合同的主要条款。国家对招标项目的技术、标准有规定的，招标人应当按照其规定在招标文件中提出相应要求。招标项目需要划分标段、确定工期的，招标人应当合理划分标段、确定工期，并在招标文件中载明。

## 1.3　投　　标

### 1.3.1　投标人及其应具备的条件

1. 投标人

根据我国《招标投标法》第二十五条的规定，投标人是指响应招标公告、参加投标竞争的法人或者其他组织。依法招标的科研项目允许个人参加投标的，投标的个人适用该法有关投标人的规定。

招标公告或者投标邀请书发出后，所有对招标项目感兴趣并有可能参加投标的人，称为潜在投标人。那些购买招标文件、参加投标的潜在投标人称为投标人。所谓响应招标公告、参加投标竞争是指潜在投标人获得了招标公告或者投标邀请书以后，购买招标文件，接受资格审查，编制投标文件，按照招标人的要求依法参加投标的活动。

### 2. 投标人应具备的条件

根据《招标投标法》第二十六条的规定，投标人应当具备下列条件。

(1) 投标人应当具备承担招标项目的能力。参加投标活动须具备一定的条件，不是所有感兴趣的法人或经济组织都可以参加投标。投标人通常应当具备下列条件：①与招标文件要求相适应的人力、物力和财力；②招标文件要求的资质证书和相应的工作经验与业绩证明；③法律、法规规定的其他条件。

(2) 国家有关规定对投标人资格条件或者招标文件对投标人资格条件有规定的，投标人应当具备规定的资格条件。一些大型建设项目对供应商或承包商有一定的资质要求，当投标人参加这类招标时，必须具有相应的资质。例如，根据《中华人民共和国建筑法》(以下简称《建筑法》)的规定，从事房屋建筑活动的建筑施工企业、勘察单位、设计单位和监理单位按其拥有的注册资本、专业技术人员、技术装备和已完成的建筑工程业绩等资质条件，被划分为不同的资质等级，经资质审查合格，取得相应等级的资质证书后，才可在其资质等级许可范围内从事建筑活动。

## 1.3.2 投标的要求

### 1. 编制投标文件的基本要求

根据我国《招标投标法》第二十七条的规定，投标人编制投标文件应符合以下要求。

(1) 按照招标文件的要求编制投标文件。招标文件是由招标人编制的希望投标人向自己发出要约的意思表示，从《合同法》的意义上讲，招标文件属于要约邀请书。招标文件通常应包括以下内容：编制投标书的说明；投标人的资格条件；投标人需要提交的资料；招标项目的技术要求；投标的价格；投标人提交投标文件的方式、地点及截标的具体日期；对投标担保的要求；评标标准；与投标人联系的具体地址和人员等。投标人只有按照招标文件载明的要求编制自己的投标文件，方有中标的可能。

(2) 投标文件应当对招标文件提出的实质性要求和条件做出响应。对招标文件提出的实质性要求和条件做出响应，是指投标文件的内容应当对招标文件规定的实质要求和条件(包括招标项目的技术要求、投标报价要求和评标标准等)一一做出相对应的回答，不能存有遗漏或重大的偏离，否则将被视为废标，失去中标的可能。投标文件通常可分为商务文件(这类文件是用于证明投标人履行了合法手续及招标人了解投标人商业资信、合法性的文件。一般包括投标保函、投标人的授权书及证明文件、联合投标人提供的联合协议、投标人所代表的公司的资信证明等；如有分包商，还应出具资信文件供招标人审查)、技术文件(如果是建设项目，则包括全部施工设计内容，用于评价投标人的技术实力和经验。技术复杂的项目对技术文件的编写内容及格式均有详细要求，投标人应当认真按照规定填写)、价格文件。

(3) 项目属于建设施工的，投标文件的内容应当包括拟派出的项目负责人与主要技术人员的简历、业绩和拟用于完成招标项目的机械设备等。项目负责人和主要技术人员在项目施工中发挥着关键作用，而机械设备则是完成任务的重要工具，直接影响着工程的施工工期和质量。

### 2. 对投标行为的要求

1)　保密要求

由于投标是一次性的竞争行为，为保证其公正性，必须对当事人各方提出严格的保密要求。投标文件及其修改、补充的内容都必须以密封的形式送达，招标人签收后必须原样保存，不得开启。对于标底和潜在投标人的名称、数量以及可能影响公平竞争的其他有关招标投标的情况，招标人都必须保密，不得向他人透露。

2)　报价要求

《招标投标法》规定：“投标人不得以低于成本的价格报价竞标。”投标人以低于成本的价格报价，是一种不正当的竞争行为，一旦中标，必然会采取偷工减料、以次充好等非法手段来避免亏损，以求得生存。这将严重破坏社会主义市场经济秩序，给社会带来隐患，必须予以禁止。但投标人从长远利益出发，放弃近期利益，不要利润，仅以成本价投标，这是合法的竞争手段，法律是予以保护的。这里所说的成本，是以社会平均成本和企业个别成本来计算的，并要综合考虑各种价格差别因素。

3)　诚实信用

《招标投标法》规定：投标人不得相互串通投标；不得与招标人串通投标，损害国家利益、社会公共利益和他人的合法利益；不得向招标人或评标委员会成员行贿谋取中标；也不得以他人名义投标或以其他方式弄虚作假，骗取中标。

### 3. 投标时间与投标人数量的要求

1)　投标时间

投标人应当在招标文件要求提交投标文件的截止时间前，将文件送达投标地点。在截止时间后送达的投标文件，招标人应拒收。因此，以邮寄方式送交投标文件的，投标人应留出足够的邮寄时间，以保证投标文件在截止时间前送达。另外，如发生地点方面的错送、误送，其后果皆由投标人自行承担。投标人对投标文件的补充、修改、撤回通知，也必须在招标文件所规定的截止时间前送达规定地点。

2)　投标人数量的要求

投标人少于 3 人的，招标人应当依法重新招标。因为投标人少于 3 人，就会缺乏有效竞争，从而损害招标人的利益，与招标目的相悖。《招标投标法实施条例》第十九条又进行了补充，通过资格预审的申请人少于 3 个的，应当重新招标。《招标投标法实施条例》第四十四条规定，投标人少于 3 个的，不得开标，招标人应当重新招标。

### 4. 联合体投标

根据《招标投标法》第三十一条的规定，两个以上法人或者其他组织可以组成一个联合体，以一个投标人的身份共同投标。联合体各方均应当具备承担招标项目的相应能力；国家有关规定或者招标文件对投标人资格条件有规定的，联合体各方均应当具备规定的相应资格条件。由同一专业的单位组成的联合体，按照资质等级较低的单位确定资质等级。联合体各方应当签订共同投标协议，明确约定各方拟承担的工作和责任，并将共同投标协议连同投标文件一并提交招标人。联合体中标的，联合体各方应当共同与招标人签订合同，就中标项目向招标人承担连带责任。招标人不得强制投标人组成联合体共同投标，不得限制投标人之间的竞争。

### 1.3.3 关于投标的禁止性规定

#### 1. 禁止串通招标

1) 投标人之间串通投标

《招标投标法》第三十二条规定，投标人不得相互串通投标报价，不得排挤其他投标人的公平竞争，损害招标人或者其他投标人的合法权益。《关于禁止串通招标投标行为的暂行规定》中列举了投标人之间串通投标的下述几种表现形式。

(1) 投标者之间相互约定，一致抬高或者压低投标报价。

(2) 投标者之间相互约定，在招标项目中轮流以高价位或低价位中标。

(3) 投标者之间先进行内部竞价，内定中标人，然后参加投标。

(4) 投标者之间其他串通投标行为。

2) 投标人与招标人之间串通投标

《招标投标法》第三十二条规定，投标人不得与招标人串通投标，损害国家利益、社会公共利益或者他人的合法权益。《关于禁止串通招标投标行为的暂行规定》中就投标人与招标人之间串通投标的行为列举了下述几种表现形式。

(1) 招标者在公开开标前，开启标书，并将投标情况告知其他投标者，或者协助投标者撤换标书，更改报价。

(2) 招标者向投标者泄露标底。

(3) 投标者与招标者商定，在招标投标时压低或者抬高标价，中标后再给投标者或者招标者额外补偿。

(4) 招标者预先内定中标者，在确定中标者时以此决定取舍。

(5) 招标者和投标者之间其他串通招标投标行为(如通过贿赂等不正当手段，使招标人在审查、评选投标文件时，对投标文件实行歧视待遇；招标人在要求投标人就其投标文件澄清时，故意作导向性提问，以使其中标等)。

#### 2. 投标人不得以低于成本的报价竞标

《招标投标法》第三十三条规定，投标人不得以低于成本的报价竞标。投标人以低于成本的报价竞标，其主要是为了排挤其他竞争对手。投标者企图通过低于成本的价格，满足招标人的最低价中标的目的以争取中标，从而达到占领市场和扩大市场份额的目的。

这里的成本是指企业的个别成本。投标人的报价一般由成本、税金和利润三部分组成。当报价为成本价时，企业利润为零。如果投标人以低于成本的报价竞标，就很难保证工程的质量，偷工减料、以次充好等各种现象也会随之产生。因此，投标人以低于成本的报价竞标的手段是法律所不允许的。

#### 3. 投标人不得以非法手段骗取中标

《招标投标法》第三十三条规定，投标人不得以他人名义投标或者以其他方式弄虚作假，骗取中标。在工程实践中，投标人以非法手段骗取中标的现象大量存在，主要表现为以下几个方面：非法挂靠其他企业或借用其他企业的资质证书参加投标；投标文件中故意在商务上和技术上采用模糊的语言骗取中标，提供低档劣质货物、工程或服务；投标时递交虚假业绩证明、资格文件；假冒法定代表人签名，私刻公章，递交虚假的委托书等。

4. 投标人不得以行贿的手段谋取中标

《招标投标法》第三十二条第三款规定：“禁止投标人以向招标人或者评标委员会成员行贿的手段谋取中标。”投标人以行贿的手段谋取中标是违背《招标投标法》基本原则的行为，对其他投标人是不公平的。投标人以行贿手段谋取中标的法律后果是中标无效，有关责任人和单位应当承担相应的行政责任或刑事责任；给他人造成损失的，还应当承担民事赔偿责任。

# 1.4　开标、评标和中标

## 1.4.1　开标

根据《招标投标法》第三十四至三十六条的规定，开标应当在招标文件确定的提交投标文件截止时间的同一时间公开进行；开标地点应当为招标文件中预先确定的地点。

开标由招标人主持，邀请所有投标人参加。

开标时，由投标人或者其推选的代表检查投标文件的密封情况，也可以由招标人委托的公证机构检查并公证。经确认无误后，由工作人员当众拆封，宣读投标人名称、投标价格和投标文件的其他主要内容。

招标人在招标文件要求提交投标文件的截止时间前收到的所有投标文件，开标时都应当当众予以拆封、宣读。开标过程应当记录，并存档备查。

## 1.4.2　评标

1. 评标委员会

依法必须进行招标的项目，其评标委员会由招标人的代表和有关技术、经济等方面的专家组成，成员人数应为 5 人以上单数，其中技术、经济等方面的专家不得少于成员总数的 2/3。专家是指从事相关领域工作满 8 年并具有高级职称或者具有同等专业水平，由招标人从国务院有关部门或者省、自治区、直辖市人民政府有关部门提供的专家名册或者招标代理机构的专家库内相关专业的专家名单中确定；一般招标项目可以采取随机抽取的方式，特殊招标项目可以由招标人直接确定。与投标人有利害关系的人不得进入相关项目的评标委员会；已经进入的应当更换。评标委员会成员的名单在中标结果确定前应当保密。招标人应当采取必要的措施，保证评标在严格保密的情况下进行。任何单位和个人不得非法干预、影响评标的过程和结果。

2. 评标

评标由招标人依法组建的评标委员会负责，评标委员会应依法履行下述各种职责。

(1) 评标委员会成员应当客观、公正地履行职务，遵守职业道德，对所提出的评审意见承担个人责任。

(2) 评标委员会可以要求投标人对投标文件中含义不明确的内容做必要的澄清或者说

明，但是澄清或者说明不得超出投标文件的范围或者改变投标文件的实质性内容。

(3) 评标委员会应当按照招标文件确定的评标标准和方法，对投标文件进行评审和比较；设有标底的，应当参考标底。评标委员会成员和参与评标的有关工作人员不得透露对投标文件的评审和比较、中标候选人的推荐情况以及与评标有关的其他情况。

(4) 评标委员会完成评标后，应当向招标人提出书面评标报告，并推荐合格的中标候选人。评标委员会经评审，认为所有投标都不符合招标文件要求的，可以否决所有投标。

### 1.4.3 中标

#### 1. 确定中标人的依据

招标人必须根据评标委员会提出的书面评标报告和推荐的中标候选人确定中标人。招标人也可以授权评标委员会直接确定中标人。

#### 2. 中标人的投标应当符合下列条件之一

(1) 能够最大限度地满足招标文件中规定的各项综合评价标准。

(2) 能够满足招标文件的实质性要求，并且经评审的投标价格最低，但是投标价格低于成本的除外。

在确定中标人之前，招标人不得与投标人就投标价格、投标方案等实质性内容进行谈判。

#### 3. 中标通知书

中标人确定后，招标人应当向中标人发出中标通知书，并同时将中标结果通知所有未中标的投标人。中标通知书对招标人和中标人具有法律效力；中标通知书发出后，招标人改变中标结果的，或者中标人放弃中标项目的，应当依法承担法律责任。招标人和中标人应当自中标通知书发出之日起30日内，按照招标文件和中标人的投标文件订立书面合同。招标人和中标人不得再行订立背离合同实质性内容的其他协议。招标文件要求中标人提交履约保证金的，中标人应当提交。

## 复习思考题

1. 如何理解招标投标的含义？
2. 规范招标投标活动有什么重要意义？
3. 我国《招标投标法》的适用范围是如何规定的？
4. 根据我国《招标投标法》的规定，哪些建设项目必须进行招标？
5. 招标投标活动应当遵循的原则有哪些？
6. 如何正确理解我国《招标投标法》中的招标人？
7. 什么是招标代理机构？招标代理机构应当具备哪些条件？
8. 申请工程招标代理机构应具备什么条件？
9. 我国《招标投标法》规定的招标方式有哪几种？
10. 什么是投标人？投标人通常应具备哪些条件？

# 案例分析

**案例一**

某县街心花园扩建项目，政府投资 80 万元，按该省招标投标实施办法的规定，100 万元以上的项目必须招投标。县政府文件规定在 50 万元以上的，必须进行招投标。在项目实施过程中，道路、绿化、喷水池被分别直接分包给不同的施工队伍，每个项目合同价格都低于 50 万元。有关部门认为，发包人采用直接将项目化整为零的办法，规避招标，按《招标投标法》第四十九条的规定，对发包人处以 30 万元罚款。发包人不服，申请行政复议，提出该项目按照省招标投标实施办法不属于强制招标项目，可以不进行招标。该县规定 50 万元以上项目进行招投标，属于无权规定，不能作为执法依据。将项目分为道路、绿化、喷水池等发包，是基于项目的特点而做出的，且经过了有关部门的同意，并不存在肢解项目的问题，更不存在规避招标的问题。为此请求行政复议机关撤销被申请人的行政处罚决定，退还罚款。

根据《中华人民共和国行政复议法》(以下简称《行政复议法》)的规定，行政复议机关将该县规范性文件转送有关部门处理，经审查认定文件不合法。据此，行政复议机关做出撤销处罚的行政复议决定。

**问题：**根据《招标投标法》的规定，该项目是否属于强制性招标项目？

**案例二**

新疆某水库大坝工程是新疆维吾尔自治区重点建设项目的骨干工程，总投资额 17000 万元，其中，对工程概算为 6644 万元的大坝填筑及基础灌浆工程进行招标。

本次招标采取了邀请招标的方式，由建设单位自行组织招标。2013 年 6 月中旬，由工程建设单位组建的资格评审小组对申请投标的 20 家施工企业进行了资格审查。2014 年 6 月 20 日，建设单位向 10 家通过资格审查的企业发售了招标文件，并组织了现场勘察和答疑。建设单位于 7 月 16 日首次与政府有关部门联系，向其发出参加招标活动的邀请。2014 年 7 月 18 日，由投资方、建设方、技术部门等各方代表参加的评标委员会组成。7 月 20 日 13 时公开开标。当日下午至次日上午，评标委员会的商务组、技术组对 10 家投标企业递交的标书进行了审查，并向建设单位按顺序推荐了中标候选人。有关部门派员参与了开标和评标监督。建设单位认为，评标委员会推荐的中标候选人不如名单之外的某部水电某局提出的优惠条件好(实际上是垫资施工)，决定让某部水电某局中标。但在有关单位的干预和协调下，建设单位最终从评标委员会推荐的中标候选人中选择了承包商。

**问题：**对照《招标投标法》的规定，该案例在招投标中有哪些不妥之处?

**案例三**

新加坡某局为一座集装箱仓库的屋盖进行工程招标，该工程为 60000m$^2$ 的仓库，上面为 6 组拼连的屋盖，每组约 10000m$^2$，原招标方案用大跨度的普通钢屋架、檩条和彩色涂层压型钢板的传统式屋盖。招标文件规定除按原方案报价外，允许投标者提出新的建议方案和报价，但不能改变仓库的外形和下部结构。一家中国公司参加了投标，除严格按照原方案报价外，提出的新建议是，将普通钢屋架-檩条结构改为钢管构件的螺栓球接点空间网架结构。这个新建议方案不仅可以节省大量钢材，而且可以在中国加工制作构件和接点后，用集装箱运到新加坡现场进行拼装，从而大大降低了工程造价，施工周期可以缩短两个月。开标后，按原方案的报价，中国公司名列第 5 名；其可供选择的建议方案报价最低、工期最短且技术先进。招标人派专家到中国考察，看到大量的大跨度的飞机库和体育场馆均采用球接点空间网架结构，技术先进、可靠，而且美观，因此宣布将这个仓库的大型屋盖工程以近 2000 万美元的承包价格发包给这家中国公司。

**问题：** 本项目是否属于一个项目投了两个标？

# 第 2 章　建设工程招标投标

**学习目标**

- 掌握编制建设工程设计投标文件的要求、设计投标作废的情形。
- 掌握工程建设项目施工招标、投标以及违法招标投标应承担的法律责任。
- 熟悉工程建设项目勘察设计招标、投标内容。
- 了解工程建设项目货物招标、投标内容。

**本章导读**

本章主要学习建设工程设计、工程建设项目勘察设计、工程建设项目施工、工程建设项目货物招标投标等内容。

## 2.1　建设工程设计招标投标

### 2.1.1　建设工程设计招标文件应包括的内容

根据《建设工程设计招标投标管理办法》第九条的规定，招标文件应当包括以下内容。

(1) 工程名称、地址、占地面积、建筑面积等。

(2) 已批准的项目建议书或者可行性研究报告。

(3) 工程经济技术要求。

(4) 城市规划管理部门确定的规划控制条件和用地红线图。

(5) 可供参考的工程地质、水文地质、工程测量等建设场地勘察成果报告。

(6) 供水、供电、供气、供热、环保、市政道路等方面的基础资料。

(7) 招标文件答疑、踏勘现场的时间和地点。

(8) 投标文件编制要求及评标原则。

(9) 投标文件送达的截止时间。

(10) 拟签订合同的主要条款。

(11) 未中标方案的补偿办法。

招标文件一经发出，招标人不得随意变更。确需进行必要的澄清或者修改，应当在提交投标文件截止日期 15 日前，书面通知所有招标文件收受人。招标人要求投标人提交投标文件的时限为：特级和一级建筑工程不少于 45 日；二级以下建筑工程不少于 30 日；进行概念设计招标的，不少于20日。

## 2.1.2 编制建设工程设计投标文件的要求

### 1. 投标人应当具有与招标项目相适应的工程设计资质

根据《建设工程勘察设计企业资质管理规定》的规定，设计企业应当按照其拥有的注册资本、专业技术人员、技术装备和设计业绩等条件申请资质，经审查合格，取得建设工程设计资质证书后方可在资质等级许可的范围内从事建设工程设计活动。取得资质证书的建设工程设计企业才可以从事相应的建设工程设计咨询和技术服务。

工程设计资质分为工程设计综合资质、工程设计行业资质、工程设计专项资质。工程设计综合资质只设甲级；工程设计行业资质和工程设计专项资质根据工程性质和技术特点设立类别和级别。取得工程设计综合资质的企业，承接工程设计业务范围不受限制；取得工程设计行业资质的企业，可以承接同级别相应行业的工程设计业务；取得工程设计专项资质的企业，可以承接同级别相应的专项工程设计业务。取得工程设计行业资质的企业，可以承接本行业范围内同级别的相应专项工程设计业务，不需再单独领取工程设计专项资质。

### 2. 按照要求编制投标文件

投标人应当按照招标文件、《建筑工程设计文件编制深度规定》的要求编制投标文件。

### 3. 概念设计投标文件的编制

进行概念设计招标的，应当按照招标文件的要求编制投标文件。

### 4. 签章与加盖公章

投标文件应当由具有相应资格的注册建筑师签章，并加盖单位公章。

## 2.1.3 建设工程设计投标文件作废的情形

根据《建设工程设计招标投标管理办法》第十六条的规定，有下列情形之一的，投标文件作废。

(1) 投标文件未经密封的。

(2) 无相应资格的注册建筑师签字的。

(3) 无投标人公章的。

(4) 注册建筑师受聘单位与投标人不符的。

## 2.1.4 评标委员会

### 1. 评标委员会的组成

评标由评标委员会负责。评标委员会由招标人代表和有关专家组成。评标委员会人数一般为5人以上单数，其中技术方面的专家不得少于成员总数的2/3。投标人或者与投标人有利害关系的人员不得参加评标委员会。国务院建设行政主管部门，省、自治区、直辖市人民政府建设行政主管部门应当建立建筑工程设计评标专家库。

#### 2. 最优方案的选择与评标报告

评标委员会应当在符合城市规划、消防、节能、环保的前提下，按照招标文件的要求，对投标设计方案的经济、技术、功能和造型等进行比选、评价，确定符合招标文件要求的最优设计方案。评标委员会应当在评标完成后，向招标人提出书面评标报告。

采用公开招标方式的，评标委员会应当向招标人推荐 2～3 个中标候选方案；采用邀请招标方式的，评标委员会应当向招标人推荐 1～2 个中标候选方案。招标人应根据评标委员会的书面评标报告和推荐的中标候选方案，结合投标人的技术力量和业绩确定中标方案；招标人也可以委托评标委员会直接确定中标方案。招标人如果认为评标委员会推荐的所有候选方案均不能最大限度满足招标文件规定要求的，应当依法重新招标。

对达到招标文件规定要求的未中标方案，公开招标的，招标人应当在招标公告中明确是否给予未中标单位经济补偿及补偿金额；邀请招标的，应当给予未中标单位经济补偿，补偿金额应当在招标邀请书中明确。

## 2.2　工程建设项目勘察设计招标投标

### 2.2.1　勘察设计项目的招标

#### 1. 招标条件

依据《工程建设项目勘察设计招标投标办法》第九条的规定，依法必须进行勘察设计招标的工程建设项目，在招标时应当具备下列条件。

(1) 招标人已经依法成立。

(2) 按照国家有关规定需要履行项目审批、核准或者备案手续的，已经审批、核准或者备案。

(3) 勘察设计有相应资金或者资金来源已经落实。

(4) 所必需的勘察设计基础资料已经收集完成。

(5) 法律法规规定的其他条件。

招标人可以依据工程建设项目的不同特点，实行勘察设计一次性总体招标；也可以在保证项目完整性、连续性的前提下，按照技术要求实行分段或分项招标。招标人不得利用上述规定限制或者排斥潜在投标人或者投标人。依法必须进行招标的项目的招标人不得利用上述规定规避招标。依法必须招标的工程建设项目，招标人可以对项目的勘察、设计、施工以及与工程建设有关的重要设备、材料的采购实行总承包招标。

#### 2. 依法可以采用邀请招标的情况

工程建设项目勘察设计招标可分为公开招标和邀请招标。国有资金投资占控股或者主导地位的工程建设项目，以及国务院发展和改革部门确定的国家重点项目和省、自治区、直辖市人民政府确定的地方重点项目，除符合《工程建设项目勘察设计招标投标办法》第十一条规定的条件并依法获得批准外，应当公开招标。

依据《工程建设项目勘察设计招标投标办法》第十一条的规定，依法必须进行公开招标的项目，在下列情况下可以进行邀请招标。

(1) 技术复杂、有特殊要求或者受自然环境限制，只有少量潜在投标人可供选择。

(2) 采用公开招标方式的费用占项目合同金额的比例过大。

采用公开招标方式的费用占项目合同金额的比例过大，属于按照国家有关规定需要履行项目审批、核准手续的项目，由项目审批、核准部门在审批、核准项目时做出认定；其他项目由招标人申请有关行政监督部门做出认定。招标人采用邀请招标方式的，应保证有3个以上具备承担招标项目勘察设计的能力，并具有相应资质的特定法人或者其他组织参加投标。

招标人应当按照资格预审公告、招标公告或者投标邀请书规定的时间、地点出售招标文件或者资格预审文件。自招标文件或者资格预审文件出售之日起至停止出售之日止，最短不得少于5日。

### 3. 项目的勘察设计可以不进行招标的情形

按照国家规定需要履行项目审批、核准手续的依法必须进行招标的项目，有下列情形之一的，经项目审批、核准部门审批、核准，项目的勘察设计可以不进行招标。

(1) 涉及国家安全、国家秘密、抢险救灾或者属于利用扶贫资金实行以工代赈、需要使用农民工等特殊情况，不适宜进行招标。

(2) 主要工艺、技术采用不可替代的专利或者专有技术，或者其建筑艺术造型有特殊要求。

(3) 采购人依法能够自行勘察、设计。

(4) 已通过招标方式选定的特许经营项目投资人依法能够自行勘察、设计。

(5) 技术复杂或专业性强，能够满足条件的勘察设计单位少于三家，不能形成有效竞争。

(6) 已建成项目需要改、扩建或者技术改造，由其他单位进行设计会影响功能配套性的项目。

(7) 国家规定的其他特殊情形。

### 4. 勘察设计招标文件应具备的内容

招标人应当根据招标项目的特点和需要编制招标文件。勘察设计招标文件应当包括下列内容。

(1) 投标须知。

(2) 投标文件格式及主要合同条款。

(3) 项目说明书，包括资金来源情况。

(4) 勘察设计范围，对勘察设计进度、阶段和深度的要求。

(5) 勘察设计基础资料。

(6) 勘察设计费用支付方式，对未中标人是否给予补偿及补偿标准。

(7) 投标报价要求。

(8) 对投标人资格审查的标准。

(9) 评标标准和方法。

(10) 投标有效期。

投标有效期从提交投标文件截止日起计算。对招标文件的收费应仅限于补偿印刷、邮寄的成本支出，招标人不得通过出售招标文件谋取利益。

招标人负责提供与招标项目有关的基础资料，并保证所提供资料的真实性、完整性，涉及国家秘密的除外。对于潜在投标人在阅读招标文件和现场踏勘中提出的疑问，招标人可以以书面形式或召开投标预备会的方式解答，但需同时将解答以书面方式通知所有招标文件收受人。该解答的内容为招标文件的组成部分。

## 2.2.2　勘察设计项目的投标

### 1. 投标人及其资质要求

1)　投标人

投标人是响应招标公告、参加投标竞争的法人或者其他组织。在其本国注册登记，从事建筑、工程服务的国外设计企业参加投标的，必须符合中华人民共和国缔结或者参加的国际条约、协定中所做的市场准入承诺以及有关勘察设计市场准入的管理规定。

2)　投标人应当符合国家规定的资质条件

根据《建设工程勘察设计企业资质管理规定》的规定，建设工程勘察设计资质可分为工程勘察资质和工程设计资质。工程勘察资质可分为工程勘察综合资质、工程勘察专业资质和工程勘察劳务资质。工程勘察综合资质只设甲级；工程勘察专业资质根据工程性质和技术特点设立类别和级别；工程勘察劳务资质不设级别。取得工程勘察综合资质的企业，承接工程勘察业务范围不受限制；取得工程勘察专业资质的企业，可以承接同级别相应专业的工程勘察业务；取得工程勘察劳务资质的企业，可以承接岩土工程治理、工程钻探、凿井工程勘察劳务工作。

### 2. 勘察设计项目投标应注意的问题

1)　勘察设计收费报价

投标人应当按照招标文件或者投标邀请书的要求编制投标文件。投标文件中的勘察设计收费报价，应当符合国务院价格主管部门制定的工程勘察设计收费标准。

2)　投标保证金

招标文件要求投标人提交投标保证金的，保证金数额不得超过勘察设计估算费用的 2%，最多不超过 10 万元人民币。依法必须进行招标的项目的境内投标单位，以现金或者支票形式提交的投标保证金应当从其基本账户转出。

3)　投标文件的提交、补充、修改与撤回

在提交投标文件截止时间后到招标文件规定的投标有效期终止之前，投标人不得撤销其投标文件，否则招标人可以不退还投标保证金。投标人在投标截止时间前提交的投标文件，补充、修改或撤回投标文件的通知，备选投标文件等，都必须加盖所在单位公章，并由其法定代表人或授权代表签字，但招标文件另有规定的除外。招标人在接收上述材料时，应检查其密封或签章是否完好，并向投标人出具标明签收人和签收时间的回执。

4)　关于联合体投标

以联合体形式投标的，联合体各方应签订共同投标协议，连同投标文件一并提交招标人。 联合体各方不得再单独以自己的名义，或者参加另外的联合体投同一个标。招标人接受联合体投标并进行资格预审的，联合体应当在提交资格预审申请文件前组成。资格预审后联合体增减、更换成员的，其投标无效。

联合体中标的，应指定牵头人或代表，授权其代表所有联合体成员与招标人签订合同，负责整个合同实施阶段的协调工作。但是，需要向招标人提交由所有联合体成员法定代表人签署的授权委托书。

## 2.2.3 勘察设计项目的开标、评标和中标

### 1. 开标与评标

1) 开标时间

开标应当在招标文件确定的提交投标文件截止时间的同一时间公开进行；除不可抗力原因外，招标人不得以任何理由拖延开标，或者拒绝开标。投标人对开标有异议的，应当在开标现场提出，招标人应当当场做出答复，并制作记录。

2) 评标

评标工作由评标委员会负责。评标委员会的组成方式及要求，按《招标投标法》《招标投标法实施条例》及《评标委员会和评标方法暂行规定》(国家计委等七部委联合令第 12 号)的有关规定执行。

勘察设计评标一般采取综合评估法进行。评标委员会应当按照招标文件确定的评标标准和方法，结合经批准的项目建议书、可行性研究报告或者上阶段设计批复文件，对投标人的业绩、信誉和勘察设计人员的能力以及勘察设计方案的优劣进行综合评定。招标文件中没有规定的标准和方法，不得作为评标的依据。

评标委员会可以要求投标人对其技术文件进行必要的说明或介绍，但不得提出带有暗示性或诱导性的问题，也不得明确指出其投标文件中的遗漏和错误。

3) 投标被否决

(1) 投标文件不符合要求。投标文件有下列情形之一的，评标委员会应当否决其投标：未经投标单位盖章和单位负责人签字；投标报价不符合国家颁布的勘察设计取费标准，或者低于成本，或者高于招标文件设定的最高投标限价；不符合招标文件的实质性要求和条件。

(2) 投标人违反规定。投标人有下列情形之一的，评标委员会应当否决其投标：不符合国家或者招标文件规定的资格条件；与其他投标人或者与招标人串通投标；以他人名义投标，或者以其他方式弄虚作假；以向招标人或者评标委员会成员行贿的手段谋取中标；以联合体形式投标，未提交共同投标协议；提交两个以上不同的投标文件或者投标报价，但招标文件要求提交备选投标的除外。

### 2. 中标

1) 中标候选人

评标委员会完成评标后，应当向招标人提出书面评标报告，推荐合格的中标候选人。评标报告的内容应当符合《评标委员会和评标方法暂行规定》第四十二条的规定。但是，评标委员会决定否决所有投标的，应在评标报告中详细说明理由。评标委员会推荐的中标候选人应当限定在 1～3 人，并标明排列顺序。能够最大限度地满足招标文件中规定的各项综合评价标准的投标人，应当被推荐为中标候选人。国有资金占控股或者主导地位的依法必

须招标的项目，招标人应当确定排名第一的中标候选人为中标人。排名第一的中标候选人放弃中标、因不可抗力提出不能履行合同，不按照招标文件的要求提交履约保证金，或者被查实存在影响中标结果的违法行为等情形，不符合中标条件的，招标人可以按照评标委员会提出的中标候选人名单排序依次确定其他中标候选人为中标人。依次确定其他中标候选人与招标人预期差距较大，或者对招标人明显不利的，招标人可以重新招标。招标人可以授权评标委员会直接确定中标人。国务院对中标人的确定另有规定的，从其规定。招标人应在接到评标委员会的书面评标报告之日起 3 日内公示中标候选人，公示期不得少于 3 日。

2)　订立合同

招标人和中标人应当在投标有效期内并在自中标通知书发出之日起 30 日内，按照招标文件和中标人的投标文件订立书面合同。中标人履行合同应当遵守《合同法》以及《建设工程勘察设计管理条例》中勘察设计文件编制实施的有关规定。招标人不得以压低勘察设计费、增加工作量、缩短勘察设计周期等作为发出中标通知书的条件，也不得与中标人再行订立背离合同实质性内容的其他协议。

3)　投标保证金的退回与履约保证金的提交

(1)　投标保证金的退回与投标保证金期限的延长。招标人与中标人签订合同后 5 日内，应当向中标人和未中标人一次性退还投标保证金及银行同期存款利息。招标文件中规定给予未中标人经济补偿的，也应在此期限内一并给付。评标定标工作应当在投标有效期内完成，不能如期完成的，招标人应当通知所有投标人延长投标有效期。同意延长投标有效期的投标人应当相应延长其投标担保的有效期，但不得修改投标文件的实质性内容。拒绝延长投标有效期的投标人有权收回投标保证金。招标文件中规定给予未中标人补偿的，拒绝延长的投标人有权获得补偿。

(2)　履约保证金的提交。招标文件要求中标人提交履约保证金的，中标人应当提交；经中标人同意，可将其投标保证金抵作履约保证金。

## 2.3　工程建设项目施工招标投标

### 2.3.1　工程建设项目的施工招标

#### 1. 招标人与施工招标应具备的条件

1)　施工招标人

施工招标人是依法提出施工招标项目、进行招标的法人或者其他组织。

2)　施工招标应具备的条件

根据《工程建设项目施工招标投标办法》第八条的规定，依法必须招标的工程建设项目，应当具备下列条件才能进行施工招标。

(1)　招标人已经依法成立。

(2)　初步设计及概算应当履行审批手续的，已经批准。

(3)　有相应资金或资金来源已经落实。

(4)　有招标所需的设计图纸及技术资料。

### 2. 可以采用邀请招标的项目

工程施工招标可分为公开招标和邀请招标。采用公开招标方式的，招标人应当发布招标公告，邀请不特定的法人或者其他组织投标。依法必须进行施工招标项目的招标公告，应当在国家指定的报刊和信息网络上发布。

采用邀请招标方式的，招标人应当向 3 家以上具备承担施工招标项目的能力、资信良好的特定的法人或者其他组织发出投标邀请书。

按照国家有关规定需要履行项目审批、核准手续的依法必须进行施工招标的工程建设项目，其招标范围、招标方式、招标组织形式应当报项目审批部门审批、核准。项目审批、核准部门应当及时将审批、核准确定的招标内容通报有关行政监督部门。

根据《工程建设项目施工招标投标办法》第十一条的规定，依法必须进行公开招标的项目，有下列情形之一的，可以邀请招标。

(1) 项目技术复杂或有特殊要求，或者受自然地理环境限制，只有少量潜在投标人可供选择。

(2) 涉及国家安全、国家秘密或者抢险救灾，适宜招标但不宜公开招标的项目。

(3) 采用公开招标方式的费用占项目合同金额的比例过大。

涉及国家安全、国家秘密或者抢险救灾，适宜招标但不宜公开招标的项目，按照国家有关规定需要履行项目审批、核准手续的，由项目审批、核准部门在审批、核准项目时做出认定；其他项目由招标人申请有关行政监督部门做出认定。

全部使用国有资金投资或者国有资金投资占控股或者主导地位并需要审批的工程建设项目的邀请招标，应当经项目审批部门批准，但项目审批部门只审批立项的，由有关行政监督部门批准。

### 3. 可以不进行施工招标的项目

根据《工程建设项目施工招标投标办法》第十二条的规定，依法必须进行施工招标的工程建设项目有下列情形之一的，可以不进行施工招标。

(1) 涉及国家安全、国家秘密、抢险救灾或者属于利用扶贫资金实行以工代赈需要使用农民工等特殊情况，不适宜进行招标。

(2) 施工主要技术采用不可替代的专利或者专有技术。

(3) 已通过招标方式选定的特许经营项目投资人依法能够自行建设。

(4) 采购人依法能够自行建设。

(5) 在建工程追加的附属小型工程或者主体加层工程，原中标人仍具备承包能力，并且其他人承担将影响施工或者功能配套要求。

(6) 国家规定的其他情形。

### 4. 招标公告或投标邀请书的内容

招标公告或者投标邀请书应当至少载明下列内容。

(1) 招标人的名称和地址。

(2) 招标项目的内容、规模、资金来源。

(3) 招标项目的实施地点和工期。

(4) 获取招标文件或者资格预审文件的地点和时间。

(5) 对招标文件或者资格预审文件收取的费用。

(6) 对招标人的资质等级的要求。

招标人应当按招标公告或者投标邀请书规定的时间、地点出售招标文件或资格预审文件。自招标文件或者资格预审文件出售之日起至停止出售之日止，最短不得少于 5 日。招标人可以通过信息网络或者其他媒介发布招标文件，通过信息网络或者其他媒介发布的招标文件与书面招标文件具有同等法律效力，出现不一致时以书面招标文件为准，国家另有规定的除外。对招标文件或者资格预审文件的收费应当限于补偿印刷、邮寄的成本支出，不得以营利为目的。对于所附的设计文件，招标人可以向投标人酌收押金；对于开标后投标人退还设计文件的，招标人应当向投标人退还押金。招标文件或者资格预审文件售出后，不予退还。除不可抗力原因外，招标人在发布招标公告、发出投标邀请书后或者售出招标文件或资格预审文件后不得终止招标。

5. 资格审查

招标人可以根据招标项目本身的特点和需要，要求潜在投标人或者投标人提供满足其资格要求的文件，对潜在投标人或者投标人进行资格审查；国家对潜在投标人或者投标人的资格条件有规定的，依照其规定。

1) 资格审查的类型

资格审查可分为资格预审和资格后审。

(1) 资格预审，即在投标前对潜在投标人进行的资格审查。进行资格预审的，招标人应当发布资格预审公告。资格预审公告必须适用有关招标公告的规定。进行资格预审的，招标人应当在资格预审文件中载明资格预审的条件、标准和方法；经资格预审后，招标人应当向资格预审合格的潜在投标人发出资格预审合格通知书，告知获取招标文件的时间、地点和方法，并同时向资格预审不合格的潜在投标人告知资格预审结果。资格预审不合格的潜在投标人不得参加投标。经资格预审不合格的投标人的投标应予否决。

(2) 资格后审，即在开标后对投标人进行的资格审查。进行资格预审的，一般不再进行资格后审，但招标文件另有规定的除外。进行资格后审的，招标人应当在招标文件中载明对投标人资格要求的条件、标准和方法。招标人不得改变载明的资格条件或者以没有载明的资格条件对潜在投标人或者投标人进行资格审查。

2) 资格审查的内容

资格审查应主要审查潜在投标人或者投标人是否符合下列条件。

(1) 具有独立订立合同的权利。

(2) 具有履行合同的能力，包括专业、技术资格和能力；资金、设备和其他物质设施状况；管理能力，经验、信誉和相应的从业人员。

(3) 没有处于被责令停业，投标资格被取消，财产被接管、冻结，破产状态。

(4) 在最近三年内没有骗取中标和严重违约及重大工程质量问题。

(5) 国家规定的其他资格条件。

资格审查时，招标人不得以不合理的条件限制、排斥潜在投标人或者投标人，不得歧视潜在投标人或者投标人。任何单位和个人不得以行政手段或者其他不合理方式限制投标人的数量。

#### 6. 招标文件的内容及要求

1) 招标文件的内容

招标人必须根据施工招标项目的特点和需要编制招标文件。招标文件一般包括下列内容：①招标公告或投标邀请书；②投标人须知；③合同主要条款；④投标文件格式；⑤采用工程量清单招标的，应当提供工程量清单；⑥技术条款；⑦设计图纸；⑧评标标准和方法；⑨投标辅助材料。

2) 招标文件的要求

(1) 用醒目的方式标明实质性要求和条件。招标人应当在招标文件中规定实质性要求和条件，并用醒目的方式加以标明。

(2) 提交备选投标方案的要求。招标人可以要求投标人在提交符合招标文件规定要求的投标文件外，再提交备选投标方案，但应当在招标文件中做出说明，并提出相应的评审和比较办法。

(3) 招标文件规定的各项技术标准应符合国家强制性标准。招标文件中规定的各项技术标准均不得要求或标明某一特定的专利、商标、名称、设计、原产地或生产供应者，不得含有倾向或者排斥潜在投标人的其他内容。如果必须引用某一生产供应者的技术标准才能准确或清楚地说明拟招标项目的技术标准时，则应当在参照后面加上“或相当于”的字样。

(4) 施工招标项目需要划分标段、确定工期的，招标人应当合理划分标段、确定工期，并在招标文件中载明。对工程技术上紧密相连、不可分割的单位工程不得分割标段。招标人不得以不合理的标段或工期限制或者排斥潜在投标人或者投标人。依法必须进行施工招标的项目的招标人不得利用划分标段规避招标。

(5) 招标文件应当明确规定所有评标因素，以及如何将这些因素量化或者据以进行评估。在评标过程中，不得改变招标文件中规定的评标标准、方法和中标条件。

(6) 招标文件应当规定一个适当的投标有效期，以保证招标人有足够的时间完成评标和与中标人签订合同。投标有效期从投标人提交投标文件截止之日起计算。在原投标有效期结束前，出现特殊情况的，招标人可以以书面形式要求所有投标人延长投标有效期。投标人同意延长的，不得要求或被允许修改其投标文件的实质性内容，但应当相应延长其投标保证金的有效期；投标人拒绝延长的，其投标失效，但投标人有权收回其投标保证金。因延长投标有效期造成投标人损失的，招标人应当给予补偿，但因不可抗力需要延长投标有效期的除外。

## 2.3.2 工程建设项目的投标

#### 1. 投标人与投标文件

1) 投标人

投标人是响应招标公告、参加投标竞争的法人或者其他组织。招标人的任何不具有独立法人资格的附属机构(单位)，或者为招标项目的前期准备或者监理工作提供设计、咨询服务的任何法人及其任何附属机构(单位)，都没有资格参加该招标项目的投标。

2)　投标文件应包括的内容

投标人应当按照招标文件的要求编制投标文件。投标文件应当对招标文件提出的实质性要求和条件做出响应。投标文件一般包括下列内容：投标函；投标报价；施工组织设计；商务和技术偏差表。

投标人根据招标文件载明的项目实际情况，拟在中标后将中标项目的部分非主体、非关键性工作进行分包的，应当在投标文件中载明。

3)　投标保证金

招标人可以在招标文件中要求投标人提交投标保证金。投标保证金除现金外，可以是银行出具的银行保函、保兑支票、银行汇票或现金支票。投标保证金不得超过项目估算价的 2%，但最高不得超过 80 万元人民币。投标保证金有效期应当与投标有效期一致。投标人应当按照招标文件要求的方式和金额，将投标保证金随投标文件提交给招标人或其委托的招标代理机构。依法必须进行施工招标的项目的境内投标单位，以现金或者支票形式提交的投标保证金应当从其基本账户转出。

4)　投标文件的提交

投标人应当在招标文件要求提交投标文件的截止时间前，将投标文件密封送达投标地点。招标人收到投标文件后，应当向投标人出具标明签收人和签收时间的凭证，在开标前任何单位和个人不得开启投标文件。

在招标文件要求提交投标文件的截止时间后送达的投标文件，招标人应当拒收。对于依法必须进行施工招标的项目，提交投标文件的投标人少于 3 个的，招标人在分析招标失败的原因并采取相应的措施后，应当依法重新招标。重新招标后，投标人仍少于 3 个的，属于必须审批、核准的工程建设项目，报经原审批、核准部门审批、核准后可以不再进行招标；其他工程建设项目，招标人可自行决定不再进行招标。

投标人在招标文件要求提交投标文件的截止时间前，可以补充、修改、替代或者撤回已提交的投标文件，并书面通知招标人。补充、修改的内容为投标文件的组成部分。

在提交投标文件截止时间后到招标文件规定的投标有效期终止之前，投标人不得撤销其投标文件，否则招标人可以不退还其投标保证金。

5)　联合体投标

两个以上法人或者其他组织可以组成一个联合体，以一个投标人的身份共同投标。联合体各方签订共同投标协议后，不得再以自己的名义单独投标，也不得组成新的联合体或参加其他联合体在同一项目中投标。

联合体各方应当指定牵头人，授权其代表所有联合体成员负责投标和合同实施阶段的主办、协调工作，并应当向招标人提交由所有联合体成员法定代表人签署的授权书。联合体投标的，应当以联合体各方或者联合体中牵头人的名义提交投标保证金。以联合体中牵头人名义提交的投标保证金，对联合体各成员具有约束力。

招标人接受联合体投标并进行资格预审的，联合体应当在提交资格预审申请文件前组成。资格预审后联合体增减、更换成员的，其投标无效。

### 2. 投标人串通投标报价的情形

根据《工程建设项目施工招标投标办法》第四十六条的规定，下列行为均属投标人串通投标报价行为。

(1) 投标人之间相互约定抬高或压低投标报价。

(2) 投标人之间相互约定，在招标项目中分别以高、中、低价位报价。

(3) 投标人之间先进行内部竞价，内定中标人，然后参加投标。

(4) 投标人之间其他串通投标报价的行为。

**3. 招标人与投标人串通投标的情形**

根据《工程建设项目施工招标投标办法》第四十七条的规定，下列行为均属招标人与投标人串通投标。

(1) 招标人在开标前开启投标文件并将有关信息泄露给其他投标人，或者授意投标人撤换、修改投标文件。

(2) 招标人向投标人泄露标底、评标委员会成员等信息。

(3) 招标人明示或者暗示投标人压低或抬高投标报价。

(4) 招标人明示或者暗示投标人为特定投标人中标提供方便。

(5) 招标人与投标人为谋求特定中标人中标而发生的其他串通行为。

投标人不得以他人名义投标。以他人名义投标是指投标人挂靠其他施工单位，或从其他单位通过受让或租借的方式获取资格或资质证书，或者由其他单位及其法定代表人在自己编制的投标文件上加盖印章和签字等行为。

## 2.3.3 开标、评标和定标

**1. 开标**

1) 开标时间与开标地点

开标应当在招标文件规定的提交投标文件截止时间的同一时间公开进行；开标地点应当为招标文件中规定的地点。投标人对开标有异议的，应当在开标现场提出，招标人应当当场做出答复，并制作记录。

2) 招标人拒收投标文件的情形

投标文件有下列情形之一的，招标人应当拒收：①逾期送达；②未按招标文件要求密封。

**2. 评标**

1) 评标委员会应当否决投标人投标的情形

有下列情形之一的，评标委员会应当否决投标人投标：①投标文件未经投标单位盖章和单位负责人签字；②投标联合体没有提交共同投标协议；③投标人不符合国家或者招标文件规定的资格条件；④同一投标人提交两个以上不同的投标文件或者投标报价，但招标文件要求提交备选投标的除外；⑤投标报价低于成本或者高于招标文件设定的最高投标限价；⑥投标文件没有对招标文件的实质性要求和条件做出响应；⑦投标人有串通投标、弄虚作假、行贿等违法行为。

2) 必要的澄清、说明与补正

评标委员会可以书面方式要求投标人对投标文件中含义不明确、对同类问题表述不一致或者有明显文字和计算错误的内容做必要的澄清、说明或补正。评标委员会不得向投标人提出带有暗示性或诱导性的问题，或向其明确投标文件中的遗漏和错误。

投标文件不响应招标文件的实质性要求和条件的，评标委员会不得允许投标人通过修正或撤销其不符合要求的差异或保留，使之成为具有响应性的投标。

评标委员会在对实质上响应招标文件要求的投标进行报价评估时，除招标文件另有约定外，应当按下述原则进行修正：用数字表示的数额与用文字表示的数额不一致时，以文字数额为准；单价与工程量的乘积与总价之间不一致时，以单价为准。若单价有明显的小数点错位，应以总价为准，并修改单价。调整后的报价经投标人确认后产生约束力。投标文件中没有列入的价格和优惠条件在评标时不予考虑。对于投标人提交的优越于招标文件中技术标准的备选投标方案所产生的附加收益，不得考虑进评标价中。符合招标文件的基本技术要求且评标价最低或综合评分最高的投标人，其所提交的备选方案方可予以考虑。招标人设有标底的，标底在评标中应当作为参考，但不得作为评标的唯一依据。

3. 定标

评标委员会完成评标后，应向招标人提出书面评标报告。评标报告必须由评标委员会全体成员签字。依法必须进行招标的项目，招标人应当自收到评标报告之日起 3 日内公示中标候选人，公示期不得少于 3 日。中标通知书由招标人发出。

评标委员会推荐的中标候选人应当限定在 1～3 人，并标明排列顺序。招标人应当接受评标委员会推荐的中标候选人，不得在评标委员会推荐的中标候选人之外确定中标人。国有资金占控股或者主导地位的依法必须进行招标的项目，招标人应当确定排名第一的中标候选人为中标人。排名第一的中标候选人如果放弃中标、因不可抗力提出不能履行合同、不按照招标文件的要求提交履约保证金，或者被查实存在影响中标结果的违法行为等情形，不符合中标条件的，招标人可以按照评标委员会提出的中标候选人名单排序依次确定其他中标候选人为中标人。依次确定其他中标候选人与招标人预期差距较大，或者对招标人明显不利的，招标人可以重新招标。招标人可以授权评标委员会直接确定中标人。国务院对中标人的确定另有规定的，从其规定。

招标人不得向中标人提出压低报价、增加工作量、缩短工期或其他违背中标人意愿的要求，并以此作为发出中标通知书和签订合同的条件。中标通知书对招标人和中标人均具法律效力。中标通知书发出后，招标人改变中标结果的，或者中标人放弃中标项目的，应当依法承担法律责任。招标人全部或者部分使用非中标单位投标文件中的技术成果或技术方案时，需征得其书面同意，并给予一定的经济补偿。

招标人和中标人应当在投标有效期内并在自中标通知书发出之日起 30 日内，按照招标文件和中标人的投标文件订立书面合同。招标人和中标人不得再行订立背离合同实质性内容的其他协议。招标人要求中标人提供履约保证金或其他形式履约担保的，招标人应当同时向中标人提供工程款支付担保。招标人不得擅自提高履约保证金，不得强制要求中标人垫付中标项目建设资金。

招标人最迟应当在与中标人签订合同后 5 日内，向中标人和未中标的投标人退还投标保证金及银行同期存款利息。合同中确定的建设规模、建设标准、建设内容、合同价格应当控制在批准的初步设计及概算文件范围内；确需超出规定范围的，应当在中标合同签订前，报原项目审批部门审查同意。凡应报经审查而未报的，在初步设计及概算调整时，原项目审批部门一律不予承认。

依法必须进行施工招标的项目，招标人应当自发出中标通知书之日起 15 日内，向有关行政监督部门提交招标投标情况的书面报告。书面报告至少应包括下列内容：招标范围，招标方式和发布招标公告的媒介；招标文件中投标人须知、技术条款、评标标准和方法、合同主要条款等内容；评标委员会的组成和评标报告及中标结果。

招标人不得直接指定分包人。对于不具备分包条件或者不符合分包规定的，招标人有权在签订合同或者中标人提出分包要求时予以拒绝。发现中标人转包或违法分包时，可要求其改正；拒不改正的，可终止合同，并报请有关行政监督部门查处。监理人员和有关行政部门发现中标人违反合同约定进行转包或违法分包的，应当要求中标人改正，或者告知招标人要求其改正；对于拒不改正的，应当报请有关行政监督部门查处。

## 2.3.4 违法招标投标应承担的法律责任

(1) 依法必须进行招标的项目而不招标的，将必须进行招标的项目化整为零或者以其他任何方式规避招标的，有关行政监督部门责令限期改正，可以处项目合同金额 5‰以上 10‰以下的罚款；对全部或者部分使用国有资金的项目，项目审批部门可以暂停项目执行或者暂停资金拨付；对单位直接负责的主管人员和其他直接责任人员依法给予处分。

(2) 招标代理机构违法泄露应当保密的与招标投标活动有关的情况和资料的，或者与招标人、投标人串通损害国家利益、社会公共利益或者他人合法权益的，由有关行政监督部门处 5 万元以上 25 万元以下的罚款，对单位直接负责的主管人员和其他直接责任人员处单位罚款数额 5%以上 10%以下的罚款；有违法所得的，并处没收违法所得；情节严重的，有关行政监督部门可停止其一定时期内参与相关领域的招标代理业务，资格认定部门可暂停直至取消其招标代理资格；构成犯罪的，由司法机关依法追究其刑事责任。给他人造成损失的，应依法承担赔偿责任。上述所列行为影响中标结果，并且中标人为上述行为的受益人的，中标无效。

(3) 招标人以不合理的条件限制或者排斥潜在投标人的，歧视潜在投标人的，强制要求投标人组成联合体共同投标的，或者限制投标人之间竞争的，有关行政监督部门应责令改正，并处 1 万元以上 5 万元以下的罚款。

(4) 依法必须进行招标项目的招标人向他人透露已获取招标文件的潜在投标人的名称、数量或者可能影响公平竞争的有关招标投标的其他情况的，或者泄露标底的，有关行政监督部门给予警告，可以并处 1 万元以上 10 万元以下的罚款；对单位直接负责的主管人员和其他直接责任人员依法给予处分；构成犯罪的，由司法机关依法追究其刑事责任。上述所列行为影响中标结果的，中标无效。

(5) 招标人在发布招标公告、发出投标邀请书或者售出招标文件或资格预审文件后终止招标的，应当及时退还所收取的资格预审文件、招标文件的费用，以及所收取的投标保证金及银行同期存款利息。给潜在投标人或者投标人造成损失的，应当赔偿损失。

(6) 招标人有下列限制或者排斥潜在投标人行为之一的，由有关行政监督部门依照《招标投标法》第五十一条的规定处罚；其中，依法必须进行施工招标的项目的招标人规避招标的，依照《招标投标法》第四十九条的规定处罚。①依法应当公开招标的项目不按照规定在指定媒介发布资格预审公告或者招标公告。②在不同媒介发布的同一招标项目的资格预审公告或者招标公告的内容不一致，影响潜在投标人申请资格预审或者投标。

招标人有下列情形之一的，由有关行政监督部门责令改正，可以处 10 万元以下的罚款：①依法应当公开招标而采用邀请招标方式；②招标文件、资格预审文件的发售、澄清、修改的时限，或者确定的提交资格预审申请文件、投标文件的时限不符合《招标投标法》和《招标投标法实施条例》的规定；③接受未通过资格预审的单位或者个人参加投标；④接受应当拒收的投标文件。

招标人有上述第①项、第②项、第④项所列行为之一的，对单位直接负责的主管人员和其他直接责任人员依法给予处分。

(7) 投标人相互串通投标或者与招标人串通投标的，投标人以向招标人或者评标委员会成员行贿的手段谋取中标的，中标无效，由有关行政监督部门处中标项目金额 5‰以上 10‰以下的罚款，对单位直接负责的主管人员和其他直接责任人员处单位罚款数额 5%以上 10%以下的罚款；有违法所得的，并处没收违法所得；情节严重的，取消其 1～2 年的投标资格，并予以公告，直至由工商行政管理机关吊销其营业执照；构成犯罪的，依法追究其刑事责任。给他人造成损失的，依法承担赔偿责任。投标人未中标的，对单位的罚款金额按照招标项目合同金额依照《招标投标法》规定的比例计算。

(8) 投标人以他人名义投标或者以其他方式弄虚作假，骗取中标的，中标无效，给招标人造成损失的，依法承担赔偿责任；构成犯罪的，依法追究刑事责任。

依法必须进行招标项目的投标人有上述所列行为、尚未构成犯罪的，由有关行政监督部门处中标项目金额 5‰以上 10‰以下的罚款，对单位直接负责的主管人员和其他直接责任人员处单位罚款数额 5%以上 10%以下的罚款；有违法所得的，并处没收违法所得；情节严重的，取消其 1～3 年的投标资格，并予以公告，直至由工商行政管理机关吊销其营业执照。投标人未中标的，对单位的罚款金额按照招标项目合同金额依照《招标投标法》规定的比例计算。

(9) 依法必须进行招标的项目，招标人违法与投标人就投标价格、投标方案等实质性内容进行谈判的，有关行政监督部门给予警告，对单位直接负责的主管人员和其他直接责任人员依法给予处分。上述所列行为影响中标结果的，中标无效。

(10) 评标委员会成员收受投标人的财物或者其他好处的，没收收受的财物，可以并处 3000 元以上 5 万元以下的罚款，取消其担任评标委员会成员的资格并予以公告，不得再参加依法必须进行招标的项目的评标；构成犯罪的，依法追究刑事责任。

(11) 评标委员会成员应当回避而不回避，擅离职守，不按照招标文件规定的评标标准和方法评标，私下接触投标人，向招标人征询确定中标人的意向或者接受任何单位或者个人明示或者暗示提出的倾向或者排斥特定投标人的要求，对依法应当否决的投标不提出否决意见，暗示或者诱导投标人做出澄清、说明或者接受投标人主动提出的澄清、说明，或者有其他不能客观公正地履行职责行为的，由有关行政监督部门责令改正；情节严重的，禁止其在一定期限内参加依法必须进行招标的项目的评标；情节特别严重的，取消其担任评标委员会成员的资格。

(12) 依法必须进行招标的项目的招标人不按照规定组建评标委员会，或者确定、更换评标委员会成员违反《招标投标法》和《招标投标法实施条例》的规定的，由有关行政监督部门责令改正，可以处 10 万元以下的罚款，对单位直接负责的主管人员和其他直接责任人员依法给予处分；违法确定或者更换的评标委员会成员做出的评审决定无效，依法重新进行评审。

(13) 依法必须进行招标的项目的招标人有下列情形之一的，由有关行政监督部门责令改正，可以处中标项目金额 10‰以下的罚款；给他人造成损失的，依法承担赔偿责任；对单位直接负责的主管人员和其他直接责任人员依法给予处分：①无正当理由不发出中标通知书；②不按照规定确定中标人；③中标通知书发出后无正当理由改变中标结果；④无正当理由不与中标人订立合同；⑤在订立合同时向中标人提出附加条件。

(14) 中标通知书发出后，如果中标人放弃中标项目的，无正当理由不与招标人签订合同的，在签订合同时向招标人提出附加条件或者更改合同实质性内容的，或者拒不提交所要求的履约保证金的，取消其中标资格，投标保证金不予退还；如果给招标人造成的损失超过投标保证金数额的，中标人应当对超过部分予以赔偿；没有提交投标保证金的，应当对招标人的损失承担赔偿责任。对依法必须进行施工招标的项目的中标人，由有关行政监督部门责令改正，可以处中标金额 10‰以下罚款。

(15) 中标人将中标项目转让给他人的，将中标项目肢解后分别转让给他人的，违法将中标项目的部分主体、关键性工作分包给他人的，或者分包人再次分包的，转让、分包无效，有关行政监督部门可以对其处转让、分包项目金额 5‰以上 10‰以下的罚款；有违法所得的，并处没收违法所得；可以责令停业整顿；情节严重的，由工商行政管理机关吊销其营业执照。

(16) 招标人与中标人不按照招标文件和中标人的投标文件订立合同的，合同的主要条款与招标文件、中标人的投标文件的内容不一致，或者招标人、中标人订立背离合同实质性内容的协议的，或者招标人擅自提高履约保证金或强制要求中标人垫付中标项目建设资金的，由有关行政监督部门责令改正；并可以对其处中标项目金额 5‰以上 10‰以下的罚款。

(17) 中标人不履行与招标人订立的合同的，履约保证金不予退还，给招标人造成的损失超过履约保证金数额的，还应当对超过部分予以赔偿；没有提交履约保证金的，应当对招标人的损失承担赔偿责任。

中标人不按照与招标人订立的合同履行义务，情节严重的，有关行政监督部门取消其 2～5 年参加招标项目的投标资格并予以公告，直至由工商行政管理机关吊销其营业执照。

因不可抗力不能履行合同的，不适用前两款规定。

(18) 招标人不履行与中标人订立的合同的，应当返还中标人的履约保证金，并承担相应的赔偿责任；没有提交履约保证金的，应当对中标人的损失承担赔偿责任。因不可抗力不能履行合同的，不适用上述规定。

(19) 依法必须进行施工招标的项目违反法律规定，中标无效的，应当依照法律规定的中标条件从其余投标人中重新确定中标人或者依法重新进行招标。

中标无效的，发出的中标通知书和签订的合同自始没有法律约束力，但不影响合同中独立存在的有关解决争议方法的条款的效力。

(20) 任何单位违法限制或者排斥本地区、本系统以外的法人或者其他组织参加投标的，为招标人指定招标代理机构的，强制招标人委托招标代理机构办理招标事宜的，或者以其他方式干涉招标投标活动的，由有关行政监督部门责令改正；对单位直接负责的主管人员和其他直接责任人员依法给予警告、记过、记大过的处分，情节较重的，依法给予降级、撤职、开除的处分。个人利用职权进行前款违法行为的，依照上述规定追究责任。

(21) 对招标投标活动依法负有行政监督职责的国家机关工作人员徇私舞弊、滥用职权或者玩忽职守，构成犯罪的，依法追究刑事责任；不构成犯罪的，依法给予行政处分。

(22) 投标人或者其他利害关系人认为工程建设项目施工招标投标活动不符合国家规定的，可以自知道或者应当知道之日起 10 日内向有关行政监督部门投诉。投诉应当有明确的请求和必要的证明材料。

## 2.4　工程建设项目货物招标投标

为了规范工程建设项目的货物招标投标活动，保护国家利益、社会公共利益和招标投标活动当事人的合法权益，保证工程质量，提高投资效益，根据《招标投标法》和国务院有关部门的职责分工，国家发展改革委、建设部、铁道部、交通部、信息产业部、水利部、中国民用航空总局于 2005 年 1 月 18 日审议通过了《工程建设项目货物招标投标办法》，于 2005 年 3 月 1 日起施行，根据 2013 年 3 月 11 日《关于废止和修改部分招标投标规章和规范性文件的决定》2013 年第 23 号令修正。该办法适用于在中华人民共和国境内依法必须进行招标的工程建设项目的货物招标投标活动。建设项目货物是指与工程建设项目有关的重要设备、材料等。不属于工程建设项目，但属于固定资产投资的货物招标投标活动，参照该办法执行。使用国际组织或者外国政府贷款、援助资金的项目进行招标，贷款方、资金提供方对货物招标投标活动的条件和程序有不同规定的，可以适用其规定，但违背中华人民共和国社会公共利益的除外。

### 2.4.1　工程建设项目货物招标

#### 1. 工程建设项目的招标人及招标活动的组织

工程建设项目招标人是依法提出招标项目、进行招标的法人或者其他组织。总承包中标人单独或者共同招标时，也为招标人。依据《工程建设项目货物招标投标办法》第五条的规定，工程建设项目货物招标投标活动依法由招标人负责。工程建设项目招标人对项目实行总承包招标时，未包括在总承包范围内的货物属于依法必须进行招标的项目范围且达到国家规定规模标准的，应当由工程建设项目招标人依法组织招标。工程建设项目实行总承包招标时，以暂估价形式包括在总承包范围内的货物属于依法必须进行招标的项目范围且达到国家规定规模标准的，应当依法组织招标。

#### 2. 建设工程项目必须进行货物招标应具备的条件和审批核准程序

1)　应具备的条件

依法必须招标的工程建设项目，应当具备下列条件才能进行货物招标。

(1)　招标人已经依法成立。

(2)　按照国家有关规定应当履行项目审批、核准或者备案手续的，已经审批、核准或者备案。

(3)　有相应资金或者资金来源已经落实。

(4)　能够提出货物的使用与技术要求。

2) 审批、核准手续

根据《工程建设项目货物招标投标办法》第九条的规定，依法必须进行招标的工程建设项目，按国家有关规定需要履行审批、核准手续的，招标人应当在报送的可行性研究报告、资金申请报告或者项目申请报告中将货物招标范围、招标方式(公开招标或邀请招标)、招标组织形式(自行招标或委托招标)等有关招标内容报项目审批、核准部门审批、核准。项目审批、核准部门应当将审批、核准的招标内容通报有关行政监督部门。企业投资项目申请政府安排财政性资金的，上述招标内容由资金申请报告审批部门依法在批复中确定。

### 3. 货物招标的方式

1) 公开招标

国务院发展改革部门确定的国家重点建设项目和各省、自治区、直辖市人民政府确定的地方重点建设项目，其货物采购应当公开招标。采用公开招标方式的，招标人应当发布资格预审公告或者招标公告。依法必须进行货物招标的资格预审公告或者招标公告，应当在国家指定的报刊或者信息网络上发布。招标公告或者投标邀请书应当载明下列内容：招标人的名称和地址，招标货物的名称、数量、技术规格、资金来源，交货的地点和时间，获取招标文件或者资格预审文件的地点和时间，对招标文件或者资格预审文件收取的费用，提交资格预审申请书或者投标文件的地点和截止日期，对投标人的资格要求。

2) 邀请招标

依据《工程建设项目货物招标投标办法》第十一条的规定，依法应当公开招标的项目，有下列情形之一的，可以邀请招标。

(1) 技术复杂、有特殊要求或者受自然环境限制，只有少量潜在投标人可供选择。

(2) 采用公开招标方式的费用占项目合同金额的比例过大。

(3) 涉及国家安全、国家秘密或者抢险救灾，适宜招标但不宜公开招标。

有上述第(2)项所列情形，属于按照国家有关规定需要履行项目审批、核准手续的依法必须进行招标的项目，由项目审批、核准部门认定；其他项目由招标人申请有关行政监督部门做出认定。

采用邀请招标方式的，招标人应当向3家以上具备货物供应能力、资信良好的特定的法人或者其他组织发出投标邀请书。

### 4. 资格审查

1) 资格预审与资格后审

招标人可以根据招标货物的特点和需要，对潜在投标人或者投标人进行资格审查；国家对潜在投标人或者投标人的资格条件有规定的，依照其规定。资格审查可分为资格预审和资格后审。

资格预审是指招标人出售招标文件或者发出投标邀请书前对潜在投标人进行的资格审查。资格预审一般适用于潜在投标人较多或者大型、技术复杂的货物的招标。采取资格预审的，招标人应当在资格预审文件中详细规定资格审查的标准和方法。

资格后审，是指在开标后对投标人进行的资格审查。资格后审一般在评标过程中的初步评审开始时进行。采取资格后审的，招标人应当在招标文件中详细规定资格审查的标准和方法。

招标人应当按照资格预审公告、招标公告或者投标邀请书规定的时间、地点发售招标文件或者资格预审文件。自招标文件或者资格预审文件发售之日起至停止发售之日止，最短不得少于 5 日。招标人可以通过信息网络或者其他媒介发布招标文件。通过信息网络或者其他媒介发布的招标文件与书面招标文件具有同等法律效力，出现不一致时以书面招标文件为准，但国家另有规定的除外。对招标文件或者资格预审文件的收费应当限于补偿印刷、邮寄的成本支出，不得以营利为目的。

除不可抗力原因外，招标文件或者资格预审文件发出后，不予退还；招标人在发布招标公告、发出投标邀请书后或者发出招标文件或资格预审文件后不得终止招标。招标人终止招标的，应当及时发布公告，或者以书面形式通知被邀请的或者已经获取资格预审文件、招标文件的潜在投标人。已经发售资格预审文件、招标文件或者已经收取投标保证金的，招标人应当及时退还所收取的资格预审文件、招标文件的费用，以及所收取的投标保证金及银行同期存款利息。

招标人在进行资格审查时，不得改变或补充载明的资格审查标准和方法或者以没有载明的资格审查标准和方法对潜在投标人或者投标人进行资格审查。经资格预审后，招标人应当向资格预审合格的潜在投标人发出资格预审合格通知书，告知获取招标文件的时间、地点和方法，并同时向资格预审不合格的潜在投标人告知资格预审结果。依法必须招标的项目通过资格预审的申请人不足 3 个的，招标人在分析招标失败的原因并采取相应措施后，应当重新招标。对资格后审不合格的投标人，评标委员会应当否决其投标。

2)　资格预审文件一般包括的内容

资格预审文件一般包括以下内容：①资格预审公告，②申请人须知，③资格要求，④其他业绩要求，⑤资格审查标准和方法，⑥资格预审结果的通知方式。

#### 5. 货物招标文件一般包括的内容

货物招标文件一般包括下列内容：①招标公告或者投标邀请书；②投标人须知；③投标文件格式；④技术规格、参数及其他要求；⑤评标标准和方法；⑥合同主要条款。

招标人应当在招标文件中规定实质性要求和条件，说明不满足其中任何一项实质性要求和条件的投标将被拒绝，并用醒目的方式标明；没有标明的要求和条件在评标时不得作为实质性要求和条件。对于非实质性要求和条件，应规定允许偏差的最大范围、最高项数以及对这些偏差进行调整的方法。国家对招标货物的技术、标准、质量等有规定的，招标人应当按照其规定在招标文件中提出相应要求。

招标货物需要划分标包的，招标人应合理划分标包，确定各标包的交货期，并在招标文件中如实载明。招标人不得以不合理的标包限制或者排斥潜在投标人或者投标人。依法必须进行招标的项目的招标人不得利用标包划分规避招标。

招标人允许中标人对非主体货物进行分包的，应当在招标文件中载明。主要设备、材料或者供货合同的主要部分不得要求或者允许分包。除招标文件要求不得改变标准货物的供应商外，中标人经招标人同意改变标准货物的供应商的，不应视为转包和违法分包。

招标人可以要求投标人在提交符合招标文件规定要求的投标文件外，提交备选投标方案，但应当在招标文件中做出说明。不符合中标条件的投标人的备选投标方案不予考虑。

招标文件规定的各项技术规格应当符合国家有关技术法规的规定。招标文件中规定的各项技术规格均不得要求或标明某一特定的专利技术、商标、名称、设计、原产地或供应者等，不得含有倾向或者排斥潜在投标人的其他内容。如果必须引用某一供应者的技术规格才能准确或清楚地说明拟招标货物的技术规格时，则应当在参照后面加上“或相当于”的字样。招标文件应当明确规定评标时包含价格在内的所有评标因素，以及据此进行评估的方法。在评标过程中，不得改变招标文件中规定的评标标准、方法和中标条件。

对无法精确拟定其技术规格的货物，招标人可以采用两阶段招标程序。在第一阶段，招标人可以首先要求潜在投标人提交技术建议，详细阐明货物的技术规格、质量和其他特性。招标人可以与投标人就其建议的内容进行协商和讨论，达成一个统一的技术规格后编制招标文件。在第二阶段，招标人应当向第一阶段提交了技术建议的投标人提供包含统一技术规格的正式招标文件，投标人根据正式招标文件的要求提交包括价格在内的最后投标文件。招标人要求投标人提交投标保证金的，应当在第二阶段提出。

对于潜在投标人在阅读招标文件中提出的疑问，招标人应当以书面形式、投标预备会方式或者通过电子网络解答，但需同时将解答以书面形式通知所有购买招标文件的潜在投标人。该解答的内容为招标文件的组成部分。除招标文件有明确要求外，出席投标预备会不是强制性的，由潜在投标人自行决定，并自行承担由此可能产生的风险。

招标人应当确定投标人编制投标文件所需的合理时间。依法必须进行招标的货物，自招标文件开始发出之日起至投标人提交投标文件截止之日，最短不得少于 20 日。

#### 6. 招标人可以要求投标人提交投标保证金

招标人可以在招标文件中要求投标人以自己的名义提交投标保证金。投标保证金除现金外，可以是银行出具的银行保函、保兑支票、银行汇票或现金支票，也可以是招标人认可的其他合法担保形式。依法必须进行招标的项目的境内投标单位，以现金或者支票形式提交的投标保证金应当从其基本账户转出。投标保证金不得超过项目估算价的 2%，但最高不得超过 80 万元人民币。投标保证金有效期应当与投标有效期一致。投标人应当按照招标文件要求的方式和金额，在提交投标文件截止时间前将投标保证金提交给招标人或其委托的招标代理机构。

#### 7. 招标文件应规定投标有效期

招标文件应当规定一个适当的投标有效期，以保证招标人有足够的时间完成评标和与中标人签订合同。投标有效期从招标文件规定的提交投标文件截止之日起计算。在原投标有效期结束前，出现特殊情况的，招标人可以以书面形式要求所有投标人延长投标有效期。投标人同意延长的，不得要求或被允许修改其投标文件的实质性内容，但应当相应延长其投标保证金的有效期；投标人拒绝延长的，其投标失效，但投标人有权收回其投标保证金及银行同期存款利息。

依法必须进行招标的项目同意延长投标有效期的投标人少于 3 个的，招标人在分析招标失败的原因并采取相应措施后，应当重新招标。

### 2.4.2 工程建设项目货物投标

#### 1. 投标人

投标人是响应招标公告、参加投标竞争的法人或者其他组织。法定代表人为同一个人

的两个及两个以上法人，母公司、全资子公司及其控股公司，都不得在同一货物招标中同时投标。一个制造商对同一品牌、同一型号的货物，仅能委托一个代理商参加投标。违反上述规定的，相关投标均无效。

### 2. 投标文件一般包括的内容

投标人应当按照招标文件的要求编制投标文件。投标文件应当对招标文件提出的实质性要求和条件做出响应。投标文件一般包括以下内容。

(1) 投标函。

(2) 投标一览表。

(3) 技术性能参数的详细描述。

(4) 商务和技术偏差表。

(5) 投标保证金。

(6) 有关资格证明文件。

(7) 招标文件要求的其他内容。

投标人根据招标文件载明的货物实际情况，拟在中标后将供货合同中的非主要部分进行分包的，应当在投标文件中载明。

### 3. 投标文件的提交与保管

投标人应当在招标文件要求提交投标文件的截止时间前，将投标文件密封送达招标文件中规定的地点。招标人收到投标文件后，应当向投标人出具标明签收人和签收时间的凭证，在开标前任何单位和个人不得开启投标文件。在招标文件要求提交投标文件的截止时间后送达的投标文件，招标人应当拒收。

投标人在招标文件要求提交投标文件的截止时间前，可以补充、修改、替代或者撤回已提交的投标文件，并书面通知招标人。补充、修改的内容为投标文件的组成部分。

在提交投标文件截止时间后，投标人不得撤销其投标文件，否则招标人可以不退还其投标保证金。招标人应妥善保管已接收的投标文件、修改或撤回通知、备选投标方案等投标资料，并严格保密。

依法必须进行招标的项目，提交投标文件的投标人少于 3 个的，招标人在分析招标失败的原因并采取相应措施后，应当重新招标。重新招标后投标人仍少于 3 个，按照国家的有关规定需要履行审批、核准手续的依法必须进行招标的项目，报项目审批、核准部门审批、核准后可以不再进行招标。

### 4. 联合体投标

两个以上法人或者其他组织可以组成一个联合体，以一个投标人的身份共同投标。联合体各方签订共同投标协议后，不得再以自己的名义单独投标，也不得组成或参加其他联合体在同一项目中投标；否则相关投标均无效。

联合体中标的，应当指定牵头人或代表，授权其代表所有联合体成员与招标人签订合同，负责整个合同实施阶段的协调工作。但是，需要向招标人提交由所有联合体成员法定代表人签署的授权委托书。

招标人接受联合体投标并进行资格预审的，联合体应当在提交资格预审申请文件前组成。资格预审后联合体增减、更换成员的，其投标无效。招标人不得强制资格预审合格的投标人组成联合体。

### 2.4.3 开标、评标和定标

#### 1. 开标

1) 开标的时间与地点

开标应当在招标文件确定的提交投标文件截止时间的同一时间公开进行；开标地点应当为招标文件中确定的地点。投标人或其授权代表有权出席开标会，也可以自主决定不参加开标会。投标人对开标有异议的，应当在开标现场提出，招标人应当当场做出答复，并制作记录。

2) 招标人应当拒收的投标文件

投标文件有下列情形之一的，招标人应当拒收：逾期送达；未按招标文件要求密封。

3) 评标委员会应当否决的投标

有下列情形之一的，评标委员会应当否决其投标。

(1) 投标文件未经投标单位盖章和单位负责人签字。

(2) 投标联合体没有提交共同投标协议。

(3) 投标人不符合国家或者招标文件规定的资格条件。

(4) 同一投标人提交两个以上不同的投标文件或者投标报价，但招标文件要求提交备选投标的除外。

(5) 投标标价低于成本或者高于招标文件设定的最高投标限价。

(6) 投标文件没有对招标文件的实质性要求和条件做出响应。

(7) 投标人有串通投标、弄虚作假、行贿等违法行为。

依法必须招标的项目评标委员会否决所有投标的，或者评标委员会否决一部分投标后，其他有效投标不足 3 个，使投标明显缺乏竞争，评标委员会决定否决全部投标的，招标人在分析招标失败的原因并采取相应措施后，应当重新招标。

4) 投标文件的澄清、说明或补正

评标委员会可以以书面形式要求投标人对投标文件中含义不明确、对同类问题表述不一致或者有明显文字和计算错误的内容做必要的澄清、说明或补正。评标委员会不得向投标人提出带有暗示性或诱导性的问题，或向其明确投标文件中的遗漏和错误。投标文件不响应招标文件的实质性要求和条件的，评标委员会不得允许投标人通过修正或撤销其不符合要求的差异或保留，使之成为具有响应性的投标。

#### 2. 评标

技术简单或技术规格、性能、制作工艺要求统一的货物，一般可采用经评审的最低投标价法进行评标。技术复杂或技术规格、性能、制作工艺要求难以统一的货物，一般应采用综合评估法进行评标。符合招标文件要求且评标价最低或综合评分最高而被推荐为中标候选人的投标人，其所提交的备选投标方案方可予以考虑。

评标委员会完成评标后，应向招标人提出书面评标报告。评标报告由评标委员会全体成员签字。评标委员会在书面评标报告中推荐的中标候选人应当限定在 1～3 人，并标明排列顺序。招标人应当接受评标委员会推荐的中标候选人，不得在评标委员会推荐的中标候选人之外确定中标人。

依法必须进行招标的项目，招标人应当自收到评标报告之日起 3 日内公示中标候选人，公示期不得少于 3 日。

### 3. 定标

1) 中标人的确定

国有资金占控股或者主导地位的依法必须进行招标的项目，招标人应当确定排名第一的中标候选人为中标人。排名第一的中标候选人放弃中标、因不可抗力提出不能履行合同、不按照招标文件要求提交履约保证金，或者被查实存在影响中标结果的违法行为等情形，不符合中标条件的，招标人可以按照评标委员会提出的中标候选人名单排序依次确定其他中标候选人为中标人。依次确定其他中标候选人与招标人预期差距较大，或者对招标人明显不利的，招标人可以重新招标。招标人可以授权评标委员会直接确定中标人。国务院对中标人的确定另有规定的，从其规定。

招标人不得向中标人提出压低报价、增加配件或者售后服务量以及其他超出招标文件规定的违背中标人意愿的要求，并以此作为发出中标通知书和签订合同的条件。

2) 中标通知书的效力

中标通知书对招标人和中标人具有同等法律效力。中标通知书发出后，招标人改变中标结果的，或者中标人放弃中标项目的，应当依法承担法律责任。中标通知书由招标人发出，也可以委托其招标代理机构发出。

3) 签订合同

招标人和中标人应当在投标有效期内并在自中标通知书发出之日起 30 日内，按照招标文件和中标人的投标文件订立书面合同。招标人和中标人不得再行订立背离合同实质性内容的其他协议。必须审批的工程建设项目，货物合同价格应当控制在批准的概算投资范围之内；确需超出范围的，应当在中标合同签订前，报原项目审批部门审查同意。项目审批部门应当根据招标的实际情况，及时做出批准或者不予批准的决定；项目审批部门不予批准的，招标人应当自行平衡超出的概算。

4) 履约保证金的提交与投标保证金的退还

招标文件要求中标人提交履约保证金或者其他形式的履约担保的，中标人应当提交；拒绝提交的，视为放弃中标项目。招标人要求中标人提供履约保证金或其他形式的履约担保的，招标人应当同时向中标人提供货物款支付担保。履约保证金不得超过中标合同金额的 10%。

招标人最迟应当在书面合同签订后 5 日内，向中标人和未中标的投标人一次性退还投标保证金及银行同期存款利息。

5) 招标投标情况的报告

依法必须进行货物招标的项目，招标人应当自确定中标人之日起 15 日内，向有关行政监督部门提交招标投标情况的书面报告。报告至少应包括以下内容：招标货物的基本情况；招标方式和发布招标公告或者资格预审公告的媒介；招标文件中投标人须知、技术条款、评标标准和方法、合同主要条款等内容；评标委员会的组成和评标报告及中标结果。

### 2.4.4 违反建设项目货物招标与投标的罚则

#### 1. 对招标人违法行为的罚则

(1) 招标人有下列限制或者排斥潜在投标行为之一的，由有关行政监督部门依照《招标投标法》第五十一条的规定处罚。其中，构成依法必须进行招标的项目的招标人规避招标的，依照《招标投标法》第四十九条的规定处罚。

① 依法应当公开招标的项目不按照规定在指定媒介发布资格预审公告或者招标公告。

② 在不同媒介发布的同一招标项目的资格预审公告或者招标公告内容不一致，影响潜在投标人申请资格预审或者投标。

(2) 招标人有下列情形之一的，由有关行政监督部门责令改正，可以处10万元以下的罚款。

① 依法应当公开招标而采用邀请招标方式。

② 招标文件、资格预审文件的发售、澄清、修改的时限，或者确定的提交资格预审申请文件、投标文件的时限不符合《招标投标法》和《招标投标法实施条例》的规定。

③ 接受未通过资格预审的单位或者个人参加投标。

④ 接受应当拒收的投标文件。招标人有上述第①项、第③项、第④项所列行为之一的，对单位直接负责的主管人员和其他直接责任人员依法给予处分。

(3) 依法必须进行招标的项目的招标人有下列情形之一的，由有关行政监督部门责令改正，可以处中标项目金额10‰以下的罚款；给他人造成损失的，依法承担赔偿责任；对单位直接负责的主管人员和其他直接责任人员依法给予处分。

① 无正当理由不发出中标通知书。

② 不按照规定确定中标人。

③ 中标通知书发出后无正当理由改变中标结果。

④ 无正当理由不与中标人订立合同。

⑤ 在订立合同时向中标人提出附加条件。

中标通知书发出后，中标人放弃中标项目的，无正当理由不与招标人签订合同的，在签订合同时向招标人提出附加条件或者更改合同实质性内容的，或者拒不提交所要求的履约保证金的，取消其中标资格，投标保证金不予退还；给招标人的损失超过投标保证金数额的，中标人应当对超过部分予以赔偿；没有提交投标保证金的，中标人应当对招标人的损失承担赔偿责任。对依法必须进行招标的项目的中标人，由有关行政监督部门责令改正，可以处中标金额10‰以下的罚款。

(4) 招标人不履行与中标人订立的合同的，应当返还中标人的履约保证金，并承担相应的赔偿责任；没有提交履约保证金的，应当对中标人的损失承担赔偿责任。因不可抗力不能履行合同的，不适用上述规定。

#### 2. 对评标委员会成员违法行为的罚则

评标委员会成员有下列行为之一的，由有关行政监督部门责令改正；情节严重的，禁止其在一定期限内参加依法必须进行招标的项目的评标；情节特别严重的，取消其担任评标委员会成员的资格。

(1) 应当回避而不回避。

(2) 擅离职守。

(3) 不按照招标文件规定的评标标准和方法评标。

(4) 私下接触投标人。

(5) 向招标人征询确定中标人的意向或者接受任何单位或者个人明示或者暗示提出的倾向或者排斥特定投标人的要求。

(6) 对依法应当否决的投标不提出否决意见。

(7) 暗示或者诱导投标人做出澄清、说明或者接受投标人主动提出的澄清、说明。

(8) 其他不客观、不公正履行职务的行为。

# 复习思考题

1. 建设工程设计招标文件应包括哪些内容?
2. 编制建设工程设计投标文件有什么要求?
3. 建设工程设计投标文件作废的情形有哪些?
4. 必须进行勘察设计招标的工程项目在招标时应具备什么条件?
5. 勘察设计项目依法可以采用邀请招标的情形有哪些?
6. 哪些勘察设计项目可以不招标?
7. 勘察设计招标文件应具备哪些内容?
8. 勘察设计投标文件被否决的情况有哪些?
9. 勘察设计的投标人发生哪些情况时，评标委员会应否决其投标?
10. 什么是施工项目的招标人? 施工项目应当具备哪些条件才能进行施工招标?
11. 可采用邀请招标的工程施工项目有哪些?
12. 可以不进行招标的施工项目有哪些?
13. 施工项目的招标公告、投标邀请书包括哪些内容?
14. 什么是施工项目的资格预审? 什么是施工项目的资格后审?
15. 施工项目的资格审查包括哪些内容?
16. 什么是工程项目的投标人? 工程建设项目的投标文件应包括哪些内容?
17. 施工项目投标人串通投标报价的情形有哪些?
18. 施工项目的招标人与投标人串通的情形有哪些?
19. 依法进行货物招标的工程建设项目应当具备什么条件?
20. 工程建设项目货物招投标中的资格预审文件一般包括哪些内容?
21. 工程建设项目货物招标文件包括哪些内容?
22. 工程建设项目货物投标文件包括哪些内容?
23. 投标保证金与履约保证金是如何规定的?
24. 评标委员会应当否决货物投标的情形有哪些?

# 案 例 分 析

**案例一**

2013 年，某房地产开发公司为建设某大厦进行招标，招标文件中规定中标单位应与招标单位签订履约保证金合同。中标单位确定为某建筑公司，原告某建筑公司与被告某房地产开发公司签订了一份履约保证金协议，约定由原告向被告支付 200 万元作为履约保证金，期限为一年；同时约定了补偿办法和违约责任等。协议签订后，经被告许可，原告实际支付了 150 万元。被告收取了此笔保证金后，即将其挪用于工程建设。一年期满后被告未按约如期履行返还义务。双方于 2014 年 9 月 24 日签订补充协议，约定从 2014 年 10 月起，被告向原告按月归还保证金，每月不少于 50 万元，在 2014 年 12 月月底前归还全部保证金。但是到期后被告仍未归还，原告催索无果，遂书面通知被告解除补充协议，并向法院提起诉讼，要求法院判令被告归还保证金及利息。

**问题：**本案应当如何处理？为什么？

**案例二**

2014 年，某国家科研单位为建设一栋实验楼而进行招标，根据当时住建部的文件精神和建设方的设计要求，要求建设工程的承包单位必须掌握先进的施工工艺和技术，拥有雄厚的资金，能够在规定的期限内完成施工任务。竣工目标必须满足工程建设对新设计、新技术、新工艺和新材料的要求，以保证国家对该实验楼的验收。由于该实验楼的建设资金的一部分来源于国际科研组织，因此，参与投资的一方要求建设方务必在工程的招标过程中选择优秀的施工单位作为中标人。

在投标过程中，招标方对参加投标各方的资格进行了资格预审，对各方提交的投标文件内容进行了审查。由于该建设项目质量要求较高，因此各投标报价相对于标底有较大的偏差，高于标底的投标有三家，最高的一个投标人报价高于标底 500 万元，最低的报价也高于标底 100 万元。其中方圆建设有限公司报价低于标底 100 万元，这引起了招标单位高度重视，虽然不能仅仅依据投标报价的高低来决定中标单位，但是招标人还是希望能够通过考核施工技术力量，决定将标授予该公司。通过对文件的审查，该公司的施工人员、施工机械、施工工艺和设计预案与其他投标人之间没有太大的差别，但是为什么该投标单位报价如此低呢？招标人希望该投标人能够继续补充资料，对投标文件做出更加确切的说明，并决定在审查完补充资料后进行实地考察，以确保中标单位的施工能力能够满足建设方的预期目标。但是，在招标人给予方圆公司的 5 天的补充资料期限内，方圆公司并没有积极地做出反应。为此，招标人依照招标文件确定的时间开标。同时宣布方圆公司的投标为废标。方圆公司不服，向法院提起诉讼，要求按照标底的最优惠状况确认其中标。

**问题：**方圆公司的请求是否符合《招标投标法》的规定？

# 第 2 编　合同法基本原理

# 第3章　合同的订立

**学习目标**

- 掌握合同的基本概念、订立合同应遵循的原则、合同的一般条款、要约与承诺等内容。
- 熟悉缔约过失责任。
- 了解合同格式条款的含义与解释。

**本章导读**

本章主要学习合同与合同法、订立合同的基本原则与方式、合同的一般条款、格式合同、缔约过失责任等内容。

## 3.1　合同与合同法概述

### 3.1.1　合同概述

#### 1. 合同的概念及其特征

在合同理论中，合同也称契约。自20世纪50年代初期至今，除我国台湾省之外，我国内地的民事立法和司法实践主要采用了合同而不是契约的概念。我国《合同法》第二条规定，合同是平等主体的自然人、法人、其他组织之间设立、变更、终止民事权利义务关系的协议。

根据《合同法》中关于合同概念的规定，合同具有以下几个特征。

(1)　合同是平等主体的自然人、法人、其他组织所实施的一种民事法律行为。民事法律行为是一种重要的法律事实，是能够引起民事权利和民事义务的产生、变更或终止的合法行为，是以意思表示为成立要件的，没有意思表示，就没有民事法律行为。民事法律行为在性质上不同于事实行为。所谓事实行为，是指不以意思表示为要件并不能产生当事人预期法律效果的行为，如侵权行为。事实行为并不是法律行为，因此与合同是不同的。合同是一种合法的、具有法律约束力的行为。

(2)　合同以设立、变更或终止民事权利义务关系为目的和宗旨。所谓设立民事法律关系，是指当事人订立合同的目的是要形成某种法律关系，从而依据所订立的合同享有权利和承担义务。变更民事法律关系，是指当事人通过订立合同使原有的合同在内容上发生变化。变更合同关系通常是在继续保持原合同关系效力的前提下变更合同内容。如果因为变更使原合同关系消灭而产生一种新的合同关系，则不属于变更的范围。终止民事权利义务关系，是指当事人通过订立合同，旨在消灭原合同关系。

(3) 合同是当事人协商一致的产物或意思表示一致的协议。合同又称协议，是当事人之间的一种合意。任何合同都必须是订立合同当事人意思表示一致的产物。这就要求合同当事人必须是两个以上、意思表示真实一致并形成合意。

2. 合同的种类

合同依据不同的标准可以进行不同的分类，从而形成不同种类的合同。我国《合同法》分则中将合同分为15种，包括买卖合同，供用电、水、气、热力合同，赠予合同，借款合同，租赁合同，融资租赁合同，承揽合同，建设工程合同，运输合同，技术合同，保管合同，仓储合同，委托合同，行纪合同，居间合同。

为了更好地指导合同当事人订立和履行合同，人民法院或仲裁机构处理纠纷时正确适用法律，完善合同立法，研究合同不同分类是十分必要的。一般来说，合同还可以做以下分类。

1) 单务合同与双务合同

根据当事人双方是否存在对等给付义务，合同可以分为单务合同和双务合同。单务合同是指仅有一方负担给付义务的合同。双务合同是指当事人双方互负对等给付义务的合同。区分单务合同与双务合同的意义在于：是否使用同时履行抗辩权规则、风险如何分担及因一方过错致合同不履行后果的不同。

2) 有偿合同与无偿合同

根据当事人是否可以从合同中获取某种利益，可以将合同分为有偿合同与无偿合同。有偿合同是指一方通过履行合同规定的义务而给对方某种利益，对方要得到该利益必须为此支付相应代价的合同。无偿合同是指一方给付对方某种利益，对方取得该利益时并不支付任何报酬的合同。无偿合同是等价有偿原则在适用中的例外现象，在实践中应用得较少。在无偿合同中，一方当事人虽不向他方支付任何报酬，但并非不承担任何义务。对于有些无偿合同，当事人也要承担义务，如借用人无偿借用他人物品，借用人负有正当使用和按期返还物品的义务。有偿合同与无偿合同只能在财产关系中方能进行区分，在身份关系中一般不涉及有偿与无偿问题。合同的有偿与无偿的划分，与合同的单务与双务的划分并非完全等同。一般来说，有偿合同都是双务合同，而无偿合同多为单务合同。

区分有偿合同与无偿合同的意义主要如下所述。

(1) 确定某些合同的性质。在债权合同中，许多合同只能是有偿的，不能是无偿的，如果要变有偿为无偿，或者相反，则合同关系在性质上就要发生根本的变化。例如，买卖合同是有偿的，如果变为无偿合同，则变成了赠予合同。当然，也有一些合同既可以是有偿的，也可以是无偿的，如公民之间的保管合同多为无偿合同，而法人之间的保管合同则多为有偿合同。

(2) 义务的内容不同。由于合同是对交易关系的反映，合同义务的内容常受到当事人之间利益关系的影响。在无偿合同中，利益的出让人原则上只应承担较低的注意义务，例如，在无偿保管合同中，保管人因过失造成保管物毁损、灭失时，虽不能被免除全部责任，但应酌情减轻责任。而在有偿合同中，当事人所承担的注意义务显然要较无偿合同中的注意义务重。例如，有偿保管合同的保管人收取了寄托人所支付的保管费，如果因其过失造成保管物毁损、灭失时，保管人应负全部赔偿责任。

(3) 主体要求不同。订立有偿合同的当事人原则上应具备完全行为能力，限制行为能力人非经其法定代理人的同意，不能订立一些较为重大的有偿合同。但对于一些能获得法律上利益的无偿合同，如接受赠予等，限制行为能力人和无行为能力人即使未取得法定代理人的同意也可以订立该合同。

3) 有名合同与无名合同

根据法律上是否规定了合同的名称，可以将合同分为有名合同与无名合同。有名合同又称为典型合同，是指法律上已经确定了一定的名称及规则的合同。我国《合同法》所规定的 15 种合同，都属于有名合同。无名合同又称非典型合同，是指法律上尚未确定一定的名称与规则的合同。学者一般将其归纳为三类：①纯无名合同，即以法律纯无规定的事项为内容的合同，或者说，合同的内容不属于任何有名合同的事项。②混合合同，即在一个有名合同中规定其他有名合同事项的合同，如在租赁房屋时，承租人以提供劳务代替交付租金的合同。③准混合合同，即在一个有名合同中规定其他无名合同事项的合同。

有名合同与无名合同的区别主要在于两者适用的法律规则不同。有名合同应当直接适用《合同法》的规定或其他有关该合同的立法规定。对于无名合同如何适用法律规则的问题，《合同法》第一百二十四条规定："本法分则或者其他法律没有明文规定的合同，适用本法总则的规定，并可以参照本法分则或者其他法律最相类似的规定。"第一百七十四条规定："法律对其他有偿合同有规定的，依照其规定；没有规定的，参照买卖合同的有关规定。"例如，旅游合同中包含了运输合同、服务合同、房屋租赁合同等多项有名合同的内容，因此可以类推适用这些有名合同的规则。

4) 诺成合同与实践合同

根据合同的成立是否以交付标的物为成立要件，可以将合同分为诺成合同和实践合同。

诺成合同是指当事人一方的意思表示一旦为对方同意即能产生法律效果的合同，即"一诺即成"的合同。此种合同的特点在于，当事人双方意思表示一致之时，合同即告成立。实践合同是指除当事人双方意思表示一致以外，尚需交付标的物才能成立的合同。在这种合同中，仅凭双方当事人的意思表示一致，尚不能产生一定的权利义务关系，还必须有一方实际交付标的物的行为，才能产生法律效果。例如保管合同，必须有寄存人将寄存的物品交付保管人，合同才能成立并生效。由于绝大多数合同从双方形成合意时成立，因此它们都是诺成合同。而实践合同则必须有法律特别规定，可见实践合同是特殊合同。

诺成合同与实践合同的区别并不在于一方是否应交付标的物。就大量的诺成合同来说，一方当事人因合同约定也负有交付标的物的义务，如买卖合同中的出卖人，有向买受人交付标的物的义务。实际上，诺成合同与实践合同的主要区别在于二者成立与生效的时间不同。诺成合同自双方当事人意思表示一致时起，合同即告成立；而实践合同则在当事人达成合意之后，还必须由当事人交付标的物和完成其他给付以后，合同才能成立。

5) 要式合同和不要式合同

根据合同是否应以一定的形式为要件，可将合同分为要式合同与不要式合同。要式合同是指必须依据法律规定的方式而成立的合同。对于一些重要的交易，法律常常要求当事人必须采取特定的方式订立合同。例如，中外合资经营企业合同属于应当由国家批准的合同，只有获得政府批准时，合同方能成立。不要式合同是指当事人订立的合同依法并不需要采取特定的形式，当事人可以采取口头形式，也可以采取书面形式。合同除法律有特别规定以外，均为不要式合同。

要式合同与不要式合同的区别在于是否应以一定的形式作为合同成立或生效的要件。法律关于形式要件的规定是属于成立要件还是生效要件的规定，应依据法律规定的内容及合同的性质来确定。如果形式要件属于成立要件，当事人未根据法律的规定采用一定的形式，则合同不能成立；如果形式要件属于生效要件，当事人不依法采用一定形式，则已成立的合同不能生效。当然，对于不要式合同而言，可由当事人自由决定合同形式，无论采用何种形式，均不影响合同的成立和生效。

6) 主合同与从合同

根据合同相互间的主从关系，可以将合同分为主合同与从合同。主合同是指不需要其他合同的存在即可独立存在的合同。例如，对于保证合同来说，设立主债务的合同就是主合同。从合同是以其他合同的存在为存在前提的合同。例如，保证合同相对于主债务合同而言即为从合同。由于从合同要依赖于主合同的存在而存在，所以从合同又被称为“附属合同”。从合同的主要特点在于其附属性，即它不能独立存在，必须以主合同的存在并生效为前提。主合同不能成立，从合同就不能有效成立。主合同转让，从合同也不能单独存在。主合同被宣告无效或被撤销，从合同也将失去效力。主合同终止，从合同亦随之终止。

## 3.1.2 合同法概述

### 1. 合同法的概念及其特点

1) 合同法的概念及其调整范围

合同法是调整平等主体之间的交易关系的法律，主要规范合同的订立、合同的有效和无效及合同的履行、变更、解除、保全、违反合同的责任等问题。合同法并不是一个独立的法律部门，而只是我国民法的重要组成部分。根据我国《合同法》的规定，合同法是调整平等主体的自然人、法人、其他组织之间设立、变更、终止民事权利义务关系的法律规范的总称。这一概念包括以下三层含义：①合同法只调整平等主体之间的关系；②合同法所调整的关系限于平等主体之间民事权利义务的合同关系；③合同法所调整的民事权利义务合同关系属于财产性的合同关系，不包括人身性质的合同关系。

我国《合同法》第二条规定：“本法所称合同是平等主体的自然人、法人、其他组织之间设立、变更、终止民事权利义务关系的协议。婚姻、收养、监护等有关身份关系的协议，适用其他法律的规定。”这一规定明确了《合同法》的适用范围，排除了那些不属于平等主体之间订立的有关权利义务关系的协议：①政府依法维护经济秩序的管理活动属于行政管理关系，不是民事关系，适用有关政府管理的法律，不适用合同法。例如，有关财政拨款、征税和收取有关费用、征用、征购等，是政府行使行政管理职权的行为，应适用行政法的规定。政府机关在从事行政管理活动中采用协议的形式明确管理关系的内容，如与被管理者订立有关计划生育、综合治理等协议，因为这些协议并不是基于平等自愿的原则订立的，因此不是民事合同，不适用合同法。然而政府机关作为平等的民事主体与其他自然人、法人之间订立的有关民事权利义务的民事合同，如购买文具、修缮房屋、新建大楼等合同，仍然应受合同法调整。当国家以国有资产为基础参与各种民事法律关系时，国家是以民事主体身份出现的。而当国家以主权者和管理者的身份与其他主体发生关系时，其身份显然已非民事主体。政府的各种采购行为也是一种民事行为，尽管对此种行为要制定专门的政府采购法予以规范，但由此所产生的合同关系也应当适用合同法。②法人、其他组织内部的管理关系，适用有关公司、企业的法律，也不适用合同法。例如，企业内部实行生产责任制，由企业及企业的车间与工人之间订立责任制合同，这些都只是企业内部的管理措施，当事人之间仍然是一种管理和被管理的关系，应由劳动法等法律进行调整。关于农村土地承包合同，尽管类型较为复杂，但都是根据平等、自愿的原则订立的民事合同，任何一方违反合同特别是发包方擅自变更或解除合同，非违约方都有权根据合同法的规定请求对方承担违约责任。当然，因承包经营合同所产生的承包经营权也是一种物权，也应当受到物权法的保护。③根据我国《合同法》第二条的规定，婚姻、收养、监护等有关身份关系的协议，适用其他法律的规定。因为身份关系并不属于交易关系，当然不应受合同法调整。

2)　合同法的特点

由于合同法以调整交易关系为内容，且其适用范围为各类民事合同，由此也决定了合同法具有不同于民法其他部门法(如人格权法、侵权行为法、物权法等)的特点，表现为以下几个方面。

(1)　合同法具有任意性。在市场经济条件下，交易的发生和财产的增长要求市场主体在交易中能够独立自主，并能充分表达其意志，法律应为市场主体的交易活动留下广阔的活动空间，政府对经济活动的干预应限制在合理的范围内。市场经济对法律所提出的尽可能赋予当事人行为自由的要求在合同中表现得最为彻底。因此，合同法主要通过任意性规范而不是强行性规范来调整交易关系。

(2)　合同法强调平等协商和等价有偿原则。合同法规范的对象是交易关系，而交易关系本质上需要遵守平等协商和等价有偿原则。商品交换必然要求遵循价值规律的原则，实行等量劳动的交换，因此决定了合同法较之于民法的其他法律更强调平等协商和等价有偿原则。

(3)　合同法是富于统一性的财产法。市场经济是开放的经济，它要求消除对市场的分割、垄断、不正当竞争等现象，使各类市场成为统一的而不是分割的市场。各类市场主体能够在统一的市场中平等地从事各种交易活动，同时市场经济的发展促使国内市场和国际市场接轨，从而促进经济的发展和财富的增长。因此，作为市场经济基本法的合同法不仅应反映国内统一市场的需要，形成一套统一规则，也应该与国际惯例相衔接。

### 2. 依据合同法确立的合同法律关系

合同是发生在当事人之间的一种法律关系。由于合同在本质上是一种合意的关系，这种合意关系既可以通过口头证据，也可以通过书面证据加以证明。因此，合同与能够证明协议存在的合同书是不同的。在实践中，许多人将合同等同于合同书，认为只有存在合同书才存在合同关系，这种理解是不妥当的。合同书和其他有关合同的证据一样，都只是用来证明协议的存在及协议内容的证据，但其本身不能等同于合同关系，也不能认为只有有了合同书，才有协议或合同关系的存在。

合同关系和一般民事法律关系一样，也是由主体、内容和客体三个要素组成的。

1) 合同关系的主体

合同关系的主体又称为合同的当事人，包括债权人和债务人。债权人有权请求债务人依据法律和合同的规定履行义务；而债务人依据法律和合同负有实施一定行为的义务。当然，债权人与债务人的地位是相对的。合同关系的主体都是特定的，债权人只能向特定的债务人基于合同提出请求，合同债权也只能对抗特定的债务人。正是基于这一原因，合同债权又称为“对人权”。它与能够对抗一切不特定的第三人的物权是有区别的。

2) 合同关系的内容

合同关系的内容包括基于合同而产生的债权和债务，又称合同债权和合同债务。合同债权是指债权人依据法律或合同的规定而享有的请求债务人为一定行为的权利。合同债权在本质上是一种请求权，而不是像物权那样是一种支配权。因为债权人一般不是直接支配一定的物，而是请求债务人依照债权的规定为一定行为，或不为一定的行为。例如，买卖合同中规定，出卖人应于某年某月交货，在交货期到来之前，买受人只是享有请求出卖人在履行期到来后交付货物的权利，而不能实际支配出卖人的货物。也就是说，买受人只享有债权而不享有物权。只有在交货期到来后出卖人实际向买受人交付了财产，买受人占有了财产，才能够对该物享有实际的物权。当然，除请求权外，合同债权还包括代位权、撤销权等法定的权利。

合同债务是指债务人所承担的义务，即债务人向债权人为特定行为的义务。合同债务根据不同的标准有不同的种类，如主要义务和次要义务、给付义务和附随义务、明示义务和默示义务等。无论何种义务，债务人都应按照法律和合同的规定履行，否则债务人就应承担违约责任。

3) 合同关系的客体

合同关系的客体为合同债权与合同债务所共同指向的对象。关于合同关系的客体，理论上存在不同的看法。有人认为，合同关系的客体包括物、劳务、智力成果等；有人认为，合同关系的客体仅为行为。如果说物权的客体是物，那么合同债权的客体主要是行为，即债务人应为的特定行为。因为债权人在债务人尚未交付标的物之前，并不能实际占有和支配该标的物，而只能请求债务人为一定的行为。

## 3.2 订立合同应遵循的基本原则

合同法的基本原则是合同法的主旨和根本准则，是制定、解释、执行和研究合同法的出发点。合同法的基本原则贯穿在整个合同法制度和规范之中，它直接受到统治阶级立法思想的影响，反映着统治阶级对交易活动所持的政策、观念。合同法基本原则是市场经济的内在要求在法律上的表现，是从事交易活动的当事人所必须遵循的行为模式，但基本原则本身并不是具体的合同法规范，也不是具体规范所确定的具体行为标准。基本原则并没有确定具体的合同权利和义务，但它为交易行为提供了抽象的行为准则，尤其是为合同立法和司法确定了所应遵循的宗旨和标准。

### 3.2.1　合同当事人法律地位平等原则

合同当事人法律地位平等，即享有民事权利和承担民事义务的资格是平等的，一方不得将自己的意志强加给另一方。不论合同主体的所有制性质如何、规模大小、有无隶属关系、个人职位的高低，只要是合同主体，都是以平等法律身份进入合同关系。合同当事人平等地享有权利与承担义务，其合法权益平等地受法律保护。

### 3.2.2　自愿原则

自愿原则又称自由原则，合同自由原则在我国《合同法》中具体体现在第四条中。根据该条的规定，当事人依法享有自愿订立合同的权利，任何单位和个人不得非法干预。一般认为，该条是对合同自愿原则的确定。按照一般的解释，合同自愿原则既包括了缔约的自愿，也包括了合同内容由当事人在不违法的前提下自愿约定，在履行合同的过程中当事人可以协议补充或变更有关内容，还可以自由约定违约责任和解决争议的方法。当事人在法律范围内享有的这种自由都是合同自由原则的体现。

确立合同自由原则是鼓励交易、发展市场经济所必须采取的法律措施。合同关系越发达、越普遍，意味着交易越活跃，市场经济越具有活力，社会财富越能在更加活跃的交易中得到增长。然而，这一切都取决于合同当事人依法享有充分的合同自由。所以，合同自由是市场经济条件下交易关系发展的基础和必备条件，而以调整交易关系为主要内容的合同法当然应以此为最基本的原则。可以这样说，检验我国《合同法》是否反映了我国市场经济现实需要的一个重要标准就在于它是否在内容上确认了合同自由原则。尤其应当看到，确立合同自由原则，不仅为市场经济提供了必不可少的原则，而且也为社会主义市场经济奠定了充分尊重交易主体的自由和权利的新的法治原则。

### 3.2.3　公平原则

公平原则来自道德观念。提倡公平原则、谴责偏私是社会公德要求。公平同时是价值规律的要求和体现，即利益均衡，它作为一种价值判断标准用以衡量合同主体之间的物质利益关系，追求社会关系的公正合理的境界。

当事人应当公平合理地确定双方的权利和义务关系。对内容有重大误解或者显失公平的合同，一方当事人有权变更或者撤销。在合同履行过程中，具体问题的处理要遵循公平原则，合同违约责任的确定也要遵循公平原则。当事人一方违约后，对方当事人应当采取适当的措施防止损失的扩大；如果没有采取适当措施，致使损失扩大的，不得就扩大的损失要求赔偿。但为防止损失扩大而支出的合理费用，由违约方承担。

### 3.2.4　诚实信用原则

诚实信用原则是指当事人在从事民事活动时，应诚实守信，以善意的方式履行其义务，不得滥用权力及规避法律或合同规定的义务。在大陆法系国家，它通常被称为债法中的最高指导原则或“帝王规则”。我国《合同法》也确立了诚实信用原则。确立诚实信用原则的必要性在于：①保持和弘扬传统道德和商业道德。《合同法》确认诚实信用原则，是对我国传统道德及商业道德习惯在法律上的确认，对于弘扬道德观念、规范交易活动具有重要意义。②保障合同得到严格遵守，维护社会交易秩序。诚实信用实际上是要求做到言而有信、信守诺言。只有在交易当事人具有诚实守信的观念时，合同才能得到严格遵守。甚至在合同本身存在缺陷的情况下，交易当事人如果诚实守信，也会努力消除合同的缺陷，诚实地履行合同。反之，即使合同规定得再完备，而交易当事人是非诚实守信的，合同也难以被严格遵守。因此，确认诚实守信原则，强化诚实信用观念，是正常的交易秩序赖以建立的基础。③诚实信用原则的功能随着交易的发展而不断扩大。诚实信用原则不仅具有确定行为规则的作用，而且具有平衡利益冲突、为解释法律和合同提供准则等作用。尤其是考虑到中国自改革开放以来，社会经济生活变化很快，许多法律规则已不符合现实的经济情况，如果采纳诚实信用原则，使法官依据该原则填补法律漏洞，不失为完善法律的一条途径。

### 3.2.5 合法原则

为了保障当事人所订立的合同符合国家的意志和社会公共利益，协调不同的当事人之间的利益冲突，以及当事人的个别利益与整个社会和国家利益的冲突，保护正常的交易秩序，合同法确认了合法原则。我国《合同法》第七条规定：“当事人订立、履行合同，应当遵守法律、行政法规，尊重社会公德，不得扰乱社会经济秩序、损害社会公共利益。”合法原则是基本的民事活动准则。在经济活动中，切实贯彻合法原则，才能使各项交易活动纳入法治的轨道，保障社会经济生活的正常秩序。合法原则要求当事人在订约和履约过程中必须遵守国家的法律和行政法规。合同法主要是任意性规范，但在特殊情况下为维护社会公共利益和交易秩序，合同法也对合同当事人的自由进行了必要的干预和限制，如对标准合同及免责条款生效的限制性规定等。这些干预和限制属于强制性规定，当事人必须遵守，否则就会影响合同的效力。合法原则还包括当事人必须遵守社会公德，不得违背社会公共利益。法律规定得再完备，也不可能对社会经济现象包罗无遗，这就要求当事人在订约和履行过程中必须遵守公序良俗的要求，依据诚实信用原则履行各项附随义务。

## 3.3 订立合同的方式

### 3.3.1 要约

#### 1. 要约的概念

要约是订立合同所必须经过的程序。我国《合同法》第十四条规定：“要约是希望和他人订立合同的意思表示。”可见，要约是一方当事人以缔结合同为目的，向对方当事人所做的意思表示。发出要约的人称为要约人，接受要约的人则称为受要约人。

依据我国《合同法》第十三条的规定，要约是订立合同的必经阶段，不经过要约的阶段，合同是不可能成立的。要约作为一种订约的意思表示，能够对要约人和受要约人产生一种拘束力。尤其是要约人在要约的有效期限内，必须受要约的内容拘束。依据我国《合同法》第十四条的规定，要约的意思表示必须“表明经受要约人承诺，要约人即受该意思表示约束”。要约发出后，非依法律规定或受要约人的同意，不得变更、撤销要约的内容。

关于要约的法律性质有两种不同的观点，传统的大陆法系观点认为，要约是一种意思表示而不是法律行为；英美法系学者一般认为，要约是当事人所做的一种允诺，认为合同是一项或数项允诺，如此看来，要约与合同无法区分开。依据我国《民法通则》关于民事法律行为的规定，民事法律行为都是合法的，民事法律行为都可以产生行为人所预期的法律效果。

要约是一种意思表示，意思表示可以是合法的，也可以是不合法的，因此很难说要约是一种法律行为。要约既不是合同，又不是一种法律行为，那要约是什么呢？要约是一种意思表示且具有法律意义，并能产生法律后果，违反有效的要约将产生缔约上的过失责任。

2. 要约的有效条件

要约通常都具有特定的形式和内容，一项要约要发生法律效力，必须具有特定的有效条件，不具备这些条件，要约在法律上不能成立，也不能产生法律效力。根据《合同法》的规定，要约的有效条件包括以下几点。

1)　要约是由具有订约能力的特定人做出的意思表示

要约的提出旨在与他人订立合同，并唤起相对人的承诺，所以要约人必须是订立合同的一方当事人。要约人欲以订立某种合同为目的而发出某项要约，因此他应当具有订立合同的行为能力。我国《合同法》第九条规定："当事人订立合同，应当具有相应的民事权利能力和民事行为能力。"无行为能力人或依法不能独立实施某种行为的限制行为能力人发出欲订立合同的要约，不应产生行为人预期的效果。

2)　要约必须具有订立合同的意图

要约人发出要约的目的在于订立合同，而这种订约的意图一定要由要约人通过其发出的要约充分表达出来，才能在受要约人承诺的情况下产生合同。根据我国《合同法》第十四条的规定，要约是希望和他人订立合同的意思表示，要约中必须表明要约经受要约人承诺，要约人即受该意思表示拘束。

3)　要约必须向要约人希望与之缔结合同的受要约人发出

要约人向谁发出要约也就是希望与谁订立合同，要约只有向要约人希望与之缔结合同的受要约人发出才能够唤起受要约人的承诺。原则上要求要约的相对人必须特定，有助于减少因向不特定的人发出要约所产生的一些不必要的纠纷，有利于维护交易安全。要约原则上应向特定的相对人发出，并不是说严格禁止要约向不特定人发出。一方面，法律在某些特定情况下允许向不特定的人发出订约的提议具有要约的效力，如对悬赏广告可明确规定为要约。另一方面，要约人愿意向不特定人发出要约并自愿承担由此产生的后果，在法律上也是允许的。但是，向不特定人发出要约，必须具备两个要件：①必须明确表示其做出的建议是一项要约而不是要约邀请。②必须明确承担向多人发出要约的责任，尤其是要约人发出要约后，必须具有向不特定的相对人做出承诺以后履行合同的能力。如果订约的提议中已经注明是要约，且能够确定是要约，那么有数人做出承诺而要约人又无履行能力时，要约人应对其要约产生的后果承担一切责任。

4)　要约的内容必须具体、确定

根据我国《合同法》第十四条的规定，要约的内容必须具体、确定。所谓"具体"，是指要约的内容必须具有足以使合同成立的主要条款。合同的主要条款，应当根据合同的性质和内容来加以判断。合同的性质不同，它所要求的主要条款也是不同的。所谓"确定"，是指要约的内容必须明确，不能含糊不清。要约应当使受要约人理解要约人的真实意思，否则便无法承诺。

5) 要约必须送达受要约人

要约只有在送达受要约人以后才能为受要约人所知悉，才能对受要约人产生实际的拘束力。《联合国国际货物销售公约》第十五条规定，“发价于送达被发价人时生效”，这是对大陆法立法经验的总结。我国《合同法》第十六条也规定：“要约到达受要约人时生效。”如果要约在发出以后因传达要约的信件丢失或没有传达，不能认为要约已经送达。

### 3. 要约与要约邀请

要约邀请又称要约引诱，是指希望他人向自己发出要约的意思表示。要约邀请的目的是让对方对自己发出要约，是订立合同的一种预备行为，在性质上是一种事实行为，并不产生任何法律效果。在合同理论上，要约与要约邀请主要有以下几点不同：①目的不同。要约是以订立合同为直接目的，要约邀请只是诱使他人向自己发出要约。②内容不同。要约必须包含能使合同成立的必要条款，要约邀请的内容仅仅是订立合同的建议而不包含合同主要条款，即使他人同意，也无法使合同成立。③对象不同。要约一般针对特定对象进行，要约邀请的对象则是不特定的。④方式不同。要约一般采用对话、信函方式，要约邀请借助报刊、广播、电视等。

各国立法和实践对于如何区别要约邀请和要约，所规定的标准并不完全一致。由于区分标准不同，对招标、投标、悬赏广告等性质的认定也不完全相同。根据我国司法实践和理论，可从以下几方面区分要约和要约邀请，并解决在订约过程中产生的某些纠纷：①依法律规定做出区分。我国《合同法》第十五条规定：“寄送的价目表、拍卖公告、招标公告、招股说明书、商业广告等为要约邀请。”②根据当事人的意愿来做出区分。此处所说的当事人的意愿，是指根据当事人是要与对方订立合同还是希望对方主动向自己提出订立合同的意思表示，确定当事人对其实施的行为主观上认为是要约还是要约邀请。③根据提议的内容是否包含合同的主要条款来区分、确定该提议是要约还是要约邀请。要约的内容中应当包含合同的主要条款，这样才能因承诺人的承诺而成立合同。而要约邀请只是希望对方当事人提出要约，因此，它不必包含合同的主要条款。④根据交易习惯即当事人历来的交易做法来做出区分。

根据我国《合同法》第十五条的规定，商业广告不是要约，而是要约邀请，但有一点除外，即如果广告的内容符合要约规定的，应视为要约。要约或者广告中含有广告人希望订立合同的愿望，或者写明相对人只要做出规定的行为就可以使合同成立，则应认为该广告属于要约而不是要约邀请。

### 4. 要约的法律效力

要约的法律效力又称要约的拘束力。如果要约符合一定的构成要件，就会对要约人和受要约人产生一定的效力。要约的法律效力内容如下。

1) 要约开始生效的时间

要约的生效时间首先涉及要约从什么时间开始生效。这既关系到要约从什么时间对要约人产生拘束力，也涉及承诺期限的问题。对此，学术界有两种不同的观点：①发信主义，即要约人发出要约以后，只要要约已处于要约人控制范围之外，要约即产生效力。②到达主义，又称为受信主义，即要约必须到达受要约人之时才能产生法律效力。《联合国国际货物销售公约》第十五条规定："发价于送达被发价人时生效。一项发价，即使是不可撤销的，得予撤回，如果撤回通知于发价送达被发价人之前或同时送达被发价人。"该公约采纳了到达主义。我国《合同法》第十六条规定："要约到达受要约人时生效。"我国法律也采纳了到达主义。同时还规定，采用数据电文形式订立合同，收件人指定特定系统接收数据电文的，该数据电文进入特定系统的时间被视为到达时间；未指定特定系统的，该数据电文进入收件人的任何系统的首次时间，即可视为到达时间。

2)　要约法律效力的内容

要约的法律效力的内容表现为对要约人和受要约人的拘束力。要约对要约人的拘束力表现在：要约一经生效，要约人即受到要约的拘束，不得随意撤销要约或对要约随意加以限制、变更和扩张。这既有利于保护受要约人的利益，又维护了正常的交易安全。要约对受要约人的拘束力表现在：要约生效以后，只有受要约人才享有对要约人做出承诺的权利。如果第三人代替受要约人做出承诺，此种承诺只能视为对要约人发出的要约，而不具有承诺的效力。承诺的权利是一种资格，它不能作为承诺的标的，也不能由受要约人随意转让，否则承诺对要约人不产生效力。承诺权是受要约人享有的权利，是否行使这项权利应由受要约人自己决定。这就是说，受要约人可以行使，也可以放弃该项权利。他在收到要约以后并不负有必须承诺的义务，即使要约人在要约中明确规定承诺人不做出承诺通知即为承诺，此种规定对受要约人也不产生效力。

### 5. 要约的撤回与撤销

1)　要约的撤回

要约的撤回是指要约人在要约发出以后、未到达受要约人之前，有权宣告取消要约。任何一项要约都是可以撤回的，只要撤回的通知先于或同时与要约到达受要约人，便能产生撤回的效力。允许要约人撤回要约，是尊重要约人的意志和利益的体现。撤回是在要约到达受要约人之前做出的，因此在撤回时要约并没有生效，撤回要约也不会损害受要约人的利益。基于这一点，我国《合同法》第十七条规定："要约可以撤回。撤回要约的通知应当在要约到达受要约人之前或者与要约同时到达受要约人。"

在此需要指出，对于电子合同订立而言，要约人在发出要约以后，通常是不可能撤回的。因为网络文件的传输速度非常快，要约人发出要约的指令几秒钟之后就会到达对方的系统，不可能有其他方式能够在要约的指令到达之前便能够将撤回的指令到达对方的系统，所以在电子商务中，要约一般是不能撤回的。要约一旦发出，该要约就几乎立即进入收件人的计算机系统，发出和收到的时间仅相差几秒。要约人根本不可能发出先于或者同时与要约人到达受要约人的撤回要约的通知。因此，撤回只能运用于其他非直接对话的订约方式。

2)　要约的撤销

要约的撤销，是指要约人在要约到达受要约人并生效以后，将该项要约取消，从而使要约的效力归于消灭。撤销与撤回都旨在使要约作废或取消，并且都只能在承诺做出之前实施。但两者存在一定的区别，撤回发生在要约未到达或到达了但未生效之前；而撤销则发生在要约已经到达并生效、受要约人尚未做出承诺的期限内。撤销要约时要约已经生效，因此对要约撤销必须有严格的限定，如因撤销要约而给受要约人造成损害的，要约人应负赔偿责任。我国《合同法》第十九条规定，如果要约中规定了承诺期限或者以其他形式明示要约是不可撤销的，或者尽管没有明示要约不可撤销，但受要约人有理由认为要约是不可撤销的，并且已经为履行合同做了准备工作，则不可撤销要约。

#### 6. 要约失效

要约失效，即要约丧失了法律拘束力，不再对要约人和受要约人产生拘束。要约失效以后，受要约人也丧失了其承诺的能力，即使其向要约人表示了承诺，也不能导致合同的成立。根据我国《合同法》第二十条的规定，要约失效的原因主要有以下几种。

(1) 拒绝要约的通知到达要约人。拒绝要约是指受要约人没有接受要约所规定的条件。拒绝的方式有多种，既可以明确表示拒绝要约的条件，也可以在规定的时间内不做答复而拒绝。一旦拒绝，则要约失效。不过，受要约人在拒绝要约以后，也可以撤回拒绝的通知，但撤回拒绝的通知必须先于或同时于拒绝要约的通知到达要约人处，撤回通知才能产生效力。

(2) 要约人依法撤销要约。要约在受要约人发出承诺通知之前，可以由要约人撤销要约，一旦撤销，要约将失效。

(3) 承诺期限届满，受要约人未做出承诺。凡是在要约中明确规定了承诺期限的，则承诺必须在该期限内做出，超过了该期限，则要约自动失效。

(4) 受要约人对要约的内容做出实质性变更。受要约人对要约的实质性内容做出限制、更改或扩张从而形成反要约，既表明受要约人已拒绝了要约，同时也向要约人提出了一项反要约。如果在受要约人做出的承诺通知中并没有更改要约的实质性内容，只是对要约的非实质性内容予以变更，而要约人又没有及时表示反对，则此种承诺不应视为对要约的拒绝。如果要约人事先声明要约的任何内容都不得改变，则受要约人更改要约的非实质性内容，也会产生拒绝要约的效果。

### 3.3.2 承诺

#### 1. 承诺的概念与应具备的条件

1) 承诺的概念

根据我国《合同法》第二十一条的规定，所谓承诺，是指受要约人同意要约的意思表示，即受要约人同意接受要约的条件以缔结合同的意思表示。承诺的法律效力在于一经承诺并送达要约人，合同便告成立。然而，受要约人必须完全同意要约人提出的主要条件，如果对要约人提出的主要条件并没有表示接受，则意味着拒绝了要约人的要约，并形成了一项新的要约。

2) 承诺应具备的条件

承诺一旦生效将导致合同的成立，因此承诺必须符合一定的条件。承诺产生法律效力必须具备以下条件。

(1) 承诺必须由受要约人做出。只有受要约人才能做出承诺。如果要约是向某个特定人做出的，则该特定人具有承诺人的资格；如果要约是向数人发出的，则数人为特定人，他们均可成为承诺人。第三人不是受要约人，要约人不能接受第三人的承诺，第三人向要约人做出的承诺视为发出要约。承诺可以由受要约人做出，也可以由其授权的代理人做出。

在某些特殊情况下，基于法律规定和要约人发出的要约规定，任何第三人都可以对要约人做出承诺，要约人应当受到承诺的拘束。

(2) 承诺必须向要约人做出。既然承诺是对要约人发出的要约所做的答复，因此只有向要约人做出承诺，才能导致合同成立。如果向要约人以外的其他人做出承诺，则只能视为对他人发出要约，不能产生承诺的效力。

(3) 承诺必须在规定的期限内到达要约人。承诺只有到达要约人时才能生效，而到达也有一定的期限限制。我国《合同法》第二十三条规定："承诺应当在要约确定的期限内到达要约人。"只有在规定的期限内到达的承诺才是有效的。承诺的期限通常都是在要约人发出的要约中规定的，如果要约规定了承诺期限，则应当在规定的承诺期限内到达。在没有规定期限时，根据我国《合同法》第二十三条的规定，如果要约是以对话方式做出的，承诺人应当即时做出承诺；如果要约是以非对话方式做出的，应当在合理的期限内做出承诺并到达要约人。合理期限的长短应当根据具体情况来确定。

我国《合同法》采取了到达主义，因此在承诺方面也要体现到达主义的原则。所谓到达，是指承诺必须到达要约人控制的范围内，如到达要约人的信箱或者放置于要约人的办公室等。根据《合同法》第二十六条的规定，采用数据电文形式订立合同的，承诺到达的时间适用我国《合同法》第十六条第二款的规定。这就是说，如果收件人指定特定系统接收数据电文的，该数据电文进入该特定系统的时间视为到达时间；未指定特定系统的，该数据电文进入收件人的任何系统的首次时间视为到达时间。

(4) 承诺的内容必须与要约的内容一致。根据《合同法》第三十条的规定，"承诺的内容应当与要约的内容一致"。这就是说，在承诺中，受要约人必须表明其愿意按照要约的全部内容与要约人订立合同。承诺是对要约的同意，其同意内容须与要约的内容一致，才构成意思表示的一致，即合意，从而使合同成立。承诺必须是无条件的承诺，不得限制、扩张或者变更要约的内容，否则应视为对原要约的拒绝并做出一项新的要约，不构成承诺。我国《合同法》认为，承诺的内容与要约的内容一致是指受要约人必须同意要约的实质性内容，而不得对要约的内容做出实质性更改，否则应视为对原要约的拒绝并做出一项新的要约，不构成承诺。关于实质性内容，我国《合同法》第三十条做了规定，有关合同的标的、数量、质量、价款或者报酬、履行期限、履行地点和方式、违约责任和解决争议的方法等条款属于实质性内容。如果承诺对要约中所包含的上述条款做出了改变，就意味着更改了要约的实质性内容。这样的承诺将不产生使合同成立的效果，只能作为一种反要约而存在。

承诺不能更改要约的实质性内容，并非不能对要约的非实质性内容做出更改。对非实质性内容做出更改，不应影响合同成立。如承诺人对要约的重要条款未表示异议，然而在对这些主要条款承诺以后，又添加了某一附加条件，该附加条件并不属于合同的重要条款，此种情况属于非实质性变更。根据《合同法》第三十一条的规定，"承诺对要约的内容做出非实质性变更的，除要约人及时表示反对或者要约表明承诺不得对要约的内容做出任何变更的以外，该承诺有效，合同的内容以承诺的内容为准"。这就是说，即使是非实质性内容的变更，在以下两种情况下承诺也不能生效：①要约人及时表示反对，即要约人在收到承诺通知后，立即表示不同意受要约人对非实质性内容所做的变更，如果经过一段时间后仍不表示反对，则承诺已生效。②要约人在要约中明确表示，承诺不得对要约的内容做出任何变更，否则无效，则受要约人做出非实质性变更，也不能使承诺生效。

### 2. 承诺的方式

根据我国《合同法》第二十二条的规定，承诺应当以通知的方式做出。这就是说，受要约人必须将承诺的内容通知要约人。但受要约人应采取何种通知方式，应根据要约的要求确定。如果要约规定承诺必须以一定的方式做出，否则承诺无效，那么承诺人做出承诺时，必须符合要约人规定的承诺方式。在此情况下，承诺的方式成为承诺生效的特殊要件。如果要约没有特别规定承诺的方式，则不能将承诺的方式作为有效承诺的特殊要件。

如果要约中没有规定承诺的方式，根据交易习惯也不能确定承诺的方式，则受要约人可以采用以下方式来表示承诺：①以口头或书面的方式表示承诺，这种方式是在实践中经常采用的。一般来说，如果法律或要约中没有明确规定必须用书面形式承诺，则当事人可以用口头方式表示承诺。②以行为方式表示承诺。要约人尽管没有通过书面或口头方式明确表达其意思，但是通过实施一定的行为做出了承诺。如果对于承诺的方式没有特别的规定，也不能根据交易习惯确定承诺的方式，承诺人应当以书面的包括信件的方式承诺，同时要以比信件更快捷的方式做出。

我国《合同法》第二十二条规定，承诺原则上应采取通知方式，但根据交易习惯或者要约表明可以通过行为作为承诺的除外。通知的方式是指要约人以明示的方式做出承诺，包括采用对话、信件、电报、电传等方式明确地表达承诺人承诺的意思，因为只有采用通知的方式才能使要约人准确地了解承诺人的意图，确定承诺人是否已经做出了有效的承诺。要求承诺必须采用通知的方式，既排除了以缄默或不作为做出的承诺，也有利于减少不必要的纠纷。法律关于承诺采用通知的方式是任意性的规定，要约人可以在要约中确定特殊的承诺方式。同时，根据交易习惯，也可以采用法律不禁止的承诺方式。

### 3. 承诺的期限

我国《合同法》第二十三条规定："承诺应当在要约确定的期限内到达要约人。"严格地说，承诺的期限应当是由要约人在要约中规定的，因为承诺的权利是由要约人赋予的，但这种权利不是无期限地行使，如果要约中明确地规定了承诺的期限，承诺人只有在承诺的期限内做出承诺，才能视为有效的承诺。此处所说的做出承诺的期限，应当理解为承诺人发出承诺的通知以后实际到达要约人的期限，而不是指承诺人发出承诺通知的期限。

如果要约并没有规定期限，根据《合同法》第二十三条的规定，"要约没有确定承诺期限的，承诺应当依照下列规定到达：(一)要约以对话方式做出的，应当即时做出承诺，但当事人另有约定的除外；(二)要约以非对话方式做出的，承诺应当在合理期限内到达"。

要约中没有规定承诺期限，如果要约是以非对话方式做出的，承诺人应当在合理期限内做出承诺。这里包括了两个含义：①在要约没有规定承诺期限的情况下，如果是以非对话方式做出，应当在合理期限内做出；②该承诺应当在合理期限到达。合理期限一般包括三个方面：①要约到达受要约人手中的时间。②受要约人进行考虑做出决定的期限。③承诺的信件到达要约人手中的合理期限。根据《合同法》第二十四条的规定，"要约以信件或者电报做出的，承诺期限自信件载明的日期或者电报交发之日开始计算。信件未载明日期的，自投寄该信件的邮戳日期开始计算。要约以电话、传真等快速通信方式做出的，承诺期限自要约到达受要约人时开始计算"。根据《合同法》第二十六条的规定，"承诺通知到达要约人时生效。承诺不需要通知时，根据交易习惯或者要约的要求做出承诺的行为时生效”。《合同法》第二十三条也明确要求承诺应当在要约确定的期限内到达要约人，所以，承诺生效时间以到达要约人时确定。所谓到达，是指承诺的通知到达要约人可支配的范围内，如要约人的信箱、营业场所等。承诺通知一旦到达受要约人，合同即宣告成立。如果承诺不需要通知，则根据交易习惯或者要约的要求，一旦受要约人做出承诺的行为，即可使承诺生效。

**4. 承诺迟延和承诺撤回**

1)　承诺迟延

所谓承诺迟延，是指受要约人未在承诺期限内发出承诺。承诺的期限通常是由要约规定的，如果要约中未规定承诺时间，则受要约人应在合理期限内做出承诺。超过承诺期限做出承诺，该承诺不产生效力。

承诺的迟延可以分为两种：①通常的迟延。这种迟延是指承诺人没有在承诺的期限内发出承诺。《合同法》第二十八条规定：“受要约人超过承诺期限发出承诺的，除要约人及时通知受要约人该承诺有效的以外，为新要约。”这就是说，对于迟到的承诺，要约人可承认其有效，但要约人应及时通知受要约人。如果受要约人不愿承认其承诺有效，则该迟到的承诺为新要约，原要约人将处于承诺人的地位。②特殊的迟延。这种迟延是指受要约人没有迟发承诺的通知，但由于送达等原因而导致迟延。《合同法》第二十九条规定：“受要约人在承诺期限内发出承诺，按照通常情形能够及时到达要约人，但因其他原因承诺到达要约人时超过承诺期限的，除要约人及时通知受要约人因承诺超过期限不接受该承诺的以外，该承诺有效。”法律之所以做出此种规定，是因为受要约人在承诺期限内做出了承诺，但由于其他原因没有按期到达，迟延并不是因为承诺人的过错造成的，因此不应当由受要约人承担承诺迟延的责任，这是完全符合过错责任原则精神的。同时，从鼓励交易的角度出发，承认此种承诺构成有效的承诺，有利于使交易达成。而承认此种承诺的效力也不损害要约人的利益，如果要约人拒绝接受此种承诺，可以及时通知受要约人。

2)　承诺撤回

所谓承诺撤回，是指受要约人在发出承诺通知以后、在承诺正式生效之前撤回其承诺。根据《合同法》第二十七条的规定：“承诺可以撤回。撤回承诺的通知应当在承诺通知到达要约人之前或者与承诺通知同时到达要约人。”因此，撤回的通知必须在承诺生效之前到达要约人，或与承诺通知同时到达要约人，撤回才能生效。如果承诺通知已经生效，合同已经成立，则受要约人当然不能再撤回承诺。

# 3.4　订立合同采用的形式与合同的一般条款

## 3.4.1　订立合同采用的形式

合同的形式，是指体现合同的内容、明确当事人权利义务的方式，它是双方当事人意思表示一致的外在表现，是合同的载体。只有通过合同的形式，才能证明合同的客观存在，合同的内容也才能为人所知晓。我国《合同法》第十条规定，当事人订立合同，有书面形式、口头形式和其他形式，法律、行政法规规定采用书面形式的，应当采用书面形式。当事人约定采用书面形式的，应当采用书面形式。

### 1. 书面形式

所谓书面形式，是指以文字等有形的表现形式来订立合同。书面形式的主要优点在于，它能够通过文字凭据确定当事人之间的权利义务，既有利于当事人依据该文字凭据履行合同，也有利于在发生纠纷时有据可查，准确地确定当事人之间的权利、义务和责任，从而能够合理公正地解决纠纷。需要明确的是，合同并不等于合同书，没有书面形式并不意味着当事人之间不存在合同关系，也不一定表明当事人不能够通过其他形式证明合同关系的存在以及合同的内容，所以不能将合同书等书面形式等同于合同。如果不存在书面形式，一方要主张合同关系的存在，应当对此负举证责任。可见，合同的形式原则上具有证据的效力。

合同的书面形式可以分为当事人约定的形式和法定形式。《合同法》第十条规定："法律、行政法规规定采用书面形式的，应当采用书面形式。当事人约定采用书面形式的，应当采用书面形式。"所以，当事人约定的书面形式是指当事人在合同中明确规定合同必须采用书面形式，如果未采用书面形式，即使当事人之间已达成了口头协议，也不能认为合同已经成立。如果当事人约定采用书面形式，也应当从当事人达成约定的书面合同之日起，确定合同的成立时间。所谓法定的书面形式，是指法律和行政法规规定在某种合同关系中应当采用书面形式，如果当事人未采用书面形式，一般认定合同没有成立。例如，《中华人民共和国城市担保法》(以下简称《担保法》)规定保证合同、抵押合同、质押合同应当采用书面形式；《中华人民共和国城市房地产管理法》(以下简称《城市房地产管理法》)规定不动产的转让应当采取书面形式。这些都是法律、法规关于书面形式的规定，这种规定不是任意性的，而是强制性的规定。当事人违反这些规定而采用口头或其他形式缔约，不能导致合同的成立与生效。

书面形式是指合同书、信件以及数据电文等可以有形地表现所载内容的形式。根据我国《合同法》第十一条的规定："书面形式是指合同书、信件和数据电文(包括电报、电传、传真、电子数据交换和电子邮件)等可以有形地表现所载内容的形式。"由此可见，书面形式包括以下三种。

1) 合同书

合同书是指载有合同条款且由当事人双方签字或盖章的文书。合同书是最典型的，也是最重要的书面形式，它具有以下特点：①合同书必须以文字凭据的方式为内容载体也就是说必须要有某种文字凭据。②合同书必须载有合同条款，否则就不能成为合同。③合同书必须要有当事人双方及其代理人的签字或者盖章。所谓签字，是指个人的签字以及法人、其他组织的法定代表人和代理人的签字。所谓盖章，主要指法人、其他组织的印章。个人签订合同时，必须在合同上签字，而不能仅仅在合同上加盖个人的印章。

2) 信件

所谓信件，是指载有合同条款的文书，是当事人双方通过书信交往而积累下来的文件。合同法中所称的信件不同于一般的书信，表现在该信件要载有合同的条款，是能够用来证明合同关系和合同内容的凭据。《合同法》第三十二条规定："当事人采用合同书形式订立合同的，自双方当事人签字或者盖章时合同成立。"《合同法》第三十三条规定："当事人采用信件、数据电文等形式订立合同的，可以在合同成立前要求签订确认书。签订确认书时合同成立。”

3)　数据电文

我国《合同法》第十一条规定，数据电文(包括电报、电传、传真、电子数据交换和电子邮件)属于合同的书面形式。确认这种合同的形式，有利于促进电子商务的发展，也有助于意识到订立合同的后果，将数据电文以有形的形式储存。电子合同这种书面形式不同于其他合同的书面形式。这种书面形式具有其固有的缺陷：一方面，现有的技术尚不能解决签字问题，这就使其作为证据使用遇到极大的障碍；另一方面，这种书面形式并不存在原件，从计算机中下载的内容并不是真正的原件。所有电子合同不可能成为“经过签署的原件”。所以对电子合同承认其为书面形式时，应注意到这样的事实：对于书面文件有多种层次的形式要求，各个层次可以提供不同程度的可靠性、可查核性和不可更改性，电子合同的这种“书面形式”要求应视为其中的最低层次。

**2. 口头形式**

《合同法》允许当事人采用口头的形式缔约，即运用语言对话的方式缔约。口头形式在实践中运用得比较广泛，一般对即时结清的买卖、服务和消费合同大都采取口头形式订立。口头形式的主要优点在于简便易行、快捷迅速，但其固有缺点是缺乏文字凭据，一旦发生纠纷，就会使当事人面临不能就合同关系的存在以及合同的内容进行举证的风险。《合同法》允许当事人采取口头形式缔约，既尊重了当事人的合同自由，也有利于鼓励交易。市场经济条件下，交易一方面要求安全，同时也要求迅速，许多交易都需要尽快达成。允许当事人采用口头形式缔约是完全符合交易要求的。当然，口头形式具有缺乏文字凭据的缺点，当事人对于一些重要的交易可以采用录音的方式将双方的对话内容录制下来，这也可以成为一种有效的证据使用。所以，在采用口头形式缔约的情况下，并不一定意味着当事人不能就合同关系的存在和合同的内容问题举证。

**3. 其他形式**

合同除采用口头形式、书面形式外，还可以采用其他形式，如推定形式(也有学者称为默示形式)。推定形式是当事人未用语言文字表达其意思表示，而是仅用行为向对方表示要约，对方通过一定的行为做出承诺，从而使合同成立。《合同法》第三十六条规定：“法律、行政法规规定或者当事人约定采用书面形式订立合同，当事人未采用书面形式但一方已经履行主要义务，对方接受的，该合同成立。”

## 3.4.2　合同的一般条款

《合同法》第十二条规定，合同的内容由当事人约定，一般包括以下条款。

**1. 当事人的名称或者姓名和住所**

确定合同的主体，即首先应当在合同中确定当事人的姓名和住所。合同必须由双方当事人签字，如果当事人是以合同书的形式订立的，则必须在合同中明确写明姓名，并且要签字、盖章。当事人的住所是表明当事人的主体身份的重要标志。合同中写明住所的意义在于通过确定住所，有利于决定债务履行地、诉讼管辖、涉外法律适用的准据法、法律文书送达的地点等事宜。当然，如果合同中没有规定住所，只要当事人是确定的，也不应当影响合同的效力。

**2. 标的**

标的是合同权利义务指向的对象。合同不规定标的，就会失去目的。可见，标的是一切合同的主要条款。当然，在不同的合同中，标的的类型是不同的。例如，在买卖、租赁等移转财产的合同中，标的通常与物联系在一起。在提供劳务的合同中，标的只是完成一定的行为。由于各类合同都必须确定标的，如果在合同中没有规定标的条款，一般将影响到合同的成立。在合同中，合同的标的条款必须清楚地写明标的物或服务的具体名称，以使标的特定化。

**3. 数量和质量**

标的的数量和质量是确定合同标的的具体条件，是一标的区别于同类另一标的的具体特点。数量是度量标的的基本条件，尤其是在买卖等交换标的物的合同中，数量条款直接决定了当事人的基本权利和义务，数量条款不确定，合同将根本不能得到履行。当事人在确定数量条款时，应当约定明确的计量单位和计量方法，并且可以规定合理的磅差和尾差。计量单位除国家明文规定以外，当事人有权选择非国家或国际标准计量单位，但应当确定其具体含义。

合同中的质量条款也可能直接决定着当事人的订约目的和权利义务关系。如果质量条款规定得不明确，极易发生争议。当然，质量条款在一般情况下并不是合同的必备条款，如果当事人在合同中没有约定质量条款或约定的质量条款不明确，可以根据《合同法》第六十一条和第六十二条的规定填补漏洞，但不宜因此简单地宣布合同不成立。

**4. 价款或者报酬**

价款一般是针对标的物而言的，如买卖合同中的标的物应当规定价格。而报酬是针对服务而言的，如在提供服务的合同中，一方提供一定的服务，另一方应当支付相应的报酬。价款和报酬是有偿合同的主要条款，因为有偿合同是一种交易关系，要体现等价交换的交易原则，所以价款和报酬是有偿合同中的对价，获取一定的价款和报酬也是一方当事人订立合同所要达到的目的。合同中明确规定价款和报酬，可以有效地预防纠纷的发生。但价款和报酬条款并不是直接影响合同成立的条款，没有这些条款，可以根据《合同法》的规定填补漏洞，但不应当影响合同的成立。

**5. 履行期限、地点和方式**

所谓履行期限，是有关当事人实际履行合同的时间规定。换言之，是指债务人向债权人履行义务的时期。在合同成立、生效之后，当事人还不必实际地履行其义务，必须等待履行期到来以后才应当实际地履行义务；在履行期到来之前，任何一方都不得请求他方实际地履行义务。履行期限明确的，当事人应按确定的期限履行；履行期限不明确的，可由当事人事后达成补充协议或通过合同解释的办法来填补漏洞。在双务合同中，除法律另有规定外，当事人双方应当同时履行。凡是在履行期限到来时，不做出履行和不接受履行，均构成履行迟延。

所谓履行地点，是指当事人依据合同规定履行其义务的场所。履行地点与双方当事人的权利义务关系也有一定的联系。在许多合同中，履行地点是确定标的物验收地点、运输费用由谁负担、风险由谁承受的依据，有时也是确定标的物所有权是否转移以及何时转移的依据。

所谓履行方式，是指当事人履行合同义务的方法。例如，在履行交付标的物的义务中，是应当采取一次履行还是分次履行，是采用买受人自提还是采用出卖人送货的方式，如果要采用运输的方法交货，则采用何种运输方式，等等，这些内容也应当在合同中尽量做出规定，以免日后发生争议。

在此应当指出，有关合同的履行期限、地点和方式的条款并不是决定合同成立的必要条款。在当事人就这些条款没有约定或约定不明确时，可以采用合同法的规定填补漏洞。

**6. 违约责任**

所谓违约责任，是指违反有效的合同义务而承担的责任。换言之，是指在当事人不履行合同义务时，所应承担的损害赔偿、支付违约金等责任。违约责任是民事责任的重要内容，它对于督促当事人正确履行义务，并为非违约方提供补救具有重要意义。但当事人可以事先约定违约金的数额、幅度，可以预先约定损害赔偿额的计算方法甚至确定具体数额，同时也可以通过设定免责条款限制和免除当事人可能在未来承担的责任。所以，当事人应当在合同中尽可能地就违约责任做出具体规定。但如果合同中没有约定违约责任条款，也不应当影响合同的成立。在此情况下，可以按照法定的违约责任制度来确定违约方的责任。

**7. 解决争议的方法**

所谓解决争议的方法，是指将来一旦发生合同纠纷，应当通过何种方式来解决纠纷。按照合同自由原则，选择解决争议的方法也是当事人所应当享有的合同自由的内容。具体来说，当事人可以在合同中约定一旦发生争议以后，是采取诉讼还是仲裁的方式，如何选择适用的法律，如何选择管辖的法院等。当然，解决争议的方法并不是合同的必备条款。如果当事人没有约定解决争议的方法，则在发生争议以后，应当通过诉讼解决。

## 3.5 格式条款

### 3.5.1 格式条款的含义

格式条款是当事人为了重复使用而预先拟定，并在订立合同时未与对方协商的条款。制定格式条款的一方多为固定提供某种商品和服务的公用事业部门、企业和有关的社会团体等，当然也有些格式条款文件是由有关政府部门为企业制定的，如常见的电报稿上的发报须知、飞机票上的说明等。格式条款一般都是为了重复使用而不是为了一次性使用制定的，因此从经济上看有助于降低交易费用，因为许多交易活动是不断重复进行的，许多公用事业服务具有既定的要求，所以通过格式条款的方式可以使订约基础明确、费用节省、时间节约，从而大大降低交易费用，适应了现代市场经济高度发展的要求。

根据我国《合同法》第三十九条的规定，采用格式条款订立合同的，提供格式条款的一方应当遵循公平原则确定当事人之间的权利和义务，并采取合理的方式提请对方注意免除或者限制其责任的条款，按照对方的要求，对该条款予以说明。

格式条款虽由一方预先制定，但制定方必须在承诺方承诺以前明确呈示其条款；若明确呈示其书面文件有困难，则应将合同条款悬挂于订约所在地的清晰可见之处，并且向承诺人指明，从而使承诺人能明确了解合同条款的内容。若在承诺人承诺前，格式条款不能为承诺人所知道，则不能订立合同。

格式条款是一方与不特定的相对人订立的，因而，格式条款在订立以前，要约方总是特定的，而承诺方都是不特定的，这就与一般合同当事人双方都是特定人有所不同。如果一方根据另一方的要求而起草供对方承诺的合同文件，仍然是一般合同文件而不是格式条款文件。在格式条款的订立中，与条款的制定人、订立合同的人，都是社会上分散的消费者，他们具有不特定性。当然，在不特定的相对人实际进入订约过程以后，他事实上已由不特定人变成了特定的承诺人。正是因为格式条款将要适用于广大的消费者，因此对格式条款加以规范，对保护广大消费者的利益具有十分重要的作用。

格式条款的内容具有定型化的特点。所谓定型化，是指格式条款具有稳定性和不变性，它将普遍适用于一切要与起草人订立合同的不特定的相对人，而不因相对人的不同有所区别。一方面，格式条款文件，普遍适用于一切要与条款的制定者订立合同的不特定的相对人，相对人对合同的内容只能表示完全的同意或拒绝，而不能修改、变更合同的内容。因此，格式条款也就是指在订立合同时不能协商的条款。另一方面，格式条款的定型化是指在格式条款的适用过程中，要约人和承诺人双方的地位也是固定的，而不像一般合同在订立过程中，要约方和承诺方的地位可以随时改变。

在格式条款合同的签订过程中，相对人居于附从地位。相对人并不参与协商过程，只能对一方制定的格式条款概括地予以接受，而不能就合同条款讨价还价，因而相对人在合同关系中处于附从地位。格式条款的这一特点使它与某些双方共同协商参与制定的格式条款不同，后一种合同虽然外观形式上属于格式条款，但其内容是由双方协商确定的，因此，仍然是一般合同而不是格式条款。

正是因为相对人不能与条款的制定人就格式条款的具体内容进行协商，因此格式条款的运用使契约自由受到了限制，而且也极易造成对消费者的损害，因为消费者通常都是弱者，条款的制定人通常都是大公司、大企业，它们有可能垄断一些经营与服务事业，消费者在与其进行交易时通常别无选择，只能接受其提出的不合理的格式条款。因此，格式条款的制定对制定的一方来说是自由的，而对相对人来说则是不自由的。这就形成了格式条款的弊端，就有必要对格式条款在法律上进行控制。当然，对于相对人来说，虽然他们不具有充分表达自己意志的自由。但从法律上看，他们仍然享有是否接受格式条款的权利，因此仍享有一定程度的合同自由。

讨论格式条款的概念时，应当将格式条款与示范合同加以区别。在实践中，格式条款常与示范合同相混淆。所谓示范合同，是指根据法规和惯例而确定的具有示范使用作用的文件。在我国，房屋的买卖、租赁、建筑等许多行业正在逐渐推行各类示范合同。如施工合同示范文本、监理委托合同示范文本、勘察设计示范文本等。示范合同的推广对于完善合同条款、明确当事人的权利义务、减少因当事人欠缺合同法律知识而产生的各类纠纷具有一定的作用。但由于示范合同只是当事人双方签约时的参考文件，对当事人无强制约束力，双方可以修改其条款形式和格式，也可以增减条款，因此它不是格式条款。

## 3.5.2　格式条款的无效

根据我国《合同法》第四十条的规定："格式条款具有本法第五十二条和第五十三条规定情形的，或者提供格式条款一方免除其责任、加重对方责任、排除对方主要权利的，该条款无效。"归纳起来，格式条款无效主要具有以下几种情形。

(1) 具有我国《合同法》第五十二条规定情形的格式条款无效。即一方以欺诈、胁迫的手段订立合同，损害国家利益；恶意串通，损害国家、集体或者第三人利益；以合法形式掩盖非法目的；损害社会公共利益；违反法律、行政法规强制性规定。

(2) 具有我国《合同法》第五十三条规定情形的格式条款无效。即造成对方人身伤害的；因故意或者重大过失造成对方财产损失的。

(3) 提供格式条款一方免除其责任或加重对方责任。根据《合同法》第三十九条的规定，采用格式条款订立合同的，提供格式条款的一方应当采取合理的方式提请对方注意免除或者限制其责任的条款，按照对方的要求，对该条款予以说明。该条款规定，提供格式条款的一方负有提请对方注意免责条款的义务，这是因为格式条款完全是由一方制定并所决定的，免责条款是对未来可能发生的责任予以免除。应该注意的是，《合同法》第四十条所规定的免除责任，是指条款的制定人在格式条款中已经不合理地、不正当地免除其应当承担的责任。而且所免除的不是未来的责任，而是现在所应当承担的责任。因此，这两条所规定的免除责任的情况是有区别的。

(4) 格式条款排除了对方的主要权利。例如，格式条款的制定者以格式条款等方式排除或限制消费者的权利，这是为法律所禁止的。《中华人民共和国消费者权益保护法》(以下简称《消费者权益保护法》)第二十四条规定："经营者不得以格式合同、通知、声明、店堂告示等方式做出对消费者不公平、不合理的规定，或者减轻、免除其损害消费者合法权益应当承担的民事责任。"这一规定对格式条款的内容要求体现为两方面：一方面，格式条款的内容必须公平、合理，而公平合理的标准依据民法的平等、自愿、公平、诚实信用等原则来确定。另一方面，不得损害消费者利益，不公平合理的、存在排除或限制消费者权利的格式条款是无效的。

## 3.5.3　格式条款的解释

格式条款的解释，是指根据一定的事实，遵循有关的原则，对格式条款的含义做出说明。一般来说，如果格式条款的各项条款明确、具体、清楚，而当事人对条款的理解不完全一致，因此而发生争执，便涉及合同中的解释问题。《合同法》第四十一条规定："对格式条款的理解发生争议的，应当按通常理解予以解释。对格式条款有两种以上解释的，应当做出不利于提供格式条款一方的解释。格式条款和非格式条款不一致的，应当采用非格式条款。"对格式条款做出准确的解释，对于正确确定当事人之间的权利义务，保护各方当事人的合法权益，并使格式条款保持合法性和公平性是十分必要的。

# 3.6 缔约过失责任

## 3.6.1 缔约过失责任的含义与构成要件

### 1. 缔约过失责任的含义

缔约过失责任是指在合同订立的过程中，一方因违背其依据诚实信用原则和法律规定的义务，致另一方的信赖利益损失时所应承担的损害赔偿责任。我国《合同法》第四十二条、四十三条中专门规定了缔约过失责任制度，这不仅完善了我国债法制度的体系，而且完善了交易的规则。在缔约阶段，当事人因社会接触而进入可以彼此影响的范围，依诚实信用原则，应尽交易上的必要注意，以维护他人的财产和人身利益，因此，缔约阶段也应受到法律的调整。当事人应当遵循诚实信用的原则，认真履行其所负有的义务，不得因无合同约束而随意撤回要约或实施其他致人损害的不正当行为。否则，不仅将严重妨碍合同的依法成立和生效，影响到交易安全，也将影响人与人之间正常关系的建立。

### 2. 缔约过失责任的构成要件

根据我国《合同法》的规定，缔约过失责任的成立须具备以下条件。

1) 缔约上的过失发生在合同订立过程中，合同尚未成立之前

缔约过失责任与违约责任的基本区别在于，此种责任发生在缔约过程中而不是发生在合同成立以后。只有在合同尚未成立，或者虽然成立，但因为不符合法定的生效要件而被确认为无效或被撤销时，缔约人才承担缔约过失责任。若合同已经成立，则因一方当事人的过失而致他方损害，就不应适用缔约过失责任。

2) 一方违背了依诚实信用原则所应尽的义务

诚实信用原则是合同法的一项基本原则，民事主体在从事民事活动时，应诚实、守信。依据诚实信用原则而产生的协助、保密等附随义务，是依法产生的，是一种法定义务。当事人一方如不履行这种义务，不仅会给他方造成损害，也会妨碍社会经济秩序，更不利于市场经济的诚信制度的建立。

3) 因一方的缔约过失造成另一方的信赖利益损失

他人因信赖合同的成立和有效，但由于合同不成立和无效的结果所蒙受的不利即为信赖利益损失。这种信赖利益损失是因一方的缔约过失造成的。因此，承担缔约过失责任还要有缔约人的主观过失，且主观过失与所造成的信赖利益损失有因果关系。

### 3. 缔约过失责任与违约责任的区别

1) 承担责任的前提条件不同

缔约过失责任是在缔结合同的过程中因一方过失给对方造成的损失，这种损失是基于信赖的基础上造成的利益损失。缔约过失责任主要解决因合同尚未成立，一方有过错而给对方造成的损失。这种损失就不能归结为违反合同所造成的损失。违约责任是因为违反了有效合同的义务应承担的责任。很显然承担违约责任是以有效合同的存在为前提的。合同是否有效存在是区分承担缔约过失责任与违约责任的标准。

2)　承担责任的依据与方式不同

缔约过失责任是由法律直接规定的责任形式，不能由当事人自由约定。《合同法》第四十二条、四十三条明确规定了承担缔约过失责任的法定情形。我国《合同法》没有赋予当事人可以自由约定承担缔约过失责任的权利。违约责任可以由当事人约定责任的形式，如，《合同法》第一百一十四条规定："当事人可以约定一方违约时应当根据违约情况向对方支付一定数额的违约金，也可以约定因违约产生的损失赔偿额的计算方法。"

承担缔约过失责任的方式只有赔偿损失一种。承担违约责任的方式有几种，如《合同法》第一百一十七条规定的继续履行、采取补救措施、赔偿损失等。

## 3.6.2　缔约过失责任的几种情形

根据我国《合同法》第四十二条、四十三条的规定，缔约过失责任主要有以下几种情形。

### 1. 假借订立合同，恶意进行磋商

《合同法》第四十二条规定，假借订立合同，恶意进行磋商，将构成缔约过失。所谓"假借"就是根本没有与对方订立合同的诚意，与对方进行谈判只是个借口，目的是损害对方或者他人利益。所谓"恶意"，是指假借磋商、谈判，而故意给对方造成损害。恶意必须包括两个方面的内容：①行为人主观上并没有谈判意图；②行为人主观上具有给对方造成损害的目的和动机。恶意是恶意谈判构成的最核心的要件，受害的一方必须能证明另一方具有假借磋商、谈判而使其遭受损害的恶意，才能使另一方承担缔约过失责任。

### 2. 故意隐瞒与订立合同有关的重要事实或者提供虚假情况

故意隐瞒与订立合同有关的重要事实或者提供虚假情况，属于缔约过程中的欺诈行为。所谓欺诈，是指一方当事人故意实施某种欺骗他人的行为，并使他人陷入错误而订立的合同。最高人民法院《关于贯彻执行〈中华人民共和国民法通则〉若干问题的意见(试行)》(以下简称《民法通则意见》)第六十八条规定："一方当事人故意告知对方虚假情况，或者故意隐瞒真实情况，诱使对方当事人做出错误意思表示的，可以认定为欺诈行为。"无论何种欺诈行为，都具有两个共同特征：①欺诈方故意陈述虚假事实或隐瞒真实情况。也就是说，欺诈者主观上具有恶意。欺诈方故意是指欺诈方明知自己告知对方的情况是虚假的且会使被欺诈人陷入错误认识，而希望或放任这种结果的发生。欺诈方告知虚假情况，不论是否使自己或第三人牟利，均不妨碍恶意的构成。②欺诈方客观上实施了欺诈行为。所谓欺诈行为，是指欺诈方将其欺诈故意表示于外部的行为。在实践中大都表现为故意陈述虚假事实或故意隐瞒真实情况使他人陷入错误的行为。所谓故意告知虚假情况，也就是指虚假陈述。所谓故意隐瞒真实情况是指行为人有义务向他方如实告知某种真实的情况而故意不告知。如告知财产状况、履约能力等方面的义务而不予告知；再如故意隐蔽产品的瑕疵等。

### 3. 泄露或不正当地使用商业秘密

《合同法》第四十三条规定："当事人在订立合同过程中知悉的商业秘密，无论合同是否成立，不得泄露或者不正当地使用。泄露或者不正当地使用该商业秘密给对方造成损

失的，应当承担损害赔偿责任。”根据《中华人民共和国反不正当竞争法》(以下简称《反不正当竞争法》)第十条的规定，商业秘密是指不为公众所知悉、能为权利人带来经济利益、具有实用性并经权利人采取保密措施的技术信息和经营信息。如果一方在谈判中明确告诉对方其披露的信息属于商业秘密或者另一方知道或应当知道该信息属于商业秘密，则另一方负有保密的义务。

我国《合同法》要求当事人在缔约阶段承担保密义务，一方面是为了进一步加强对商业秘密的保护，从而加强对智力成果的保护，激励发明创造与提高经济效益；另一方面也是为了维护商业道德，防止一方不劳而获，破坏人与人之间的信任关系，并使诚实信用原则得到切实遵守。

#### 4. 其他违背诚实信用原则的行为

现实生活中，有些违背诚实信用原则的行为，法律未进行列举，但在实际缔结合同中又确实存在。例如，要约人以一特定物向某个特定的人发出要约以后，在要约的有效期限内，又向其他人发出同样的要约。发出要约人预见到会给受要约人造成损失，则不得向他人发出同样的要约。因要约人的不当行为造成他人损害，应负缔约过失责任。此外，在合同无效和被撤销等情况下，也能产生缔约过失责任。

## 复习思考题

1. 什么是合同？合同有哪些法律特征？
2. 我国《合同法》将合同分成哪些种类？
3. 什么是合同法？合同法有哪些法律特征？
4. 如何理解我国《合同法》的调整范围？
5. 合同法律关系具体由哪三个要素构成？
6. 订立合同应遵循的基本原则有哪些？
7. 如何理解要约的有效条件？
8. 要约与要约邀请有什么区别？
9. 要约撤回与要约撤销是一回事吗？
10. 在什么情况下要约失效？
11. 什么是承诺？承诺应具备什么条件？
12. 订立合同采用的形式有哪些？
13. 合同的一般条款有哪些？
14. 什么是格式条款？格式条款与示范文本是一回事吗？
15. 什么是缔约过失责任？缔约过失责任的构成要件有哪些？
16. 缔约过失责任与违约责任是一回事吗？
17. 我国《合同法》规定承担缔约过失责任的主要情形有哪些？

# 案 例 分 析

**案例一**

2010 年 6 月，王先生通过某市某房地产开发经营有限公司的宣传广告及其销售人员的介绍，看中了该公司正在预售的“某花园”及周边的环境。当时开发商介绍房子东边是三层会所。得到这样的承诺后，王先生与对方签订了预售合同。2011 年年底，房屋落成交付。而王先生到实地一看，原本说是三层会所的房子竟然变成了一幢九层的综合楼。

2012 年，满腹委屈的王先生向法院提起了诉讼，要求房地产公司赔偿经济损失 4.8 万元。2012 年 10 月，一审法院委托有关机构对王某居住环境变化造成的损失进行了价值评估，认定其所购房屋的价值损失 4.3 万余元，故判决房产公司赔偿相应损失。房地产公司向某市第二中级人民法院提出上诉。

某市第二中级人民法院认为，王先生在购房时不仅关注建筑面积大小、形状等，更关注房屋的周边环境，这是双方确立合同的重要事实和因素。某市某房地产开发经营有限公司明知周边是九层综合楼，却介绍说只建三层会所，这是对订立合同的重要因素提供虚假情况，由此而误导王先生，致使其所购房屋的价值减少，房地产公司应承担赔偿责任。所以，根据《合同法》关于诚信原则的规定驳回其上诉。

**问题：**依据案情及法院的判决本案应当如何适用法律？

**案例二**

2012 年 7 月 5 日，我国某公司向菲律宾一公司发出要约“以每吨 800 美元 CIP 菲律宾港口的价格出售某种谷物约 300 吨，7 月 25 日前承诺有效”。菲律宾商人接电话后，要求中方某公司将价格降到 750 美元。经研究，中方某公司决定将价格定为 780 美元，并于 8 月 1 日通知对方，“此为我方最后定价，8 月 10 日前承诺有效”。菲律宾商人于 8 月 8 日来电接受中方某公司的最后发盘。但此前中方某公司得知世界市场上该种谷物价格已升至每吨 820 美元的消息，于 8 月 7 日致函菲律宾商人要求撤回要约。菲律宾商人认为合同已成立，中方某公司撤回要约系违约行为。

**问题：**中方撤回要约的行为是否合法？

**案例三**

李某经营的饭馆准备转让，其价格比较优惠。刘某有购买的想法，并与李某进行了商谈。此时，陈某也有一饭馆要转让，他得知此事后，想让刘某买自己开办的饭馆，于是故意以商谈转让李某的饭馆为由向李某做出意思表示，并进行了长时间的谈判。而陈某则暗地里与刘某签订了转让协议。随后，陈某找借口不与李某签订转让饭馆的合同，导致李某的饭馆无法转让，最终被迫以较低的价格转让给别人。此后，当李某得知陈某的所作所为，认为自己在饭馆的转让过程中所遭受的损失完全是由于陈某的行为造成的，要求陈某赔偿损失，陈某不同意。在遭到拒绝后，李某向法院提起诉讼。

**问题：**李某的诉讼请求能否得到人民法院的支持？

# 第 4 章　合同的效力

**学习目标**

- 掌握合同生效、合同无效的几种情况、合同无效的后果。
- 熟悉效力待定合同的几种情况。
- 了解附条件、附期限的合同。

**本章导读**

本章主要学习合同的生效、效力待定合同、无效合同与可撤销合同等内容。

## 4.1　合同的生效

### 4.1.1　合同的成立与生效

#### 1. 合同成立与生效的含义

合同的成立，是指缔约当事人就合同的主要条款达成合意，依法确定当事人之间特定的合同上的权利义务关系。《合同法》第二十五条规定，“承诺生效时合同成立”。《合同法》第四十四条规定，“依法成立的合同，自成立时生效”。合同生效，是指已经成立的合同在当事人之间产生了一定的法律拘束力，也就是通常所说的法律效力。这里所说的法律效力，并不是指合同能够像法律那样产生拘束力。合同本身并不是法律，只是当事人之间的合意，因此不可能具有同法律一样的效力。所谓合同的法律效力，只是强调合同对当事人的拘束性。合同之所以具有法律拘束力，并非来源于当事人的意志，而是来源于法律的赋予。合同的效力本身介入了国家意志。如果合同不符合国家意志，该合同将可能被宣告无效或被撤销。依据我国《合同法》第八条的规定，“依法成立的合同，对当事人具有法律约束力。当事人应当按照约定履行自己的义务，不得擅自变更或者解除合同。依法成立的合同，受法律保护”。可见，合同的拘束力主要体现在对当事人的拘束力上，具体体现为权利和义务两方面。从权利方面来说，合同当事人依据法律和合同的规定所产生的权利依法受到法律保护；从义务方面来说，当事人双方都必须履行根据合同所产生的义务。当事人拒绝履行和不适当履行义务或随意变更和解除合同，都是对法律的违背，因此在本质上属于违法行为。当事人违反合同义务，应当承担违约责任。合同不具有对第三人的拘束力，但依法成立的合同所具有的拘束力也包括排斥第三人非法干预和侵害的效力。

2. 合同成立与合同生效的要件

1)　合同成立的要件

(1)　合同主体必须是双方或多方当事人。合同是一种合意，必须体现双方或者多方当事人的意思，主体为一方的，根本不能成立合同。无主体之间的合意，也就无所谓合同。

(2)　合同主体对主要条款达成合意。不同的合同，其主要条款有所不同。我国《合同法》第十二条规定了合同的一般条款。合同主体就是合同主要条款达成合意，这是合同成立的根本标志。

(3)　合同的成立还必须经过要约与承诺两个阶段。要约和承诺是合同成立的基本规则，也是合同成立必须经过的两个阶段。对实践合同来说，应以实际交付标的物作为合同成立的要件；而对要式合同来说，则应履行一定的方式才能成立。

2)　合同生效的要件

(1)　行为人具有相应的民事行为能力。行为人具有相应的民事行为能力的要件，在学理上又被称为有行为能力原则或主体合格原则。由于任何合同都是以当事人的意思表示为基础，并且以产生一定的法律效果为目的，因此，行为人必须具备正确理解自己行为的性质和后果、独立地表达自己的意思的能力，也就是说必须具备与订立某项合同相应的民事行为能力。《民法通则》将行为人具有相应的民事行为能力作为民事法律行为成立的条件之一。《合同法》第九条规定："当事人订立合同，应当具有相应的民事权利能力和民事行为能力。"这对于保护当事人的利益，维护社会经济秩序，是十分必要的。

作为合同主体的自然人、法人、其他组织应具有相应的行为能力。《民法通则》将公民的行为能力分为完全行为能力人、限制行为能力人、无行为能力人。无行为能力人与限制行为能力人超出其行为能力的民事活动，由其法定代理人代为实施，或者在征得其法定代理人同意后才能实施。法人也是民事活动的主体，应当以法人名义签订合同，其行为要符合法律的规定。其他组织也可以成为合同的主体，这种组织通常被称为非法人组织。所谓非法人组织，主要包括企业法人所属的领有营业执照的分支机构、从事经营活动的非法人事业单位和科技性社会团体、事业单位和科技性社会团体设立的经营单位、外商投资企业设立的从事经营活动的分支机构等。

(2)　意思表示真实。意思表示是指行为人将其设立、变更、终止民事权利义务的内在意思表示于外部的行为。意思表示包括效果意思和表示行为两个要素。在实践中具体确认意思表示不真实的合同是否有效，应依据法律的规定，既要考虑如何保护表意人的正当权益，又要考虑如何维护相对人或第三人的利益，维护交易安全。如对于采用欺诈、胁迫手段签订的合同，不是一律认定为无效，对于未损害国家利益、只涉及合同当事人利益的合同，一般认为是可变更、可撤销的合同。

(3)　不违反法律和社会公共利益。合同不违反法律是指合同不得违反法律的强制性规定。所谓强制性规定，是指这些规定必须由当事人遵守，不得通过其协议加以改变。不过，在《合同法》中包括了大量任意性规定，这些规定主要是用来指导当事人订立合同的，并不要求当事人必须遵守，当事人可以通过实施合法的行为改变这些规范的内容。合同不违反法律，主要是指合同的内容合法，即合同的各项条款都必须符合法律、法规的强制性规定。

合同在内容上不得违反社会公共利益。这一原则可以大大弥补法律规定的不足。对于那些实质上损害了全体人民的共同利益、破坏了社会经济生活秩序的合同行为，都应被认为是违反了社会公共利益。同时，将社会公共利益作为衡量合同生效的要件，也有利于维护社会公共道德。

(4) 合同必须具备法律规定的形式。《民法通则》第五十六条规定："民事法律行为可以采取书面形式、口头形式或者其他形式。法律规定用特定形式的，应当依照法律规定。"《合同法》第十条规定，当事人订立合同，有书面形式、口头形式和其他形式。《合同法》第四十四条规定："依法成立的合同，自成立时生效。法律、行政法规规定应当办理批准、登记等手续生效的，依照其规定。"最高人民法院《关于适用<中华人民共和国合同法>若干问题的解释(一)》(以下简称《合同法解释》)第九条规定："依照合同法第四十四条第二款的规定，法律、行政法规规定合同应当办理批准手续，或者办理批准、登记手续才生效，在一审法庭辩论终结前当事人仍未办理批准手续的，或者仍未办理批准、登记等手续的，人民法院应当认定该合同未生效；法律、行政法规规定合同应当办理登记手续，但未规定登记后生效的，当事人未办理登记手续不影响合同的效力，合同标的物所有权及其他物权不能转移。"

3. 合同成立与生效的区别

我国《合同法》第四十四条规定："依法成立的合同，自成立时生效。"合同成立与合同生效有其一致性，也有不一致性。尽管合法的合同一旦成立便产生效力，但合同的成立与合同的生效仍然是两个不同的概念，对二者在法律上加以区别具有一定的意义。

1) 二者的区别

(1) 两者的概念和性质不同。合同的成立，指当事人就合同的主要条款达成合意。合同的成立只是解决了当事人之间是否存在合意的问题，并不意味着已经成立的合同都能产生法律拘束力。换言之，即使合同已经成立，如果不符合法律规定的生效要件，仍然不能产生法律效力。合法合同自合同成立时起就具有法律效力，而违法合同虽然成立但不会发生法律效力。由此可见，合同成立后并不是当然生效的，合同是否生效，取决于其是否符合国家意志和社会公共利益。

(2) 构成要件不同。合同的成立要件包括订约主体符合规定、订约主体的合意及订约阶段。当事人意思表示是否真实不是合同成立考虑的要件，而是合同是否生效必须考虑的主要因素。合同成立不一定生效；而合同生效一定以合同成立为前提。一些合同尽管已经成立，但并不能立即生效，而必须符合一定的要件或条件才能生效。

(3) 产生的效力与承担的责任性质不同。《合同法》第二十五条规定："承诺生效时合同成立。"承诺依法可以撤回，但合同法没有规定承诺可以撤销。这就是说，合同成立约束的是合同双方当事人，任何一方违反"约定"，要承担缔约过失责任。合同生效后，合同当事人违反合同的约定，不按合同规定履行合同的义务，则要承担违约责任。

2) 区分成立和生效的实践意义

第一，在合同的条款不清楚或不齐备的情况下，应该严格区分合同成立与合同生效的问题。首先要判定合同是否已经成立，如果当事人已经就合同主要条款达成了协议，就应认为合同已经成立。至于其他条款不齐备或不明确，则可以通过合同解释的方法完善合同的内容。这种解释是从鼓励交易、尊重当事人意志的需要出发，通过解释合同，帮助当事人将其真实意思表现出来。由于合同生效制度体现了国家对合同内容的干预问题，它并不

能解决和完善合同内容的问题。如果合同的内容不符合法律规定的生效要件，那就意味着合同当事人的意志根本不符合国家意志。在此情况下，法院不能通过合同解释的方法认定合同有效，相反只能依据合同生效制度认定合同无效。

第二，区分合同的成立和生效概念，对于正确区分合同的不成立和合同的无效具有十分重要的意义。长期以来，在我国司法实践中，由于未区分合同的不成立和合同的无效概念，从而将大量的合同不成立的问题作为无效合同对待，混淆了当事人在合同无效后的责任和合同不成立时的责任。尤其因未区分合同的成立和生效问题，将一些已经成立但不具备生效要件的合同都作为无效合同对待，从而导致大量的本来可以成立的合同成为无效合同，消灭了本来不应该被消灭的交易。因此，有必要在区分合同的成立和生效的概念的基础上，进一步区分合同的不成立和无效，这不仅在理论上而且在实践中都具有重要意义。

### 4.1.2 附条件与附期限的合同

1. 附条件的合同

《合同法》第四十五条规定：“当事人对合同的效力可以约定附条件。附生效条件的合同，自条件成就时生效。附解除条件的合同，自条件成就时失效。”附条件的合同，是指当事人在合同中特别规定一定的条件，以条件是否成就来决定合同效力的发生或消灭的合同。

一般来说，合同在当事人意思表示成立时就应该发生效力。但在有的情况下，行为人基于某些特殊的要求，并不希望合同一经成立就产生效力。当事人通过订立附条件的合同，在行为开始时并不使合同立即生效，而等到一定的条件成就后，才使其生效，从而尽量减少当事人可能遭受的风险和损失，使合同能够更好地达到当事人所预期的效果。

在附条件的合同中，条件具有限制合同效力的作用。但合同中所附的条件必须具备如下要求：第一，条件必须是将来发生的事实。第二，条件是不确定的事实。条件在将来是否发生，当事人是不能肯定的。如果在合同成立时，当事人已经确定作为条件的事实必然发生，则实际上当事人只需在合同中附期限，而不必在合同中附条件。第三，条件是由当事人议定的而不是法定的。第四，条件必须合法。附条件合同中的条件必须符合法律的规定，必须符合公共道德。第五，条件不得与合同的主要内容相矛盾。

2. 附期限的合同

《合同法》第四十六条规定：“当事人对合同的效力可以约定期限。附生效期限的合同，自期限届至时生效。附终止期限的合同，自期限届满时失效。” 所谓期限，是指当事人以将来客观确定到来之事实作为决定合同效力的附款。期限通常可分为两种，即生效期限和终止期限。所谓附期限的合同，是指当事人在合同中设定一定的期限，并把期限的到来作为合同效力的发生或消灭根据的合同。

## 4.2 效力待定的合同

### 4.2.1 效力待定合同的含义

效力待定合同是指合同成立时是否发生效力尚不能确定，有待于其他行为使之确定的合同。这类合同虽然已经成立，但因其不完全符合有关生效要件的规定，因此其效力能否发生尚未确定，须经有权人表示承认后才能生效。效力待定合同与无效合同及可撤销合同的不同之处在于，行为人并未违反法律的禁止性规定及社会公共利益，也不是因意思表示不真实而导致合同撤销。效力待定合同主要是因为有关当事人缺乏缔约能力、代订合同的资格及处分能力欠缺所造成的。由于存在着这种情况，合同本身是有瑕疵的，但此种瑕疵并非不可消除。一方面，效力待定合同可以因为权利人的承认而生效，如无代理权人代理他人订立合同，经本人承认可以生效。由于这种承认，表明效力待定合同的订立是符合权利人的意志和利益的，因此经过追认可以消除合同存在的瑕疵。另一方面，因权利人的承认而使合同有效，并不违反法律和社会公共利益。相反，经过追认而有效，既有利于促成更多的交易，也有利于维护相对人的利益。因为相对人与缺乏缔约能力的人、无代理权人、无处分权人订立合同，大都希望使合同有效，并通过有效合同的履行使自己获得期待的利益。因此，通过有权人的追认使效力待定合同生效，而不是简单地宣告此类合同无效，是符合相对人的意志和利益的。

效力待定合同不同于其他合同的最大特点在于：此类合同须经权利人的承认才能生效。所谓承认，是指权利人表示同意无缔约能力人、无代理权人、无处分权人与他人订立的有关合同。同意是一种单方意思表示，无须相对人的同意即可发生法律效力。权利人的承认与否决定着效力待定合同的效力。在权利人尚未承认以前，效力待定合同虽然已经订立，但并没有实际生效。所以，当事人双方都不必履行，尤其是相对人如果知道对方不具有代订合同的能力和处分权，则不应当实际履行，否则构成恶意，将导致其不能依善意取得制度而获得利益。由于效力待定合同因权利人的承认而生效，因而与可撤销合同具有明显区别。可撤销合同在被撤销以前，应被认为有效，只是因撤销权人的撤销而使合同变为无效，不像效力待定合同那样因权利人的承认而使合同有效。

## 4.2.2 效力待定合同的几种情况

### 1. 限制民事行为能力人依法不能独立订立的合同

根据《民法通则》的规定，10 周岁以上不满 18 周岁的未成年人和不能完全辨认自己行为的精神病人，可以实施某些与其年龄、智力和健康状况相适应的民事行为，其他民事活动由其法定代理人代理或者在征得其法定代理人同意后实施。所谓与年龄、智力状况相适应的行为，是指根据未成年人的年龄状况和智力发育情况能够为该未成年人完全理解的行为，如购买零食、文具等。所谓与健康状况相适应的民事行为，是指精神病人在其健康状况允许的情况下，可以实施某些其能够理解行为性质、辨认行为后果的行为。

我国《合同法》第四十七条第一款规定：“限制民事行为能力人订立的合同，经法定代理人追认后，该合同有效，但纯获利益的合同或者与其年龄、智力、精神健康状况相适应而订立的合同，不必经法定代理人追认。”限制民事行为能力人依法不能独立实施的行为，可以在征得其法定代理人的同意后实施。所谓同意，即事先允许。由于同意的行为是一种辅助的法律行为，因此，法定代理人实施同意行为，必须向限制民事行为能力人和其相对人明确做出意思表示。这种意思表示可以采取口头的形式，也可以采取书面的或其他的形式。

限制民事行为能力人依法不能独立实施的未经其法定代理人同意的民事行为，只能由其法定代理人代理进行。如果限制民事行为能力人未经其法定代理人的事先同意，独立实施其依法不能独立实施的民事行为，则要区分两种情况进行处理：一是如果限制民事行为能力人实施的是单方民事行为，如抛弃财产，则行为当然无效。二是如果限制民事行为能力人实施的是双方民事行为，如与他人订立合同，则与其发生关系的相对人可以在规定的期限内，催告其法定代理人承认这些行为。我国《合同法》第四十七条第二款规定："相对人可以催告法定代理人在一个月内予以追认。法定代理人未做表示的，视为拒绝追认。合同被追认之前，善意相对人有撤销的权利。撤销应当以通知的方式做出。"这是《合同法》对善意相对人的合法权益的保护。所谓善意相对人，主要指不知行为人为限制民事行为能力人。如果相对人明知或者应知行为人为限制民事行为能力人的，则不属于善意相对人。

限制民事行为能力人可以实施"纯获法律上利益"的行为，因为纯获法律利益的行为对未成年人并无损害。而法律之所以规定限制行为能力人实施的行为效力待定，乃是考虑到限制民事行为能力人所订立的合同有可能使其蒙受损害。既然其实施的纯获法律利益的行为不会使其遭受损害，因此不应使该行为无效。所以，《民法通则意见》第六条规定："无民事行为能力人、限制民事行为能力人接受奖励、赠予、报酬，他人不得以行为人无民事行为能力、限制民事行为能力为由，主张以上行为无效。"由此可见，无民事行为能力人订立纯获法律上的利益的合同，无须其法定代理人追认便可以生效。

2. 无代理权的人订立的合同

无权代理可分为广义的无权代理和狭义的无权代理。广义的无权代理包括表见代理和狭义的无权代理。狭义的无权代理，是指表见代理以外的欠缺代理权的代理。狭义的无权代理主要有以下几种情况。

(1) 根本无代理权的无权代理。代理人在未得到任何授权的情况下，以本人的名义从事代理活动。

(2) 超越代理权的无权代理。代理人虽享有一定的代理权，但其实施的代理行为超越了代理权的范围。

(3) 代理权终止后的无权代理。委托代理权可能因原委托人撤销委托、代理期限届满等原因而终止。在代理权终止以后，代理人明知其无代理权仍然以原委托人名义从事代理活动，或者因过失而不知道其代理权已消灭而继续进行代理活动，都会发生无权代理。无权代理人应承担因其过错而给相对人造成损失的责任。

《合同法》第四十八条规定："行为人没有代理权、超越代理权或者代理权终止以后以被代理人名义订立的合同，未经被代理人追认，对被代理人不发生效力，由行为人承担责任。"

无权代理所产生的合同，并不是绝对无效合同，而是一种效力待定合同，经过本人的追认是有效的合同。法律之所以规定无权代理合同可因本人的承认而有效，主要原因在于：其一是无权代理行为并非都对本人不利。其二是无权代理具有为本人订立合同的意思，第三人也有意与本人订立合同，问题的关键是无权代理人没有代理权。无权代理行为所订立的合同并不一定对相对人不利，因此在既不损害本人又不损害相对人利益的情况下，经过本人追认而使合同有效，有利于维护交易秩序及保护相对人的利益。

### 3. 无处分权的人处分他人财产的合同

所谓无权处分合同，是指无处分权人处分他人财产，并与相对人订立转让财产的合同。无权处分行为违反了法律关于禁止处分的规定，并可能会损害真正权利人的利益。例如，甲将乙借给其使用的房屋出卖给丙，乙、丙之间的买卖合同属于因无权处分而订立的合同。《合同法》第五十一条规定："无处分权的人处分他人财产，经权利人追认或者无处分权的人订立合同后取得处分权的，该合同有效。"无权处分的特点在于：其一是行为人实施了法律上的处分行为，这种处分主要指处分财产所有权或债权的行为；其二是行为人没有法律上的处分权而处分了他人的财产，并与相对人订立了合同；其三是行为人是以自己的名义实施处分行为。

无处分权的人处分他人财产，与相对人订立的合同属于效力待定合同。这类合同的效力取决于权利人的追认与取得处分权。

以下两种特殊情况不属于效力待定合同。

1) 表见代理

(1) 表见代理的含义与设立表见代理制度的意义。表见代理是指被代理人的行为足以使善意相对人相信无权代理人具有代理权，基于此种信赖与无权代理人进行交易，由此造成的法律后果由被代理人承担的代理。表见代理制度的设立旨在保护交易中的善意第三人的信赖利益，维护交易安全，疏于注意的被代理人自负后果。尽管表见代理实质上仍属于无权代理，但其后果与无权代理却大相径庭，表见代理产生与有权代理同样的法律后果，代理行为有效，被代理人应当承受合同义务产生的责任。

(2) 表见代理的构成要件。一是行为人以被代理人的名义与相对人订立合同。这是表见代理的基础条件。行为人没有获得被代理人的授权与第三人签订合同，包括没有代理权、超越代理权或者代理权终止这三种情况。二是客观上有足以使相对人相信行为人享有代理权的理由，按照通常人的感受标准和客观事实，相对人有理由相信行为人有代理权。如，代理关系终止后被代理人未通知相对人，或者未公示这一事实并收回授权委托书，相对人对此善意无过失地不知道。三是相对人必须是善意无过失。所谓善意是指不知道或者不应当知道行为人实际上无权代理。所谓无过失，是指相对人的这种不知道不是因为疏忽大意即人的失察所致。 四是行为人与相对人所订立的合同符合合同成立的要件，并且符合代理行为的表面特征。

《合同法》第四十九条规定，行为人没有代理权、超越代理权或者代理权终止后以被代理人名义订立合同，相对人有理由相信行为人有代理权的，该代理行为有效。

2) 法定代表人、负责人超越权限订立的合同

法人组织的法定代表人及其他负责人(如董事等)在以法人的名义从事经营活动时，不需要获得法人的特别授权，因为他们完全有资格代表法人，其职务行为的后果均应由法人承担。法定代表人依法代表法人行为时，他本身是法人的一个组成部分，法定代表人的行为就是法人的行为。因此，法定代表人执行职务行为所产生的一切法律后果都应由法人承担。除法定代表人以外，企业的其他负责人如企业分支机构的负责人、公司的总经理等也能够代表企业对外订立合同。他们在代表企业从事职务行为时无须专门的授权，其行为的后果

也应由企业承担。所以，《合同法》第五十条规定："法人或者其他组织的法定代表人、负责人超越权限订立的合同，除相对人知道或者应当知道其超越权限的以外，该代表行为有效。"如果相对人知道或者应当知道法定代表人、负责人的行为超越了权限订立合同，相对人主观上具有恶意，此时，合同不具有法律效力，后果由该法定代表人或者负责人承担。

# 4.3　无效合同与可撤销合同

## 4.3.1　无效合同

### 1. 无效合同的概念与特点

1)　无效合同的概念

无效合同是相对于有效合同而言的，是最典型的违反生效要件的合同。无效合同是指合同虽然已经成立，但因其在内容上违反了法律、行政法规的强制性规定和社会公共利益而无法律效力的合同。无效合同因其具有违法性，所以不属于合同范畴。任何合同之所以能产生法律上的拘束力，能够产生当事人预期的法律效果，乃是因为它符合法律的有效要件。而无效合同不符合法律规定，因此不仅不应受到法律的承认和保护，而且应对违法行为人实行制裁。所以，无效合同在性质上不是合同。

2)　无效合同的特点

(1)　无效合同的违法性。无效合同的种类很多，但都具有违法性。所谓违法性是指违反了法律和行政法规的强制性规定以及社会公共利益。

(2)　对无效合同实行国家干预。这种干预主要体现在法院和仲裁机构主动审查合同是否具有无效的因素，如发现合同属于无效，便主动地确认合同无效。

(3)　无效合同具有不得履行性。当事人在订立无效合同以后，不得依合同实际履行，也不承担不履行合同的责任。

(4)　无效合同自始无效。由于无效合同从本质上违反了法律规定，因此国家不承认此类合同的法律效力。合同已经确认无效，合同自订立之日起就不具有法律效力。

### 2. 无效合同的几种情形

《合同法》第五十二条规定："有下列情形之一的，合同无效：一方以欺诈、胁迫的手段订立合同，损害国家利益；恶意串通，损害国家、集体或者第三人利益；以合法形式掩盖非法目的；损害社会公共利益；违反法律、行政法规的强制性规定。"

1)　一方以欺诈、胁迫的手段订立合同，损害国家利益

最高人民法院《民法通则意见》第六十八条规定，一方当事人故意告知对方虚假情况，或者故意隐瞒真实情况，诱使对方当事人做出错误意思表示的，可以认定为欺诈行为。欺诈行为损害国家利益的才能导致合同无效。胁迫是以将来发生的损害或者以直接施加损害相威胁，使对方产生恐惧并因此订立合同。与欺诈行为一样，《合同法》将因胁迫而订立的合同分为两类：一类是指一方采用胁迫手段而使另一方被迫订立合同，损害了国家利益。对此类合同应作为无效合同对待，无论当事人是否提出无效的请求，法院和仲裁机构都应

当宣告合同无效。另一类是一方以胁迫的手段迫使对方订立合同，但并没有造成国家利益的损失，此类合同应作为可撤销合同对待。

2) 恶意串通，损害国家、集体或第三人利益的合同

恶意串通的合同是指双方当事人非法串通在一起，共同订立某种合同，造成国家、集体或第三人利益损害的合同。由此可见，在恶意串通的合同中，行为人的行为具有明显的违法性，据此可以将其作为违法合同对待。这种合同具有以下主要特点：第一，当事人出于恶意。恶意是相对于善意而言的，即明知或应知某种行为将造成对国家、集体或第三人的损害而故意为之。双方当事人或一方当事人不知或不应知道其行为的损害后果，不构成恶意。当事人出于恶意，表明其主观上具有违法的意图。第二，当事人之间互相串通。互相串通，首先是指当事人都具有共同的目的，即都希望通过实施某种行为而损害国家、集体和第三人的利益。共同的目的可以表现为当事人事先达成一致的协议，也可以是一方做出意思表示，而对方或其他当事人明知实施该行为所达到的目的非法，而用默示的方式表示接受。其次，当事人互相配合或者共同实施了该非法行为。在恶意串通行为中，当事人所表达的意思是真实的，但这种意思表示是非法的，因此所订立的合同是无效的。

3) 以合法形式掩盖非法目的的合同

以合法形式掩盖非法目的是指当事人实施的行为在形式上是合法的，但在内容和目的上是违法的。在实施这种行为的过程中，当事人故意表示出来的形式或故意实施的行为并不是其要达到的目的，也不是其真实意思，而只是希望通过这种形式和行为掩盖和达到其非法目的。例如，通过合法的买卖行为达到隐匿财产、逃避债务的目的，以合作的形式变相移转划拨土地使用权，等等。这种行为就其外表来看是合法的，但是外表行为只是达到非法目的的手段。由于被掩盖的目的是非法的，且将造成对国家、集体或第三人的损害，因此这种行为是无效的。

4) 损害社会公共利益的合同

社会公共利益体现了全体社会成员的最高利益，违反社会公共利益或公序良俗的合同无效，成为各国立法普遍确认的原则。我国民法虽未采纳公共秩序和善良风俗的概念，但确立了社会公共利益的概念。根据《合同法》第五十二条第四款的规定，损害社会公共利益的合同无效。因此，凡订立合同危害国家公共安全和秩序，损害公共道德、危害公共健康和环境以及其他损害公共利益的行为，无论当事人是否主张无效，法律和仲裁机构应主动宣告合同无效。

5) 违反法律、行政法规的强制性规定的合同

这种合同属于最典型的无效合同。此处所说的法律是指由全国人民代表大会及其常委会制定的法律，行政法规是指由国务院制定的法规，违反这些全国性的法律和法规的合同当然是无效的。无效合同都具有违法性，而违反法律、行政法规的强制性规定的合同，在违法性方面较之于其他无效合同更为明显。当事人在订立此类合同时，主观上大都具有违法的故意(当然，即使当事人主观上处于过失而违反了法律，即在订约时根本不知道所订立的合同条款是法律所禁止的，亦应确认合同无效)。值得注意的是，我国合同法仅规定违反全国性的法律和国务院制定的行政法规强制性规定的合同无效，而并没有提及违反行政规章、地方性法规及地方性规章的合同是否无效的问题，但这并不是说违反这些规定的合同都是有效的，而只是意味着违反这些规定的合同并非当然无效，是否应当宣告这些合同无

效应当考虑各种因素。例如，所违反的规定是否符合全国性的法律和法规、是否符合宪法和法律的基本精神等。《合同法》第三十八条规定："国家根据需要下达指令性任务或者国家订货任务的，有关法人、其他组织之间应当依照有关法律、行政法规规定的权利和义务订立合同。"如果不根据国家下达的任务订立合同，则该合同在内容上是不合法的，并应当被宣告无效。

《合同法》第五十六条规定："合同部分无效，不影响其他部分效力的，其他部分仍然有效。"有效部分和无效部分可以独立存在，一部分无效并不影响另一部分的效力，那么无效部分被确认无效后，有效部分继续有效。但是，如果无效部分与有效部分有牵连关系，确认部分内容无效将影响有效部分的效力，或者从行为的目的、交易的习惯以及根据诚实信用和公平原则，决定剩余的有效部分对于当事人已无意义或已不公平合理，则合同应被全部确认为无效。

## 4.3.2　可撤销合同

### 1. 可撤销合同的概念和特征

1)　可撤销合同的概念

所谓可撤销合同又称为可撤销、可变更的合同，是指当事人在订立合同时，因意思表示不真实，法律允许撤销权人通过行使撤销权而使已经生效的合同归于无效。例如，因重大误解而订立的合同，误解的一方有权请求法院撤销该合同。

2)　可撤销合同的法律特征

(1)　可撤销合同主要是意思表示不真实的合同。可撤销合同主要是因意思表示不真实而产生的。这里，首先涉及撤销对象的确定问题。在德国法中，可撤销的法律行为主要指意思表示不真实的行为，撤销权人可以请求法院宣告合同无效。我国《合同法》将采用欺诈、胁迫、乘人之危等手段订立的合同归入可撤销的合同范围，这实际上将撤销的对象限定为意思表示不真实的行为。尽管意思表示不真实也不符合生效要件的规定，但当事人订立这些合同时可能并没有故意违反法律、行政法规的强制性规定及公序良俗，这一点与无效合同是有区别的。

(2)　可撤销合同须由撤销权人主动行使撤销权。由于可撤销合同主要涉及当事人意思表示不真实的问题，而当事人意思表示是否真实，局外人通常难以判断，即使局外人已得知一方当事人因意思表示不真实而受到损害，然而合同当事人不主动提出撤销而自愿承担损害后果的，法律也应允许这种行为有效。所以，法律要将是否主张撤销的权利留给撤销权人，由其决定是否撤销合同。对此类合同的撤销问题，法院应采取不告不理的态度。如果当事人不主张提出撤销，法院不能主动地宣告合同的撤销，这一点与无效合同不同。

(3)　可撤销合同在被撤销以前仍然是有效的。对于可撤销合同，撤销权人有权决定是否提出撤销。如果撤销权人未在规定的期限内行使撤销权，或者撤销权人仅仅要求变更合同的条款，并不要求撤销合同，则合同仍然有效，当事人仍应依合同的规定履行义务。任何一方不得以合同具有可撤销的因素为由而拒不履行其合同义务。但无效合同则不同，无效合同是当然无效的，对无效合同不得要求当事人实际履行。

(4)　可撤销合同中的撤销权人可以撤销或变更合同。《民法通则》称可撤销合同为可变更、可撤销的合同，这就是说，对此类合同，撤销权人有权请求予以撤销，也可以不要求撤销而仅要求变更合同的内容。所谓变更，是指当事人之间通过协商改变合同的某些内容。如适当调整标的价格，适当减少一方承担的义务等。通过变更使当事人之间的权利义务趋于公平合理，在变更的情况下，合同仍然是有效的。撤销权人行使撤销权而撤销合同，与享有解除权的人行使解除权而解除合同一样，都会导致合同关系的终止，但两者在性质上是不同的。撤销权针对的是意思表示不真实的合同，因意思表示不真实才使受害一方享有撤销权；而解除权则可能是基于法律规定的原因而产生的，如不可抗力、对方根本违约等，也可能是基于双方事先约定而使当事人在出现某种情况时享有解除权。撤销既可以针对合同，亦可以针对其他法律行为而实施。解除原则上只适用于合同，而不适用于其他行为。

2. 可撤销合同的种类

1) 因重大误解订立的合同

根据《民法通则》第五十九条的规定，行为人对行为内容有重大误解的，可以请求人民法院或者仲裁机构予以变更或撤销。《合同法》第五十四条也规定，因重大误解订立的合同，当事人一方可以请求人民法院或仲裁机构变更或撤销。所谓重大误解，是指一方因自己的过错而对合同的主要内容等发生误解。误解直接影响到当事人所应享有的权利和承担的义务。误解既可以是单方面的误解，如出卖人误将某一标的物当作另一物；也可以是双方的误解，如买卖双方误将本为复制品的油画当成真品买卖。误解须符合一定条件才能构成并产生使合同变更或撤销的法律后果。其一是表意人因为误解做出了意思表示。在表意人因误解做出了意思表示之后，另一方当事人知道对方已经发生了误解并利用此种误解订立合同，不影响重大误解的构成。另一方当事人具有恶意可以在合同被撤销以后作为确定责任的一种根据，而不应作为重大误解的构成要件。其二是表意人对合同的内容等发生了重大误解。在法律上，一般的误解并不都能使合同撤销。我国的司法实践认为，只有对合同的主要内容发生误解，才构成重大误解。因为只有在对合同的主要内容发生误解的情况下，才可能影响当事人的权利和义务并可能使误解一方的订约目的不能达到。《民法通则意见》第七十一条规定：“行为人因行为的性质、对方当事人、标的物的品种、质量、规格和数量等错误认识，使行为的后果与自己的意思相悖，并造成较大损失的，可以认定为重大误解。”其三是误解是由误解方自己的过失造成的。误解不是因为受他人的欺骗或不正当影响造成的。在通常情况下，误解都是由表意人的过失造成的，即因其不注意、不谨慎造成的。如果表意人具有故意或重大过失，如表意人对对方提交的合同草案根本不看就签字盖章，则行为人无权请求撤销。其四是误解是误解一方的非故意的行为。如果表意人在订约时故意保留其真实的意志，或者明知自己已对合同发生误解而仍然与对方订立合同，则表明表意人希望追求其意思表示所产生的效果。在此情况下，并不存在意思表示不真实的问题，因此不能按重大误解处理。

2) 显失公平的合同

显失公平的合同是指一方在订立合同时因情况紧迫或缺乏经验而订立的明显对自己有重大不利的合同。例如，某人因资金严重短缺或经营上的迫切需要而向他人借高利贷，此种借贷合同大多属于显失公平的合同。显失公平的合同往往是当事人双方的权利和义务极不对等、经济利益上不平衡，因而违反了公平合理原则。《合同法》第五十四条规定，在

订立合同时显失公平的，合同应予变更或撤销。这不仅是公平原则的具体体现，而且切实保障了公平原则的实现。

显失公平的合同主要具有以下法律特点。

(1) 这种合同在订立时对双方当事人明显不公平。根据我国民法，合同尤其是双务合同应体现平等、等价和公平的原则，只有这样才能实现合同正义。然而在显失公平的合同下，一方要承担更多的义务而享受极少的权利或者在经济上要遭受重大损失，而另一方则以较少的代价获得较大的利益，承担极少的义务而获得更多的权利。这种利益的不公平是在合同订立时已经形成的，而不是在合同订立以后形成的。如果在合同订立以后因为市场行情的变化等，而导致合同对一方不公平，可能属于情势变更的范畴，而不应按可撤销合同处理。

(2) 一方获得的利益超过了法律所允许的限度。如标的的价款显然大大超出了市场上同类物品的价格或同类劳务的报酬标准等。一般来说，在市场交易中出现的双方当事人的利益不平衡的现象有两种情况：一是主观的不平衡，即当事人主观上认为其所得到的不如付出的多；二是客观的不平衡，即交易的结果对双方的利益是不平衡的，一方得到的多而另一方得到的少。在市场经济条件下，要求各种交易中给付和对待给付都达到完全的对等是不可能的。做生意总会有赔有赚，从事交易必然要承担风险。如果当事人因某个交易不成功或者某个合同亏本，就以显失公平为由要求撤销合同，显然违背了显失公平制度所设立的目的。该制度并不是为了免除当事人应承担的交易风险，而是禁止或限制一方当事人获得超过法律允许的利益。

(3) 受害的一方在订立合同时缺乏经验或情况紧迫。也可以说，在订立合同时受害人因无经验，对行为的内容缺乏正当认识的能力，或者因为某种急需或其他急迫情况而接受了对方提出的条件。显失公平的合同对于利益受损失的一方而言，并不是其自愿接受的。由于显失公平的合同在订立过程中具有瑕疵，利益受到损害的一方并未充分表达其意思，显失公平的合同也可以说是一方意思表示不真实的合同。

3) 因欺诈、胁迫而订立的合同

如前所述，因欺诈、胁迫订立的合同应分为两类：一类是一方以欺诈、胁迫的手段订立合同损害国家利益，应作为无效合同；另一类是一方以欺诈、胁迫的手段订立合同并没有损害国家利益，只是损害了集体或第三人的利益，对此类合同应按可撤销合同处理。

《民法通则》第五十八条规定，因欺诈和胁迫而为的民事行为为无效民事行为。我国民法将欺诈、胁迫的合同作为无效合同的主要目的在于：一方面是为了维护社会经济秩序和公共道德。因为许多欺诈、胁迫的行为不仅造成了当事人利益的损害，同时也破坏了社会经济秩序和社会公德。因此，法院和仲裁机构可以主动确认该合同无效。另一方面是为了制裁欺诈者，防止欺诈、胁迫行为的发生。在一方欺诈、胁迫另一方的情况下，仅仅使欺诈、胁迫的一方承担返还财产和赔偿损失的责任，虽然能使受害一方的损失得到补偿，但并没有对欺诈、胁迫的一方实行惩罚性的制裁，因而难以制止欺诈、胁迫行为。

《合同法》修改了《民法通则》的规定，根据《合同法》第五十四条的规定，一方以欺诈、胁迫的手段，使对方在违背真实意思的情况下订立的合同，受损害方有权请求人民法院或仲裁机构变更或者撤销。这就是说，对此类合同，受害人如认为合同继续有效对其有利，可要求变更合同；如认为违约责任的适用对其更为有利，可要求在确认合同有效的前提下，责令欺诈、胁迫行为人承担违约责任；如果认为合同继续有效对其不利，可请求法院和仲裁机构撤销该合同，在合同被撤销以后，将造成与合同被宣告无效后同样的后果。总之，《合同法》将此类合同作为可撤销合同给予了受害人更多的选择机会，这对于保护受害人是极为有利的。

欺诈与显失公平不同。一方面，欺诈是一方故意制造假象并使对方陷入错误，而在显失公平的情况下只是一方利用了对方的轻率和无经验等，并没有欺骗他人。另一方面，在欺诈的情况下，受害人遭受损害完全是受欺诈的结果，受害人在主观上并没有选择自己行为的自由。而在显失公平的情况下，受害人在主观上具有一定的选择自己行为的自由。受害人因自己的轻率和无经验等与对方订立合同，在许多情况下其本身是有过错的。

4) 乘人之危的合同

所谓乘人之危，是指行为人利用他人的危难处境或紧迫需要，强迫对方接受某种明显不公平的条件并做出违背其真实意志的意思表示。乘人之危的合同具有以下特点。

(1) 一方乘对方危难或急迫之际逼迫对方。所谓危难，除了经济上的窘迫外，也包括生命、健康、名誉等危难。所谓急迫，是指因情况比较紧急，迫切需要对方提供某种财物、劳务、金钱等。急迫主要包括经济上、生活上各种紧迫的需要，而不包括政治、文化等方面的急迫需要。由于乘人之危的合同是一方乘他方危难或急迫而要求对方订立的合同，因此不法行为人主观上具有乘人之危的故意。如果行为人在订立合同时并不知道对方处于危难或急迫状态，即使提出苛刻条件并为对方所接受，也不能认为是乘人之危。

(2) 受害人出于危难或急迫而订立了合同。不法行为人乘人之危要求受害人订立合同，受害人明知对方在利用自己的危难或急迫而获得利益，但陷于危难或出于急迫需要而订立了合同。正由于受害人是在危难或急迫状态下而与对方订立了合同，因此，此类合同从根本上也违背了受害人的真实意志。

(3) 不法行为人所取得的利益超出了法律允许的限度。乘人之危的行为往往使受害人被迫接受对自己十分不利的条件，订立某种使自己受到损害的合同，而不法行为人则取得了在正常情况下不可能取得的重大利益，并明显违背了公平原则，超出了法律所允许的限度。乘人之危的合同大多造成了双方利益极不均衡的结果。因此，乘人之危的合同也是显失公平的，但乘人之危不完全等同于显失公平。

根据《民法通则》第五十八条的规定，一方乘人之危，迫使对方在违背真实意思的情况下订立的合同为无效合同。这主要是考虑到乘人之危的行为人主观上具有恶意，且客观上违背了诚实信用原则和公共道德，因此应通过确认合同无效，对行为人予以制裁。《合同法》第五十四条修改了《民法通则》的上述规定，将乘人之危合同纳入可撤销的合同范围之中，允许由受害人决定是否应撤销合同。如果受害人愿意保持合同的效力，可提出变更合同的某些条款，甚至受害人认为虽然对方有乘人之危的行为，但其自愿接受合同条款，也可以使合同有效。如果受害人不愿意保持合同的效力，可要求撤销合同。

### 3. 撤销权的行使

(1) 撤销权通常由因意思表示不真实而受损害的一方当事人享有，受损害的一方当事人通常指重大误解中的误解人、显失公平中的遭受重大不利的一方。撤销权人有权提出变更合同，请求变更的权利也是撤销权人享有的一项权利。《合同法》第五十三条规定：“当事人请求变更的，人民法院或者仲裁机构不得撤销。”因此，如果当事人仅提出了变更合同而没有要求撤销合同，该合同仍然是有效的，法院或仲裁机构不得撤销该合同。

(2) 撤销权人必须在规定的期限内行使撤销权。因为可撤销的合同往往只涉及当事人一方意思表示不真实的问题，如果当事人自愿接受此种行为的后果，自愿放弃其撤销权，或者长期不行使其权利，不主张撤销，法律应允许该合同有效，否则在合同已经生效后的很长时间再提出撤销，会使一些合同的效力长期处于不稳定状况，不利于社会经济秩序的稳定。《合同法》第五十五条规定，具有撤销权的当事人自知道或者应当知道撤销事由之日起一年内没有行使撤销权或具有撤销权的当事人知道撤销事由后明确表示或者以自己的行为放弃撤销权的，撤销权消灭。

## 4.3.3　合同无效或被撤销的后果

《合同法》第五十六条规定："无效的合同或者被撤销的合同自始没有法律拘束力。"因此，合同被确认无效和被撤销以后，自合同成立之日起就是无效的，而不是从确认合同无效之时起无效。尤其是对无效合同来说，因其在内容上具有不合法性，当事人即使在事后追认了也不能使这些合同生效。一旦合同被确认无效和被撤销，合同关系不再存在，原合同对当事人不再具有任何拘束力，当事人也不得基于原合同而主张任何权利或享受任何利益。合同被确认无效或被撤销以后，虽不能产生当事人所预期的法律效果，但并不是不产生任何法律后果。《合同法》第五十八条规定，合同无效或者被撤销后，因该合同取得的财产，应当予以返还；不能返还或者没有必要返还的，应当折价补偿。有过错的一方应当赔偿对方因此所受到的损失，双方都有过错的，应当各自承担相应的责任。《合同法》第五十九条规定，当事人恶意串通，损害国家、集体或者第三人利益的，因此取得的财产收归国家所有或者返还集体、第三人。由此可以看出，合同被确认无效或者被撤销的财产后果主要有以下三种。

### 1. 返还财产

所谓返还财产，是指一方当事人在合同被确认无效或被撤销以后，对其已交付给对方的财产享有返还请求权；已经接受对方交付的财产一方当事人则负有返还对方财产的义务。返还财产旨在使财产关系恢复到合同订立前的状态，通过返还财产使当事人恢复其对原物的占有，同时从对方那里所获得的财产利益也应返还给对方，从而使当事人在财产利益方面完全达到合同成立前的状态。返还财产的对象仅限于原物及因原物所产生的孳息。法律上不能返还主要是指财产已经转让给善意的第三人，善意第三人已取得该财产的所有权。当出现不能返还或者没有返还必要的情况时，接受履行的一方应当折价补偿，还要负损害赔偿的责任。

返还财产有单方返还与双方返还。在当事人一方故意违法的情况下，应采取单方返还的办法。如果双方均履行了合同，则采用双方返还的办法。当事人恶意串通，损害集体或者第三人利益的，因此取得的财产，应返还集体、第三人。

### 2. 赔偿损失

有过错的一方应当赔偿对方因此所受到的损失，双方都有过错的，应当各自承担相应的责任。这是《合同法》关于合同被撤销、合同无效应承担的财产责任方式之一。承担赔偿损失，应具备一定的要件。

1) 要有损害事实的存在

所谓损害事实的存在，是指当事人确因合同无效或被撤销而遭受了损害。损害必须是实际发生的且可以确定的，而不是当事人主观臆测的。当事人一方要主张损害赔偿，必须证明损害的实际存在。

2) 负赔偿损失一方要有过错

其法律依据主要是根据《合同法》第五十八条的规定，合同无效或者被撤销后，有过错的一方应当赔偿对方因此所受到的损失，双方都有过错的，应当各自承担相应的责任。

3) 主观过错与所造成的损失有因果关系

如果主观过错与造成的损失之间没有因果关系，不能请求损失赔偿。

### 3. 收归国家所有

如果双方恶意串通，损害国家利益的，因此取得的财产收归国家所有。采用这种办法，要求无效合同或被撤销的合同当事人主观上是具有恶意的，客观上实施了违法行为，这种违法行为确实给国家造成了损失，损害了国家利益。收归国家所有的财产，包括当事人通过无效合同或者被撤销的合同取得的全部财产。

《合同法》第五十七条规定，合同无效、被撤销或者终止的，不影响合同中独立存在的有关解决争议方法的条款的效力。

## 复习思考题

1. 合同生效应具备什么条件？
2. 合同成立与合同生效是一回事吗？为什么？
3. 什么是效力待定的合同？我国《合同法》规定效力待定的合同有哪几种？
4. 无效合同有哪些特点？
5. 我国《合同法》规定无效合同的情形有哪些？
6. 什么是可撤销合同？可撤销合同有哪些法律特征？
7. 哪些合同属于可撤销合同？
8. 合同无效或被撤销后，应如何处理？

## 案 例 分 析

### 案例一

常鑫瓷质砖有限公司为了对外拓展业务，推销瓷质砖，于2012年12月18日委派该公司干部罗新到苏州市设立办事处，并租用一间仓库。罗新从常鑫公司运走价值20余万元的瓷质砖存放在苏州仓库内。期间，罗新通过房东介绍，与刚成立的苏州市钢铜雕刻有限公司(系私营企业)的负责人陈鸿玉相识，双方协商联营经销瓷质砖事宜，经请示常鑫公司，未获同意。罗新经陈鸿玉介绍，又结识苏州市保达贸易商行承包人贾金龙，双方进行过业务洽谈，因常鑫公司要求现金买卖，故生意未做成。

2013 年 1 月 20 日，罗新准备回九江过春节，考虑到春节期间苏州会有已订合同的客户要求发货，便委托陈鸿玉代为保管货物及帮助发货。可是陈鸿玉与贾金龙避开常鑫公司及罗新，以苏州市钢铜雕刻有限公司的名义与苏州市保达贸易商行签订了一份代销常鑫公司瓷质砖的协议，并于 2013 年 2 月 3 日至 5 日从罗新租用的仓库中运走价值人民币 101 836.25 元的多种规格的瓷质砖。苏州市保达贸易商行仅付给陈鸿玉货款 28 500 元，且该款已被陈鸿玉用于开办公司。常鑫瓷质砖有限公司向江西省九江市中级人民法院递交了起诉状。

原告常鑫瓷质砖有限公司以代理权纠纷起诉，要求被告罗新、陈鸿玉及第三人苏州市保达贸易商行赔偿损失。

**问题：**人民法院能否支持原告的诉讼请求？为什么？

**案例二**

2014 年，某百货公司委托其业务员李某到上海购买冰箱 500 台。李某到上海后，很快与一生产冰箱的厂家签订了标的为 500 台冰箱的合同。之后，李某在上海看到山地自行车很畅销，便用盖有本单位公章的空白介绍信和合同书，以百货公司的名义与一自行车生产厂签订了山地自行车的购销合同。合同约定：百货公司购买山地自行车 1000 辆，货款总计 50 万元，自行车厂在合同签订后的 10 天内发货。

李某回到单位向公司领导告知了订购山地自行车一事。公司领导认为订购 50 万元的山地自行车，一是占用本公司大量流动资金，影响了公司的资金流动；二是山地自行车在本市的销路不是很好，于是要求李某速去上海撤销购销合同。与此同时，百货公司也向自行车厂发去书面通知，表示要撤销此合同。然而，自行车厂在与李某签订合同的第五天就已经发货。李某到上海后，合同所涉及的 1000 辆山地自行车已经发货，自行车厂要求百货公司支付货款，而百货公司拒付，表示李某未得到购买山地自行车的授权，订立该项合同超越了公司的授权范围，且李某的越权代理公司不承认，故该合同所产生的一切后果与百货公司无关，应由李某自己承担。双方交涉未果，于是起诉到人民法院。

**问题：**自行车生产厂的诉讼请求能否得到人民法院的支持？

# 第5章　合同的履行与保全

**学习目标**

◆　掌握合同履行原则、合同履行规则。

◆　熟悉合同履行中的同时履行、后履行、不安抗辩权的内容。

◆　熟悉合同保全中的代位权与撤销权。

**本章导读**

本章主要学习合同履行的原则与规则、合同履行中的抗辩权、合同的保全等内容。

## 5.1　合同履行的原则

我国《合同法》第六十条规定：“当事人应当按照约定全面履行自己的义务。当事人应当遵循诚实信用原则，根据合同的性质、目的和交易习惯履行通知、协助、保密等义务。”

关于合同的履行原则，我国学术界有许多不同的观点，主要有全面履行原则、实际履行原则、适当履行原则、经济合理原则、诚实信用原则等。合同履行的原则是当事人在履行合同的过程中所应遵循的基本规则，它是指导合同履行并适用于合同履行全部领域的特有原则。

合同的履行除必须贯彻民法基本原则和合同法基本原则外，依据《合同法》第六十条的规定，合同履行应遵循全面履行原则和诚实信用原则。

### 5.1.1　全面履行原则

全面履行原则，指当事人应当按照法律和合同的约定全面履行自己的义务。即按合同约定的标的、价款、数量、质量、履行地点、期限、方式等全面履行各自的义务。按照约定履行自己的义务，既包括全面履行的义务，也包括正确适当地履行合同的义务。按合同约定的标的履行，指合同规定的标的是什么，就交付什么，不得任意以其他标的代替。全面履行原则又称为适当履行原则。

### 5.1.2　诚实信用原则

我国《合同法》将诚实信用原则作为订立合同应当遵循的基本原则，同时作为合同履行的原则。《合同法》规定了当事人应当遵循诚实信用原则，根据合同的性质、目的和交易习惯履行通知、协助、保密等义务。通知，是指当事人在履行合同中应当将有关重要的事项、情况告诉对方，如当事人改变了住所或者履行地点，因客观情况必须变更合同或者因不可抗力不能履行时，必须及时通知对方。协助，是指当事人在履行合同过程中，除严格按约定履行自己的义务外，还要相互合作，配合对方履行。保密，是指当事人在履行合同的过程中对属于对方当事人的商业秘密或者对方当事人要求保密的信息、事项，不能向外泄露。

遵循诚实信用原则要求合同双方当事人都应当按照合同的约定，履行自己所应承担的义务。合同的双方当事人应当相互关照，互通有无。在合同的履行过程中，双方当事人之间要及时通报情况，发现问题及时解决，以便于合同的履行。债权人应当以适当的方法接受履行，并为债务人履行义务创造必要的条件。

## 5.2　合同履行的规则

### 5.2.1　合同约定不明的履行规则

#### 1. 协议补充规则

《合同法》第六十一条规定，合同生效后，当事人就质量、价款或者报酬、履行地点等内容没有约定或者约定不明的，可以协议补充。合同权利义务的设定允许当事人协商，合同履行过程中，也允许合同当事人就约定不明的有关事项进行协商，这正是合同自由原则、当事人的意思自治原则的体现。

#### 2. 依合同相关条款或者交易习惯规则

合同生效后，当事人就质量、价款或者报酬、履行地点等内容没有约定或者约定不明的，可以协议补充，补充不能达成协议的，按照合同的有关条款或者交易习惯确定。按合同的有关条款或者交易习惯确定，一般只适用于部分常见条款或者不明确的情况，因为只有这些条款才能形成一定的交易习惯。

#### 3. 依《合同法》第六十二条规定的规则

依据《合同法》第六十二条的规定，当事人就有关合同内容约定不明确，当事人进行协商后不能达成协议的，按照合同相关条款或者交易习惯仍不能确定的，适用以下规定。

(1) 质量要求不明确的，按照国家标准、行业标准履行；没有国家标准、行业标准的，按照通常标准或者合同目的的特定标准履行。

(2) 价款或者报酬不明确的，按照订立合同时合同履行地的市场价格履行；依法应当执行政府定价或者政府指导价的，按照规定履行。《合同法》第六十三条规定，执行政府定价或者政府指导价的，在合同约定的交付期限内政府价格调整时，按交付时的价格计价。逾期交付标的物的，遇价格上涨时，按照原价格执行；价格下降时，按照新价格执行。逾期提取标的物或者逾期付款的，遇价格上涨时，按照新价格执行；价格下降时，按原价执行。

(3) 履行地点不明确，给付货币的，在接受给付一方所在地履行；交付不动产的，在不动产所在地履行；其他标的，在履行义务一方所在地履行。

(4) 履行期限不明确的，债务人可以随时履行，债权人也可以随时要求履行，但应当给对方必要的准备时间。

(5) 履行方式不明确的，按照有利于实现合同目的的方式履行。

(6) 履行费用的负担不明确的，由履行义务一方负担。

### 5.2.2 由第三人代为履行的合同

合同履行过程中涉及合同履行的主体。合同履行的主体是指履行合同债务和接受履行的人。在一般情况下，合同是由当事人通过实施特定的行为来履行的。也就是由债务人对债权人履行债务，由债权人接受债务人的履行。因此，债权人和债务人都是合同履行的主体。但是，在某些情况下，合同也可以由第三人代替履行。只要不违反法律的规定或当事人的约定，或者符合合同的性质，第三人也是正确的履行主体。在第三人代替债务人履行义务时，第三人为履行主体。但由第三人代替债务人履行的义务必须是债务人可以不亲自履行的义务，而且是法律或当事人没有规定必须由债务人亲自履行的义务。法律规定或者当事人约定必须由债务人亲自履行的义务，或者合同的性质决定必须由债务人亲自履行的义务，不得由第三人代替履行。《合同法》第六十五条规定：“当事人约定由第三人向债权人履行债务的，第三人不履行债务或者履行债务不符合约定，债务人应当向债权人承担违约责任。”由此可见，第三人不是合同主体，当第三人不向债权人履行合同时，违约责任由债务人承担。

### 5.2.3 向第三人履行的合同

在第三人代替债权人接受履行时，第三人也是履行主体。在一般情况下，债权人都可以指定债务人向其指定的第三人履行义务，即由第三人代替债权人接受履行。但是，债权人指定由第三人代其接受履行的，不得因此而使债务人增加履行费用的负担。第三人代替债权人接受履行不适当或因此造成债务人损失的，应由债权人承担违约责任。《合同法》第六十四条规定：“当事人约定由债务人向第三人履行债务的，债务人未向第三人履行债务或者履行债务不符合约定，债务人应当向债权人承担违约责任。”

## 5.3 双务合同履行中的抗辩权

### 5.3.1 同时履行抗辩权

#### 1. 同时履行抗辩权的概念

同时履行抗辩权是指当事人互负债务且没有先后履行顺序，一方当事人在他方未为对待给付以前，有拒绝履行自己的合同义务的权利。同时履行抗辩权只适用于双务合同，单务合同不存在同时履行抗辩权问题。在双务合同中，当事人的权利义务存在着牵连性，即当事人的权利与义务是相对应的，一方的权利就是他方的义务，一方的义务即为他方的权利。如果一方的权利、义务不成立或者无效，则另一方的权利、义务也就会发生同样的效果。正因为如此，双务合同的履行也存在着牵连性，即一方义务的履行须以他方履行义务为前提。如果一方不履行义务，他方的权利就不能得到实现，其履行义务自然也就会受到

影响。而一方不履行自己的义务而要求对方履行义务，在法律上是有违公平观念的。可见，法律设立同时履行抗辩权的目的，就在于维持双务合同当事人之间在利益关系上的公平，以维护交易的安全。

《合同法》第六十六条规定了同时履行抗辩权，即“当事人互负债务，没有先后履行顺序的，应当同时履行。一方在对方履行之前有权拒绝其履行要求。一方在对方履行债务不符合约定时，有权拒绝其相应的履行要求”。

2. 同时履行抗辩权的成立条件

1)　当事人须因同一双务合同而互负义务

同时履行抗辩权只适用于双务合同，而不适用于单务合同。在双务合同中，须双方当事人互负义务。所谓互负义务，是指当事人所负的义务存在对价关系。如果双务合同的当事人之间不存在对价关系，则无同时履行抗辩权的适用条件。

2)　当事人双方互负的债务没有先后履行顺序

当事人在合同中没有约定履行的先后顺序，在这种情况下，当事人应当同时履行。如果合同中约定了当事人的先后履行顺序，则负有先履行义务的当事人应先履行合同义务，不能适用同时履行抗辩权。另外，当事人双方互负的债务均已到了履行期，如果同时履行抗辩权的合同履行期限未到，则不能行使同时履行抗辩权。否则，就等于要求未到期的债务人提前履行义务。如果当事人双方的债务都没有约定期限，但按照合同的性质或约定，一方负有先履行义务的，则有先给付义务的一方没有主张同时履行抗辩的权利。

3)　对方当事人未履行债务或未按约定履行债务

当事人一方请求对方履行债务时，如果请求方自己没有履行债务，则被请求方可以主张行使同时履行抗辩权，拒绝履行债务。如果请求方已履行了债务，则被请求方不能主张行使同时履行抗辩权。

当事人履行债务不符合约定的，即当事人不适当履行的，对方有权拒绝其相应的履行要求。也就是说，当事人不适当履行债务的，对方也可以行使同时履行抗辩权。但这种同时履行抗辩权只限于在相应的范围之内行使，即与当事人履行债务不符合约定的部分的相应部分。例如，当事人部分履行的，则就未履行部分，对方可以行使同时履行抗辩权。

4)　对方当事人的对待履行是可能履行的

法律设立同时履行抗辩权的目的，在于使双方当事人同时履行自己的义务。因此，只有在债务可以履行的情况下，同时履行抗辩权才具有意义。如果当事人所负的债务成为不能履行的债务，则不发生同时履行抗辩权问题。当事人只能通过其他途径请求补救。例如，当事人的债务是因不可抗力的原因使标的物灭失而导致不能履行的，如对方提出履行请求，则可以主张解除合同以否定其请求权的存在，而不能主张同时履行抗辩权。

## 5.3.2　后履行抗辩权

1. 后履行抗辩权的概念

所谓后履行抗辩权，是指在双务合同中应当先履行的一方当事人没有履行合同义务的，后履行一方当事人有拒绝履行自己的合同义务的权利。《合同法》第六十七条规定：“当事人互负债务，有先后履行顺序，先履行一方未履行的，后履行一方有权拒绝其履行要求。先履行一方履行债务不符合约定的，后履行一方有权拒绝其相应的履行要求。”后履行抗辩权不同于同时履行抗辩权和不安抗辩权。同时履行抗辩权是在双方当事人的债务没有先后履行顺序的情况下适用的，而后履行抗辩权则是在双方当事人的债务有先后履行顺序的情况下适用的。不安抗辩权与后履行抗辩权都是在双方当事人的债务有先后履行顺序的情况下适用的，但不安抗辩权是先履行一方所享有的权利，而后履行抗辩权是后履行一方所享有的权利。

**2. 后履行抗辩权的成立条件**

(1) 当事人因双务合同互负债务，主张后履行抗辩权必须是在双务合同中。当事人之间存在着对价关系，当事人一方履行义务，是为了换取对方的履行。所以，在先履行一方不履行自己的债务时，后履行一方为保护自己的利益，就可以不履行自己的债务。

(2) 当事人一方须有先履行的义务。在双务合同中，当事人可以同时履行义务，也可以异时履行义务。在异时履行的情况下，负有先履行义务的一方应当先履行义务。当事人的履行顺序，应当按照法律规定、合同约定或交易习惯确定。

(3) 先履行一方到期未履行债务或不适当履行债务。在合同异时履行的情况下，负有先履行义务的一方应当先履行义务。如果先履行一方不履行到期的义务，属于违约，则后履行一方有权拒绝履行。如果先履行一方的履行不符合合同约定，则后履行一方有权拒绝先履行一方的相应的履行要求，即先履行一方履行债务不符合约定的部分。

## 5.3.3 不安抗辩权

**1. 不安抗辩权的概念**

不安抗辩权是指在双务合同中，应当先履行债务的当事人有确切证据证明对方有丧失或者可能丧失履行能力的情形时，有中止履行自己债务的权利。在双务合同中，负有先为给付义务的一方，对后履行一方有丧失或可能丧失履行能力的情形而危及先履行债务一方的债权实现时，如仍要求应先履行一方先为履行，则会损害其利益。所以，法律为保护先履行债务一方当事人的合法权益，贯彻公平原则，特设不安抗辩权制度。

根据《合同法》六十八条的规定，应当先履行债务的当事人，有确切证据证明对方有下列情形之一的，可以中止履行。

(1) 经营状况严重恶化。

(2) 转移财产、抽逃资金，以逃避债务。

(3) 丧失商业信誉。

(4) 有丧失或者可能丧失履行债务能力的其他情形。

**2. 行使不安抗辩权应具备的条件**

1) 当事人须因双务合同互负债务

不安抗辩权只在双务合同中存在，单务合同不发生不安抗辩权问题。在双务合同中，当事人之间存在着对价关系，当事人一方履行义务，是为了换取对方的履行。所以，一方的履行有可能难以实现的，他方为保护自己的履行利益，可以保留自己的履行。

2) 当事人一方须有先履行的义务且已到了履行期

在后履行义务的一方有难以对待履行的危险时，先履行义务人为保护自己的利益，可以暂停自己的履行。不安抗辩权的“不安”，意义就在于先履行义务人必然要承担对待履行不能实现的风险，当这种风险具有现实性时，先履行义务的人为防止这种风险的发生，消除这种“不安”状态，就可以暂时保留自己的履行。

3)　后履行义务一方有丧失或可能丧失履行债务能力的法定情形

在合同订立后，后履行义务人有丧失或可能丧失履行债务能力的情形，就极有可能无法履行合同。在这种情况下，先履行义务人就可以行使不安抗辩权。如果当事人没有确切证据而行使不安抗辩权，应当承担违约责任。

4)　后履行义务一方没有对待给付或未提供担保

不安抗辩权是为保护先履行义务的一方在获得对待履行上的“不安”状况而设置的，所以，如果后履行义务人已经为对待给付，则不存在行使不安抗辩权。同时，如果后履行义务人提供了担保，先履行义务人的履行利益已得到了保障，不安抗辩权也就没有存在的意义了。

行使不安抗辩权主要是为了保护先履行一方当事人的利益免受损害而中止合同的履行，即暂时停止合同的履行，以待后履行一方恢复履行能力或者提供担保。因为中止履行可能给对方带来损害，所以《合同法》第六十九条规定，当事人行使不安抗辩权而中止履行合同的，应当及时通知对方。对方提供适当担保时，应当恢复履行。中止履行后，对方在合理期限内未恢复履行能力并且未提供适当担保的，中止履行一方可以解除合同。

## 5.4　合同的保全

法律为防止因债务人的财产不当减少或不增加而给债权人的债权带来损害，允许债权人行使代位权或撤销权，以保护其债权，这就是合同的保全。合同的保全可分为代位权与撤销权两种。

### 5.4.1　代位权

我国《合同法》第七十三条规定了行使代位权的主体、行使代位权的范围、行使代位权的费用。

#### 1. 代位权的概念

代位权是指因债务人怠于行使其到期债权，对债权人造成损害的，债权人可以向人民法院请求以自己的名义代位行使债务人债权的权利。代位权作为一种法定的权利，其特点主要有以下几个。

(1)　行使代位权针对的是债务人怠于行使权利的行为。由于债务人怠于行使其到期债权，可能会不当减少债务人的财产，从而造成债务人履行困难或者不能履行，债权人难以实现债权。因此，代位权的行使是为了保持债务人的财产，即旨在对责任财产采取法律措施予以保持。

(2)　行使代位权是债权人以自己的名义行使债务人的债权。

(3)　行使代位权是债权人向人民法院提出请求。代位权的行使必须向人民法院提起诉讼，请求法院允许债权人行使代位权。《合同法》第七十三条要求债权人行使代位权必须在法院提起诉讼，请求法院保全其债权，而不能通过诉讼外的请求方式来行使代位权。

(4) 债权人的代位权是一种权利而不是义务。债权人可以行使代位权，也可以不行使代位权。

2. 代位权行使的条件

最高人民法院《合同法解释(一)》第十一条规定，债权人依照《合同法》第七十三条的规定提起代位权诉讼，应当符合下列条件。

(1) 债权人对债务人的债权合法。

(2) 债务人怠于行使其到期债权，对债权人造成损害。

(3) 债务人的债权已经到期。

(4) 债务人的债权不是专属于债务人自身的债权。

3. 代位权的行使范围与费用的负担

1) 代位权的行使范围

《合同法》第七十三条规定，代位权的行使范围以债权人的债权为限。这一规定有以下两层含义：一是某一债权人行使代位权，只能以自身的债权为基础，不能以未行使代位权的全体债权人的债权为保全的范围。债权人行使代位权只能以自身的债权为基础，提起代位权之诉，代位的范围只能及于行使代位权的债权人所享有的债权的范围。二是债权人在行使代位权时，其代位行使的债权数额应与其债权数额大致相等。

2) 代位权的费用负担

债权人行使代位权以后，会涉及行使代位权费用的承担问题。关于代位权行使的费用问题，《合同法》第七十三条规定，“债权人行使代位权的必要费用，由债务人负担”。行使代位权是债的保全的一种措施，所以债权人在行使代位权的过程中形成的费用，可以视为债务人清偿债务过程中的费用，此种费用本来是应当由债务人支出的。所以，将这种费用从债务人的财产中扣除是合理的。

值得注意的是，根据最高人民法院《合同法解释(一)》第十九条的规定，在代位权诉讼中，债权人胜诉的，诉讼费由次债务人负担，从实现的债权中优先支付。

## 5.4.2 撤销权

1. 撤销权的概念

根据《合同法》第七十四条的规定，债权人的撤销权是指因债务人实施减少其财产的行为对债权人造成损害的，债权人可以请求人民法院撤销该行为的权利。由于撤销权的行使必须依一定的诉讼程序进行，也就是说，行使撤销权必须由债权人向法院起诉，由人民法院做出撤销债务人行为的判决才能产生撤销的效果，因此，撤销权又被称为撤销诉权或废罢诉权。

撤销权不是单纯的请求权，而是兼有请求权和形成权的特点。一方面，债权人行使撤销权，可请求因债务人的行为而获得利益的第三人返还财产，从而恢复债务人的责任财产的原状。另一方面，撤销权的行使又以撤销债务人与第三人的民事行为为内容。当然，撤销权的主要目的是撤销民事行为，而返还财产只是因行为的撤销所产生的后果。撤销权作为债权的一项权能，是由法律规定所产生的，但它并不是一项与物权、债权相对应的独立的民事权利，而只是附属于债权的实体权利。它必须依附于债权而存在，不得与债权分离而进行处分。当债权转让时，撤销权亦随之转让，当债权消灭时，撤销权也随之消灭。撤销权作为债权的一项权能，本质上仍然是债权，因此不能产生物权的效果。

撤销权与可撤销合同中一方当事人所享有的撤销权是不同的。第一，两者是合同法上两种不同的制度，分别属于合同效力制度与合同保全制度。可撤销制度设立是为了贯彻意思自治原则，使撤销权人针对意思表示不真实的行为请求撤销，从而实现撤销权人的意志和利益；而撤销权制度是法律为了保全债权人的利益，防止债务人的财产不当减少所设立的一种措施，它并不在于保障当事人实现其真实的意思。第二，从主体上来看，可撤销合同制度赋予撤销权人以撤销权，撤销权人是意思表示不真实的人或受害人。而在合同保全制度中，撤销权的主体是债权人。第三，从两种撤销的对象来看，前者是针对一方当事人与另一方当事人之间意思表示不真实的合同而请求撤销，撤销权人请求撤销的是他与另一方当事人之间的合同，也就是说撤销的是自己的行为。而后者主要是针对债务人与第三人之间实施有害于债权人权利的转让财产的行为而设定的。债权人行使撤销权，旨在撤销债务人与第三人之间的民事行为。第四，从效力上来看，在可撤销制度中，撤销只是在当事人之间发生的，所以撤销权的行使只是在当事人之间发生效力。而在合同的保全之中，撤销权的行使将突破合同相对性原则，将对第三人发生效力。第五，从权利的存续期间来看，两种撤销权的行使都要求从撤销权人知道或者应当知道撤销事由之日起一年内行使。但《合同法》第七十五条规定，撤销权“自债务人的行为发生之日起五年内没有行使撤销权的，该撤销权消灭”。该规定并不适用于可撤销合同制度。

### 2. 撤销权行使的条件

《合同法》第七十四条规定：“因债务人放弃其到期债权或者无偿转让财产，对债权人造成损害的，债权人可以请求人民法院撤销债务人的行为。债务人以明显不合理的低价转让财产，对债权人造成损害，并且受让人知道该情形的，债权人也可以请求人民法院撤销债务人的行为。撤销权的行使范围以债权人的债权为限。债权人行使撤销权的必要费用，由债务人承担。”从这一规定来看，债权人行使撤销权应具备以下几个条件。

1) 债务人实施了处分财产的行为

处分财产的行为限于法律上的处分。根据《合同法》第七十四条的规定，这种处分行为有：债务人放弃其到期债权、无偿转让财产、以明显不合理的低价转让财产，且受让人知道该情形的。这是债权人行使撤销权的一个必备条件。若债务人的放弃行为不发生效力或者实施了并未减少债务人的财产的行为，债权人不能行使撤销权。

2) 债务人处分财产的行为已经发生法律效力

债权人之所以要行使撤销权，乃是因为债务人处分财产的行为已经生效，财产将要或已经发生了转移。如果债务人的行为并没有成立和生效，或者属于法律上当然无效的行为，或者该行为已经被宣告无效等，都不必由债权人行使撤销权。对债务人与第三人实施的无效行为，债权人可基于无效制度请求法院予以干预，宣告该行为无效。如果债务人与第三人以损害债权人为目的，恶意串通，且客观上此种行为侵害了债权人的债权，债权人应有权对该第三人提起侵害债权之诉。当然，债务人的处分行为必须发生在债权成立之后。如果发生在债权成立之前，则谈不上损害债权的问题。

3) 债务人处分财产的行为已经或将要严重损害债权

债务人实施了一定的处分财产的行为，债权人并非一定享有撤销权。债权人能否行使撤销权，还必须先确定此种行为是否有害于债权人的债权。只有债务人处分财产的行为已经或将要严重损害债权人的债权，债权人才能行使撤销权。在不损害债权人债权的情况下，债务人处分其财产是其正当行使权利的表现，法律上不能对此进行干预，债权人更不得主张撤销。

值得注意的是，我国《合同法》要求债权人在针对债务人以明显不合理的低价转让财产的行为行使撤销权时，必须举证证明受让人主观上具有恶意。只要债权人能够举证证明受让人知道债务人的转让行为是以明显不合理的低价转让，就可以认为受让人与债务人实施一定的民事行为时具有恶意。至于受让人是否具有故意损害债权人的意图，或是否曾与债务人恶意串通，在确定受让人的恶意时不必考虑。

### 3. 撤销权行使的范围

根据《合同法》第七十四条的规定，撤销权的行使范围以债权人的债权为限。此处所说的“债权人”是指行使撤销权的债权人，他只能以自身的债权为基础，不能以未行使撤销权的全体债权人的债权为保全的范围。对于各债权人都有权依撤销权起诉的，其请求范畴仅限于各自债权的保全范围。最高人民法院《合同法解释(一)》第二十五条第二款规定，债权人以同一债务人为被告，就同一标的提起撤销权诉讼的，人民法院可以合并审理。当数个债权人遭受同一债务人行为侵害时，各个债权人都可以主张撤销。各个债权的数额的总和，属于债权人保全的范围。

值得注意的是，代位权与撤销权是不同的。撤销权的行使旨在恢复债务人的财产，防止因责任财产的不当减少而给债务人造成损害。债权人行使代位权，一般是在债权人与债务人之间的债务已经到期的情况下而行使该项权利，因此，债权人行使代位权以后，如果没有其他人向债务人主张权利，债权人可以直接获得该财产。但是，债权人行使撤销权可能是在债权人与债务人之间的债务尚未到期的情况下而行使的。债权人行使撤销权以后，第三人向债务人返还了财产，该财产不能直接交付给债权人，而应当由法院代为保管，待债务到期以后，再交付给债权人。

## 复习思考题

1. 合同的履行原则有哪些？
2. 如何理解合同约定不明的履行规则？
3. 什么是同时履行抗辩权？
4. 如何理解不安抗辩权？行使不安抗辩权应具备什么条件？
5. 如何理解合同的保全？

## 案 例 分 析

### 案例一

2013 年 7 月，某棉纺厂与锦安公司签订购销棉纱的合同，双方约定：锦安公司供给棉

纺厂 21 支纱 20 吨，货到后付款，每吨 2000 元。合同还规定：为节省锦安公司的费用，由给锦安公司供货的第三人蒂娜纱厂直接将货于同年 12 月底以前送到棉纺厂。在该合同签订后，锦安公司又与蒂娜纱厂签订合同一份。合同规定：由蒂娜纱厂将 20 吨 21 支纱于 12 月底前送到棉纺厂，货到并经验收后，由锦安公司向蒂娜纱厂按每吨 1800 元支付货款。蒂娜纱厂在合同订立后，因原材料涨价，严重影响了生产，到 12 月底未能向棉纺厂供货，棉纺厂因此而受到重大损失。在多次协商未能达成一致意见的情况下，棉纺厂以锦安公司、蒂娜纱厂违约为由，向法院起诉，要求他们承担违约责任。

**问题：**本案如何处理为妥？为什么？

**案例二**

宏博地产公司与安琪建筑公司订立了一份地产项目合同，合同约定先由安琪公司完成土地“三通一平”，然后宏博地产公司注资 5000 万元支付安琪建筑公司的土地平整费用和工程后期投资。合同订立后安琪公司开始施工，无意中得知宏博公司注册资金不足 1000 万元，且在不久前的一笔投资中因经营不善亏损了 1000 余万元，安琪公司便停止了已开始的施工。宏博地产公司获悉后以安琪建筑公司违约为由向法院提起诉讼。

**问题：**人民法院能否支持宏博地产公司的诉讼请求？为什么？

**案例三**

某信托投资公司与神丰公司于 2012 年 1 月签订一份借款合同，约定该投资公司借款 300 万元给神丰公司，期限自合同订立之日起至 2012 年 10 月底。直到 2013 年 1 月，神丰公司仍未归还此笔借款。经查账，神丰公司账上资金仅有 80 万元，不足以清偿借款。投资公司又获悉神丰公司曾借款 300 万元给宏发公司，约定 2013 年 7 月还款，迟迟未还，也未见神丰公司催讨。投资公司于是向法院起诉，请求以自己的名义行使神丰公司对宏发公司的债权。法院审理过程中，又有申泰公司主张自己的权利，提出神丰公司欠该公司 100 万元，若投资公司代位获偿，该 300 万元由投资公司与申泰公司按比例获偿。

**问题：**人民法院应如何处理该项纠纷？

**案例四**

何荣卿与余少华合伙经营文具批发业务，由于经营不善，不到一年时间，两人欠外债 20 万元。债主多次上门催讨，因何荣卿资金紧张，余少华还清了他与何荣卿的 20 万元欠款。此后，余少华多次向何荣卿催要其应分担的 10 万元债务。由于何荣卿连续几年做生意亏本，实在没有支付能力。何、余二人在合伙经营前，在本市繁华地带各购了一套住房，当时房价 9 万元，现已升值为 13 万元。住房是何荣卿的主要财产，为了避免将此房抵债，他便将自己的住房赠给前妻文惠，并办理了相关手续。而文惠几年前与何荣卿离婚后，在某外资企业工作，收入颇丰。何荣卿和文惠离婚后都未再婚，两人都有意复婚。此后，何荣卿告诉余少华，自己的住房已归前妻文惠所有，无财产偿还 10 万元债务。余少华于是诉诸法院，请求人民法院撤销何荣卿的赠予行为。

**问题：**人民法院能支持余少华的诉讼请求吗？

# 第6章　合同的变更、转让与终止

**学习目标**

- 掌握合同变更、转让与终止的含义。
- 熟悉合同变更的条件、合同义务移转、合同终止的法定情形、合同终止的效力等。
- 了解合同变更的特点、合同权利义务概括移转。

**本章导读**

本章主要学习合同的变更、转让与终止等内容。

## 6.1　合同的变更

### 6.1.1　合同变更的含义与特点

#### 1. 合同变更的含义

合同变更有广义与狭义两种含义。广义的合同变更是指合同的主体和合同的内容发生变化。主体变更主要指以新的主体取代原合同关系的主体。这种变更并未使合同的内容发生变化。债权人发生变更的，合同法将其称为债权转让或者债权转移。合同变更主要是指合同的内容的变更，即狭义变更。狭义合同变更是指合同成立后，尚未履行或者尚未完全履行以前，当事人就合同的内容达成修改和补充的协议。《合同法》第七十七条规定：“当事人协商一致，可以变更合同。”《合同法》的这一规定，实际上就是指狭义的合同变更。

#### 2. 合同变更的特点

(1)　协议变更合同。合同的变更必须经当事人双方协商一致，并在原合同的基础上达成新的协议。合同的任何内容都是经过双方协商达成的，因此，变更合同的内容须经过双方协商同意。任何一方未经过对方同意，无正当理由擅自变更合同的内容，不仅不能对合同的另一方产生约束力，反而将构成违约行为。由于合同的变更必须经过双方协商，所以，在协议未达成以前，原合同关系仍然有效。

值得注意的是，强调变更在原则上必须经过双方协商一致，并非意味着变更只能由约定产生，而不存在着法定的变更事由。事实上，在特殊情况下，依据法律规定可以使一方享有法定变更合同的权利，如在重大误解、显失公平的情况下，受害人享有请求法院或仲裁机构变更合同内容的权利。在出现了法定的变更事由以后，一方将依法享有请求法院变更合同的权利，但享有请求变更权的人必须实际请求法院或仲裁机构变更合同，且法院或仲裁机构经过审理，确认了变更的请求，合同才能发生变更。任何一方当事人即使享有请求变更的权利，也不得不经诉讼而单方面变更合同。

(2) 合同变更是指合同内容的变化。合同的变更指合同关系的局部变化，也就是说合同变更只是对原合同关系的内容做某些修改和补充，而不是对合同内容的全部变更。如标的数量增减，关于质量方面的变化，价格方面的变化，改变交货地点、时间、结算方式等，均属于合同内容的变更。如果合同内容已全部发生变化，则实际上已导致原合同关系的消灭，产生了一个新的合同。如合同标的的变更，由于标的本身是权利、义务指向的对象，属于合同的实质内容。合同标的变更，合同的基本权利义务也发生变化。因此，变更标的，实际上已结束了原合同关系。当然，仅仅是标的数量、质量、价款发生变化，一般不会影响到合同的实质内容，而只是影响到局部内容，所以不会导致合同关系消灭。

(3) 合同的变更，也会产生新的有关债权债务的内容。当事人在变更合同以后，需要增加新的内容或改变合同的某些内容。合同变更以后，不能完全以原合同内容来履行，而应按变更后的权利义务关系来履行。当然，这并不是说在变更时必须首先消灭原合同的权利义务关系。事实上，合同的变更是指在保留原合同的实质内容的基础上产生一种新的合同关系，它仅是在变更的范围内使原债权债务关系消灭，而变更之外的债权债务关系仍继续生效。所以从这个意义上讲，合同变更是使原合同关系相对消灭。

## 6.1.2　合同变更的条件

### 1. 原已存在着合同关系

合同的变更是在原合同的基础上，通过当事人双方的协商，改变原合同关系的内容。因此，不存在原合同关系，就不可能发生变更问题。如果合同被确认无效，则不能变更原合同。如果合同具有重大误解或显失公平的因素，享有撤销权的一方可以要求撤销或变更。原合同中享有变更或者撤销权的当事人，如果只提出了变更合同，未提出撤销合同，那么在经双方同意变更合同以后，享有撤销权的一方当事人不得再提出撤销合同，撤销权因合同的变更而消灭。

### 2. 合同的变更在原则上必须经过当事人协商一致

《合同法》第七十八条规定：“当事人对合同变更的内容约定不明确的，推定为未变更。”如果当事人对合同变更的内容规定不明确的，则推定当事人并没有达成变更合同的协议，合同被视为未变更，当事人仍应当按原合同履行。

### 3. 合同的变更必须履行法定的程序和方式

《合同法》第七十七条第二款规定：“法律、行政法规规定变更合同应当办理批准、登记等手续的，依照其规定。”这类合同的变更，不但要求当事人双方协商一致，而且还必须履行变更合同的法定程序和方式，合同才能发生变更的效力。

### 4. 合同变更使合同内容发生变化

合同标的以外的有关数量、质量、合同价款、合同履行期限、地点、方式等各种条款的变更，都产生合同内容的变理，排除了合同主体与合同标的改变的情形。

# 6.2 合同的转让

## 6.2.1 合同权利的转让

### 1. 合同权利转让的概念

《合同法》第七十九条规定，“债权人可以将合同的权利全部或者部分转让给第三人”，这是关于合同权利转让的规定。所谓合同权利的转让，是指合同债权人通过协议将其债权全部或部分地转让给第三人的行为。为了更好地理解合同的转让，我们有必要对合同转让的概念做进一步解释。

合同权利的转让是指不改变合同权利的内容，由债权人将权利转让给第三人。权利转让的当事人是债权人和第三人。但权利转让时债权人应当及时通知债务人，未经通知，该转让对债务人不发生效力。转让权利是以权利的有效为前提的。合同是债产生的原因之一，合同权利转让的对象是合同中的债权人享有的债权。这种权利的转让既可以是全部转让，也可以是部分转让。在权利全部转让时，受让人将完全取代转让人的地位而成为合同当事人，原合同关系消灭，而产生了一种新的合同关系。在权利部分转让情况下，受让人作为第三人将加入原合同关系之中，与原债权人共同享有债权。不管采取何种方式转让，都不得因权利的转让而增加债务人的负担，因转让发生的费用和损失，应由转让人或者受让人承担。

### 2. 合同权利转让的条件

1) 须有有效的合同权利存在

合同权利的有效存在，是合同权利转让的根本前提。如果合同根本不存在，或者已经被宣告无效，或者被撤销发生的转让行为都是无效的，转让人应对善意的受让人所遭受的损失承担损害赔偿责任。

2) 转让双方之间必须达成转让合意

合同权利的转让，必须由让与人和受让人之间订立权利转让合同。此种合同的当事人是转让人和受让人，订立权利转让合同应具备合同的有效条件。

3) 转让的合同权利具有可让与性

合同权利具有可让与性，即合同的权利依法可以转让。

### 3. 合同权利依法不可转让的情形

根据《合同法》第七十九条的规定，下列合同权利不得转让。

1) 根据合同权利的性质不得转让

根据合同权利的性质，如果只能在特定当事人之间生效，则不得转让。因为如果转让给第三人，将会使合同的内容发生变更，从而使转让后的合同内容与转让前的合同内容失去联系性和同一性，且违反了当事人订立合同的初衷。一般来说，根据合同性质不得让与的权利主要包括以下四种：一是根据个人信任关系而发生的债权，如委托人对受托人的债权。二是以选定债权人为基础发生的合同权利，如与特定人签订的出版合同。三是合同内容中包括了针对特定当事人的不作为义务，如禁止受让人转让其权利。四是与主权利不能分离的从权利，如保证合同权利。

2) 按照当事人的约定不得转让

根据合同自由原则，当事人可以在订立合同时或订立合同后特别约定，禁止任何一方转让合同权利，只要此约定不违反法律的禁止性规定和社会公共道德，就应当产生法律效力。任何一方违反此种约定而转让合同权利，将构成违约行为。如果一方当事人违反禁止转让的规定而将合同权利转让给善意的第三人，则善意的第三人可取得这项权利。

3) 法律规定不得转让

根据《民法通则》第九十一条的规定，依照法律规定应由国家批准的合同，当事人在转让权利义务时，必须经过原批准机关批准。如原批准机关对权利的转让不予批准，则权利的转让无效。《合同法》第八十七条规定，“法律、行政法规规定转让权利或者转移义务应当办理批准、登记等手续的，依其规定”。

### 4. 合同权利转让的法律效力

合同权利转让的生效，首先应取决于两个条件：一是合同权利转让合同的成立；二是债权人将权利转让的事实通知债务人以后，债务人未表示异议。在符合这两个条件的情况下，合同权利的转让即可产生一定的法律效力。

1) 对受让人的效力

(1) 受让人取得合同权利。合同权利由让与人转让给受让人，如果是全部权利转让，则受让人将作为新债权人而成为合同权利的主体，转让人将脱离原合同关系，由受让人取代其地位；如果是部分权利转让，则受让人将加入合同关系，与原债权人一起成为债权人。

(2) 受让人取得属于主权利的从权利。在转让合同权利时从属于主债权的从权利，如抵押权、利息债权、定金债权、违约金债权及损害赔偿请求权等也将随主权利的移转而发生转移，但专属于债权人的从权利不能随主权利移转而转移。《合同法》第八十一条规定：“债权人转让权利的，受让人取得与债权有关的从权利，但该从权利专属于债权人自身的除外。”

2) 对转让人即原债权人的效力

(1) 保证转让的权利有效且无瑕疵。转让人应保证其转让的权利有效存在且不存在权利瑕疵。如果在权利转让以后，因权利存在瑕疵而给权利人造成损失的，转让人应当向受让人承担损害赔偿责任。当然，转让人在转让权利时，若明确告知受让人权利有瑕疵，则受让人无权要求赔偿。

(2) 不得重复转让。转让人在将某项权利转让给他人以后，不得就该项权利再进行转让。如果转让人重复转让债权，则涉及应由哪一个受让人取得受让的权利的问题。一般认为，有偿让与的受让人应当优先于无偿让与的受让人取得权利；全部让与中的受让人应当优先于部分让与中的受让人取得权利。同时，按照“先来后到”的规则，先前的受让人应当优先于在后的受让人取得权利。

3) 对债务人的效力

(1) 债务人应向受让人履行债务。债务人不得再向转让人即原债权人履行债务，如果债务人仍然向原债权人履行债务，则不构成合同的履行，更不应使合同终止。如果债务人向原债权人履行，导致受让人受到损害，债务人应负损害赔偿的责任。同时原债权人接受此种履行构成不当得利，受让人和债务人均可请求其返还。

(2) 免除债务人对转让人所负的责任。债务人负有向受让人即新债权人履行债务的义务，同时免除其对原债权人所负的责任。如果债务人向受让人履行债务以后，转让合同被宣告无效或被撤销，但债务人出于善意，则债务人向受让人履行债务仍然有效。

(3) 对受让人的抗辩权不因权利转让而消灭。债务人在合同权利转让时所享有的对抗原债权人的抗辩权，并不因合同权利的转让而消灭。《合同法》第八十二条规定："债务人接到债权转让通知后，债务人对让与人的抗辩，可以向受让人主张。"这一规定主要是为了保护债务人的利益，使其不因合同权利的转让而受到损害。在合同权利转让之后，债务人对原债权人所享有的抗辩权仍然可以对抗受让人即新的债权人，如同时履行抗辩、时效完成的抗辩、债权业已消灭的抗辩、债权从未发生的抗辩、债权无效的抗辩等。只有保障债务人的抗辩权，才能维护债务人的应有利益。

(4) 债务人的抵销权。《合同法》第八十三条规定："债务人接到债权转让通知时，债务人对让与人享有债权，并且债务人的债权先于转让的债权到期或者同时到期的，债务人可以向受让人主张抵销。"

## 6.2.2 合同义务的移转

### 1. 合同义务移转的概念

合同义务的移转又称债务承担，是指基于债权人、债务人与第三人之间达成的协议将债务移转给第三人承担。合同义务移转可因法律的直接规定而发生，也可因法律行为而发生，但前者最为常见。因此，一般所指的合同义务移转，仅指依当事人之间的合同将债务人的债务移转给第三人承担。合同义务的移转包括两种情形：一是债务人将合同义务全部转移给第三人，由该第三人取代债务人的地位，成为新的债务人，这种移转称为免责的债务承担；二是债务人将合同义务部分转移给第三人，由债务人和第三人共同承担债务，原债务人并不退出合同关系。这种移转称为并存的债务承担。

### 2. 合同义务移转的条件

1) 必须有有效合同义务存在

根据我国法律的规定，当事人移转的合同义务只能是有效存在的债务。如果债务本身不存在，或者合同订立后被宣告无效或被撤销，就不能发生义务转移的后果。将来可能发生的债务虽然理论上也可由第三人承担，但仅在该债务有效成立后，债务承担合同才能发生效力。

2) 转让的合同义务必须具有可让与性

因合同义务转移后，合同义务主体发生变更，因此，所转移的合同义务必须具有可让与性。依据法律的规定或合同的约定不得转移的义务，不得转移。

3) 必须存在合同义务转移的协议

合同义务的转移，须由当事人达成转移的协议。合同义务转移协议的订立有两种形式：既可通过债权人与第三人订立，也可通过债务人与第三人订立。

4) 必须经债权人的同意

一般来说，债权转让不会给债务人造成损害，但债务的转移则有可能损害债权人的利益。因为债务人在转让其债务以后，新的债务人是否具有履行债务的能力，或者是否为诚实守信的商人等，这些情况都是债权人所无法预知的。如果允许债务人随意转移债务，而接受转移人没有能力履行债务，或者有能力履行而不愿意履行，将直接导致债权人的债权不能实现。据此，《合同法》第八十四条规定：“债务人将合同的义务全部或者部分转移给第三人的，应当经债权人同意。”如果未征得债权人同意，合同义务转移无效，原债务人仍负有向债权人履行的义务，债权人有权拒绝第三人向其做出的履行，同时也有权追究债务人迟延履行或不履行的责任。债务人与第三人之间达成的转移合同义务的协议一经债权人的同意即发生效力。债权人的同意可以采取明示或默示的方式。如果债权人未明确表示同意，但他已经将第三人作为其债务人并请求其履行，可以推定债权人已经同意债务的转移。

5)　必须依法办理有关手续

如果法律、行政法规规定，转移合同义务应当办理批准、登记等手续的，则在转移合同义务时应当办理这些手续。

3. 合同义务转移的效力

1)　合同义务全部转移的效力

合同义务全部转移的，新债务人将取代原债务人的地位而成为当事人，原债务人将不再作为债的一方当事人。如果新债务人不履行或不适当履行债务，债权人只能向新债务人而不能向原债务人请求履行债务或要求其承担违约责任。

2)　合同义务部分转移的效力

合同义务部分转移的，第三人加入合同关系之中，与原债务人共同承担合同义务。原债务人与新债务人之间应承担的债务份额应依转移协议确定。如果当事人没有明确约定义务转移的份额，则原债务人与新债务人应负连带责任。

3)　义务转移后的抗辩权

合同义务转移后，新债务人可以主张原债务人对债权人的抗辩。《合同法》第八十五条规定，债务人转移义务的新债务人可以主张原债务人对债权人的抗辩权。新债务人享有的抗辩权包括同时履行抗辩权、合同撤销和无效的抗辩权、合同不成立的抗辩权、诉讼时效已过的抗辩权等。当然，这些抗辩事由必须是在合同义务转移时就已经存在的。专属于合同当事人的合同的解除权和撤销权非经原合同当事人的同意，不能转移给新的债务人享有。

4)　新债务人承担的相关从义务

合同义务转移后，新债务人应当承担与主债务有关的从债务。《合同法》第八十六条规定：“债务人转移义务的，新债务人应当承担与主债务有关的从债务，但该从债务专属于原债务人自身的除外。”从债务与主债务是密切联系在一起的，不能与主债务相互分离而单独存在。所以，当主债务发生转移以后，从债务也要发生转移，新债务人应当承担与主债务有关的从债务。值得注意的是，主债务转移后，专属于原债务人自身的从债务不得转移。

### 6.2.3　合同权利义务的概括转移

《合同法》第八十八条规定：“当事人一方经对方同意，可以将自己在合同中的权利和义务一并转让给第三人。”这是对合同权利和义务的概括转移的规定。所谓合同权利和义务的概括转移，是指由原合同当事人一方将其债权债务一并转移给第三人，由第三人概括地继受这些债权债务。这种转移与前面所说的权利转让和义务转移的不同之处在于它不是单纯地转让债权或转移债务，而是概括地转移债权债务。由于转移的是全部债权债务，与原债务人利益不可分离的解除权和撤销权也将因概括的权利和义务的转移而转移给第三人。

合同权利义务的概括转移，可以依据当事人之间订立的合同而发生，也可以因法律的规定而产生，在法律规定的转移中，最典型的就是因企业的合并而发生的权利义务的概括转移。《民法通则》第四十四条第二款规定：“企业法人分立、合并，它的权利和义务由变更后的法人享有和承担。”《合同法》第九十条规定：“当事人订立合同后合并的，由合并后的法人或者其他组织行使合同权利，履行合同义务。当事人订立合同后分立的，除债权人和债务人另有约定的以外，由分立的法人或者其他组织对合同的权利和义务享有连带债权，承担连带债务。”

由于合同权利义务的概括转移将要转移整个权利义务，因此只有双务合同中的当事人一方才可以转移此种权利和义务。在单务合同中，由于一方当事人可能仅享有权利或仅承担义务，因此不能转移全部权利义务，单务合同一般不发生合同权利义务概括转移的问题。

在合同当事人一方与第三人达成概括转移权利义务的协议后，必须经另一方当事人同意后方可生效。因为概括转移权利义务包括了义务的转移，所以必须取得合同另一方的同意，在取得另一方同意之后，“第三人”将完全取代原合同当事人一方的地位，原合同当事人的一方将完全退出合同关系。如在转让之后不履行或不适当履行合同义务，则由“第三人”承担义务和责任。

根据《合同法》第八十九条的规定，在合同权利义务的概括转移时，要适用《合同法》第七十九条、第八十一至八十三条、第八十五至八十七条的规定，具体内容包括：根据合同性质不得转让的权利、按照当事人约定不得转让的权利、依照法律规定不得转让的权利，合同权利不能转让；受让人在取得主债权的同时也取得了与主债权有关的从权利，但该从权利专属于债权人自身的除外；在合同权利转让之后，债务人对原债权人所享有的抗辩权，可以对抗受让人；债务人接到债权转让通知时，债务人对让与人享有债权，并且债务人的债权先于转让的债权到期或者同时到期的，债务人可以向受让人主张抵销；债务人转移义务的，新债务人可以主张原债务人对债权人的抗辩；新债务人应当承担与主债务有关的从债务，但该从债务专属于原债务人自身的除外；法律、行政法规规定转让权利或者转让义务应当办理批准、登记手续的，应依照其规定。上述这些规定，也适用于合同权利义务的概括转移。

## 6.3 合同权利义务的终止

### 6.3.1 合同终止的含义

合同权利义务的终止简称合同的终止，又称合同的消灭，是合同当事人双方之间的权利义务在客观上不复存在。合同的终止必须基于一定的法律事实，这就是合同终止的原因。

合同的终止不同于合同的解除，合同的解除只是合同终止的一种原因。合同的解除不同于合同的变更。合同终止后，当事人之间的债权债务关系消灭。合同的变更仅是合同内容的变更，债权债务关系仍然存在，合同关系并没有消灭。

## 6.3.2 合同终止的法定情形

合同关系是基于一定的法律事实而产生、变更的，同时也基于一定的法律事实而终止。能够引起合同终止的法律事实就是合同终止的原因。没有终止原因，合同就不能消灭。《合同法》第九十一条规定了合同终止的几种情形。

### 1. 债务已经按照约定履行

债务已经按合同的约定履行是指合同的清偿，指债务人按照合同的约定向债权人履行义务、实现债权目的的行为。清偿的主体，即清偿当事人。清偿当事人包括清偿人与清偿受领人。清偿人是清偿债务的人。清偿人包括债务人、债务人的代理人、第三人。清偿受领人是指受领债务人给付的人，即受领清偿利益的人。债务的清偿应由清偿人向有受领权的人为之，并经受领后，才能发生清偿的效力。债权人作为合同关系的权利主体，当然有权受领清偿利益。但是，在下列情形下，债权人不得受领：一是债权已出质。债权已作为质权的标的出质于他人时，债权人非经质权人同意，不得受领。二是债权人已被宣告破产。债权人被宣告破产时，自然不能为有效的受领，其债权应由破产清算人受领。三是在债务人的履行行为属于法律行为，并须债权人做必要的协助时，债权的受领人应具有完全民事行为能力，若债权人无完全民事行为能力，则不能为有效的受领。四是法院按民事诉讼法的规定，对债权人的债权采取强制执行措施时，债权人不得自行受领。除债权人以外，债权人的代理人、债权人的破产管理人、债权质权的质权人、持有真正合法收据的人(通常称为表见受领人)、代位权人、债权人和债务人约定受领清偿的第三人等都可为有权受领清偿的人。债务人向无受领权人清偿的，其清偿无效。但其后无受领权人的受领经债权人承认或者其取得债权人的债权，债务人的清偿为有效。

### 2. 解除合同

1) 合同解除的概念

合同的解除有狭义与广义之分。狭义的合同解除是指在合同依法成立后、尚未全部履行前，当事人一方基于法律规定或当事人约定行使解除权而使合同关系归于消灭的一种法律行为；广义的合同解除包括狭义的合同解除和协议解除。我国《合同法》对合同解除采用了广义的概念，包括协议解除、约定解除和法定解除。因此，合同的解除是指在合同依法成立后而尚未全部履行前，当事人基于协商、法律规定或者当事人约定而使合同关系归于消灭的一种法律行为。

2) 合同解除的特点

(1) 合同的解除以当事人之间存在有效合同为前提。当事人之间自始就不存在合同关系的，不存在合同的解除问题；当事人之间原存在合同关系，但合同关系已经消灭的，也不发生合同的解除。同时，当事人之间的合同应当为有效合同，否则，也不存在合同的解除，即无效合同、可撤销合同、效力待定合同不发生合同的解除。

(2) 合同的解除须具备一定的条件。合同依法成立后，即具有法律拘束力，任何一方不得擅自解除合同。但是，在具备了一定条件的情况下，法律也允许当事人解除合同，以满足自己的利益需要。合同解除的条件，既可以是法律规定的，也可以是当事人约定的。法定解除条件就是由法律规定的当事人享有解除权的各种条件；约定解除条件就是由当事人约定的当事人享有解除权的条件。当然，当事人也可以通过协商而解除合同。

(3) 合同的解除是一种消灭合同关系的法律行为。在具备了合同解除条件的情况下，当事人可以解除合同。但当事人解除合同必须实施一定的行为，即解除行为。这种解除行为是一种法律行为。如果仅有合同解除的条件，而没有当事人的解除行为，合同不能自动地解除。解除合同的法律行为，既可以是单方法律行为，也可以是双方法律行为。

3) 合同解除的种类

(1) 协议解除。协议解除是指在合同依法成立后、尚未全部履行前，当事人通过协商而解除合同。《合同法》第九十三条第一款规定："当事人协商一致，可以解除合同。"

(2) 约定解除。约定解除是指在合同依法成立后、尚未全部履行前，当事人基于双方约定的事由行使解除权而解除合同。《合同法》第九十三条第二款规定："当事人可以约定一方解除合同的条件。解除合同的条件成就时，解除权人可以解除合同。"

值得注意的是，约定解除与协商解除都是当事人意志的反映，都是通过合同的形式实现的，但二者适用的条件是不同的。约定解除是事先确定解除合同的条件，协商解除则并不需要什么条件，只要当事人协商一致即可解除合同。因此，应当将约定解除和协商解除区分开来。

(3) 法定解除。法定解除是指在合同依法成立后、尚未全部履行前，当事人基于法律规定的事由行使解除权而解除合同。法定解除与约定解除一样，属于一种单方解除合同的方式。由法律直接规定解除合同的条件，在具备条件时，当事人可以行使解除权以解除合同。法定解除既不同于约定解除，也不同于协商解除。

《合同法》第九十四条规定，有下列情形之一的，当事人可以解除合同。

(1) 因不可抗力致使合同双方不能实现合同目的。不可抗力是指不能预见、不能避免并不能克服的客观现象。不可抗力事件的发生对合同履行的影响程度存在着差异，有的是影响合同的部分履行，有的是影响合同的全部履行，也有的只是暂时影响合同的履行。不可抗力影响合同履行的，只有达到不能实现合同目的的程度时，当事人才能解除合同。

(2) 在履行期限届满之前，当事人一方明确表示或者以自己的行为表明不履行主要债务。

(3) 当事人一方迟延履行主要债务，经催告后在合理期限内仍未履行。

(4) 当事人一方迟延履行债务或者有其他违约行为致使合同双方不能实现合同目的。

(5) 法律规定的其他情形。例如，当事人在行使不安抗辩权而中止履行的情况下，如果对方在合理期限内未恢复履行能力并且未提供适当的担保，则中止履行的一方可以解除合同。

4) 合同解除的程序

关于合同解除的程序，《合同法》根据合同解除的不同种类规定了不同的解除程序，即合同解除的程序应分别按以下两种情况处理。

(1) 协议解除合同的程序。协议解除合同是当事人通过订立一个新合同的办法，达到解除合同的目的。因此，协议解除合同的程序必须遵循合同订立的程序，即必须经过要约和承诺两个阶段。就是说，当事人双方必须对解除合同的各种事项达成意思表示一致，合同才能解除。

(2) 通知解除合同的程序。约定解除和法定解除都属于单方解除。在具备了当事人约定的或法律规定的条件时，当事人一方或双方即享有解除合同的权利，简称解除权。我国《合同法》对解除合同的通知方式没有具体规定，从理论上说，通知可以采取书面形式、口头形式或其他形式。但为了避免产生争议，最好采取书面形式。对于法律规定或当事人约定采取书面形式的合同，当事人在解除合同时也应当采取书面通知的方式。如果法律、行政法规规定解除合同应当办理批准、登记手续的，应当依法办理批准、登记手续。解除权的行使应当在确定期间内或合理期限内进行。《合同法》第九十五条规定，法律规定或者当事人约定解除权行使期限，期限届满当事人不行使的，该权利消灭。法律没有规定或者当事人没有约定解除权行使期限，经对方催告后在合理期限内不行使的，该权利消灭。《合同法》第九十七条规定，合同解除后，尚未履行的，终止履行；已经履行的，根据履行情况和合同性质，当事人可以要求恢复原状、采取其他补救措施，并有权要求赔偿损失。

### 3. 债务相互抵销

抵销是指当事人双方相互负有给付义务，将两项债务相互充抵，使其相互在对等额内消灭。在抵销中，主张抵销的债务人的债权，称为主动债权。被抵销的权利即债权人的债权，称为被动债权。《合同法》第九十九条规定：“当事人互负到期债务，该债务的标的物种类、品质相同的，任何一方可以将自己的债务与对方的债务抵销，但依照法律规定或者按照合同性质不得抵销的除外。当事人主张抵销的，应当通知对方。通知自到达对方时生效。抵销不得附条件或者附期限。”这是关于法定抵销的规定。合意抵销又被称为契约上抵销，是指依当事人双方的合意所为的抵销。合意抵销是由当事人自由约定的，其效力也取决于当事人的约定。《合同法》第一百条规定：“当事人互负债务，标的物种类、品质不相同的，经双方协商一致，也可以抵销。”这是关于合意抵销的规定。

合意抵销与法定抵销尽管效力相同，但它们之间存在着很大的差别。主要表现在：第一，抵销的根据不同。法定抵销的根据在于法律的规定，只要具备法律规定的条件，当事人任何一方都有权主张抵销；合意抵销的根据在于当事人双方订立的抵销合同，只有基于抵销合同，当事人才能主张抵销。第二，债务的性质要求不同。法定抵销要求当事人互负债务的种类、品质相同；合意抵销则允许当事人互负债务的种类、品质不相同。第三，债务的履行期限要求不同。法定抵销要求当事人的债务均已届履行期；合意抵销则不受是否已届履行期的限制。就是说，只要双方当事人协商一致，即使债务未届履行期，也可以抵销。第四，抵销的程序不同。法定抵销以通知的方式为之，抵销自通知到达对方时生效；合意抵销采用合同的方式为之，当事人双方达成抵销协议时，发生抵销的效力。第五，法定抵销则不得附条件或附期限，抵销的意思表示亦不得附条件或附期限，但抵销合同则可以附条件或附期限。

### 4. 债务人依法将标的物提存

1) 提存的概念与应具备的条件

(1) 提存的概念。提存是指债务人于债务已届履行期时，将无法给付的标的物提交给提存机关，以消灭合同债务的行为。在合同的履行过程中，当事人应坚持协作履行原则，债权人应对债务人的履行予以协助。如果债权人不协助债务人的履行，对债务人的履行拒不接受，或者债务人无法向债权人履行，债务人就不能清偿债务。在这种情况下，尽管债权人可能要承担受领迟延责任，但债务人将因债权人不受领给付而继续承担清偿责任，这对于债务人是不公平的。因此，法律设立了提存制度。通过提存，债务人可以将其无法给付的标的物提交给提存机关保存，以代替向债权人的给付，从而免除自己的清偿责任。债务人提存后，债务人的债务即归消灭，因而，提存为合同终止的原因。

(2) 提存的条件。根据我国《合同法》及《提存公证规则》的有关规定，提存须具备以下条件：第一，提存主体合格。提存涉及三方当事人，即提存人、提存机关和提存受领人。在一般情况下，提存人即为债务人，但不以债务人为限，凡债务的清偿人均可为提存人，如得为清偿的第三人、代理人等。由于提存是一种法律行为，所以提存人应具有行为能力，同时提存人的意思表示应真实，否则，提存不能发生效力。提存机关是法律规定的有权接受提存物并为之保管的机关。我国目前还没有专门的提存机关，依现行法律的规定，拾得遗失物的，可向公安机关提存；公证提存的，由公证处为提存机关；此外，法院、银行也可为提存机关。提存受领人主要是提存之债的债权人。同时，得为受领清偿的第三人也可为提存受领人。 第二，提存的合同之债有效且已届履行期。提存的合同之债就是提存债务人与债权人之间基于合同而发生的债权债务关系。提存是消灭合同的一种原因，因而，提存的发生是以合同已经存在为前提的。没有合同的存在，就不会有提存的发生。但得为提存的合同，必须是有效合同。对于无效合同、被撤销合同、效力未定合同，都不能提存。第三，提存原因合法。提存的目的在于消灭合同关系，产生与清偿同样的法律后果。但提存与清偿毕竟不同，不能由债务人任意为之，否则，会对债权人造成不利的后果。因此，提存必须存在合法的原因。这种原因就是债务人无法向债权人清偿债务。根据《合同法》第一百零一条的规定，“有下列情况之一，难以履行债务的，债务人可以依法办理提存：一是债权人无正当理由拒绝受领；二是债权人下落不明；三是债权人死亡未确定继承人或者丧失民事行为能力未确定监护人；四是法律规定的其他情形”。第四，提存客体适当。提存的客体即是提存标的物，是提存人交付提存机关保管的标的物。《合同法》第一百零一条第二款规定：“标的物不适于提存或者提存费用过高的，债务人依法可以拍卖或者变卖标的物，提存所得的价款。”根据《提存公证规则》第七条的规定，“下列标的物可以提存：货币；有价证券、票据、提单、权利证书；贵重物品、担保物(金)或其替代物；其他适宜提存的标的物”。

2) 提存的效力

提存涉及债务人、债权人、提存机关三方之间的效力，具体有以下几个方面。

(1) 关于债务人与债权人之间的效力，我国《合同法》对此没有规定，但根据《提存公证规则》第十七条的规定，提存之债从提存之日即告清偿。可见，我国将提存作为债权当然消灭的原因。提存后，债务人与债权人之间的债的关系即归消灭，债务人不再负清偿责任，提存物的所有权也因提存而移转给债权人。因此，在提存期间，因提存物而取得的财产收益归债权人所有。提存物毁损灭失的风险责任也由债权人承担。《合同法》第一百零三条规定：“标的物提存后，毁损、灭失的风险由债权人承担。提存期间，标的物的孳息归债权人所有。提存费用由债权人负担。”同时，《合同法》第一百零二条又规定：“标的物提存后，除债权人下落不明的以外，债务人应当及时通知债权人或者债权人的继承人、监护人。”

(2) 关于提存人与提存机关之间的效力。提存成立后，提存机关有保管提存物的义务，《提存公证规则》第十九条规定，提存机关应当采取适当的方法妥善保管提存物，以防毁损、变质。对不宜保存的、债权人到期不领取或超过保管期限的提存物，提存机关可以拍卖，保存其价款。提存人在提存后能否取回提存物，我国《合同法》对此没有规定，但根据《提存公证规则》第二十六条的规定，提存人可以凭人民法院的判决、裁定或提存之债已经清偿的公证证明，取回提存物；提存受领人以书面形式向提存机关表示抛弃提存受领权的，提存人得取回提存物。提存人取回提存物的，视为未提存，因此而产生的费用由提存人承担。

(3) 关于提存机关与债权人之间的效力。提存成立后，债权人与提存机关之间形成一种权利义务关系。《合同法》第一百零四条规定，债权人可以随时领取提存物，但债权人对债务人负有到期债务的，在债权人未履行债务或者提供担保之前，提存部门根据债务人的要求应当拒绝其领取提存物。债权人对提存物的权利，自提存之日起五年内不行使而消灭，提存物扣除提存费用后归国家所有。

#### 5. 债权人免除债务

1) 债务免除的概念

债务免除是指债权人免除债务人的债务而使合同权利义务部分或全部终止的意思表示。债务免除成立后，债务人就不再负担被免除的债务，债权人的债权也就不再存在。因此，债务免除为合同终止的原因之一。《合同法》第一百零五条规定：“债权人免除债务人部分或者全部债务的，合同的权利义务部分或者全部终止。”根据《合同法》的规定，债务免除可以解释为单方行为，即债权人根据其单方的意思表示就可以免除债务人的债务。当然，将债务免除定性为单方行为，并不是说债权人和债务人不能以双方行为为债务免除。债权人以单方法律行为免除债务的，债权人向受债务免除的债务人做出免除的意思表示，即可发生免除的效力。而且一旦债权人做出了免除债务的意思表示，即不得撤回；债权人以合同免除债务的，债权人和债务人应明确约定免除债务的范围。

2) 债务免除的成立条件

债务免除是一种法律行为，故债务免除的成立应具备法律行为成立的一般条件。此外，债务免除还应具备以下条件。

(1) 免除的意思表示应向债务人为之。免除作为一种单方行为时，免除的意思表示应由债权人或其代理人向债务人或其代理人为之，该意思表示到达债务人或其代理人时生效。向第三人为免除的意思表示的，不产生免除的效力。如果当事人订立免除协议，则免除自达成协议时起生效。当然，免除协议附有条件或期限的，则免除自条件成就或期限届至时生效。

(2) 债权人须具有处分能力。债权人免除债务人的债务，也就是放弃自己的权利，因而，债务免除是债权人处分其债权的行为，债权人必须有处分能力。对于法律禁止抛弃的债权而免除债务的，债权人的免除为无效。

(3) 免除不得损害第三人利益。债权人免除债务人的债务，虽然是债权人的权利，但该权利的行使不得损害第三人的利益。例如，已就债权设定质权的债权人不得免除债务人的债务而对抗质权人。

3) 债务免除的效力

债务免除的效力是使合同关系消灭。债务全部免除的，合同债就全部消灭；债务部分免除的，合同关系于免除的范围内部分消灭。主债务因免除而消灭的，从债务也随之消灭。但从债务因免除而消灭的，并不影响主债务的存在，主债务并不随之消灭。

**6. 债权债务同归于一人即混同**

1) 混同的概念

混同是指债权与债务同归于一人，而使合同关系消灭的事实。《合同法》第一百零六条规定，“债权和债务同归于一人的，合同的权利义务终止，但涉及第三人利益的除外。”

法律上的混同有广义与狭义之分。广义的混同包括权利与权利的混同、义务与义务的混同、权利与义务的混同；狭义上的混同仅指权利与义务的混同。作为合同的终止原因的混同，是指狭义的混同。混同有概括承受与特定承受。概括承受是指合同关系的一方当事人概括承受他人权利与义务。特定承受是指因债权让与或债务承担而承受权利与义务。例如，债务人自债权人受让债权、债权人承担债务人的债务，发生混同，合同归于消灭。

2) 混同的效力

混同的效力是导致合同关系绝对消灭，并且主债消灭。保证债务因主债务人与债权人混同而消灭，从债也随之消灭。在连带债务人中一人与债权人混同时，债仅在该连带债务人应负担的债务额限度内消灭，其他连带债务人对剩余部分的债务仍负连带债务。在连带债权人中一人与债务人混同时，债仅在该连带债权人所享有的债权额限度内消灭，其他连带债权人对剩余部分的债权仍享有连带债权。

混同虽然能产生合同终止的效力，但是，在例外情形下，即涉及第三人利益时，虽然债权人和债务人发生混同，合同也不消灭。如票据的债权人与债务人混同时，债也不能当然消灭。

**7. 法律规定或者当事人约定终止的其他情形**

我国《合同法》以列举的形式规定了合同终止的几种情形。在现实生活中，还存在着其他法律规定可以终止合同的情形，还可能有合同当事人约定终止合同的情形，因此，《合同法》关于终止合同的情形的第七种情形规定得较为弹性，应当说这是《合同法》要求合同当事人订立合同依法原则与意思自治原则的体现。

## 6.3.3 合同终止的效力

合同终止的效力表现为以下几个方面。

**1. 合同当事人之间的权利义务消灭**

合同的终止意味着合同权利义务的消灭，债权人不再享有合同的债权，债务人也不再承担合同的债务，合同中的主债权与债务归于消灭。

**2. 债权的担保及其他从属的权利及义务消灭**

担保物权、保证债权、违约金债权、利息债权等，在合同关系消灭时，当然也消灭。因为这些权利有些属于主合同的从合同，主合同已经消灭了，从合同自然也随之消灭。

### 3. 合同当事人必须承担合同终止后的附随义务

《合同法》第九十二条规定，“合同的权利义务终止后，当事人应当遵循诚实信用原则，根据交易习惯履行通知、协助、保密等义务”。这就是合同终止后的附随义务。合同终止后的附随义务不因合同的终止而消灭。

### 4. 合同终止不影响合同中结算和清理条款的效力

《合同法》第九十八条规定，“合同的权利义务终止，不影响合同中结算和清理条款的效力”。

## 复习思考题

1. 如何理解合同变更的含义？合同变更有哪些特点？
2. 合同变更应具备什么条件？
3. 什么是合同权利的转让？合同权利转让应具备什么条件？
4. 如何理解合同权利转让的效力？
5. 合同权利依法不能转让的情形有哪些？
6. 什么是合同义务的转移？合同义务转移应具备哪些条件？
7. 如何理解合同义务转移的效力？
8. 合同权利义务终止的法定情形有哪些？
9. 什么是合同的解除？合同解除包括哪些种类？
10. 如何理解合同终止的效力？

## 案 例 分 析

### 案例一

2012 年 6 月，宏业建材公司与盛佳建筑工程公司签订了新建办公楼的装修合同。双方约定：盛佳公司在合同签订后的两个月内完成宏业公司办公楼的装修工程，宏业公司在工程装修完工后的一个月之内付清装修款。合同对装修工程的质量、标准及违约责任做了规定。在此合同签订之前，盛佳公司曾在 2012 年 3 月向宏业公司赊购建筑材料，货款总计 350 万元。

2012 年 8 月，宏业公司办公楼装修完工后，在向盛佳公司支付装修款时，主动从应付装修款 480 万元中扣除了盛佳公司欠本公司的材料款 350 万元，在通知盛佳公司后将其差额 130 万元汇入该公司指定账户。盛佳公司得知这一情况后，要求宏业公司待付清装修款后再协商赊购建材的还款事宜，双方因此产生纠纷，诉诸法院。

**问题：**法院会怎样处理此纠纷？

### 案例二

2012 年 3 月，李某与某房地产开发公司签订了一份期房买卖合同，合同规定房地产公司将其所开发的滨海小区 10 号楼 2 单元 4 楼东户三室一厅建筑面积约 80.34 平方米的住宅预售给李某，每平方米价格3800元，房款约305292元。根据合同，李某先付了10万元预付款。同年10月，房屋建好，李某交清余款，房地产公司将房屋(包括一间建筑面积为8.23平方米的小棚)交付李某使用。李某到房产交易所领取房产证时发现，房产证上记载的建筑面积是72.11平方米，比预售合同少了8.23平方米。于是，李某以面积短少、房地产公司存在欺诈行为为由向法院提起了诉讼，要求房地产公司双倍返还多付的8.23平方米的房款共62548元。房地产公司称小棚面积应计算到商品房面积中，该公司不存在欺诈行为。

**问题：**此纠纷应如何处理？请谈谈你的看法。

**案例三**

2014年1月，上海某空调器厂与浙江某机械厂签订了一份购销合同。合同规定：机械厂向空调器厂提供本厂生产空调所需的风扇页、外罩及面板各5000件。合同对每种配套件的价格都做了详细规定。合同还约定，交货时间为同年4月30日前，货到付款，每种配套件不合格产品不得超过1%。合同签订后，机械厂于4月中旬交付了货物，经空调器厂检验，外罩及面板都符合质量要求，但风扇叶不合格率达到30%。为了保证该厂的产品质量，空调器厂提出解除全部合同，要求机械厂支付违约金，赔偿损失。而机械厂要求空调器厂付清交付的三种配套件的所有货款。双方很难达成一致意见，空调器厂向法院提起诉讼。

**问题：**法院在查明案件事实的基础上，应如何正确适用法律？

**案例四**

张盈盈与某房地产开发商签订了商品房买卖合同及补充协议。在商品房买卖合同中，双方约定了房价、交房日期、买方解约权等条款。在补充协议中双方就买方解约权约定："除双方特别约定外，如出卖人在《买卖合同》规定的买受人有权解除《买卖合同》的情况发生时，自该情况发生之日起30日内未收到买受人发出的解除《买卖合同》和本补充协议的书面通知，则视为买受人认可未达到合同条款规定部分之现状并放弃退房的权利。"

后张盈盈在卖方已逾期两个月仍未交房的情况下，根据买卖合同"出卖人逾期交房的违约责任"条款之"逾期超过60日，买受人有权解除合同……"的约定，向房地产开发商送达了《解约通知书》。两个月后，双方因合同解除产生纠纷，于是张盈盈将房地产开发商告上法院。

审理中，张盈盈主张：开发商逾期两个月仍未交房，已构成严重违约，依买卖合同之约定，她有权解除合同，并已书面通知开发商解除合同，所以诉请法院判决开发商返还已付房款，并支付违约金。房地产开发商辩称：交房日期届满两个月后，张盈盈即有解除合同的权利，但其未在自享有该解约权之日起30日内行使该权利，依补充协议之约定，应视为买受人认可卖方逾期交房的现状，并放弃退房的权利，故其诉讼请求不应支持。庭审中，张盈盈未能有效证明其已在自享有解约权之日起30日内行使该项权利。

**问题：**本案应如何处理为妥？请谈谈自己的看法。

# 第7章　违约责任

**学习目标**

- ◆ 掌握违约责任的含义及其构成要件、不可抗力、承担违约责任的主要方式等内容。
- ◆ 熟悉定金、赔偿损失、违约金等相关内容。
- ◆ 了解违约行为形态、责任竞合等内容。

**本章导读**

本章主要学习违约责任及其构成要件、违约行为形态、承担违约责任的主要方式、责任竞合等内容。

## 7.1　违约责任及其构成要件

### 7.1.1　违约责任的概念与特点

#### 1. 违约责任的概念

违约责任也称为违反合同的民事责任，是指合同当事人因违反合同义务所承担的责任。合同一旦生效，即在当事人之间产生法律拘束力，当事人应按照合同的约定全面、严格地履行合同义务，任何一方当事人违反合同所规定的义务均应承担违约责任。所以，违约责任是违反有效合同所规定的义务的后果。《合同法》第一百零七条规定："当事人一方不履行合同义务或者履行合同义务不符合约定的，应当承担继续履行、采取补救措施或者赔偿损失等违约责任。"

#### 2. 违约责任的特点

1)　违约责任的产生以合同当事人不履行合同义务为条件

违约责任是以合同的有效存在为前提的，它与合同债务有密切联系，这表现在：①债务是责任发生的前提，债务是因，责任是果，无债务则无责任，责任是债务不履行的后果。因此，只有在债务合法存在的情况下才能发生债务不履行的责任。如果债务关系本身不存在或被宣告无效、被撤销，则一般不发生违约责任问题。②违约责任是在债务人不履行债务时，国家强制债务人履行债务和承担法律责任的表现。也就是说，一旦债务人不履行债务，则债务在性质上转为一种强制履行的责任。强制履行从表面上看，仍是继续履行原债务，但实际上已不同于原债务，因为强制履行已不仅是对债权人的责任，它也是对国家应承担的责任。由此可见，责任与债务相比较，具有一种国家的强制性。也就是说，责任的实现并不以违约当事人的意志为转移，不论违约者是否愿意，均不影响违约责任的实现。可见，责任体现了强烈的国家强制性。正是由于责任制度的存在，才能有效地督促债务人履行债务，并在债务人不履行债务时，给予债权人充分的补救。

违约责任是合同当事人不履行合同义务所产生的责任。如果当事人违反的不是合同义务，而是法律规定的其他义务，则应负其他责任。例如，行为人违反了侵权法所规定的不得侵害他人财产和人身的义务，造成对他人的侵害，则行为人应负侵权责任。再如，订约当事人在订约阶段，违反了依诚实信用原则产生的诚实、保密的义务，造成另一方信赖利益的损失，则将产生缔约上的过失责任。所以，违反合同义务是违约责任与侵权责任、不当得利返还责任、缔约过失责任相区别的主要特点。

2) 违约责任具有相对性

由于合同关系的相对性，决定了违约责任的相对性。这种相对性是指违约责任只能在特定的当事人之间即合同关系的当事人之间发生。合同关系以外的人不负违约责任，合同当事人也不对其承担违约责任。

3) 违约责任主要具有补偿性

违约责任的补偿性，是指违约责任旨在弥补或补偿因违约行为造成的损害后果。从违约责任的发展趋势来看，古代法曾允许对债务人的人身实施限制。现代民法则彻底废除了这种措施，而以损害赔偿作为履行违约责任的主要方式，并且特别强调当事人约定的赔偿金应具有补偿性质。笔者认为，违约责任主要应体现补偿性。例如，约定的违约金或赔偿金不能过高，否则一方当事人有权要求法院减少数额。作为履行违约责任主要形式的损害赔偿，应当主要用于赔偿受害人因违约所遭受的损失，而不能将损害赔偿变成一种惩罚，也不能因违约方承担责任而使受害人获得额外的不应获得的补偿。违约责任具有补偿性，从根本上说是民法的平等、等价有偿原则的体现，也是商品交易关系在法律上的内在要求。根据平等、等价有偿原则，在一方违约使合同关系遭到破坏、当事人利益失去平衡时，法律通过违约责任的方式要求违约方对受害人所遭受的损失给予充分的补偿，从而使双方的利益状况达到平衡。

当然，强调违约责任的补偿性不能完全否认违约责任所具有的制裁性。因为违约责任和其他法律责任一样，都具有一定的强制性，此种强制性也体现了一定程度的制裁性。在债务人不履行合同时，强迫其承担不利的责任，本身就体现了对违约行为的制裁。所以，债务的成立与履行在一定程度上体现了债务人的意愿，但是违约责任则体现了强制性与制裁性。正是通过这种制裁性，使这种责任能够有效地促使债务人履行债务，保证债权实现。

4) 违约责任可以由当事人约定

违约责任尽管有明显的强制性特点，但仍有一定的任意性，即当事人可以在法律规定的范围内，对一方的违约责任做出事先的安排。根据我国《合同法》第一百一十四条的规定："当事人可以约定一方违约时应当根据违约情况向对方支付一定数额的违约金，也可以约定因违约产生的损失赔偿数额的计算方法。"此外，当事人还可以设定免责条款以限制和免除其在将来可能发生的责任。对违约责任的事先约定，从根本上说是由合同自由原则决定的。此种约定避免了违约发生后确定损害赔偿的困难，有利于合同纠纷的及时解决，也有助于限制当事人在未来可能承担的风险。当事人的约定可以弥补法律规定的不足。然而，承认违约责任具有一定的任意性，并不意味着否定和减弱违约责任的强制性。为了保障当事人设定违约责任条款的公正和合理，法律也要对其约定予以干预。如果约定不符合法律要求，也将会被宣告无效或被撤销。

### 7.1.2　违约责任的构成要件

违约责任的构成要件是指违约当事人应具备何种条件才应承担违约责任。违约责任的构成要件可分为一般构成要件和特殊构成要件。所谓一般构成要件，是指违约当事人承担任何违约责任形式都必须具备的要件。所谓特殊构成要件，是指各种具体的违约责任形式所要求的责任构成要件。同时，由于我国《合同法》在违约责任的归责原则上采取了严格责任原则和过错责任原则双轨制，因此，在不同的归责原则下，违约责任的构成要件并不相同。例如，按照过错责任原则，损害赔偿责任构成要件包括损害事实、违约行为、违约行为与损害事实之间的因果关系、过错。从《合同法》的规定来看，严格责任的违约责任为一般情况，而过错责任的违约责任为特殊情况。因此，关于违约责任的一般构成要件，指的就是作为严格责任的违约责任的构成要件。

#### 1. 违约行为

违约行为是指合同当事人违反合同义务的行为。《合同法》第一百零七条规定：“当事人一方不履行合同义务或者履行合同义务不符合约定的，应当承担继续履行、采取补救措施或者赔偿损失等违约责任。”违约行为与不履行是有区别的。严格地说，不履行只是违约行为的一种表现形式。违约行为只能在特定的关系中才能发生。违约行为发生的前提是当事人之间已经存在着合同关系。如果合同关系并不存在，则不发生违约行为。违约行为的主体是合同关系中的当事人，第三人的行为不构成违约行为。违约行为是以有效的合同关系的存在为前提的。违约行为在性质上都违反了合同义务。合同义务主要是由当事人通过协商而约定的，但法律为维护公共秩序和交易安全，也为当事人设定了一些必须履行的义务。尽管这些义务大多具有任意性特点，但对确定当事人的义务具有重要意义。违约行为在后果上导致了对合同债权的侵害。由于债权是以请求权为核心的，债权的实现有赖于债务人切实履行其合同义务，债务人违反合同义务必然会使债权人依据合同所享有的债权不能实现。

#### 2. 不存在法定和约定的免责事由

关于违约责任的免责事由问题，首先涉及违约责任的归责原则。实际上，违约行为都具有客观性，它是指合同当事人的行为不符合约定和法定义务的一种行为，而并不包括当事人的主观过错。尤其应当指出的是，在违约行为发生以后，违约当事人并不是在任何情况下都应当承担违约责任。如果具有法定的和约定的免责事由，则当事人虽然实施了违约行为，也不一定承担违约责任，所以，违约行为并不是违约责任的唯一构成要件。

在现代合同法中，通常采纳过错推定的归责原则。所谓过错推定，是指原告在证明被告构成违约以后，如果被告不能证明自己对此违约没有过错，则在法律上应推定被告具有过错，并应承担违约责任。从我国法律规定来看，《民法通则》第一百零六条规定了侵权责任应采纳过错责任原则，但在第一百一十一条关于违约责任的归责原则的规定中并没有提及过错的概念，而《合同法》第一百零七条也没有明确规定过错责任原则。实际上我国

《合同法》总则采纳了严格责任原则，《合同法》分则在特殊情况下，也规定了过错责任原则。根据严格责任原则，只要一方当事人能够举证证明另一方构成违约，另一方即应负违约责任，除非另一方能够举证证明其违反合同具有法定和约定的免责事由。例如，根据《合同法》第一百零九条的规定，“当事人一方未支付价款或者报酬的，对方可以要求其支付价款或者报酬”，除非违约方能够依据《合同法》第一百一十七条的规定举证证明其不履行合同是由于不可抗力造成的，才可以根据不可抗力的影响，部分或全部免除责任。

上述要件是违约责任的一般构成要件。不过，当事人要请求违约方承担违反某个具体合同义务的责任，还需要根据该合同特定的性质和内容负有不同的举证责任。值得注意的是，非违约方在请求违约方承担违约责任时，是否必须举证证明损害事实的存在，对此存在着不同的看法。笔者认为，非违约方要请求违约方承担损害赔偿责任，毫无疑问应当举证证明损害事实的存在。但损害事实本身并不应成为违约责任的一般构成要件，其原因在于：①一方当事人违反合同规定的义务，并不一定必然会给另一方带来损害。例如，承租人在租约未到期时搬离房屋，但该房屋很快被其他人以更高的租金租用，出租人并未遭受实际损害。②一方当事人违约给对方造成了损害，但此种损害可能难以确定，特别是要由对方当事人就其遭受的损害数额、损害与违约行为之间的因果关系举证，十分困难，可能使非违约方放弃损害赔偿的请求，而选择其他的请求，如实际履行、违约金责任、定金责任等请求。损害赔偿以外的责任形式并不要求以实际发生的损害为前提。所以，损害事实不应成为违约责任的一般构成要件。

## 7.1.3 免责事由——不可抗力

### 1. 不可抗力的概念及其特点

在合同履行过程中，因出现了法定的或合同约定的免责条件而导致合同不能履行，债务人将被免除履行义务，这些法定的或约定的免责条件被统称为免责事由。此处所说的免责事由，是指合同不履行的责任事由，仅适用于合同责任。合同责任的免责事由既包括法定的责任事由，即不可抗力，也包括当事人约定的责任事由，即免责条款。在合同关系中，法律完全允许当事人自愿确定权利义务关系，也可通过设定免责条款而限制、免除其未来的责任。只有在法定的免责事由和约定的免责事由导致合同不能履行时，才能使债务被免除。

我国《合同法》中，法定的免责事由仅指不可抗力。根据《合同法》第一百一十七条的规定，不可抗力“是指不能预见、不能避免并不能克服的客观情况”。不可抗力包括某些自然现象或某些社会现象(如战争等)，其主要特点在于：①它具有不能预见性。在判断是否可以预见时，必须以一般人的预见能力及现有的科学技术水平作为能否预见的判断标准。②它具有不能避免及不能克服性。这就表明，对不可抗力事件，即使当事人已经尽了最大努力，仍不能避免其发生；或者在事件发生以后，即使当事人已经尽了最大努力，也不能克服事件所造成的损害后果，使合同得以履行。还要看到，不可抗力属于客观情况，它是独立于人的行为之外的事件，不包括单个人的行为。例如，第三人的行为对于被告人来说是不可预见并不能避免的，但第三人的行为并不具有独立于人的行为之外的客观性的特点，因此不能作为不可抗力对待。不可抗力主要包括：自然灾害，如地震、台风、洪水、海啸等；政府行为，主要是指当事人在订立合同以后，政府当局颁布新政策、法律和行政措施而导致合同不能履行；社会异常现象，主要是指一些偶发的事件阻碍合同的履行，如罢工、骚乱等。这些行为既不是自然事件，也不是政府行为，而是社会中人为的行为，但对于合同当事人来说，在订约时是不可预见的，因此也可以称之为不可抗力事件。

2. 不可抗力的免责规定

不可抗力虽为合同的免责事由，但有关不可抗力的具体事由很难由法律做出具体列举式的规定。按照合同自由原则，当事人也可以订立不可抗力条款来具体列举各种不可抗力的事由(如将罢工作为不可抗力)，一旦出现这些情况，便可以导致当事人被免责。

不可抗力发生以后，将导致当事人被免除责任。我国《合同法》第一百一十七条规定："因不可抗力不能履行合同的，根据不可抗力的影响，部分或者全部免除责任，但法律另有规定的除外。当事人迟延履行后发生不可抗力的，不能免除责任。"在某些情况下，不可抗力的事由只是导致合同部分不能履行或暂时不能履行，这样，当事人只能部分被免除责任，或者暂时停止履行，在不可抗力事由消除以后如能够履行还要继续履行。所以，不可抗力是否应导致当事人被免除责任，应视具体情况而定。

3. 发生不可抗力的一方负有及时通知的义务

在不可抗力事件发生以后，当事人一方因不可抗力而不能履行合同，应及时向对方通报合同不能履行或者需要迟延履行、部分履行的事由，并应取得有关证明。同时也应当尽最大努力消除事件的影响，减少因不可抗力所造成的损失。

## 7.2　违约行为形态

### 7.2.1　违约行为形态的概念及其分类意义

所谓违约行为形态，是指根据违约行为违反义务的性质、特点而对违约行为做出的分类。由于违约行为是对合同义务的违反，而合同义务的性质不同将导致对这些义务的违反的形态也不相同，从而形成不同的违约形态。

违约形态分类的主要意义在于：①有助于当事人在对方违约的情况下，寻求良好的补救方式以维护自己的利益。违约行为形态总是与特定的补救方式和违约责任联系在一起的。换言之，法律设置违约形态的依据，是对不同违约形态所提供的补救。如对各种合同义务的违反，可分别形成不适当履行、部分履行、迟延履行、拒绝履行等多种形态。各种违约形态又是与各种违约责任联系在一起的，所以，确定违约形态有利于当事人选择补救方式，维护其利益。②违约形态的确定也有利于司法审判人员根据不同的违约形态确定违约当事人所应负的责任，并准确认定合同是否可以被解除。在违约行为发生后，司法审判人员可以根据违约行为对合同的继续存在所产生的影响来决定是否应宣告对合同的解除。

我国现行立法对违约形态的分类大多采用了两分法，即不履行和不适当履行两种类型。《民法通则》第一百一十一条规定："当事人一方不履行合同义务或者履行合同义务不符合约定条件的，另一方有权要求履行或者采取补救措施，并有权要求赔偿损失。"《合同法》第一百零七条规定："当事人一方不履行合同义务或者履行合同义务不符合约定的，应当承担继续履行、采取补救措施或者赔偿损失等违约责任。”

## 7.2.2 几种违约行为形态

### 1. 预期违约

1) 预期违约的概念和特点

(1) 预期违约的概念。预期违约也称为先期违约，是指在履行期限到来之前，一方无正当理由而明确表示其在履行期到来后将不履行合同，或者其行为表明其在履行期到来以后将不可能履行合同。《合同法》第一百零八条规定：“当事人一方明确表示或者以自己的行为表明不履行合同义务的，对方可以在履行期限届满之前要求其承担违约责任。”从我国《合同法》的规定来看，预期违约包括两种形态，即明示毁约和默示毁约。由于这两种形态都是发生在履行期到来之前的违约，因此可以看作是与实际违约相对应的一种特殊的违约形态。

(2) 预期违约的特点。①预期违约是在履行期到来之前的违约。由于履行期尚未到来，当事人还不必实际履行其义务，此时一方的违约只是表现为未来将不履行义务，不像实际违约那样表现为现实的违反义务。②预期违约侵害的是期待的债权而不是现实的债权。由于合同规定了履行期限，则在履行期限到来之前，债权人不得违反此条件而请求债务人提前履行债务，以提前实现自己的债权，所以在履行期限届至以前，债权人享有的债权只是期待债权而不是现实的债权。对债务人来说，此种期限也体现为一种利益，即期限利益，该利益应当为债务人享有。因此，债权人不得在履行期前要求清偿债务。③预期违约在责任后果上与实际的违约责任是不同的。一般来说，实际违约通常会造成非违约方的期待利益的损失，如一方亟待原材料投入生产，因对方到期不交付产品使其不能按时投入生产，而造成获取利益的损失。而就预期违约来说，一般造成的是信赖利益的损害，如因信赖对方履行而支付一定的准备履行的费用等，因此在损害赔偿的范围上是各不相同的。

2) 预期违约的两种形态

(1) 明示毁约。所谓明示毁约，是指一方当事人无正当理由，明确肯定地向另一方当事人表示他将在履行期限到来时不履行合同。《合同法》第一百零八条中所规定的“当事人一方明确表示不履行合同义务的，对方可以在履行期限届满之前要求其承担违约责任”，这就是明示毁约。它须具备以下条件：①必须是一方明确肯定地向对方做出毁约的表示。一方表示的毁约意图是十分明确的，不附有任何条件，如明确表示其不愿意付款或交货等。②不履行合同的主要义务。正是由于一方表示其在履行期到来之后将不履行合同的主要义务(如不履行买卖合同中的付款或交货义务)，从而使另一方的订约目的不能实现，或严重损害另一方的期待利益，因此，明示毁约人应负违约责任。如果被拒绝履行的仅是合同的部分内容，并且不妨碍债权人所追求的根本目的，这种拒绝履行并没有使债权期待成为不能，就不构成预期违约。如果行为人只是表示其将不履行合同的次要义务，则不构成明示毁约。③不履行合同义务无正当理由。在实践中，一方提出不履行合同义务通常有可能会找出各种理由和借口，如果这些理由能够成为法律上的正当理由，则不构成明示毁约。如因债权人违约而使债务人享有解除合同的权利；因不可抗力而使合同不能履行等。在具有正当理由的情况下，一方拒绝履行义务是合法的，不构成明示毁约。

(2) 默示毁约。所谓默示毁约，是指在履行期到来之前，一方以自己的行为表明其将在履行期到来之后不履行合同，且另一方有足够的证据证明一方将不履行合同，而一方也不愿意提供必要的履行担保。《合同法》第一百零八条所规定的“当事人一方以自己的行为表明不履行合同义务的，对方可以在履行期限届满之前要求其承担违约责任”，就属于默示毁约。

默示毁约与明示毁约一样，都发生在合同有效成立后至履行期届满前，但默示毁约与明示毁约又有不同之处，表现在：①明示毁约是指毁约一方明确表示他将不履行合同义务；而在默示毁约的情况下，债务人并未明确表示他将在履行期到来时不履行合同，只是从其履行的准备行为、现有经济能力、信用情况等，可预见到他将不履行或不能履行合同，而这种预见又是建立在确凿的证据基础之上的。②明示毁约行为对期待债权的侵害是明确肯定的，债务人的主观状态是故意的；而默示毁约行为对期待债权的侵害不像明示毁约行为那样明确肯定，债务人对毁约的发生主观上可能出于过失。无论默示毁约由何种原因产生，都会使债权人面临一种因债务人可能违约而使自己蒙受损失的危险，这种危险应该及早予以消除，若债权人只能等待履行期限到来后才能提出请求，无疑会给非违约方带来不必要的损失。

根据我国《合同法》的有关规定，默示毁约需具备以下构成要件。

(1) 一方当事人具有《合同法》第六十八条所规定的情形，包括经营状况严重恶化；转移财产、抽逃资金，以逃避债务；丧失商业信誉；有丧失或者可能丧失履行债务能力的其他情形。无论何种情形，默示毁约方都没有明确地表示他将毁约或拒绝履行合同义务，否则构成明示毁约。尽管没有明确表示毁约，但其行为和能力等情况表明他将不会或不能履约，从而将会辜负对方的合理期望，使对方的期待债权不能实现，所以，亦可构成违约。

(2) 另一方具有确凿的证据证明对方具有上述情形。如果另一方只是预见到或推测一方在履行期到来以后将不履行合同，不能构成确切的证据。《合同法》第六十八条规定的“确切证据”标准，就是要求预见的一方必须举证证明对方届时确实不能或不会履约。其举出的证据是否确切，应由司法审判人员予以确定。显然，我国法律的规定加重了非违约方的举证负担，在实践中也更为可行。

(3) 一方不愿提供适当的履约担保。另一方虽有确切的证据证明一方将不履行合同，但还不能立即确定对方已构成违约。根据《合同法》第六十九条的规定，另一方要确定对方违约，必须首先要求对方提供适当的履约担保。只有在对方不提供适当的履约担保的情况下，才能确定其构成违约并可以要求其承担预期违约的责任。只有符合上述要件，才能构成默示违约。在默示违约的情况下，非违约人可以采取如下补救措施：①暂时中止履行合同。②可以在履行期限到来以后要求毁约方实际履行或承担违约责任，这就是说非违约人可以不考虑对方的默示违约而等到履行期限到来后，要求对方承担违约责任。③非违约人也可以不必等待履行期限的到来而直接要求毁约方实际履行或承担违约责任。

### 2. 实际违约

在履行期限到来以后，当事人不履行或不完全履行合同义务的，将构成实际违约。实际违约行为主要如下。

1) 拒绝履行

拒绝履行是指在合同期限到来以后，一方当事人无正当理由拒绝履行合同规定的全部义务。《合同法》第一百零七条所提及的“一方不履行合同义务”是指拒绝履行的行为。拒绝履行的特点是：①一方当事人明确表示拒绝履行合同规定的主要义务。如果仅仅是表示不履行部分义务则属于部分不履行的行为。②一方当事人拒绝履行合同义务无任何正当理由。

在一方拒绝履行的情况下，另一方有权要求其继续履行其合同，也有权要求其承担违约金和损害赔偿责任。但另一方是否有权解除合同，《合同法》第九十四条似乎没有明确做出规定，而只是规定“当事人一方迟延履行债务或者有其他违约行为致使不能实现合同目的，另一方可以解除合同”。实际上，根据该条规定的精神，在一方拒绝履行以后，其行为已转化为迟延履行，另一方有权解除合同。尤其应当看到，无正当理由拒绝履行合同，已表明违约当事人完全不愿接受合同的约束，实际上已剥夺了受害人根据合同所应得到的利益，从而使其无法实现订立合同的目的。因此，受害人没有必要证明违约已构成严重的损害后果才可以解除合同。

2) 迟延履行

(1) 迟延履行的概念。迟延履行是指合同当事人的履行违反了履行期限的规定。迟延履行在广义上包括债务人的给付迟延和债权人的受领迟延，狭义上是指债务人的给付迟延。《合同法》第九十六条规定的迟延履行采纳了广义的概念，因此，凡是违反履行期限的履行都可以称为迟延履行。

在迟延履行的情况下，违约方违反了合同规定的履行期限。所以，确定迟延履行的关键是要确定合同中的履行期限。如果合同明确规定了履行期限，则应当依据合同的规定履行。如果合同没有规定履行期限，则应当依据《民法通则》第八十八条的规定，“债务人可以随时向债权人履行义务，债权人也可以随时要求债务人履行义务，但应当给对方必要的准备时间”。必要的准备时间也就是合理的履行期限。凡是违反履行期限规定的履行，无论是债务人还是债权人违反了履行期限，都将构成迟延履行。迟延履行不同于拒绝履行。迟延履行也不同于不适当履行。

(2) 迟延履行可分为债务人迟延履行债务与债权人迟延受领。所谓债务人迟延履行，是指债务人在履行期限到来时，能够履行而没有按期履行债务。构成迟延履行的条件包括：①债务人迟延履行必须以合法的债务存在为前提，并且违反了履行期限的规定。②在迟延履行的情况下，履行是可能的。如果因为债务人的过错使债务根本不能履行，此时已构成不履行。如果履行期限到来时，债务人仍然可以继续履行，则构成履行迟延；如果履行期限到来以后，债务人已不能履行，则应区分是因债务人的过错还是非因债务人的过错所致而确定责任。③在履行期限到来以后，债务人没有履行债务。此处所言没有履行不包括不适当履行和其他履行不完全的行为。如果履行了部分债务，则可能构成部分履行和迟延履行。但如果债务人明确表示对未履行的部分不再履行，则构成部分履行和履行拒绝。④迟延履行没有正当理由。按照诚实信用原则的要求，如果在特殊情况下，债务人确有正当理由而暂时不能履行合同，可以被免除实际履行的责任，或者债务人依法行使同时履行抗辩权而暂不履行债务，则不构成迟延。但是，如果非因债务人的过错而是债权人的原因造成迟延，应由债权人负责。

在迟延履行的情况下，非违约方有权要求违约方支付迟延履行的违约金，如果违约金不足以弥补非违约方所遭受的损失，非违约方还有权要求赔偿损失。

所谓受领迟延又称为债权人迟延，实际上也有两种不同的含义。一种含义是指债权人在债务人做了履行时，未能及时接受债务人的履行；另一种含义是指债权人除未能及时受领债务人的履行以外，也没有为债务人履行债务提供必要的协作。比较这两种观点，笔者认为，仅就受领迟延本身的含义来说，应将其限于应当对债务人的履行及时受领而没有受领，而不应包括未提供必要的协作。其主要原因在于，依据诚实信用原则，合同当事人在履行中均负有相互协作的义务，也就是说双方当事人都应当向对方当事人提供方便和帮助，从而使债得以适当履行。受领迟延是一种违约行为，在受领迟延时债权人应承担违约责任。在迟延受领的情况下，债权人应依法支付违约金，还应负损害赔偿责任。

3)　不适当履行

不适当履行是指当事人交付的标的物不符合合同规定的质量要求，也就是说履行具有瑕疵。根据《合同法》第一百一十一条的规定，“质量不符合约定的，应当按照当事人的约定承担违约责任。对违约责任没有约定或者约定不明确，依照本法第六十一条的规定仍不能确定的，受损害方根据标的的性质以及损失的大小，可以合理选择要求对方承担修理、更换、重做、退货、减少价款或者报酬等违约责任”。这就是说，在不适当履行的情况下，如果合同对责任形式和补救方式已经做了明确规定，则应当按照合同的规定确定责任。如果合同没有做出明确规定或者规定不明确，受害人可以根据具体情况，选择各种不同的补救方式和责任形式。可见，我国法律对瑕疵履行的受害人采取了各种方式进行保护。

在不适当履行行为中，有一种特殊的不适当履行行为即加害给付行为，是指债务人的不适当履行行为造成债权人的履行利益以外的其他损失。例如，交付不合格的汽化炉造成火灾，致使债权人受伤等。加害给付具有以下特点：①债务人的履行行为不符合合同的规定。②债务人的不适当履行行为造成了债权人的履行利益以外的损害。所谓履行利益以外的其他利益，是指债权人享有的不受债务人和其他人侵害的现有财产和人身利益。例如交付的财产有缺陷，造成他人的人身伤害。交付财产属于履行利益，人身伤害属于履行利益以外的损失。③加害给付是一种同时侵害债权人的相对权和绝对权的不法行为。由于加害给付的行为将同时构成违约行为和侵权行为，因此该行为同时侵犯了债权人的相对权和绝对权。但是这并不是说在出现加害给付行为以后，受害人可以同时请求加害人承担违约责任和侵权责任，而只能根据责任竞合的规定选择一种请求权，提出请求和提起诉讼。

4)　部分履行

所谓部分履行，是指合同虽然履行但履行不符合数量的规定；或者说履行在数量上存在着不足。在部分履行的情况下，非违约方首先有权要求违约方依据合同规定的数量条款继续履行，交付尚未交付的货物、金钱，非违约方也有权要求违约方支付违约金。如果因部分履行造成了损失，有权要求违约方赔偿损失。由于在一般情况下，对部分不履行债务人是可以补足的，因此不必要解除合同。如果因部分履行而导致合同的解除，则对已经履行的部分将要做出返还，从而会增加许多不必要的费用。所以，除非债权人能够证明部分履行已构成根本违约，导致其订约目的不能实现，否则一般不能解除合同。

5)　其他不完全履行的行为

按照《合同法》的规定，债务人应当按照法律和合同的规定，全面、适当地履行合同。因此，当事人在履行合同时，除在标的、质量、数量、期限上符合法律和合同规定外，履行的地点、方式等也应符合法律和合同的规定。因此，履行地点、方法等不适当，也属于违约行为。

**3. 双方违约和第三人的行为造成违约**

1) 双方违约

所谓双方违约，是指合同的双方当事人都违反了其依据合同所应尽的义务。《合同法》第一百二十条规定：“当事人双方都违反合同的，应当各自承担相应的责任。”双方违约的构成要件在于：①双方违约主要适用于双务合同。对于单务合同来说，因只有一方负有义务，因此不产生双方违约问题。②双方当事人都违背了其应负的合同义务。例如，双方都做出了履行，但履行都不符合合同的规定。③双方的违约都无正当理由。如果是一方行使同时履行抗辩权或不安抗辩权，则不能认为是双方违约。例如，一方交付的货物有严重的瑕疵，另一方拒付货款，乃是正当行使抗辩权的行为，不应作为违约对待。如果当事人在对方违约后采取适当的自我补救措施，如在对方拒绝收货时将标的物以合理价格转卖，则不构成违约。

在双方违约的情况下，应当根据双方的过错程度及因其过错给对方当事人造成的损害程度而确定各自的责任。如果双方过错程度相当，且因其过错而给对方当事人造成的损害程度大体相同，则双方应当各自承担其损失。如果一方的过错程度明显大于另一方，且给对方造成的损失也较重，则应当承担更重的责任。

2) 第三人的行为造成违约

《合同法》第一百二十一条规定：“当事人一方因第三人的原因造成违约的，应当向对方承担违约责任。当事人一方和第三人之间的纠纷，依照法律规定或者按照约定解决。”根据该规则，在因第三人的行为造成债务不能履行的情况下，债务人仍然应当向债权人承担违约责任，债权人也只能要求债务人承担违约责任。债务人在承担违约责任以后，有权向第三人追偿。这就是所谓“债务人为第三人的行为向债权人负责的规则”。

债务人在为第三人的行为向债权人负责后，可以依据法律规定向第三人追偿。如第三人造成标的物的毁损、灭失，致使合同不能履行，债务人可要求第三人依法承担侵权责任。债务人也可以依据其事先与第三人的合同而向第三人追偿。如第三人不依据合同向债务人交货，使债务人不能履行其对债权人的交货义务，债务人在向债权人承担责任后，可依据其与第三人的合同要求第三人承担责任，但两个合同关系必须分开。

## 7.3 承担违约责任的主要方式

### 7.3.1 继续履行

**1. 继续履行的概念和特点**

1) 继续履行的概念

继续履行也称为强制实际履行、依约履行。作为一种违约后的补救方式，继续履行是指在一方违反合同时，另一方有权要求其依据合同的规定实际履行。《合同法》第一百零七条规定，当事人一方不履行合同义务或者履行合同义务不符合约定的，应当承担继续履行等违约责任。《合同法》第一百零九条规定，当事人一方未支付价款或者报酬的，对方可以要求其支付价款或者报酬。《合同法》第一百一十条规定，当事人一方不履行非金钱债务或者履行非金钱债务不符合约定的，对方可以要求履行。

2) 继续履行的特点

(1) 继续履行是一种违约后的补救方式。这就是说，在一方违反合同后，另一方有权要求违约方继续履行合同，也有权要求其承担支付违约金和损害赔偿等责任。是否请求实际履行是非违约方的一项权利。

继续履行的基本内容是要求违约方继续依据合同规定做出履行。继续履行也是《合同法》第六十条关于“当事人应当按照约定全面履行自己的义务”的规定的具体体现。不过对继续履行的适用，《合同法》区分了金钱债务和非金钱债务两种情况。对金钱债务，如果一方不支付价款或报酬的，另一方当然有权要求对方支付价款和报酬。而对于非金钱债务，根据《合同法》第一百一十条的规定，非违约方原则上虽可以请求继续履行，但在法律上有一定的限制。根据该条规定，有下列情形之一的不能再继续履行：法律上或者事实上不能履行，债务的标的不适于强制履行或者履行费用过高，债权人在合理期限内未要求履行。

(2) 继续履行可以与违约金、损害赔偿和定金责任并用，但不能与解除合同的方式并用。因为解除合同旨在使合同关系不复存在，债务人不再负履行义务，所以它是与继续履行对立的补救方式。

### 2. 继续履行的适用条件

1) 必须有违约行为的存在

继续履行责任是一方不履行合同的后果，只有在一方不履行合同义务或者履行合同义务不符合约定的情况下，另一方才有权要求其继续履行。由于迟延履行中违约当事人已经做出了履行，只是履行不符合期限的规定，因而不适用于继续履行。同时，针对不适当履行而采取的修理、重做、更换的补救措施不包括在继续履行中，因此可适用于继续履行的违约行为不包括不适当履行行为。适用继续履行的违约行为主要包括拒绝履行、部分履行行为。《合同法》第一百零九条与第一百一十条的规定主要是指上述两种违约行为。

2) 非违约方必须在合理期限内提出继续履行的请求

我国《合同法》从保护债权人的利益出发，将是否请求实际履行的选择权交给非违约方，由非违约方决定是否采取继续履行的方式。如果他认为继续履行更有利于保护其利益，则可以采取这种措施。在许多情况下，当事人订立合同主要不是为了在违约以后寻求金钱赔偿，而是为了实现其订约目的，继续履约如具有现实的需要，则可以提出继续履行的请求。但是，若采取继续履行在经济上不合理，或确实不利于维护非违约方的利益，则可以采取解除合同、赔偿损失等其他补救措施。如果非违约方决定采取继续履行的补救措施，则必须在合理的期限内，向违约方提出继续履行的要求。如果在违约方违约后，未在合理期限内提出继续履行的要求，不得再提出此种要求。

3) 必须依据法律和合同的性质能够履行

一般来说，在金钱债务中，当事人一方不支付价款或报酬的，另一方有权要求其继续履行，违约的一方不得以任何理由拒绝履行。然而，在非金钱债务中，如果依据法律和合同的性质不能继续履行，则违约方也可以拒绝非违约方的履行的要求。

4) 继续履行在事实上是可能的和在经济上是合理的

根据《合同法》第一百一十条的规定，在非金钱债务中，如果在事实上不能继续履行，或者债务的标的不适合强制履行或履行费用过高的，则不能采取继续履行措施。

## 7.3.2 采取补救措施

采取补救措施，是指违约方所采取的旨在消除违约后果的补救方式。这种补救方式不同于继续履行、赔偿损失、支付违约金、支付定金等违约承担的方式。《合同法》第一百零七条规定："当事人不履行合同义务或者履行合同义务不符合约定的，应当承担继续履行、采取补救措施或者赔偿损失等违约责任。"

《合同法》第一百一十一条规定："质量不符合约定的，应当按照当事人的约定承担违约责任。对违约责任没有约定或者约定不明确，依照本法第六十一条的规定仍不能确定的，受损害方根据标的的性质以及损失的大小，可以合理选择要求对方承担修理、更换、重做、退货、减少价款或者报酬等违约责任。"

《合同法》第一百一十二条规定："当事人不履行合同义务或者履行合同义务不符合约定的，在履行义务或者采取补救措施后，对方还有其他损失的，应当赔偿损失。"根据这一规定，采取补救措施是可以和赔偿损失并用的。

## 7.3.3 赔偿损失

### 1. 赔偿损失的概念和特点

1) 赔偿损失的概念

赔偿损失又称为违约损害赔偿，是指违约方因不履行或不完全履行合同义务而给对方造成损失，依法和依据合同的规定应承担的赔偿损失的责任。《合同法》第一百零七条规定："当事人一方不履行合同义务或者履行合同义务不符合约定的，应当承担赔偿损失等违约责任。"

2) 违约损害赔偿的特点

(1) 赔偿损失是因债务人不履行合同债务所产生的责任。也就是说，因债务人违约而使债权人遭受损害，当事人之间的原合同债务就转化为损害赔偿的债务关系。作为违约责任形式的赔偿损失，与缔约过失责任中的损害赔偿、合同无效后的损害赔偿、合同撤销后的损害赔偿的不同之处在于，它只能基于有效的合同提出请求，也就是说，合同关系的有效存在是违约损害赔偿存在的前提。如果合同不存在、被宣告无效或被撤销，则不适用违约损害赔偿。当然，违约损害赔偿与其他损害赔偿在范围上也是不同的。

(2) 赔偿损失原则上仅具有补偿性而不具有惩罚性。从等价交换原则出发，任何民事主体一旦造成他人损害都必须以等量的财产予以补偿。一方违约后另一方必须赔偿对方因违约遭受的全部损害，赔偿损失也应完全符合这一交易原则。这就是说，赔偿损失应当具有补偿性，其主要目的在于弥补或填补债权人因违约行为所遭受的损害后果。

值得注意的是，根据《合同法》第一百一十三条第二款的规定："经营者对消费者提供商品或者服务有欺诈行为的，依照《中华人民共和国消费者权益保护法》(以下简称《消费者权益保护法》)的规定承担损害赔偿责任。"《消费者权益保护法》第四十九条规定："经营者提供商品或者服务有欺诈行为的，应当按照消费者的要求增加赔偿其受到的损失，增加赔偿的金额为消费者购买商品的价款或者接受服务的费用的一倍。"由于双倍价格的赔偿已经超出了受害者实际遭受的财产损失，因此属于惩罚性损害赔偿，此种赔偿仅针对欺诈行为设定，目的在于充分保护消费者的合法权益。它只是合同法中的损害赔偿的例外，而并非损害赔偿的一般原则。

(3) 赔偿损失具有一定程度的任意性。当事人在订立合同时，可以预先约定一方当事人在违约时应向对方当事人支付一定的金钱。这种约定方式既可以用具体金钱数额表示，也可采用某种损害赔偿的计算方法来确定，同时，当事人也可以事先约定免责条款从而免除其未来的违约责任包括赔偿损失责任。

(4) 赔偿损失以赔偿当事人实际遭受的全部损失为原则。一方违反合同后，另一方不仅会遭受现有财产的损失，而且会遭受可得利益的损失，这些损失都应当得到赔偿。《合同法》第一百一十三条第一款规定，“当事人一方不履行合同义务或者履行合同义务不符合约定，给对方造成损失的，损失赔偿额应当相当于因违约所造成的损失，包括合同履行后可以获得的利益，但不得超过违反合同一方订立合同时预见到或者应当预见到的因违反合同可能造成的损失”。只有赔偿全部损失才能使非违约方获得在经济上相当于合同得到正常履行情况下的同等收益，由此才能督促当事人有效地履行合同。

### 2. 约定损害赔偿

所谓约定损害赔偿，是指当事人在订立合同时预先约定，一方违约时应向对方支付一定数额的金钱或约定损害赔偿额的计算方法。《民法通则》第一百一十二条和《合同法》第一百一十四条都允许当事人约定损害赔偿。《合同法》第一百一十四条规定，当事人可以约定违约产生的损害赔偿额的计算方法。

约定损害赔偿与法定损害赔偿相比，其不同之处在于：一方面，一旦发生违约并造成受害人的损害，受害人不必证明具体损害的范围就可以依据约定损害赔偿条款而获得赔偿。如果当事人只是约定了损害赔偿额的计算方法，则受害人还应当证明实际损害的存在。另一方面，在确定适用约定损害赔偿与法定损害赔偿的情况下，原则上约定损害赔偿应优先于法定损害赔偿。

约定损害赔偿与约定违约金也不相同。一方面，违约金的支付不以实际发生的损害为前提，只要有违约行为的存在，不管是否发生了损害，违约当事人都应支付违约金。而约定损害赔偿的适用应以实际发生的损害为前提。另一方面，违约金通常可以与法定损害赔偿并存，如违约金不足以弥补实际损失还应当赔偿损失。但是，如果当事人约定一笔赔偿金，则在适用该约定损害赔偿条款以后就不能再适用法定损害赔偿，要求违约方另外赔偿损失。不过，与违约金条款一样，如果约定的损害赔偿额过高或过低，法院有权基于当事人的请求增减赔偿额，也就是说有权对该条款进行干预。

### 3. 赔偿全部损失的原则

所谓赔偿全部损失的原则，是指因违约方的违约使受害人遭受的全部损失都应当由违约方负赔偿责任。《合同法》第一百一十三条第一款规定，当事人一方不履行合同义务或者履行合同义务不符合约定，给对方造成损失的，损失赔偿额应当相当于因违约所造成的损失，包括合同履行后可以获得的利益。

所谓可得利益，是指合同在履行以后可以实现和取得的利益。可得利益是一种必须通过合同的实际履行才能实现的未来的利益，是当事人订立合同时能够合理预见到的利益，因此尽管它没有为当事人所实际享有，但只要合同如期履行就会由当事人所获得。在确定可得利益损失的赔偿时，受害人不仅要证明其遭受的可得利益的损失确实是因为违约方的违约行为造成的，而且要证明这些损失是违约方在签订合同时能够合理预见的，但受害人的可得利益的损失与违约行为之间应当具有直接的因果关系。

4. 损害赔偿的限制

根据《合同法》第一百一十三条的规定，损害赔偿不得超过违反合同一方订立合同时预见到或者应当预见到的，因违反合同可能造成的损失。根据这一规定，只有当违约所造成的损害是违约方在订约时可以预见的情况下，才能认为损害结果与违约之间具有因果关系，违约方才应当对这些损害负赔偿责任。如果损害不可预见，则违约方不应赔偿。采用可预见性规则的根本原因在于，只有在交易发生时，订约当事人对其未来的风险和责任可以预测，才能计算其费用和利润，并能够正常地从事交易活动。如果未来的风险过大，则当事人就难以从事交易活动。所以，可预见性规则将违约当事人的责任限制在可预见的范围之内，这对于促进交易活动的发展、保障交易活动的正常进行，具有重要意义。

非违约方负有采取适当措施防止损失扩大的义务。《合同法》第一百一十九条规定："当事人一方违约后，对方应当采取适当措施防止损失的扩大；没有采取适当措施致使损失扩大的，不得就扩大的损失要求赔偿。"

## 7.3.4 支付违约金

1. 违约金的概念

所谓违约金，是指由当事人通过协商预先确定的、在违约发生后做出的独立于履行行为以外的给付。《合同法》第一百一十四条规定，当事人可以约定一方违约时应当根据违约情况向对方支付一定数额的违约金。

2. 违约金的特点

1) 违约金可由当事人协商确定

当事人约定违约金的权利是我国法律所确立的合同自由原则的具体体现。在现实经济生活中，由于当事人订立和履行合同的条件各不相同，当事人所造成的损失也只有当事人自己最清楚。因此，对各种合同关系中的违约金如果都由法律做出规定是不可能，也是不必要的。允许当事人约定违约金，实际上是尊重合同当事人自由约定合同条款的权利以及在违约发生时保护自身利益的权利。所以，约定违约金的存在价值是法定违约金所不可替代的。

2) 违约金的数额具有预先确定性

违约金预先确定的赔偿数额具有以下特点：①作为违约以后对于损失的补偿，非常简便迅速，免去了受害人一方在另一方违约后就实际损失所负的举证责任，同时也省去了法院和仲裁机构在计算实际损失方面的麻烦。②由于违约金数额是预先确定的，它事先向债务人指明了违约后所应承担责任的具体范围，从而能督促债务人履行合同。所以，从这个意义上说，违约金具有的担保作用是其他担保形式所不可能替代的。③违约金还具有限制当事人的风险和责任的功能。因为违约金数额是预先约定的，它可以把风险和责任限制在预先确定的范围内，从而有利于当事人在订约时计算风险和成本，有利于合同确定未来的利益，也有利于鼓励交易。

3) 违约金是一种违约后适用的责任方式

由于违约金的设立旨在督促当事人履行债务，因此也具有担保的功能。然而违约金作为对违约行为的制裁措施，表明其主要是作为一种违约后的责任形式而存在的。如果合同当事人按照合同的约定已经履行了合同义务，没有违约行为发生，这种责任条款是不能实现的。

4) 违约金的支付是独立于履行行为之外的给付

我国法律和司法实践不允许以支付违约金替代实际履行。违约金不同于附条件的合同。在某些附条件的合同中，当事人也往往规定当某种条件成立时，将导致一笔金钱的支付。这种金钱支付的义务是主债务，而违约金条款所规定的因一方不履行所产生的金钱支付的义务并不是主债务，而是一种从债务，是独立于履行行为以外的一种金钱给付。

### 3. 违约金的国家干预性

违约金的约定尽管属于当事人合同自由约定的范围，但这种自由不是绝对的，而是受限制的。《合同法》第一百一十四条第二款规定，“约定的违约金低于造成的损失的，当事人可以请求人民法院或者仲裁机构予以增加；约定的违约金过分高于造成的损失的，当事人可以请求人民法院或者仲裁机构予以适当减少”。从实践来看，法院和仲裁机构对违约金的干预是必要的。因为违约金是事先约定的，它与违约发生后所造成的实际损失不可能完全一致。与实际损失相比较，如果当事人约定的违约金数额过低，则难以起到制裁违约行为和补偿受害人损失的作用；如果当事人约定的违约金过高，不仅会使受害人获得不正当的利益，在一定程度上还恶化违约方的财产状况，而且任由当事人订立数额过高的违约金将使违约金的约定变成一种赌博，这等于鼓励当事人依靠不正当的方式取得一定的利益和收入。

法院和仲裁机构对违约金数额的调整，一方面必须有一方当事人提出要求，而不得由法院和仲裁机构主动调整。另一方面，调整的依据在于，违约金的数额与实际损失相比过高或过低，从而违反了公平和诚实信用原则。因此，在调整的过程中必须以公平和诚实信用原则为依据。

## 7.3.5 定金责任

所谓定金，是指为保证合同的履行，合同双方当事人约定的由一方预先向对方给付的一定数量的货币。我国《中华人民共和国担保法》(以下简称《担保法》)第八十九条、第九十条、第九十一条分别规定了定金的性质、定金的罚则、定金的最高限额。《合同法》第一百一十五条规定，“当事人可以依照《担保法》约定一方向对方给付定金作为债权的担保。债务人履行债务后，定金应当抵作价款或者收回。给付定金的一方不履行约定的债务的，无权要求返还定金；收受定金的一方不履行约定的债务的，应当双倍返还定金”。我国现行法律所规定的定金主要是违约定金，法律关于定金的规定在原则上包含了对不履行合同的制裁措施。定金罚则是针对不履行合同所设定的，所以在当事人设立了违约定金的情况下，任何一方不履行合同都将承担定金责任。尤其是《合同法》在第七章关于违约责任的规定中，对定金做出了明确规定，表明合同法是将定金责任作为违约责任的形式对待的。《合同法》第一百一十六条规定，当事人既约定违约金又约定定金的，一方违约时，对方可以选择适用违约金或者定金条款。由此可以看出，在违约责任的承担上，定金责任方式与违约金责任方式是不能并用的。《合同法》赋予了当事人选择权。

# 7.4 责任竞合

## 7.4.1 责任竞合的概念及其特征

### 1. 责任竞合的概念

所谓责任竞合，是指由于某种法律事实的出现而导致两种以上的责任产生，这些责任彼此之间是相互冲突的。在民法中，责任竞合主要表现为违约责任和侵权责任的竞合。《合同法》第一百二十二条规定："因当事人一方的违约行为，侵害对方人身、财产权益的，受损害方有权选择依照本法要求其承担违约责任或者依照其他法律要求其承担侵权责任。"

### 2. 责任竞合的特点

在民法上，责任竞合具有以下特点。

(1) 责任竞合因某个违反义务的行为而引起。义务是责任存在的前提，责任乃是违反义务的结果，责任竞合的产生是由一个违反义务的行为所致。一个不法行为产生数个法律责任，是责任竞合构成的前提条件。若行为人实施数个不法行为，分别触犯不同的法律规定，并符合不同的责任构成要件，应使行为人承担不同的责任，而不能按责任竞合处理。

(2) 某个违反义务的行为符合两个以上的责任构成要件。这就是说，行为人虽然仅实施了一种行为，但该行为同时触犯了数个法律规定，并符合法律关于数个责任构成要件的规定。由此使行为人承担一种责任还是数种责任，需要在法律上确定。

(3) 数个责任彼此之间相互冲突。此处所说的相互冲突，一方面是指行为人承担不同的法律责任，在后果上是不同的；另一方面，相互冲突意味着数个责任既不能相互吸收，也不应相互并存。所谓相互吸收，是指一种责任可以包容另一种责任。例如，在某些情况下，适用违约金责任可以代替继续履行。所谓同时并存，是指行为人依法应承担数种责任，如违约金和采取补救措施责任可以并用。如果数种责任是可以相互包容或同时并存的，则行为人所应承担的责任已经确定，不发生责任竞合的问题。

## 7.4.2 违约责任和侵权责任竞合发生的原因

违约行为和侵权行为的区别主要体现在不法行为人与受害人之间是否存在着合同关系，不法行为人违反的是约定义务还是法定义务，侵害的是相对权还是绝对权，以及是否造成受害人的人身伤害等。同一违法行为可能符合不同的责任构成要件，具体如下。

(1) 合同当事人违反合同义务的行为同时侵害了法律规定的强制性义务，这种强制性义务包括保护、照顾、保密、忠实等附随义务和其他法定的不作为义务。

(2) 在某些情况下，侵权行为直接构成违约的原因，这就是所谓侵权性的违约行为。例如，保管人依据保管合同占有对方的财产并非法使用，造成财产毁损、灭失。同时违约行为也可能造成侵权的后果，这就是所谓违约性的侵权行为。

(3) 不法行为人实施故意侵害他人权利并造成损害的侵权行为时，如果加害人与受害人之间事先存在一种合同关系，那么加害人对受害人的损害行为不仅可以作为侵权行为对待，也可以作为违反了当事人事先规定的义务的违约行为对待。

(4) 一种违法行为虽然只符合一种责任构成要件，但是法律从保护受害人的利益出发，要求合同当事人根据侵权行为制度提出请求和提起诉讼，或者将侵权行为责任纳入合同责任的范围内，如产品质量责任。

## 7.4.3 对违约责任和侵权责任竞合的处理

根据《合同法》第一百二十二条的规定，在发生违约责任和侵权责任竞合的情况下，允许受害人选择一种责任提起诉讼。法律允许受害人选择责任，是因为在责任竞合的情况下，行为人的行为已符合两种责任的构成要件，受害人选择任何一种责任都是加害人所应当承担的。同时，允许受害人选择责任，也是因为违约责任和侵权责任在很多方面都是不同的，而选择不同的责任对受害人的保护也不同。具体如下所述。

### 1. 归责原则的区别

我国侵权法对侵权责任采取了过错责任、严格责任和公平责任原则，实际上是采用了多种归责原则。在侵权之诉中，只有在受害人具有重大过失时，侵权人的赔偿责任才可以减轻。而在合同之诉中，我国实际上采取了严格责任原则。只要有不履行或者不按规定履行的行为就要承担违约责任，除了可免责的情况外。

### 2. 举证责任不同

根据《民法通则》的有关规定，在一般侵权责任中，受害人就加害人的过错负举证责任。在特殊侵权责任中，应由加害人反证证明自己没有过错。而在合同责任中，受害人只需证明对方实施了违约行为，而不必证明其是否有过错。

### 3. 责任构成要件不同

在违约责任中，行为人只要实施了违约行为且不具有有效的抗辩事由，就应承担违约责任。而在侵权责任中，损害事实是侵权损害赔偿责任成立的前提条件，无损害事实便无侵权责任。

### 4. 免责条件不同

在违约责任中，法定的免责条件仅限于不可抗力，但当事人可以事先约定免责条款和不可抗力的具体范围。在侵权责任中，当事人虽然难以事先约定免责条款和不可抗力的具体范围，但法定的免责条件不限于不可抗力，还包括意外事故、第三人的行为、正当防卫和紧急避险等。

### 5. 责任形式不同赔偿的范围不同

违约责任包括损害赔偿、违约金、继续履行等责任形式，损害赔偿也可以由当事人事先约定。而侵权责任的主要形式是损害赔偿，此种赔偿当事人不得事先约定。另外，损害赔偿的范围不同。违约损害赔偿主要是财产损失的赔偿，不包括对人身伤害的赔偿和精神损害的赔偿责任，且法律采取了“可预见性”标准来限定赔偿的范围。对于侵权责任来说，损害赔偿不仅包括财产损失的赔偿，而且包括人身伤害和精神损害的赔偿。

6. 对第三人的责任规定不同

在合同责任中，如果因第三人的过错导致合同债务不能履行，债务人首先应对债权人负责，然后才能向第三人追偿。而在侵权责任中，贯彻了自己行为责任的原则，行为人仅对因自己的过错导致他人的损害的后果负责。此外，在时效期限、诉讼管辖等方面，侵权责任和违约责任也存在区别。正是因为上述区别的存在，受害人选择不同的责任，将严重影响到对其利益的保护和对不法行为人的制裁。

## 复习思考题

1. 什么是违约责任？违约责任有什么特征？
2. 如何理解违约责任的构成要件？
3. 承担违约责任的方式有哪些？
4. 什么是违约金？
5. 什么是赔偿金？

## 案 例 分 析

**案例一**

2010 年 3 月 5 日，世纪公司与某市开元化工集团签订了一份租赁合同。合同约定：由化工集团将其下属的制剂厂租赁给世纪公司经营，租赁期为 3 年，约定若一方违约应付给对方 30 万元违约金，并赔偿对方因此所造成的损失。合同签订后，世纪公司向开元化工集团交付了 5 万元定金。至 2011 年 9 月，世纪公司租赁的化工厂经营良好，平均每月盈利 5 万元。而此时开元化工集团却突然单方面中止了与世纪公司的租赁合同。世纪公司诉至法院，要求开元化工集团赔偿其违约所造成的损失，并按合同约定给付违约金，双倍返还定金。

**问题：**人民法院能支持世纪公司的诉讼请求吗？

**案例二**

法国舒乐达公司与厦门中贸进出口有限公司于 2009 年 5 月订立一份买卖合同，约定由中贸公司提供 300 吨芦笋罐头，每箱 15.50 美元，每箱 6 千克，由卖方随时分批发运，买方应向卖方开立不可撤销信用证。2009 年 10 月 25 日，双方签订一份补充协议，约定卖方应于 10 月至 11 月间交付 10 个集装箱 150 吨的芦笋罐头，每箱按 16 美元的价格计算，余下的 10 个集装箱应于 2010 年 5～6 月间交付。

但中贸公司交付后(同时也收取了相应的货款)，在 2010 年 4 月接到中国进出口商品广州交易会《2010 年春季交易会远洋地区罐头出口价格表》，规定每箱罐头的单价不得低于 19.70 美元。6 月 3 日，国家外经贸部又正式通知了最低出口价，并通知以此为据核发许可证。

中贸公司向舒乐达公司提出变更合同价格条款的请求，对方未予同意，协商未果，中贸公司于是以价格过低无法申领出口许可证为由拒不履行余下的 10 个集装箱的芦笋罐头。舒乐达公司向厦门市中级人民法院提起诉讼，诉称：由于中贸公司未按规定履行合同，迫使舒乐达公司以高出原合同 3 美元的价格购得同样的罐头，造成 4.8 万美元的损失及利息。中贸公司辩称：中贸公司未能履行合同是由于原合同的价格过低，不符合国家外经贸部的要求，因而申领不到出口许可证，系不可抗力，应予免责。法院经审理认为，中贸公司应当能预见到合同价格能否得到批准的情形，因此，外经贸部的最低价格管制不构成不可抗力。所以，厦门市中级人民法院做出判决，中贸公司应赔偿舒乐达公司 4.8 万美元损失及利息。中贸公司不服，上诉高级法院，二审做出维持原判的终审决定。

**问题：**法院的判决合理吗？为什么？

**案例三**

2013 年 3 月，深圳友邦公司和山东得利公司签订日本热水器购销合同。合同约定：友邦公司供给得利公司日本热水器 1 万台，总价款 1500 万元，价格条件为 CIP 山东烟台。得利公司应在 4 月 30 日前支付货款的 10%为定金，并在支付后 7 天内开具信用证。2013 年 12 月 31 日前分批交货完毕。货物余款按照每批交货的实际数量扣除当批货已付的 10%的定金，由得利公司一次付清提货。友邦公司必须保证货物的数量、质量及交货期(10 月 31 日前)，否则按照该批货物价款的 5%赔偿。

2013 年 4 月 2 日，双方签订补充合同，约定：如山东烟台港不办理此货物入关，得利公司应立即通知友邦公司，合同价格条件改为 CIF 广西北海，交货地点为广西北海。货物单价上调 20%，即每台 1800 元。友邦公司负责安排公路和铁路运输，运费由得利公司承担。该补充合同在收到得利公司有关烟台港不办理入关手续的电报通知后才生效。4 月 28 日，得利公司向友邦公司汇出定金 100 万元。

7 月 3 日，友邦公司通知得利公司第一批货物已到北海，请得利公司立即到北海提货。在接到通知后，得利公司派人携汇票赴北海提货。双方在北海办理了 1000 台热水器的提货，并按每台 1500 元而非 1800 元办理交款手续。8 月 23 日，友邦公司通知得利公司在北海提取第二批 1000 台货物并对第一批货的货款额提出异议，而得利公司则对交货地点和陆路运输费用的承担问题产生异议，要求友邦公司支付陆路运输费用并承担改变交货地点的违约责任，故未支付第二批货物货款。之后，友邦公司一再与得利公司交涉，双方发生争议。至合同履行期满后，友邦公司未再向得利公司提供合同约定的货物。

12 月 5 日，得利公司向法院提起诉讼，称合同签订后，己方按时履行合同义务，支付了定金，而友邦公司擅自改变交货地点，未能按合同规定的数量和时间交货，要求判决友邦公司双倍返还未履行部分的定金，支付违约金和其他费用等并终止合同。友邦公司答辩称，双方的补充协议已经生效，由于得利公司的原因造成自身无法按期发货，得力公司未及时支付货款构成违约，应承担相应的法律责任。

**问题：**人民法院会如何处理此案件？

# 第3编　建设工程合同管理

# 第 8 章　建设工程合同概述

**学习目标**

- 掌握建设工程合同的含义、特点等内容。
- 熟悉建设工程合同当事人的权利和义务等相关内容。
- 了解勘察、设计、施工合同等内容。

**本章导读**

本章主要学习建设工程合同当事人的权利和义务、建设工程合同的种类等内容。

## 8.1　建设工程合同当事人的权利和义务

### 8.1.1　建设工程合同的概念和特点

#### 1. 建设工程合同的概念

根据《合同法》第二百六十九条的规定，建设工程合同是指承包人进行工程建设、发包人支付价款的合同。建设工程合同包括工程勘察、设计、施工合同。《合同法》第二百八十七条规定，“本章没有规定的，适用承揽合同的有关规定”。从这个意义上讲，建设工程承包合同具有承揽合同的性质。

#### 2. 建设工程合同的特点

1)　建设工程合同的标的物一般仅限于基本建设工程

建设工程合同中的工程，根据《中华人民共和国建筑法》(以下简称《建筑法》)第二条的规定，主要是指各类房屋及其附属设施的建造和与其配套的线路、管线、设备安装等，包括房屋、铁路、公路、机场、港口、桥梁、矿井、水库、电站、通信线路等。

2)　建设工程合同的主体应具备相应的条件

由于建设工程具有投资大、周期长、质量要求高、技术力量要求全面等特点，一般民事主体不易完成。因此，建设工程合同的双方主体资格是有限制的。根据《建筑法》第十二条的规定，从事建筑活动的建筑施工企业、勘察单位、设计单位和工程监理单位，应当具备下列条件：一是有符合国家规定的注册资本；二是有与所从事的建筑活动相适应的具有法定执业资格的专业技术人员；三是有从事相关建筑活动所应有的技术装备；四是法律、行政法规规定的其他条件。从事建筑活动的建筑施工企业、勘察单位、设计单位和工程监理单位，按照其拥有的注册资本、专业技术人员、技术装备和已完成的建筑工程业绩等资质条件，划分为不同的资质等级，经资质审查合格，取得相应等级的资质证书后，方可在其资质等级许可的范围内从事建筑活动。

3) 建设工程活动具有较强的国家管理性

由于建设工程的标的物为不动产，工程建设对国家和社会生活的各方面影响较大，在建设工程合同的订立和履行上，具有强烈的国家干预的色彩。

4) 建设工程合同的要式性

根据《合同法》第二百七十条的规定，建设工程合同应当采用书面形式。因此，建设工程合同为要式合同。

## 8.1.2 建设工程合同当事人的权利和义务

### 1. 发包人的权利与义务

1) 发包人的权利

(1) 签订合同的权利。根据《合同法》第二百七十二条的规定，发包人可以与总承包人订立建设工程合同，也可以分别与勘察人、设计人、施工人订立勘察、设计、施工合同。

(2) 发包人的检查权。《合同法》第二百七十七条规定，发包人在不妨碍承包人正常作业的情况下，可以随时对作业进度、质量进行检查。

2) 发包人的义务与责任

(1) 不得肢解发包。根据《合同法》第二百七十二条的规定，发包人不得将应当由一个承包人完成的建设工程肢解成若干部分发包给几个承包人。

(2) 依国家规定的程序和批准订立合同。《合同法》第二百七十三条规定，国家重大建设工程合同，应当按照国家规定的程序和国家批准的投资计划、可行性研究报告等文件订立。

(3) 发包人负有及时检查隐蔽工程的义务。《合同法》第二百七十八条规定，隐蔽工程在隐蔽以前，承包人应当通知发包人检查。发包人应当及时检查，否则将负有赔偿停工、窝工的损失。

(4) 发包人应按合同规定的期限提供准确的资料，并不得随意变更计划。根据《合同法》第二百八十五条的规定，因发包人变更计划，提供的资料不准确，或者未按照期限提供必要的勘察、设计工作条件而造成勘察、设计的返工、停工或者修改设计，发包人应当按照勘察人、设计人实际消耗的工作量增付费用。

(5) 及时验收与支付价款的义务。根据《合同法》第二百七十九条的规定，建设工程竣工后，发包人应当根据施工图纸及说明书、国家颁发的施工验收规范和质量验收标准及时验收。验收合格的，发包人应当按照约定支付价款，并接收该建设工程。建设工程经验收合格后，方可交付使用；未经验收或者验收不合格的，不得交付使用。

(6) 因发包人致工程中途停建、缓建，发包人负有采取措施弥补或者减少损失的义务。根据《合同法》第二百八十四条的规定，因发包人的原因致使工程中途停建、缓建的，发包人应当采取措施弥补或者减少损失，赔偿承包人因此造成的停工、窝工、倒运、机械设备调迁、材料和构件积压等损失和实际费用。

2. 承包人的权利和义务

1)　承包人的权利

(1)　经发包人同意，总承包人可以将部分工程交由第三人完成。根据《合同法》第二百七十二条第二款的规定，总承包人或者勘察、设计、施工承包人经发包人同意，可以将自己承包的部分工作交由第三人完成。第三人就其完成的工作成果与总承包人或者勘察、设计、施工承包人向发包人承担连带责任。

(2)　依据《合同法》第二百八十三条、二百八十四条、二百八十五条之规定，承包人有要求赔偿停工、窝工损失和实际费用的权利。

(3)　承包人有催告发包人在合理期限内支付价款的权利。根据《合同法》第二百八十六条的规定，发包人未按照约定支付价款的，承包人可以催告发包人在合理期限内支付价款。发包人逾期不支付的，除按照建设工程的性质不宜折价、拍卖的以外，承包人可以与发包人协议将该工程折价，也可以申请人民法院将该工程依法拍卖。建设工程的价款就该工程折价或者拍卖的价款优先受偿。

2)　承包人的义务

(1)　承包人应当亲自完成工程建设任务。根据《合同法》第二百七十二条的规定，承包人不得将应当由一个承包人完成的建设工程肢解成若干部分发包给几个承包人。承包人不得将其承包的全部建设工程转包给第三人或者将其承包的全部建设工程肢解以后以分包的名义分别转包给第三人。禁止承包人将工程分包给不具备相应资质条件的单位。禁止分包单位将其承包的工程再分包。建设工程主体结构的施工必须由承包人自行完成。

(2)　承包人应当接受发包人的检查。主要根据是《合同法》第二百七十七条的规定。

(3)　承包人应当按照约定的期限交付合格的工作成果。根据《合同法》第二百八十条的规定，勘察、设计的质量不符合要求或者未按照期限交付勘察、设计文件拖延工期，造成发包人损失的，勘察人、设计人应当继续完善勘察、设计，减收或者免收勘察设计费并赔偿损失。根据《合同法》第二百八十一条的规定，因施工人的原因致使建设工程质量不符合约定的，发包人有权要求施工人在合理的期限内无偿修理或者返工、改建。经过修理或者返工、改建后，造成逾期交付的，施工人应当承担违约责任。根据《合同法》第二百八十二条的规定，因承包人的原因致使建设工程在合理使用期限内造成人身和财产损害的，承包人应当承担损害赔偿责任。

# 8.2　建设工程合同的种类

## 8.2.1　建设工程勘察合同

1. 建设工程勘察与勘察合同的概念

1)　工程勘察的概念

根据我国《建设工程勘察设计管理条例》的规定，建设工程勘察是指根据建设工程的要求，查明、分析、评价建设场地的地质地理环境特征和岩土工程条件，编制建设工程勘察文件的活动。

2) 建设工程勘察合同的概念

建设工程勘察合同是指建设工程的发包人或者承包人与勘察人之间订立的，由勘察人完成一定的勘察工作，发包人或者承包人支付相应价款的合同。

**2. 勘察合同的内容(主要介绍建设工程勘察合同文本一)**

勘察合同的内容包括工程概况[工程名称、工程建设地点、工程规模、特征、工程勘察任务委托文号、日期、工程勘察任务(内容)与技术要求、承接方式、预计勘察工作量]；发包人应及时向勘察人提供文件资料，并对其准确性、可靠性负责；勘察人应向发包人提交勘察成果资料并对其质量负责；勘察费用的支付；发包人、勘察人的责任；违约责任；未尽事宜的约定；其他约定事项；合同争议的解决；合同生效。 关于建设勘察合同(二)的内容可参见本书的相关内容。

**3. 发包人、勘察人的责任**

1) 发包人的责任

发包人委托任务时，必须以书面形式向勘察人明确勘察任务及技术要求，并按规定提供文件资料；在勘察工作范围内，没有资料、图纸的地区(段)，发包人应负责查清地下埋藏物，若因未提供上述资料、图纸，或提供的资料图纸不可靠、地下埋藏物不清，致使勘察人在勘察工作过程中发生人身伤害或造成经济损失时，由发包人承担民事责任；发包人应及时为勘察人提供并解决勘察现场的工作条件和出现的问题(如：落实土地征用、青苗树木赔偿、拆除地上地下障碍物、处理施工扰民及影响施工正常进行的有关问题、平整施工现场、修好通行道路、接通电源水源、挖好排水沟渠以及水上作业用船等)，并承担其费用；若勘察现场需要看守，特别是在有毒、有害等危险现场作业时，发包人应派人负责安全保卫工作，按国家有关规定对从事危险作业的现场人员进行保健防护，并承担费用；工程勘察前，若发包人负责提供材料的，应根据勘察人提出的工程用料计划，按时提供各种材料及其产品合格证明，并承担费用和将材料运到现场，派人与勘察人的工作人员一起验收；在勘察过程中发生的任何变更，经办理正式变更手续后，发包人应按实际发生的工作量支付勘察费；为勘察人的工作人员提供必要的生产、生活条件，并承担费用；如不能提供时，应约定一次性付给勘察人临时设施费若干元；由于发包人原因造成勘察人停、窝工，除工期顺延外，发包人应支付停、窝工费；发包人若要求在合同规定时间内提前完工(或提交勘察成果资料)时，发包人应按每提前一天向勘察人支付若干元计算加班费；发包人应保护勘察人的投标书、勘察方案、报告书、文件、资料图纸、数据、特殊工艺(方法)、专利技术和合理化建议，未经勘察人同意，发包人不得复制、泄露、擅自修改、传送或向第三人转让或用于本合同外的项目；如发生上述情况，发包人应负法律责任，勘察人有权索赔；发包人还应承担依据合同有关条款规定和补充协议中发包人应负的其他责任。

2) 勘察人的责任

勘察人应按国家技术规范、标准、规程和发包人的任务委托书及技术要求进行工程勘察，按合同规定的时间提交质量合格的勘察成果资料，并对其负责；由于勘察人提供的勘察成果资料质量不合格，勘察人应负责无偿给予补充完善使其达到质量合格；若勘察人无力补充完善，需另委托其他单位时，勘察人应承担全部勘察费用；或因勘察质量造成重大经济损失或工程事故时，勘察人除应负法律责任和免收直接受损失部分的勘察费外，并根据损失程度向发包人支付赔偿金，赔偿金由发包人、勘察人商定为实际损失的百分比；在工程勘察前，提出勘察纲要或勘察组织设计，派人与发包人的人员一起验收发包人提供的材料；勘察过程中，根据工程的岩土工程条件(或工作现场地形地貌、地质和水文地质条件)及技术规范要求，向发包人提出增减工作量或修改勘察工作的意见，并办理正式变更手续；在现场工作的勘察人员，应遵守发包人的安全保卫及其他有关规章制度，承担其有关资料保密义务；勘察人还应承担依据合同有关条款规定和补充协议中勘察人应负的其他责任。

## 8.2.2　建设工程设计合同

### 1. 建设工程设计与设计合同的概念

1)　建设工程设计

根据我国《建设工程勘察设计管理条例》的规定，建设工程设计是指根据建设工程的要求，对建设工程所需的技术、经济、资源、环境等条件进行综合分析、论证，编制建设工程设计文件的活动。

2)　建设工程设计合同的概念

建设工程设计合同是指建设工程的发包人或者承包人与设计人之间订立的，由设计人完成一定的设计工作，发包人或者承包人支付相应价款的合同。我国设计合同文本按照设计任务范围与性质的不同，可分为两个版本。一个是建设工程设计合同(一)[GF—2000—0209]，该范本适用于民用建设工程设计的合同。另一个是建设工程设计合同(二)[GF—2000—0210]，该范本适用于委托专业工程的设计合同。

### 2. 建设工程设计合同的内容(主要介绍工程设计合同文本一)

适用于民用建设工程设计的合同内容主要有：订立合同依据的文件(包括《合同法》《建筑法》《建设工程勘察设计市场管理规定》，还有国家及地方有关建设工程勘察设计管理法规、规章及建设工程批准文件)；合同设计项目的内容(名称、规模、阶段、投资及设计费)和范围；发包人提供的有关资料和文件；设计人应交付的资料和文件；设计费的支付；双方责任；违约责任；其他。

### 3. 双方责任

1)　发包人责任

发包人应在规定的时间内向设计人提交资料及文件，并对其完整性、正确性、及时性负责，发包人不得要求设计人违反国家有关标准进行设计。发包人提交上述资料及文件超过规定期限 15 天以内，设计人按合同规定交付设计文件的时间顺延；超过规定期限 15 天以上时，设计人员有权重新确定提交设计文件的时间；发包人变更委托设计项目、规模、条件或因提交的资料错误，或所提交资料做较大修改，以致造成设计人设计需返工时，双方除需另行协商签订补充协议(或另订合同)、重新明确有关条款外，发包人应按设计人所耗工作量向设计人增付设计费。在未签合同前发包人已同意，设计人为发包人所做的各项设计工作应按收费标准支付相应的设计费；发包人要求设计人比合同规定时间提前交付设计资料及文件时，如果设计人能够做到，发包人应根据设计人提前投入的工作量向设计人支付赶工费；发包人应为派赴现场处理有关设计问题的工作人员提供必要的工作、生活及交通等方便条件；发包人应保护设计人的投标书、设计方案、文件、资料图纸、数据、计算软件和专利技术。未经设计人同意，发包人对设计人交付的设计资料及文件不得擅自修改、复制、向第三人转让或用于本合同外的项目，如发生以上情况，发包人应负法律责任，设计人有权向发包人提出索赔。

2) 设计人责任

设计人应按国家技术规范、标准、规程及发包人提出的设计要求进行工程设计，按合同规定的进度要求提交质量合格的设计资料，并对其负责；设计人采用的主要技术标准，设计合理使用年限；设计人按合同规定的内容、进度及份数向发包人交付资料及文件。设计人交付设计资料及文件后，按规定参加有关的设计审查，并根据审查结论负责对不超出原定范围的内容做必要调整补充。设计人按合同规定时限交付设计资料及文件，本年度内项目开始施工，负责向发包人及施工单位进行设计交底、处理有关设计问题和参加竣工验收。在一年内项目尚未开始施工，设计人仍负责上述工作，但应按所需工作量向发包人适当收取咨询服务费，收费额由双方商定；设计人应保护发包人的知识产权，不得向第三人泄露、转让发包人提交的产品图纸等技术经济资料。如发生以上情况并给发包人造成经济损失，发包人有权向设计人提出索赔。

#### 4. 违约责任

1) 发包人的违约责任

在合同履行期间，发包人要求终止或解除合同，设计人未开始设计工作的，不退还发包人已付的定金；已开始设计工作的，发包人应根据设计人已进行的实际工作量，不足一半时，按该阶段设计费的一半支付；超过一半时，按该阶段设计费的全部支付。发包人应按合同规定的金额和时间向设计人支付设计费，每逾期支付一天，应承担支付金额 2‰的逾期违约金。逾期超过 30 天以上时，设计人有权暂停履行下一阶段工作，并书面通知发包人。发包人的上级或设计审批部门对设计文件不审批或合同项目停建、缓建，发包人按规定支付设计费。

2) 设计人的违约责任

设计人对设计资料及文件出现的遗漏或错误负责修改或补充。由于设计人员的错误造成工程质量事故损失，设计人除负责采取补救措施外，应免收直接受损失部分的设计费。损失严重的应根据损失的程度和设计人的责任大小向发包人支付赔偿金，赔偿金由双方商定按实际损失的百分比计算。由于设计人自身的原因，延误了按合同规定的设计资料及设计文件的交付时间，每延误一天，应减收该项目应收设计费的 2‰。合同生效后，如果设计人要求终止或解除合同，设计人应双倍返还定金。

### 8.2.3 建设工程施工合同

#### 1. 建设工程施工合同的概念

建设工程施工合同是指发包人和承包人就具体工程项目的建筑施工、设备安装、设备调试、工程保修等工作内容，明确双方权利、义务关系的协议。依照施工合同，承包人(施工单位)应完成发包人(建设单位)交给的施工任务，发包人应按照规定提供必要条件并支付工程价款。施工合同是建设工程合同中的一种，是双务有偿合同，也是诺成合同。当事人双方依照《合同法》《建筑法》及其他有关法律、行政法规，遵循平等、自愿、公平和诚实信用的原则，就建设工程施工事项协商一致，来确定双方相互之间的权利义务关系。

### 2. 建设工程施工合同的特点

(1) 合同标的的特殊性。施工合同的标的是各类建筑产品，建筑产品是不动产，建造过程中受自然条件、地质水文条件、社会条件等影响较大。

(2) 合同履行期限的长期性。建筑产品的施工结构复杂、体积大、建筑材料类型多、工作量大，完成建筑产品的工期相对较长。

(3) 合同风险较大。因为工期长，受外界影响较大，在合同履行中往往会受到不可抗力、法律法规政策变化、市场价格浮动等因素的影响，增加了合同履行的风险概率。

(4) 合同内容复杂。建筑工程施工合同条款较多，仅以我国施工合同示范文本为例，文本中关于通用合同的条款共计 20 条。国际 FIDIC 施工合同通用条款有 25 节 72 款。

(5) 建设工程施工合同涉及面广。施工合同履行过程中涉及较多其他合同，包括建筑材料、建筑设备的采购，工程借款合同，劳务合同，运输合同，租赁合同，加工合同，保险合同等。建设工程合同的履行与其他相关合同有密切的关系。因此，建设工程合同涉及面较广。

### 3. 建设工程施工合同示范文本组成

我国建设部和国家工商行政管理局于 1999 年 12 月 24 日制定了《建设工程施工合同(示范文本)》(GF—1999—0201)。为了指导建设工程施工合同当事人的签约行为，维护合同当事人的合法权益，依据《合同法》《建筑法》《投标法》以及相关法律法规，住房与城乡建设部、国家工商行政管理总局于 2013 年对《建设工程施工合同(示范文本)》(GF—1999—0201)进行了修订，制定了《建设工程施工合同(示范文本)》(GF—2013—0201)(以下简称《示范文本》)。该文本分三个部分：第一部分是协议书，第二部分是通用条款，第三部分是专用条款。在《示范文本》后还附有 11 个附件，其中，附件 1：承包人承揽工程项目一览表；附件 2：发包人供应材料设备一览表；附件 3：工程质量保修书；附件 4：主要建设工程文件目录；附件 5：承包人用于本工程施工的机械设备表；附件 6：承包人主要施工管理人员表；附件 7：分包人主要施工管理人员表；附件 8：履约担保格式；附件 9：预付款担保格式；附件 10：支付担保格式；附件 11：暂估价一览表。

1) 合同协议书

《示范文本》合同协议书共计 13 条，主要包括工程概况、合同工期、质量标准、签约合同价和合同价格形式、项目经理、合同文件构成、承诺以及合同生效条件等重要内容，集中约定了合同当事人基本的合同权利义务。

2) 通用合同条款

通用合同条款是合同当事人根据《建筑法》《合同法》等法律、法规的规定，就工程建设的实施及相关事项，对合同当事人的权利义务做出的原则性约定。通用合同条款共计 20 条，具体条款分别为：一般约定、发包人、承包人、监理人、工程质量、安全文明施工与环境保护、工期和进度、材料与设备、试验与检验、变更、价格调整、合同价格、计量与支付、验收和工程试车、竣工结算、缺陷责任与保修、违约、不可抗力、保险、索赔和争议解决。

3) 专用合同条款

专用合同条款是对通用合同条款原则性约定的细化、完善、补充、修改或另行约定的条款。合同当事人可以根据不同建设工程的特点及具体情况，通过双方的谈判、协商，对相应的专用合同条款进行修改补充。在使用专用合同条款时，应注意以下事项。

(1) 专用合同条款的编号应与相应的通用合同条款的编号一致。

(2) 合同当事人可以通过对专用合同条款的修改，满足具体建设工程的特殊要求，避免直接修改通用合同条款。

(3) 在专用合同条款中有横道线的地方，合同当事人可针对相应的通用合同条款进行细化、完善、补充、修改或另行约定；如无细化、完善、补充、修改或另行约定，则填写“无”或划“/”。

## 复习思考题

1. 什么是建设工程合同？建设工程合同有哪些特点？
2. 如何理解建设工程合同当事人的权利与义务？
3. 建设工程合同可分为哪几类？
4. 什么是建设工程施工合同？建设工程施工合同有什么特点？

# 第 9 章　实行建设工程合同示范文本制度

**学习目标**

- 掌握建设工程施工合同文本内容。
- 熟悉施工合同示范文本的基本格式，并且会运用到具体的施工合同中。
- 了解建设工程勘察合同示范文本、建设工程设计合同示范文本等内容。

**本章导读**

本章主要学习建设工程勘察合同示范文本、建设工程设计合同示范文本、建设工程施工合同示范文本等内容。

## 9.1　建设工程勘察合同示范文本

我国勘察合同文本按照委托勘察任务的不同，可分为两个版本。一个是建设工程勘察合同(一)[GF—2000—0203]，该范本适用于为设计提供勘察工作的委托任务，包括岩土工程勘察、水文地质勘察(含凿井)、工程测量、工程物探等。另一个是建设工程勘察合同(二)[GF—2000—0204]，委托工作内容包括岩土工程设计、治理、监测等。

### 9.1.1　建设工程勘察合同示范文本(一)

#### 1. 建设工程勘察合同示范文本(一)的首页范本

首页范本包括工程勘察合同文本(一)的使用业务范围、工程名称、工程地点、合同编号、勘察证书等级、发包人、勘察人、签订日期、监制部门等。具体参看下面的内容。

# 建设工程勘察合同(一)(示范文本)
# [岩土工程勘察、水文地质勘察(含凿井)工程测量、工程物探]

工 程 名 称: ______________________________

工 程 地 点: ______________________________

合 同 编 号: ______________________________

(由勘察人编填)

勘察证书等级: ______________________________

发 包 人: ______________________________

勘 察 人: ______________________________

签 订 日 期: ______________________________

中华人民共和国建设部

监制

国家工商行政管理总局

二○○○年三月

### 2. 建设工程勘察合同示范文本的内容及格式

1) 示范文本的基本内容

基本内容包括十条：工程概况；发包人应及时向勘察人提供的文件资料，并对其准确性、可靠性负责；勘察人向发包人提交勘察成果资料并对其质量负责；开工及提交勘察成果资料的时间和收费标准及付费方式；发包人、勘察人的责任；违约责任；合同未尽事宜，经发包人与勘察人协商一致，签订补充协议，补充协议与本合同具有同等效力；其他约定事项；合同争议的解决途径；合同的生效、备案、鉴证等。

2) 示范文本的具体格式

发包人______________________________

勘察人______________________________

发包人委托勘察人承担______________________________任务。

根据《中华人民共和国合同法》及国家有关法规规定，结合本工程的具体情况，为明确责任，协作配合，确保工程勘察质量，经发包人、勘察人协商一致，签订本合同，共同遵守。

**第一条** 工程概况

1.1 工程名称: ______________________________

1.2 工程建设地点: ______________________________

1.3 工程规模、特征: ______________________________

1.4 工程勘察任务委托文号、日期: ______________________________

1.5 工程勘察任务(内容)与技术要求：______________________________

1.6 承接方式：______________________________

1.7 预计勘察工作量：______________________________

**第二条**　发包人应及时向勘察人提供下列文件资料，并对其准确性、可靠性负责。

2.1 提供本工程批准文件(复印件)，以及用地(附红线范围)、施工、勘察许可等批件(复印件)。

2.2 提供工程勘察任务委托书、技术要求和工作范围的地形图、建筑总平面布置图。

2.3 提供勘察工作范围已有的技术资料及工程所需的坐标与标高资料。

2.4 提供勘察工作范围地下已有埋藏物的资料(如电力、电信电缆、各种管道、人防设施、洞室等)及具体位置分布图。

2.5 发包人不能提供上述资料，由勘察人收集的，发包人需向勘察人支付相应费用。

**第三条**　勘察人向发包人提交勘察成果资料并对其质量负责。

勘察人负责向发包人提交勘察成果资料四份，发包人要求增加的份数另行收费。

**第四条**　开工及提交勘察成果资料的时间和收费标准及付费方式

4.1 开工及提交勘察成果资料的时间

4.1.1 本工程的勘察工作定于____年____月_____日开工，_____年______月____日提交勘察成果资料，由于发包人或勘察人的原因未能按期开工或提交成果资料时，按本合同第六条规定办理。

4.1.2 勘察工作有效期限以发包人下达的开工通知书或合同规定的时间为准，如遇特殊情况(设计变更、工作量变化、不可抗力影响以及非勘察人原因造成的停、窝工等)时，工期顺延。

4.2 收费标准及付费方式

4.2.1 本工程勘察按国家规定的现行收费标准__________计取费用；或以“预算包干”“中标价加签证”“实际完成工作量结算”等方式计取收费。国家规定的收费标准中没有规定的收费项目，由发包人、勘察人另行议定。

4.2.2 本工程勘察费预算为_____元(大写___________)，合同生效后 3 天内，发包人应向勘察人支付预算勘察费的 20%作为定金，计_______元(本合同履行后，定金抵作勘察费)；勘察规模大、工期长的大型勘察工程，发包人还应按实际完成工程进度______%时，向勘察人支付预算勘察费的____%的工程进度款，计_____元；勘察工作外业结束后____天内，发包人向勘察人支付预算勘察费的________%，计________元；提交勘察成果资料后 10 天内，发包人应一次付清全部工程费用。

**第五条**　发包人、勘察人责任

5.1 发包人责任

5.1.1 发包人委托任务时，必须以书面形式向勘察人明确勘察任务及技术要求，并按第二条规定提供文件资料。

5.1.2 在勘察工作范围内，没有资料、图纸的地区(段)，发包人应负责查清地下埋藏物，若因未提供上述资料、图纸，或提供的资料图纸不可靠、地下埋藏物不清，致使勘察人在勘察工作过程中发生人身伤害或造成经济损失时，由发包人承担民事责任。

5.1.3 发包人应及时为勘察人提供并解决勘察现场的工作条件和出现的问题(如：落实土

地征用、青苗树木赔偿、拆除地上地下障碍物、处理施工扰民及影响施工正常进行的有关问题、平整施工现场、修好通行道路、接通电源水源、挖好排水沟渠以及水上作业用船等)，并承担其费用。

5.1.4 若勘察现场需要看守，特别是在有毒、有害等危险现场作业时，发包人应派人负责安全保卫工作，按国家有关规定，对从事危险作业的现场人员进行保健防护，并承担费用。

5.1.5 工程勘察前，若发包人负责提供材料的，应根据勘察人提出的工程用料计划，按时提供各种材料及其产品合格证明，并承担费用和运到现场，派人与勘察人的人员一起验收。

5.1.6 勘察过程中的任何变更，经办理正式变更手续后，发包人应按实际发生的工作量支付勘察费。

5.1.7 为勘察人的工作人员提供必要的生产、生活条件，并承担费用；如不能提供时，应一次性付给勘察人临时设施费________元。

5.1.8 由于发包人原因造成勘察人停、窝工，除工期顺延外，发包人应支付停、窝工费(计算方法见6.1款)；发包人若要求在合同规定时间内提前完工(或提交勘察成果资料)时，发包人应按每提前一天向勘察人支付________元计算加班费。

5.1.9 发包人应保护勘察人的投标书、勘察方案、报告书、文件、资料图纸、数据、特殊工艺(方法)、专利技术和合理化建议，未经勘察人同意，发包人不得复制、不得泄露、不得擅自修改、传送或向第三人转让或用于本合同外的项目；如发生上述情况，发包人应负法律责任，勘察人有权索赔。

5.1.10 本合同有关条款规定和补充协议中发包人应负的其他责任。

5.2 勘察人责任

5.2.1 勘察人应按国家技术规范、标准、规程和发包人的任务委托书及技术要求进行工程勘察，按本合同规定的时间提交质量合格的勘察成果资料，并对其负责。

5.2.2 由于勘察人提供的勘察成果资料质量不合格，勘察人应负责无偿给予补充完善使其达到质量合格；若勘察人无力补充完善，需另委托其他单位时，勘察人应承担全部勘察费用；或因勘察质量造成重大经济损失或工程事故时，勘察人除应负法律责任和免收直接受损失部分的勘察费外，并根据损失程度向发包人支付赔偿金，赔偿金由发包人、勘察人商定为实际损失的________%。

5.2.3 在工程勘察前，提出勘察纲要或勘察组织设计，派人与发包人的人员一起验收发包人提供的材料。

5.2.4 勘察过程中，根据工程的岩土工程条件(或工作现场地形地貌、地质和水文地质条件)及技术规范要求，向发包人提出增减工作量或修改勘察工作的意见，并办理正式变更手续。

5.2.5 在现场工作的勘察人的人员，应遵守发包人的安全保卫及其他有关的规章制度，承担其有关资料保密义务。

5.2.6 本合同有关条款规定和补充协议中勘察人应负的其他责任。

**第六条** 违约责任

6.1 由于发包人未给勘察人提供必要的工作、生活条件而造成停、窝工或来回进出场地，发包人除应付给勘察人停、窝工费(金额按预算的平均工日产值计算)，工期按实际工日顺延外，还应付给勘察人来回进出场费和调遣费。

6.2 由于勘察人原因造成勘察成果资料质量不合格，不能满足技术要求时，其返工勘察费用由勘察人承担。

6.3 合同履行期间，由于工程停建而终止合同或发包人要求解除合同时，勘察人未进行勘察工作的，不退还发包人已付定金；已进行勘察工作的，完成的工作量在 50%以内时，发包人应向勘察人支付预算额 50%的勘察费计_________元；完成的工作量超过 50%时，则应向勘察人支付预算额 100%的勘察费。

6.4 发包人未按合同规定时间(日期)拨付勘察费，每超过一日，应偿付未支付勘察费的 1‰逾期违约金。

6.5 由于勘察人原因未按合同规定时间(日期)提交勘察成果资料，每超过一日，应减收勘察费 1‰。

6.6 本合同签订后，发包人不履行合同时，无权要求返还定金；勘察人不履行合同时，双倍返还定金。

**第七条**　本合同未尽事宜，经发包人与勘察人协商一致，签订补充协议，补充协议与本合同具有同等效力。

**第八条**　其他约定事项：________________________________________________

**第九条**　本合同发生争议，发包人、勘察人应及时协商解决，也可由当地建设行政主管部门调解，协商或调解不成时，发包人、勘察人同意由________仲裁委员会仲裁。发包人、勘察人未在本合同中约定仲裁机构，事后又未达成书面仲裁协议的，可向人民法院起诉。

**第十条**　本合同自发包人、勘察人签字盖章后生效；按规定到省级建设行政主管部门规定的审查部门备案；发包人、勘察人认为必要时，到项目所在地工商行政管理部门申请鉴证。发包人、勘察人履行完合同规定的义务后，本合同终止。

本合同一式____份，发包人____份、勘察人___份。

| | |
|---|---|
| 发包人名称: | 勘察人名称: |
| (盖章) | (盖章) |
| 法定代表人：(签字) | 法定代表人：(签字) |
| 委托代理人：(签字) | 委托代理人：(签字) |
| 住　所: | 住　所: |
| 邮政编码: | 邮政编码: |
| 电　话: | 电　话: |
| 传　真: | 传　真: |
| 开户银行: | 开户银行: |
| 银行账号: | 银行账号: |
| 建设行政主管部门备案: | 鉴证意见: |
| (盖章) | (盖章) |
| 备案号: | 经办人: |
| 备案日期:　　年　月　日 | 鉴证日期:　　年　月　日 |

## 9.1.2 建设工程勘察合同示范文本(二)

### 1. 建设工程勘察合同示范文本(二)的首页范本

首页范本包括工程勘察合同文本(二)的使用业务范围、工程名称、工程地点、合同编号(由承包人编填)、勘察证书等级、发包人、承包人、签订日期等。具体参看下面的内容。

# 建设工程勘察合同(二)(示范文本)
# [岩土工程设计、治理、监测]

工　程　名　称：________________

工　程　地　点：________________

合　同　编　号：________________

(由承包人编填)

勘察证书等级：________________

发　　包　　人：________________

承　　包　　人：________________

签　订　日　期：________________

中华人民共和国建设部
　　　　　　　　　　　　监制
国家工商行政管理总局

二〇〇〇年三月

### 2. 建设工程勘察合同示范文本的内容及格式

1) 勘察合同示范文本的基本内容

基本内容包括：工程概况；发包人向承包人提供的有关资料文件；承包人应向发包人交付的报告、成果、文件；工期；收费标准及支付方式；变更及工程费的调整；发包人、承包人的责任；违约责任；材料设备供应；报告、成果、文件检查验收；合同未尽事宜，经发包人与承包人协商一致，签订补充协议，补充协议与本合同具有同等效力；其他约定事项；争议解决办法；合同生效与终止。

2) 示范文本的具体格式

发包人：________________

承包人：________________

发包人委托承包人承担________________工程项目的岩土工程任务，根据《中华人民共和国合同法》及国家有关法规，经发包人、承包人协商一致签订本合同。

**第一条**　工程概况

1.1 工程名称：________________

1.2 工程地点：________________

1.3 工程立项批准文件号、日期：________________

1.4 岩土工程任务委托文号、日期：________________

1.5 工程规模、特征：________________

1.6 岩土工程任务(内容)与技术要求：________________

1.7 承接方式：________________

1.8 预计的岩土工程工作量：________________

**第二条**　发包人向承包人提供的有关资料文件

| 序　号 | 资料文件名称 | 份　数 | 内容要求 | 提交时间 |
|---|---|---|---|---|
| | | | | |
| | | | | |
| | | | | |

**第三条**　承包人应向发包人交付的报告、成果、文件

| 序　号 | 报告、成果、文件名称 | 数　量 | 内容要求 | 交付时间 |
|---|---|---|---|---|
| | | | | |
| | | | | |
| | | | | |

**第四条**　工期

本岩土工程自________年____月____日开工至_______年____月__日完工，工期为______天。由于发包人或承包人的原因，未能按期开工、完工或交付成果资料时，按本合同第八条规定执行。

**第五条**　收费标准及支付方式

5.1 本岩土工程收费按国家规定的现行收费标准__________计取；或以“预算包干”“中标价加签证”“实际完成工作量结算”等方式计取收费。国家规定的收费标准中没有规定的收费项目，由发包人、承包人另行议定。

5.2 本岩土工程费总额为________元(大写______________)，合同生效后 3 天内，发包人应向承包人支付预算工程费总额的 20%，计_________元作为定金(本合同履行后，定金抵作工程费)。

5.3 本合同生效后，发包人按下表约定分_________次向承包人预付(或支付)工程费，发包人不按时向承包人拨付工程费，从应拨付之日起承担应拨付工程费的滞纳金。

| 拨付工程费时间<br>(工程进度) | 占合同总额百分比 | 金额(人民币)/元 |
|---|---|---|
| | | |
| | | |

第六条　变更及工程费的调整

6.1 本岩土工程进行中，发包人对工程内容与技术要求提出变更，发包人应在变更前________天向承包人发出书面变更通知，否则承包人有权拒绝变更；承包人接通知后于________天内，提出变更方案的文件资料，发包人收到该文件资料之日起________天内予以确认，如不确认或不提出修改意见的，变更文件资料自送达之日起第________天自行生效，由此延误的工期顺延外，因变更导致承包人经济支出和损失，由发包人承担。

6.2 变更后，工程费按如下方法(或标准)进行调整：____________________________。

第七条　发包人、承包人责任

7.1 发包人责任

7.1.1 发包人按本合同第二条规定的内容，在规定的时间内向承包人提供资料文件，并对其完整性、正确性及时限性负责；发包人提供上述资料、文件超过规定期限15天以内，承包人按合同规定交付报告、成果、文件的时间顺延，规定期限超过15天以上时，承包人有权重新确定交付报告、成果、文件的时间。

7.1.2 发包人要求承包人在合同规定时间内提前交付报告、成果、文件时，发包人应按每提前一天向承包人支付________元计算加班费。

7.1.3 发包人应为承包人现场工作人员提供必要的生产、生活条件；如不能提供时，应一次性付给承包人临时设施费________元。

7.1.4 开工前，发包人应办理完毕开工许可、工作场地使用、青苗、树木赔偿、坟地迁移、房屋构筑物拆迁、障碍物清除等工作，及解决扰民和影响正常工作进行的有关问题，并承担费用。

发包人应向承包人提供工作现场地下已有埋藏物(如电力、电信电缆、各种管道、人防设施、洞室等)的资料及其具体位置分布图，若因地下埋藏物不清，致使承包人在现场工作中发生人身伤害或造成经济损失时，由发包人承担民事责任。

在有毒、有害环境中作业时，发包人应按有关规定，提供相应的防护措施，并承担有关的费用。

发包人以书面形式向承包人提供水准点和坐标控制点。

发包人应解决承包人工作现场的平整，道路通行和用水用电，并承担费用。

7.1.5 发包人应对工作现场周围建筑物、构筑物、古树名木和地下管道、线路的保护负责，对承包人提出书面具体保护要求(措施)，并承担费用。

7.1.6 发包人应保护承包人的投标书、报告书、文件、设计成果、专利技术、特殊工艺和合理化建议，未经承包人同意，发包人不得复制、泄露或向第三人转让或用于本合同外的项目，如发生以上情况，发包人应负法律责任，承包人有权索赔。

7.1.7 本合同中有关条款规定和补充协议中发包人应负的责任。

7.2 承包人责任

7.2.1 承包人按本合同第三条规定的内容、时间、数量向发包人交付报告、成果、文件，并对其质量负责。

7.2.2 承包人对报告、成果、文件出现的遗漏或错误负责修改补充；由于承包人的遗漏、错误造成工程质量事故，承包人除负法律责任和负责采取补救措施外，应减收或免收直接受损失部分的岩土工程费，并根据受损失程度向发包人支付赔偿金，赔偿金额由发包人、承包人商定为实际损失的________%。

7.2.3 承包人不得向第三人扩散、转让第二条中发包人提供的技术资料、文件。发生上述情况，承包人应负法律责任，发包人有权索赔。

7.2.4 遵守国家及当地有关部门对工作现场的有关管理规定，做好工作现场保卫和环卫工作，并按发包人提出的保护要求(措施)，保护好工作现场周围的建、构筑物，古树、名木和地下管线(管道)、文物等。

7.2.5 本合同有关条款规定和补充协议中承包人应负的责任。

**第八条**　违约责任

8.1 由于发包人提供的资料、文件错误、不准确，造成工期延误或返工时，除工期顺延外，发包人应向承包人支付停工费或返工费，造成质量、安全事故时，由发包人承担法律责任和经济责任。

8.2 在合同履行期间，发包人要求终止或解除合同，承包人未开始工作的，不退还发包人已付的定金；已进行工作的，完成的工作量在 50%以内时，发包人应支付承包人工程费的 50%的费用；完成的工作量超过 50%时，发包人应支付承包人工程费的 100%的费用。

8.3 发包人不按时支付工程费(进度款)，承包人在约定支付时间 10 天后，向发包人发出书面催款的通知，发包人收到通知后仍不按要求付款，承包人有权停工，工期顺延，发包人还应承担滞纳金。

8.4 由于承包人原因延误工期或未按规定时间交付报告、成果、文件，每延误一天应承担以工程费 1‰计算的违约金。

8.5 交付的报告、成果、文件达不到合同约定条件的部分，发包人可要求承包人返工，承包人按发包人要求的时间返工，直到符合约定条件，因承包人原因达不到约定条件，由承包人承担返工费，返工后仍不能达到约定条件，承包人承担违约责任，并根据因此造成的损失程度向发包人支付赔偿金，赔偿金额最高不超过返工项目的收费。

**第九条**　材料设备供应

9.1 发包人、承包人应对各自负责供应的材料设备负责，提供产品合格证明，并经发包人、承包人代表共同验收认可，如与设计和规范要求不符的产品，应重新采购符合要求的产品，并经发包人、承包人代表重新验收认定，各自承担发生的费用。若造成停、窝工的，原因是承包人的，则责任自负；原因是发包人的，则应向承包人支付停、窝工费。

9.2 承包人需使用代用材料时，须经发包人代表批准方可使用，增减的费用由发包人、承包人商定。

**第十条**　报告、成果、文件检查验收

10.1 由发包人负责组织对承包人交付的报告、成果、文件进行检查验收。

10.2 发包人收到承包人交付的报告、成果、文件后________天内检查验收完毕，并出具检查验收证明，以示承包人已完成任务，逾期未检查验收的，视为接受承包人的报告、成果、文件。

10.3 隐蔽工程工序质量检查，由承包人自检后，书面通知发包人检查；发包人接通知后，当天组织质检，经检验合格，发包人、承包人签字后方能进行下一道工序；检验不合格，承包人在限定时间内修补后重新检验，直至合格；若发包人接通知后 24 小时内仍未能到现场检验，承包人可以顺延工程工期，发包人应赔偿停、窝工的损失。

10.4 工程完工，承包人向发包人提交岩土治理工程的原始记录、竣工图及报告、成果、文件、发包人应在________天内组织验收，如有不符合规定要求及存在质量问题，承包人应采取有效补救措施。

10.5 工程未经验收，发包人提前使用和擅自动用，由此发生的质量、安全问题，由发包人承担责任，并以发包人开始使用日期为完工日期。

10.6 完工工程经验收符合合同要求和质量标准，自验收之日起____天内，承包人向发包人移交完毕，如发包人不能按时接管，致使已验收工程发生损失，应由发包人承担，如承包人不能按时交付，应按逾期完工处理，发包人不得因此而拒付工程款。

**第十一条** 本合同未尽事宜，经发包人与承包人协商一致，签订补充协议，补充协议与本合同具有同等效力。

**第十二条** 其他约定事项：________________________________________

**第十三条** 争议解决办法

本合同发生争议时，发包人、承包人应及时协商解决，也可由当地建设行政主管部门调解，协商或调解不成时，发包人、承包人同意由________________仲裁委员会仲裁。发包人、承包人未在本合同中约定仲裁机构，事后又未达成书面仲裁协议的，可向人民法院起诉。

**第十四条** 合同生效与终止

本合同自发包人、承包人签字盖章后生效；按规定到省级建设行政主管部门规定的审查部门备案；发包人、承包人认为必要时，到项目所在地工商行政管理部门申请鉴证。发包人、承包人履行完合同规定的义务后，本合同终止。

本合同一式____份，发包人____份、承包人____份。

| | |
|---|---|
| 发包人名称: | 承包人名称: |
| (盖章) | (盖章) |
| 法定代表人: (签字) | 法定代表人: (签字) |
| 委托代理人: (签字) | 委托代理人: (签字) |
| 住　　所: | 住　　所: |
| 邮政编码: | 邮政编码: |
| 电　　话: | 电　　话: |
| 传　　真: | 传　　真: |
| 开户银行: | 开户银行: |
| 银行账号: | 银行账号: |
| 建设行政主管部门备案: | 鉴证意见: |
| (盖章) | (盖章) |
| 备案号: | 经办人: |
| 备案日期:　　年　月　日 | 鉴证日期:　　年　月　日 |

# 9.2　建设工程设计合同示范文本

我国建设工程设计合同示范文本根据示范文本使用范围的不同，分为两种文本。一种是建设工程设计合同示范文本(一)，主要应用于民用建设工程设计合同；另一种是建设工程设计合同示范文本(二)，主要应用于专业建设工程设计合同。

## 9.2.1　建设工程设计合同示范文本(一)

### 1. 建设工程设计合同示范文本首页主要内容与格式

首页的主要内容包括工程名称、工程地点、合同编号、设计证书等级、发包人、设计人签订日期等。首页格式如下。

**建设工程设计合同(一)示范文本**
**(民用建设工程设计合同)**

工　程　名　称：________________________________
工　程　地　点：________________________________
合　同　编　号：________________________________
(由设计人编填)
设　计证书等级：________________________________
发　　包　　人：________________________________
设　　计　　人：________________________________
签　订　日　期：________________________________

中华人民共和国建设部
监制
国家工商行政管理总局
二〇〇〇年三月

### 2. 建设工程设计合同示范文本的基本内容与格式

建设工程设计合同示范文本的基本内容包括：订立合同依据的规范性文件；合同设计项目的内容包括名称、规模、阶段、投资及设计费等；发包人应向设计人提交的有关资料及文件；设计人应向发包人交付的设计资料及文件；合同设计收费估算；双方责任；违约责任；其他说明；其他约定事项等。建设工程设计合同示范文本的基本格式如下。

发包人：________________________________________________
设计人：________________________________________________
发包人委托设计人承担____________工程设计，经双方协商一致，签订本合同。

**第一条** 本合同依据下列文件签订

1.1《中华人民共和国合同法》《中华人民共和国建筑法》《建设工程勘察设计市场管理规定》。

1.2 国家及地方有关建设工程勘察设计管理法规和规章。

1.3 建设工程批准文件。

**第二条** 本合同设计项目的内容：名称、规模、阶段、投资及设计费等见下表。

<table>
<tr><th rowspan="2">序号</th><th rowspan="2">分项目名称</th><th colspan="2">建设规模</th><th colspan="3">设计阶段及内容</th><th rowspan="2">估算总投资/万元</th><th rowspan="2">费率/%</th><th rowspan="2">估算设计费/元</th></tr>
<tr><th>层数</th><th>建筑面积/m²</th><th>方案</th><th>初步设计</th><th>施工图</th></tr>
<tr><td></td><td></td><td></td><td></td><td></td><td></td><td></td><td></td><td></td><td></td></tr>
<tr><td></td><td></td><td></td><td></td><td></td><td></td><td></td><td></td><td></td><td></td></tr>
<tr><td>说明</td><td colspan="9"></td></tr>
</table>

**第三条** 发包人应向设计人提交的有关资料及文件详见下表。

| 序　号 | 资料及文件名称 | 份　数 | 提交日期 | 有关事宜 |
|---|---|---|---|---|
| | | | | |
| | | | | |
| | | | | |

**第四条** 设计人应向发包人交付的设计资料及文件详见下表。

| 序　号 | 资料及文件名称 | 份　数 | 提交日期 | 有关事宜 |
|---|---|---|---|---|
| | | | | |
| | | | | |
| | | | | |

**第五条** 本合同设计收费估算为____元人民币。设计费支付进度详见下表。

| 付费次序 | 占总设计费/% | 付费额/元 | 付费时间<br>(由交付设计文件所决定) |
|---|---|---|---|
| 第一次付费 | 20%定金 | | 本合同签订后三日内 |
| 第二次付费 | | | |
| 第三次付费 | | | |
| 第四次付费 | | | |
| 第五次付费 | | | |

说明：

1. 提交各阶段设计文件的同时支付各阶段设计费。
2. 在提交最后一部分施工图的同时结清全部设计费，不留尾款。
3. 实际设计费按初步设计概算(施工图设计概算)核定，多退少补。实际设计费与估算设计费出现差额时，双方另行签订补充协议。
4. 本合同履行后，定金抵作设计费。

**第六条 双方责任**

6.1 发包人责任

6.1.1 发包人按本合同第三条规定的内容，在规定的时间内向设计人提交资料及文件，并对其完整性、正确性及时限负责，发包人不得要求设计人违反国家有关标准进行设计。

发包人提交上述资料及文件超过规定期限 15 天以内，设计人按合同第四条规定交付设计文件时间顺延；超过规定期限 15 天以上时，设计人员有权重新确定提交设计文件的时间。

6.1.2 发包人变更委托设计项目、规模、条件或因提交的资料错误，或所提交资料做较大修改，以致造成设计人设计需返工时，双方除需另行协商签订补充协议(或另订合同)、重新明确有关条款外，发包人应按设计人所耗工作量向设计人增付设计费。

在未签合同前发包人已同意，设计人为发包人所做的各项设计工作，应按收费标准，相应支付设计费。

6.1.3 发包人要求设计人比合同规定时间提前交付设计资料及文件时，如果设计人能够做到，发包人应根据设计人提前投入的工作量，向设计人支付赶工费。

6.1.4 发包人应为派赴现场处理有关设计问题的工作人员提供必要的工作、生活及交通等方便条件。

6.1.5 发包人应保护设计人的投标书、设计方案、文件、资料图纸、数据、计算软件和专利技术。未经设计人同意，发包人对设计人交付的设计资料及文件不得擅自修改、复制或向第三人转让或用于本合同外的项目，如发生以上情况，发包人应负法律责任，设计人有权向发包人提出索赔。

6.2 设计人责任

6.2.1 设计人应按国家技术规范、标准、规程及发包人提出的设计要求进行工程设计，按合同规定的进度要求提交质量合格的设计资料，并对其负责。

6.2.2 设计人采用的主要技术标准。

6.2.3 设计合理使用年限为_____年。

6.2.4 设计人按本合同第二条和第四条规定的内容、进度及份数向发包人交付资料及文件。

6.2.5 设计人交付设计资料及文件后，按规定参加有关的设计审查，并根据审查结论负责对不超出原定范围的内容做必要调整补充。设计人按合同规定时限交付设计资料及文件，本年内项目开始施工，负责向发包人及施工单位进行设计交底、处理有关设计问题和参加竣工验收。在一年内项目尚未开始施工，设计人仍负责上述工作，但应按所需工作量向发包人适当收取咨询服务费，收费额由双方商定。

6.2.6 设计人应保护发包人的知识产权，不得向第三人泄露、转让发包人提交的产品图纸等技术经济资料。如发生以上情况并给发包人造成经济损失，发包人有权向设计人索赔。

**第七条** 违约责任

7.1 在合同履行期间，发包人要求终止或解除合同，设计人未开始设计工作的，不退还发包人已付的定金；已开始设计工作的，发包人应根据设计人已进行的实际工作量，不足一半时，按该阶段设计费的一半支付；超过一半时，按该阶段设计费的全部支付。

7.2 发包人应按本合同第五条规定的金额和时间向设计人支付设计费，每逾期支付一天，应承担支付金额 2‰的逾期违约金。逾期超过 30 天以上时，设计人有权暂停履行下阶段工作，并书面通知发包人。发包人的上级或设计审批部门对设计文件不审批或本合同项目停缓建，发包人均按7.1款规定支付设计费。

7.3 设计人对设计资料及文件出现的遗漏或错误负责修改或补充。由于设计人员错误造成工程质量事故损失，设计人除负责采取补救措施外，应免收直接受损失部分的设计费。损失严重的根据损失的程度和设计人责任大小向发包人支付赔偿金，赔偿金由双方商定为实际损失的___%。

7.4 由于设计人自身原因，延误了按本合同第四条规定的设计资料及设计文件的交付时间，每延误一天，应减收该项目应收设计费的2‰。

7.5 合同生效后，设计人要求终止或解除合同，设计人应双倍返还定金。

**第八条　其他**

8.1 发包人要求设计人派专人留驻施工现场进行配合与解决有关问题时，双方应另行签订补充协议或技术咨询服务合同。

8.2 设计人为本合同项目所采用的国家或地方标准图，由发包人自费向有关出版部门购买。本合同第四条规定设计人交付的设计资料及文件份数超过《工程设计收费标准》规定的份数，设计人另收工本费。

8.3 本工程设计资料及文件中，建筑材料、建筑构配件和设备，应当注明其规格、型号、性能等技术指标，设计人不得指定生产厂、供应商。发包人需要设计人的设计人员配合加工订货时，所需要费用由发包人承担。

8.4 发包人委托设计配合引进项目的设计任务，从询价、对外谈判、国内外技术考察直至建成投产的各个阶段，应吸收承担有关设计任务的设计人参加。出国费用，除制装费外，其他费用由发包人支付。

8.5 发包人委托设计人承担本合同内容之外的工作服务，另行支付费用。

8.6 由于不可抗力因素致使合同无法履行时，双方应及时协商解决。

8.7 本合同发生争议，双方当事人应及时协商解决。也可由当地建设行政主管部门调解，调解不成时，双方当事人同意由________仲裁委员会仲裁。双方当事人未在合同中约定仲裁机构，事后又未达成仲裁书面协议的，可向人民法院起诉。

8.8 本合同一式____份，发包人____份，设计人____份。

8.9 本合同经双方签章并在发包人向设计人支付定金后生效。

8.10 本合同生效后，按规定到项目所在省级建设行政主管部门规定的审查部门备案。双方认为必要时，到项目所在地工商行政管理部门申请鉴证。双方履行完合同规定的义务后，本合同即行终止。

8.11 本合同未尽事宜，双方可签订补充协议，有关协议及双方认可的来往电报、传真、会议纪要等，均为本合同组成部分，与本合同具有同等法律效力。

8.12 其他约定事项：

| 发包人名称： | 设计人名称： |
|---|---|
| (盖章) | (盖章) |
| 法定代表人：(签字) | 法定代表人：(签字) |
| 委托代理人：(签字) | 委托代理人：(签字) |
| 住　　所： | 住　　所： |

| 邮政编码: | 邮政编码: |
| --- | --- |
| 电　　话: | 电　　话: |
| 传　　真: | 传　　真: |
| 开户银行: | 开户银行: |
| 银行账号: | 银行账号: |
| 建设行政主管部门备案: | 鉴证意见: |
| (盖章) | (盖章) |
| 备案号: | 经办人: |
| 备案日期:　　年　月　日 | 鉴证日期:　　年　月　日 |

## 9.2.2 建设工程设计合同示范文本(二)

### 1. 建设工程设计合同示范文本的主要内容

1) 建设工程设计合同示范文本首页的内容与格式

首页的内容包括：工程名称、工程地点、合同编号、设计证书等级、发包人、设计人、签订日期、监制机关等。其格式如下。

# 建设工程设计合同(二)(示范文本)
# (专业建设工程设计合同)

工　程　名　称: ______________________

工　程　地　点: ______________________

合　同　编　号: ______________________

(由设计人编填)

设计证书等级: ______________________

发　　包　　人: ______________________

设　　计　　人: ______________________

签　订　日　期: ______________________

中华人民共和国建设部

监制

国家工商行政管理总局

二〇〇〇年三月

2) 建设工程设计合同文本的主要内容

建设工程设计合同文本的主要内容包括：合同签订的规范性文件；设计依据；合同的优先次序；合同项目的名称、规模、阶段、投资及设计内容；发包人向设计人提交的有关资料、文件及时间；设计人向发包人交付的设计文件、份数、地点及时间；费用；双方责任；保密；仲裁；合同生效及其他。

2. 建设工程设计合同文本的具体格式

发包人：______________________________

设计人：______________________________

发包人委托设计人承担__________工程设计，工程地点为__________，经双方协商一致，签订本合同，共同执行。

**第一条** 本合同签订依据

1.1《中华人民共和国合同法》《中华人民共和国建筑法》和《建设工程勘察设计市场管理规定》。

1.2 国家及地方有关建设工程勘察设计管理法规和规章。

1.3 建设工程批准文件。

**第二条** 设计依据

2.1 发包人给设计人的委托书或设计中标文件

2.2 发包人提交的基础资料

2.3 设计人采用的主要技术标准是：______________________________

**第三条** 合同文件的优先次序

构成本合同的文件可视为是能互相说明的，如果合同文件存在歧义或不一致，则根据如下优先次序来判断。

3.1 合同书

3.2 中标函(文件)

3.3 发包人要求及委托书

3.4 投标书

**第四条** 本合同项目的名称、规模、阶段、投资及设计内容(根据行业特点填写)

**第五条** 发包人向设计人提交的有关资料、文件及时间

**第六条** 设计人向发包人交付的设计文件、份数、地点及时间

**第七条** 费用

7.1 双方商定，本合同的设计费为__万元。收费依据和计算方法按国家和地方有关规定执行，国家和地方没有规定的，由双方商定。

7.2 如果上述费用为估算设计费，则双方在初步设计审批后，按批准的初步设计概算核算设计费。工程建设期间如遇概算调整，则设计费也应做相应调整。

**第八条 支付方式**

8.1 本合同生效后三天内，发包人支付设计费总额的20%，计______万元作为定金(合同结算时，定金抵作设计费)。

8.2 设计人提交设计文件后三天内，发包人支付设计费总额的30%，计______万元；之后，发包人应按设计人所完成的施工图工作量比例，分期分批向设计人支付总设计费的50%，计______万元，施工图完成后，发包人结清设计费，不留尾款。

8.3 双方委托银行代付代收有关费用。

**第九条** 双方责任

9.1 发包人责任

9.1.1 发包人按本合同第五条规定的内容，在规定的时间内向设计人提交基础资料及文件，并对其完整性、正确性及时限负责。发包人不得要求设计人违反国家有关标准进行设计。

发包人提交上述资料及文件超过规定期限 15 天以内，设计人按本合同第六条规定的交付设计文件时间顺延；发包人交付上述资料及文件超过规定期限 15 天以上时，设计人有权重新确定提交设计文件的时间。

9.1.2 发包人变更委托设计项目、规模、条件或因提交的资料错误，或所提交资料做较大修改，以致造成设计人设计返工时，双方除另行协商签订补充协议(或另订合同)、重新明确有关条款外，发包人应按设计人所耗工作量向设计人支付返工费。

在未签订合同前发包人已同意，设计人为发包人所做的各项设计工作，发包人应支付相应设计费。

9.1.3 在合同履行期间，发包人要求终止或解除合同，设计人未开始设计工作的，不退还发包人已付的定金；已开始设计工作的，发包人应根据设计人已进行的实际工作量，不足一半时，按该阶段设计费的一半支付；超过一半时，按该阶段设计费的全部支付。

9.1.4 发包人必须按合同规定支付定金，收到定金作为设计人设计开工的标志。未收到定金，设计人有权推迟设计工作的开工时间，且交付文件的时间顺延。

9.1.5 发包人应按本合同规定的金额和日期向设计人支付设计费，每逾期支付一天，应承担应支付金额 2‰的逾期违约金，且设计人提交设计文件的时间顺延。逾期超过 30 天以上时，设计人有权暂停履行下阶段工作，并书面通知发包人。发包人的上级或设计审批部门对设计文件不审批或本合同项目停缓建，发包人均应支付应付的设计费。

9.1.6 发包人要求设计人比合同规定时间提前交付设计文件时，须征得设计人同意，不得严重背离合理设计周期，且发包人应支付赶工费。

9.1.7 发包人应为设计人派驻现场的工作人员提供工作、生活及交通等方面的便利条件及必要的劳动保护装备。

9.1.8 设计文件中选用的国家标准图、部标准图及地方标准图由发包人负责解决。

9.1.9 承担本项目外国专家来设计人办公室工作的接待费(包括传真、电话、复印、办公等费用)。

9.2 设计人责任

9.2.1 设计人应按国家规定和合同约定的技术规范、标准进行设计，按本合同第六条规定的内容、时间及份数向发包人交付设计文件(出现第 9.1.1、9.1.2、9.1.4、9.1.5 条规定有关交付设计文件顺延的情况除外)。并对提交的设计文件的质量负责。

9.2.2 设计合理使用年限为______年。

9.2.3 负责对外商的设计资料进行审查，负责该合同项目的设计联络工作。

9.2.4 设计人对设计文件出现的遗漏或错误负责修改或补充。由于设计人设计错误造成工程质量事故损失，设计人除负责采取补救措施外，应免收受损失部分的设计费，并根据损失程度向发包人支付赔偿金，赔偿金数额由双方商定为实际损失的______%。

9.2.5 由于设计人原因，延误了设计文件交付时间，每延误一天，应减收该项目应收设计费的 2‰。

9.2.6 合同生效后，设计人要求终止或解除合同，设计人应双倍返还发包人已支付的定金。

9.2.7 设计人交付设计文件后，按规定参加有关上级的设计审查，并根据审查结论负责对不超出原定范围的内容做必要调整补充。设计人按合同规定时限交付设计文件一年内项目开始施工，负责向发包人及施工单位进行设计交底、处理有关设计问题和参加竣工验收。在一年内项目尚未开始施工，设计人仍负责上述工作，可按所需工作量向发包人适当收取咨询服务费，收费额由双方商定。

**第十条　保密**

双方均应保护对方的知识产权，未经对方同意，任何一方均不得对对方的资料及文件擅自修改、复制或向第三人转让或用于本合同项目外的项目。如发生以上情况，泄密方承担一切由此引起的后果并承担赔偿责任。

**第十一条　仲裁**

本建设工程设计合同发生争议，发包人与设计人应及时协商解决。也可由当地建设行政主管部门调解，调解不成时，双方当事人同意由______仲裁委员会仲裁。双方当事人未在合同中约定仲裁机构，当事人又未达成仲裁书面协议的，可向人民法院起诉。

**第十二条　合同生效及其他**

12.1 发包人要求设计人派专人长期驻施工现场进行配合与解决有关问题时，双方应另行签订技术咨询服务合同。

12.2 设计人为本合同项目的服务至施工安装结束为止。

12.3 本工程项目中，设计人不得指定建筑材料、设备的生产厂或供货商。发包人需要设计人配合建筑材料、设备的加工订货时，所需费用由发包人承担。

12.4 发包人委托设计人配合引进项目的设计任务，从询价、对外谈判、国内外技术考察直至建成投产的各个阶段，应吸收承担有关设计任务的设计人员参加。出国费用，除制装费外，其他费用由发包人支付。

12.5 发包人委托设计人承担本合同内容以外的工作服务，另行签订协议并支付费用。

12.6 由于不可抗力因素致使合同无法履行时，双方应及时协商解决。

12.7 本合同双方签字盖章即生效，一式____份，发包人____份，设计人______份。

12.8 本合同生效后，按规定应到项目所在地省级建设行政主管部门规定的审查部门备案；双方认为必要时，到工商行政管理部门鉴证。双方履行完合同规定的义务后，本合同即行终止。

12.9 双方认可的来往传真、电报、会议纪要等，均为合同的组成部分，与本合同具有同等法律效力。

12.10 未尽事宜，经双方协商一致，签订补充协议，补充协议与本合同具有同等效力。

| 发包人名称: | 设计人名称: |
|---|---|
| (盖章) | (盖章) |
| 法定代表人:(签字) | 法定代表人:(签字) |
| 委托代理人:(签字) | 委托代理人:(签字) |
| 项目经理:(签字) | 项目经理:(签字) |
| 住　　所: | 住　　所: |

| | |
|---|---|
| 邮政编码: | 邮政编码: |
| 电　　话: | 电　　话: |
| 传　　真: | 传　　真: |
| 开户银行: | 开户银行: |
| 银行账号: | 银行账号: |
| 建设行政主管部门备案: | 鉴证意见: |
| (盖章) | (盖章) |
| 备案号: | 经办人: |
| 备案日期:　　年　　月　　日 | 鉴证日期:　　年　　月　　日 |

# 9.3　建设工程施工合同文本

建设工程施工合同(示范文本)由建设部、国家工商行政管理总局于 1999 年 12 月 24 日制定，2013 年住房和城乡建设部、国家工商行政管理总局对《建设工程施工合同(示范文本)》(GF—1999—0201)进行了修订，制定了《建设工程施工合同(示范文本)》(GF—2013—0201)(以下简称《示范文本》)。该示范文本共分三个部分组成：第一部分是合同协议书，第二部分是合同通用条款，第三部分是合同专用条款。

## 9.3.1　合同协议书部分的主要内容与格式

### 1. 主要内容

合同协议书共计 13 条，主要包括：工程概况、合同工期、质量标准、签约合同价和合同价格形式、项目经理、合同文件构成、承诺以及合同生效条件等重要内容，集中约定了合同当事人基本的合同权利义务。

### 2. 具体格式

第一部分　合同协议书

发包人(全称): ______________________________

承包人(全称): ______________________________

根据《中华人民共和国合同法》《中华人民共和国建筑法》及有关法律规定，遵循平等、自愿、公平和诚实信用的原则，双方就______________工程施工及有关事项协商一致，共同达成如下协议。

一、工程概况

1. 工程名称: ______________________。

2. 工程地点: ______________________。

3. 工程立项批准文号: ________________。

4. 资金来源: ______________________。

5. 工程内容: ______________________。

群体工程应附《承包人承揽工程项目一览表》(附件 1)。

6. 工程承包范围：

________________________________________________

________________________________________________。

二、合同工期

计划开工日期：__________年______月______日。

计划竣工日期：__________年______月______日。

工期总日历天数：__________天。工期总日历天数与根据前述计划开竣工日期计算的工期天数不一致的，以工期总日历天数为准。

三、质量标准

工程质量符合________________________________标准。

四、签约合同价与合同价格形式

1. 签约合同价为：

人民币(大写)________________(¥____________元);

其中：

(1) 安全文明施工费：

人民币(大写)______________ (¥__________元);

(2) 材料和工程设备暂估价金额：

人民币(大写)______________ (¥__________元);

(3) 专业工程暂估价金额：

人民币(大写)______________ (¥__________元);

(4) 暂列金额：

人民币(大写)______________ (¥__________元)。

2. 合同价格形式：______________________________。

五、项目经理

承包人项目经理：______________________________。

六、合同文件构成

本协议书与下列文件一起构成合同文件。

(1) 中标通知书(如果有);

(2) 投标函及其附录(如果有);

(3) 专用合同条款及其附件;

(4) 通用合同条款;

(5) 技术标准和要求;

(6) 图纸;

(7) 已标价工程量清单或预算书;

(8) 其他合同文件。

在合同订立及履行过程中形成的与合同有关的文件均构成合同文件组成部分。

上述各项合同文件包括合同当事人就该项合同文件所做出的补充和修改，属于同一类内容的文件，应以最新签署的为准。专用合同条款及其附件须经合同当事人签字或盖章。

七、承诺

1. 发包人承诺按照法律规定履行项目审批手续、筹集工程建设资金并按照合同约定的期限和方式支付合同价款。

2. 承包人承诺按照法律规定及合同约定组织完成工程施工，确保工程质量和安全，不进行转包及违法分包，并在缺陷责任期及保修期内承担相应的工程维修责任。

3. 发包人和承包人通过招投标形式签订合同的，双方理解并承诺不再就同一工程另行签订与合同实质性内容相背离的协议。

八、词语含义

本协议书中词语含义与第二部分通用合同条款中赋予的含义相同。

九、签订时间

本合同于_________年____月____日签订。

十、签订地点

本合同在____________________________________签订。

十一、补充协议

合同未尽事宜，合同当事人另行签订补充协议，补充协议是合同的组成部分。

十二、合同生效

本合同自____________________________________生效。

十三、合同份数

本合同一式____份，均具有同等法律效力，发包人执____份，承包人执____份。

| 发包人：　(公章) | 承包人：　(公章) |
|---|---|
| 法定代表人或其委托代理人：<br>(签字) | 法定代表人或其委托代理人：<br>(签字) |
| 组织机构代码：____________ | 组织机构代码：____________ |
| 地　址：____________ | 地　址：____________ |
| 邮政编码：____________ | 邮政编码：____________ |
| 法定代表人：____________ | 法定代表人：____________ |
| 委托代理人：____________ | 委托代理人：____________ |
| 电　话：____________ | 电　话：____________ |
| 传　真：____________ | 传　真：____________ |
| 电子信箱：____________ | 电子信箱：____________ |
| 开户银行：____________ | 开户银行：____________ |
| 账　号：____________ | 账　号：____________ |

## 9.3.2　通用合同条款内容

通用合同条款是合同当事人就工程建设的实施及相关事项，对合同当事人的权利义务做出的原则性约定。通用合同条款共计 20 条，具体条款分别为：一般约定、发包人、承包人、监理人、工程质量、安全文明施工与环境保护、工期和进度、材料与设备、试验与检验、变更、价格调整、合同价格、计量与支付、验收和工程试车、竣工结算、缺陷责任与保修、违约、不可抗力、保险、索赔和争议解决。

## 第二部分　合同通用条款

通用条款的具体规定如下。

1. 一般约定

1.1 词语定义与解释

合同协议书、通用合同条款、专用合同条款中的下列词语具有本款所赋予的含义。

1.1.1 合同

1.1.1.1 合同：是指根据法律规定和合同当事人约定具有约束力的文件。构成合同的文件包括合同协议书、中标通知书(如果有)、投标函及其附录(如果有)、专用合同条款及其附件、通用合同条款、技术标准和要求、图纸、已标价工程量清单或预算书以及其他合同文件。

1.1.1.2 合同协议书：是指构成合同的由发包人和承包人共同签署的称为“合同协议书”的书面文件。

1.1.1.3 中标通知书：是指构成合同的由发包人通知承包人中标的书面文件。

1.1.1.4 投标函：是指构成合同的由承包人填写并签署的用于投标的称为“投标函”的文件。

1.1.1.5 投标函附录：是指构成合同的附在投标函后的称为“投标函附录”的文件。

1.1.1.6 技术标准和要求：是指构成合同的施工应当遵守的或指导施工的国家、行业或地方的技术标准和要求，以及合同约定的技术标准和要求。

1.1.1.7 图纸：是指构成合同的图纸，包括由发包人按照合同约定提供或经发包人批准的设计文件、施工图、鸟瞰图及模型等，以及在合同履行过程中形成的图纸文件。图纸应当按照法律规定审查合格。

1.1.1.8 已标价工程量清单：是指构成合同的由承包人按照规定的格式和要求填写并标明价格的工程量清单，包括说明和表格。

1.1.1.9 预算书：是指构成合同的由承包人按照发包人规定的格式和要求编制的工程预算文件。

1.1.1.10 其他合同文件：是指经合同当事人约定的与工程施工有关的具有合同约束力的文件或书面协议。合同当事人可以在专用合同条款中进行约定。

1.1.2 合同当事人及其他相关方

1.1.2.1 合同当事人：是指发包人和(或)承包人。

1.1.2.2 发包人：是指与承包人签订合同协议书的当事人及取得该当事人资格的合法继承人。

1.1.2.3 承包人：是指与发包人签订合同协议书的，具有相应工程施工承包资质的当事人及取得该当事人资格的合法继承人。

1.1.2.4 监理人：是指在专用合同条款中指明的，受发包人委托按照法律规定进行工程监督管理的法人或其他组织。

1.1.2.5 设计人：是指在专用合同条款中指明的，受发包人委托负责工程设计并具备相应工程设计资质的法人或其他组织。

1.1.2.6 分包人：是指按照法律规定和合同约定，分包部分工程或工作，并与承包人签订分包合同的具有相应资质的法人。

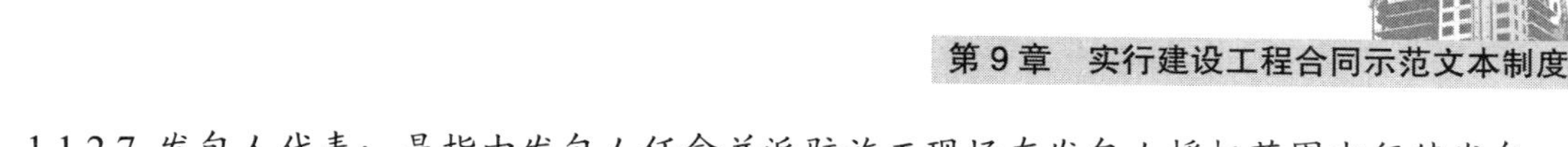


1.1.2.7 发包人代表：是指由发包人任命并派驻施工现场在发包人授权范围内行使发包人权利的人。

1.1.2.8 项目经理：是指由承包人任命并派驻施工现场，在承包人授权范围内负责合同履行，且按照法律规定具有相应资格的项目负责人。

1.1.2.9 总监理工程师：是指由监理人任命并派驻施工现场进行工程监理的总负责人。

1.1.3 工程和设备

1.1.3.1 工程：是指与合同协议书中工程承包范围对应的永久工程和(或)临时工程。

1.1.3.2 永久工程：是指按合同约定建造并移交给发包人的工程，包括工程设备。

1.1.3.3 临时工程：是指为完成合同约定的永久工程所修建的各类临时性工程，不包括施工设备。

1.1.3.4 单位工程：是指在合同协议书中指明的，具备独立施工条件并能形成独立使用功能的永久工程。

1.1.3.5 工程设备：是指构成永久工程的机电设备、金属结构设备、仪器及其他类似的设备和装置。

1.1.3.6 施工设备：是指为完成合同约定的各项工作所需的设备、器具和其他物品，但不包括工程设备、临时工程和材料。

1.1.3.7 施工现场：是指用于工程施工的场所，以及在专用合同条款中指明作为施工场所组成部分的其他场所，包括永久占地和临时占地。

1.1.3.8 临时设施：是指为完成合同约定的各项工作所服务的临时性生产和生活设施。

1.1.3.9 永久占地：是指专用合同条款中指明为实施工程需永久占用的土地。

1.1.3.10 临时占地：是指专用合同条款中指明为实施工程需要临时占用的土地。

1.1.4 日期和期限

1.1.4.1 开工日期：包括计划开工日期和实际开工日期。计划开工日期是指合同协议书约定的开工日期；实际开工日期是指监理人按照第 7.3.2 项“开工通知”约定发出的符合法律规定的开工通知中载明的开工日期。

1.1.4.2 竣工日期：包括计划竣工日期和实际竣工日期。计划竣工日期是指合同协议书约定的竣工日期；实际竣工日期按照第 13.2.3 项“竣工日期”的约定确定。

1.1.4.3 工期：是指在合同协议书约定的承包人完成工程所需的期限，包括按照合同约定所做的期限变更。

1.1.4.4 缺陷责任期：是指承包人按照合同约定承担缺陷修复义务，且发包人预留质量保证金的期限，自工程实际竣工日期起计算。

1.1.4.5 保修期：是指承包人按照合同约定对工程承担保修责任的期限，从工程竣工验收合格之日起计算。

1.1.4.6 基准日期：招标发包的工程以投标截止日前 28 天的日期为基准日期，直接发包的工程以合同签订日前 28 天的日期为基准日期。

1.1.4.7 天：除特别指明外，均指日历天。合同中按天计算时间的，开始当天不计入，从次日开始计算，期限最后一天的截止时间为当天 24:00。

1.1.5 合同价格和费用

1.1.5.1 签约合同价：是指发包人和承包人在合同协议书中确定的总金额，包括安全文明施工费、暂估价及暂列金额等。

1.1.5.2 合同价格：是指发包人用于支付承包人按照合同约定完成承包范围内全部工作的金额，包括合同履行过程中按合同约定发生的价格变化。

1.1.5.3 费用：是指为履行合同所发生的或将要发生的所有必需的开支，包括管理费和应分摊的其他费用，但不包括利润。

1.1.5.4 暂估价：是指发包人在工程量清单或预算书中提供的用于支付必然发生但暂时不能确定价格的材料、工程设备的单价、专业工程以及服务工作的金额。

1.1.5.5 暂列金额：是指发包人在工程量清单或预算书中暂定并包括在合同价格中的一笔款项，用于工程合同签订时尚未确定或者不可预见的所需材料、工程设备、服务的采购，施工中可能发生的工程变更、合同约定调整因素出现时的合同价格调整以及发生的索赔、现场签证确认等的费用。

1.1.5.6 计日工：是指合同履行过程中，承包人完成发包人提出的零星工作或需要采用计日工计价的变更工作时，按合同中约定的单价计价的一种方式。

1.1.5.7 质量保证金：是指按照第 15.3 款“质量保证金”约定承包人用于保证其在缺陷责任期内履行缺陷修补义务的担保。

1.1.5.8 总价项目：是指在现行国家、行业以及地方的计量规则中无工程量计算规则，在已标价工程量清单或预算书中以总价或以费率形式计算的项目。

1.1.6 书面形式：是指合同文件、信函、电报、传真等可以有形地表现所载内容的形式。

1.2 语言文字

合同以中国的汉语简体文字编写、解释和说明。合同当事人在专用合同条款中约定使用两种以上语言时，汉语为优先解释和说明合同的语言。

1.3 法律

合同所称法律是指中华人民共和国法律、行政法规、部门规章，以及工程所在地的地方性法规、自治条例、单行条例和地方政府规章等。

合同当事人可以在专用合同条款中约定合同适用的其他规范性文件。

1.4 标准和规范

1.4.1 适用于工程的国家标准、行业标准、工程所在地的地方性标准，以及相应的规范、规程等，合同当事人有特别要求的，应在专用合同条款中约定。

1.4.2 发包人要求使用国外标准、规范的，发包人负责提供原文版本和中文译本，并在专用合同条款中约定提供标准规范的名称、份数和时间。

1.4.3 发包人对工程的技术标准、功能要求高于或严于现行国家、行业或地方标准的，应当在专用合同条款中予以明确。除专用合同条款另有约定外，应视为承包人在签订合同前已充分预见前述技术标准和功能要求的复杂程度，签约合同价中已包含由此产生的费用。

1.5 合同文件的优先顺序

组成合同的各项文件应互相解释，互为说明。除专用合同条款另有约定外，解释合同文件的优先顺序如下。

(1) 合同协议书；

(2) 中标通知书(如果有)；

(3) 投标函及其附录(如果有);

(4) 专用合同条款及其附件;

(5) 通用合同条款;

(6) 技术标准和要求;

(7) 图纸;

(8) 已标价工程量清单或预算书;

(9) 其他合同文件。

上述各项合同文件包括合同当事人就该项合同文件所做出的补充和修改，属于同一类内容的文件，应以最新签署的为准。

在合同订立及履行过程中形成的与合同有关的文件均构成合同文件组成部分，并根据其性质确定优先解释顺序。

1.6 图纸和承包人文件

1.6.1 图纸的提供和交底。发包人应按照专用合同条款约定的期限、数量和内容向承包人免费提供图纸，并组织承包人、监理人和设计人进行图纸会审和设计交底。发包人至迟不得晚于第 7.3.2 项“开工通知”载明的开工日期前 14 天向承包人提供图纸。

因发包人未按合同约定提供图纸导致承包人费用增加和(或)工期延误的，按照第 7.5.1 项“因发包人原因导致工期延误”约定办理。

1.6.2 图纸的错误。承包人在收到发包人提供的图纸后，发现图纸存在差错、遗漏或缺陷的，应及时通知监理人。监理人接到该通知后，应附具相关意见并立即报送发包人，发包人应在收到监理人报送的通知后的合理时间内做出决定。合理时间是指发包人在收到监理人的报送通知后，尽其努力且不懈怠地完成图纸修改补充所需的时间。

1.6.3 图纸的修改和补充。图纸需要修改和补充的，应经图纸原设计人及审批部门同意，并由监理人在工程或工程相应部位施工前将修改后的图纸或补充图纸提交给承包人，承包人应按修改或补充后的图纸施工。

1.6.4 承包人文件。承包人应按照专用合同条款的约定提供应当由其编制的与工程施工有关的文件，并按照专用合同条款约定的期限、数量和形式提交监理人，并由监理人报送发包人。

除专用合同条款另有约定外，监理人应在收到承包人文件后 7 天内审查完毕，监理人对承包人文件有异议的，承包人应予以修改，并重新报送监理人。监理人的审查并不减轻或免除承包人根据合同约定应当承担的责任。

1.6.5 图纸和承包人文件的保管。除专用合同条款另有约定外，承包人应在施工现场另外保存一套完整的图纸和承包人文件，供发包人、监理人及有关人员进行工程检查时使用。

1.7 联络

1.7.1 与合同有关的通知、批准、证明、证书、指示、指令、要求、请求、同意、意见、确定和决定等，均应采用书面形式，并应在合同约定的期限内送达接收人和送达地点。

1.7.2 发包人和承包人应在专用合同条款中约定各自的送达接收人和送达地点。任何一方合同当事人指定的接收人或送达地点发生变动的，应提前 3 天以书面形式通知对方。

1.7.3 发包人和承包人应当及时签收另一方送达至送达地点和指定接收人的来往信函。拒不签收的，由此增加的费用和(或)延误的工期由拒绝接收一方承担。

1.8 严禁贿赂

合同当事人不得以贿赂或变相贿赂的方式，谋取非法利益或损害对方权益。因一方合同当事人的贿赂造成对方损失的，应赔偿损失，并承担相应的法律责任。

承包人不得与监理人或发包人聘请的第三方串通损害发包人利益。未经发包人书面同意，承包人不得为监理人提供合同约定以外的通信设备、交通工具及其他任何形式的利益，不得向监理人支付报酬。

1.9 化石、文物

在施工现场发掘的所有文物、古迹以及具有地质研究或考古价值的其他遗迹、化石、钱币或物品属于国家所有。一旦发现上述文物，承包人应采取合理有效的保护措施，防止任何人员移动或损坏上述物品，并立即报告有关政府行政管理部门，同时通知监理人。

发包人、监理人和承包人应按有关政府行政管理部门要求采取妥善的保护措施，由此增加的费用和(或)延误的工期由发包人承担。

承包人发现文物后不及时报告或隐瞒不报，致使文物丢失或损坏的，应赔偿损失，并承担相应的法律责任。

1.10 交通运输

1.10.1 出入现场的权利。除专用合同条款另有约定外，发包人应根据施工需要，负责取得出入施工现场所需的批准手续和全部权利，以及取得因施工所需修建道路、桥梁以及其他基础设施的权利，并承担相关手续费用和建设费用。承包人应协助发包人办理修建场内外道路、桥梁以及其他基础设施的手续。

承包人应在订立合同前查勘施工现场，并根据工程规模及技术参数合理预见工程施工所需的进出施工现场的方式、手段、路径等。因承包人未合理预见所增加的费用和(或)延误的工期由承包人承担。

1.10.2 场外交通。发包人应提供场外交通设施的技术参数和具体条件，承包人应遵守有关交通法规，严格按照道路和桥梁的限制荷载行驶，执行有关道路限速、限行、禁止超载的规定，并配合交通管理部门的监督和检查。场外交通设施无法满足工程施工需要的，由发包人负责完善并承担相关费用。

1.10.3 场内交通。发包人应提供场内交通设施的技术参数和具体条件，并应按照专用合同条款的约定向承包人免费提供满足工程施工所需的场内道路和交通设施。因承包人原因造成上述道路或交通设施损坏的，承包人负责修复并承担由此增加的费用。

除发包人按照合同约定提供的场内道路和交通设施外，承包人负责修建、维修、养护和管理施工所需的其他场内临时道路和交通设施。发包人和监理人可以为实现合同目的使用承包人修建的场内临时道路和交通设施。

场外交通和场内交通的边界由合同当事人在专用合同条款中约定。

1.10.4 超大件和超重件的运输。由承包人负责运输的超大件或超重件，应由承包人负责向交通管理部门办理申请手续，发包人给予协助。运输超大件或超重件所需的道路和桥梁临时加固改造费用和其他有关费用，由承包人承担，但专用合同条款另有约定除外。

1.10.5 道路和桥梁的损坏责任。因承包人运输造成施工场地内外公共道路和桥梁损坏的，由承包人承担修复损坏的全部费用和可能引起的赔偿。

1.10.6 水路和航空运输。本款前述各项的内容适用于水路运输和航空运输，其中“道

路”一词的含义包括河道、航线、船闸、机场、码头、堤防以及水路或航空运输中其他相似结构物；“车辆”一词的含义包括船舶和飞机等。

1.11 知识产权

1.11.1 除专用合同条款另有约定外，发包人提供给承包人的图纸、发包人为实施工程自行编制或委托编制的技术规范以及反映发包人要求的或其他类似性质的文件的著作权属于发包人，承包人可以为实现合同目的而复制、使用此类文件，但不能用于与合同无关的其他事项。未经发包人书面同意，承包人不得为了合同以外的目的而复制、使用上述文件或将之提供给任何第三方。

1.11.2 除专用合同条款另有约定外，承包人为实施工程所编制的文件，除署名权以外的著作权属于发包人，承包人可因实施工程的运行、调试、维修、改造等目的而复制、使用此类文件，但不能用于与合同无关的其他事项。未经发包人书面同意，承包人不得为了合同以外的目的而复制、使用上述文件或将之提供给任何第三方。

1.11.3 合同当事人保证在履行合同过程中不侵犯对方及第三方的知识产权。承包人在使用材料、施工设备、工程设备或采用施工工艺时，因侵犯他人的专利权或其他知识产权所引起的责任，由承包人承担；因发包人提供的材料、施工设备、工程设备或施工工艺导致侵权的，由发包人承担责任。

1.11.4 除专用合同条款另有约定外，承包人在合同签订前和签订时已确定采用的专利、专有技术、技术秘密的使用费已包含在签约合同价中。

1.12 保密

除法律规定或合同另有约定外，未经发包人同意，承包人不得将发包人提供的图纸、文件以及声明需要保密的资料信息等商业秘密泄露给第三方。

除法律规定或合同另有约定外，未经承包人同意，发包人不得将承包人提供的技术秘密及声明需要保密的资料信息等商业秘密泄露给第三方。

1.13 工程量清单错误的修正

除专用合同条款另有约定外，发包人提供的工程量清单，应被认为是准确的和完整的。出现下列情形之一时，发包人应予以修正，并相应调整合同价格。

(1) 工程量清单存在缺项、漏项的；

(2) 工程量清单偏差超出专用合同条款约定的工程量偏差范围的；

(3) 未按照国家现行计量规范强制性规定计量的。

2. 发包人

2.1 许可或批准

发包人应遵守法律，并办理法律规定由其办理的许可、批准或备案，包括但不限于建设用地规划许可证、建设工程规划许可证、建设工程施工许可证、施工所需临时用水、临时用电、中断道路交通、临时占用土地等许可和批准。发包人应协助承包人办理法律规定的有关施工证件和批件。

因发包人原因未能及时办理完毕前述许可、批准或备案，由发包人承担由此增加的费用和(或)延误的工期，并支付承包人合理的利润。

2.2 发包人代表

发包人应在专用合同条款中明确其派驻施工现场的发包人代表的姓名、职务、联系方式及授权范围等事项。发包人代表在发包人的授权范围内，负责处理合同履行过程中与发包人有关的具体事宜。发包人代表在授权范围内的行为由发包人承担法律责任。发包人更换发包人代表的，应提前7天书面通知承包人。

发包人代表不能按照合同约定履行其职责及义务，并导致合同无法继续正常履行的，承包人可以要求发包人撤换发包人代表。

不属于法定必须监理的工程，监理人的职权可以由发包人代表或发包人指定的其他人员行使。

2.3 发包人人员

发包人应要求在施工现场的发包人人员遵守法律及有关安全、质量、环境保护、文明施工等规定，并保障承包人免予承受因发包人人员未遵守上述要求给承包人造成的损失和责任。

发包人人员包括发包人代表及其他由发包人派驻施工现场的人员。

2.4 施工现场、施工条件和基础资料的提供

2.4.1 提供施工现场。除专用合同条款另有约定外，发包人应最迟于开工日7天前向承包人移交施工现场。

2.4.2 提供施工条件。除专用合同条款另有约定外，发包人应负责提供施工所需要的条件，包括:

(1) 将施工用水、电力、通信线路等施工所必需的条件接至施工现场内;

(2) 保证向承包人提供正常施工所需要的进入施工现场的交通条件;

(3) 协调处理施工现场周围地下管线和邻近建筑物、构筑物、古树名木的保护工作，并承担相关费用;

(4) 按照专用合同条款约定应提供的其他设施和条件。

2.4.3 提供基础资料。发包人应当在移交施工现场前向承包人提供施工现场及工程施工所必需的毗邻区域内供水、排水、供电、供气、供热、通信、广播、电视等地下管线资料，气象和水文观测资料，地质勘察资料，相邻建筑物、构筑物和地下工程等有关基础资料，并对所提供资料的真实性、准确性和完整性负责。

按照法律规定确需在开工后方能提供的基础资料，发包人应尽其努力及时地在相应工程施工前的合理期限内提供，合理期限应以不影响承包人的正常施工为限。

2.4.4 逾期提供的责任。因发包人原因未能按合同约定及时向承包人提供施工现场、施工条件、基础资料的，由发包人承担由此增加的费用和(或)延误的工期。

2.5 资金来源证明及支付担保

除专用合同条款另有约定外，发包人应在收到承包人要求提供资金来源证明的书面通知后28天内，向承包人提供能够按照合同约定支付合同价款的相应资金来源证明。

除专用合同条款另有约定外，发包人要求承包人提供履约担保的，发包人应当向承包人提供支付担保。支付担保可以采用银行保函或担保公司担保等形式，具体由合同当事人在专用合同条款中约定。

2.6 支付合同价款

发包人应按合同约定向承包人及时支付合同价款。

2.7 组织竣工验收

发包人应按合同约定及时组织竣工验收。

2.8 现场统一管理协议

发包人应与承包人、由发包人直接发包的专业工程的承包人签订施工现场统一管理协议，明确各方的权利义务。施工现场统一管理协议作为专用合同条款的附件。

3. 承包人

3.1 承包人的一般义务

承包人在履行合同过程中应遵守法律和工程建设标准规范，并履行以下义务。

(1) 办理法律规定应由承包人办理的许可和批准，并将办理结果书面报送发包人留存。

(2) 按法律规定和合同约定完成工程，并在保修期内承担保修义务。

(3) 按法律规定和合同约定采取施工安全和环境保护措施，办理工伤保险，确保工程及人员、材料、设备和设施的安全。

(4) 按合同约定的工作内容和施工进度要求，编制施工组织设计和施工措施计划，并对所有施工作业和施工方法的完备性和安全可靠性负责。

(5) 在进行合同约定的各项工作时，不得侵害发包人与他人使用公用道路、水源、市政管网等公共设施的权利，避免对邻近的公共设施产生干扰。承包人占用或使用他人的施工场地，影响他人作业或生活的，应承担相应责任。

(6) 按照第 6.3 款“环境保护”约定负责施工场地及其周边环境与生态的保护工作。

(7) 按第 6.1 款“安全文明施工”约定采取施工安全措施，确保工程及其人员、材料、设备和设施的安全，防止因工程施工造成的人身伤害和财产损失。

(8) 将发包人按合同约定支付的各项价款专用于合同工程，且应及时支付其雇佣人员工资，并及时向分包人支付合同价款。

(9) 按照法律规定和合同约定编制竣工资料，完成竣工资料立卷及归档，并按专用合同条款约定的竣工资料的套数、内容、时间等要求移交发包人。

(10) 应履行的其他义务。

3.2 项目经理

3.2.1 项目经理应为合同当事人所确认的人选，并在专用合同条款中明确项目经理的姓名、职称、注册执业证书编号、联系方式及授权范围等事项，项目经理经承包人授权后代表承包人负责履行合同。项目经理应是承包人正式聘用的员工，承包人应向发包人提交项目经理与承包人之间的劳动合同，以及承包人为项目经理缴纳社会保险的有效证明。承包人不提交上述文件的，项目经理无权履行职责，发包人有权要求更换项目经理，由此增加的费用和(或)延误的工期由承包人承担。

项目经理应常驻施工现场，且每月在施工现场时间不得少于专用合同条款约定的天数。项目经理不得同时担任其他项目的项目经理。项目经理确需离开施工现场时，应事先通知监理人，并取得发包人的书面同意。项目经理的通知中应当载明临时代行其职责的人员的注册执业资格、管理经验等资料，该人员应具备履行相应职责的能力。

承包人违反上述约定的，应按照专用合同条款的约定，承担违约责任。

3.2.2 项目经理按合同约定组织工程实施。在紧急情况下为确保施工安全和人员安全，在无法与发包人代表和总监理工程师及时取得联系时，项目经理有权采取必要的措施保证与工程有关的人身、财产和工程的安全，但应在48小时内向发包人代表和总监理工程师提交书面报告。

3.2.3 承包人需要更换项目经理的，应提前14天书面通知发包人和监理人，并征得发包人书面同意。通知中应当载明继任项目经理的注册执业资格、管理经验等资料，继任项目经理继续履行第3.2.1项约定的职责。未经发包人书面同意，承包人不得擅自更换项目经理。承包人擅自更换项目经理的，应按照专用合同条款的约定承担违约责任。

3.2.4 发包人有权书面通知承包人更换其认为不称职的项目经理，通知中应当载明要求更换的理由。承包人应在接到更换通知后14天内向发包人提出书面的改进报告。发包人收到改进报告后仍要求更换的，承包人应在接到第二次更换通知的28天内进行更换，并将新任命的项目经理的注册执业资格、管理经验等资料书面通知发包人。继任项目经理继续履行第3.2.1项约定的职责。承包人无正当理由拒绝更换项目经理的，应按照专用合同条款的约定承担违约责任。

3.2.5 项目经理因特殊情况授权其下属人员履行其某项工作职责的，该下属人员应具备履行相应职责的能力，并应提前7天将上述人员的姓名和授权范围书面通知监理人，并征得发包人书面同意。

3.3 承包人人员

3.3.1 除专用合同条款另有约定外，承包人应在接到开工通知后7天内，向监理人提交承包人项目管理机构及施工现场人员安排的报告，其内容应包括合同管理、施工、技术、材料、质量、安全、财务等主要施工管理人员名单及其岗位、注册执业资格等，以及各工种技术工人的安排情况，并同时提交主要施工管理人员与承包人之间的劳动关系证明和缴纳社会保险的有效证明。

3.3.2 承包人派驻到施工现场的主要施工管理人员应相对稳定。施工过程中如有变动，承包人应及时向监理人提交施工现场人员变动情况的报告。承包人更换主要施工管理人员时，应提前7天书面通知监理人，并征得发包人书面同意。通知中应当载明继任人员的注册执业资格、管理经验等资料。

特殊工种作业人员均应持有相应的资格证明，监理人可以随时检查。

3.3.3 发包人对于承包人主要施工管理人员的资格或能力有异议的，承包人应提供资料证明被质疑人员有能力完成其岗位工作或不存在发包人所质疑的情形。发包人要求撤换不能按照合同约定履行职责及义务的主要施工管理人员的，承包人应当撤换。承包人无正当理由拒绝撤换的，应按照专用合同条款的约定承担违约责任。

3.3.4 除专用合同条款另有约定外，承包人的主要施工管理人员离开施工现场每月累计不超过5天的，应报监理人同意；离开施工现场每月累计超过5天的，应通知监理人，并征得发包人书面同意。主要施工管理人员离开施工现场前应指定一名有经验的人员临时代行其职责，该人员应具备履行相应职责的资格和能力，且应征得监理人或发包人的同意。

3.3.5 承包人擅自更换主要施工管理人员，或前述人员未经监理人或发包人同意擅自离开施工现场的，应按照专用合同条款约定承担违约责任。

3.4 承包人现场查勘

承包人应对基于发包人按照第2.4.3项“提供基础资料”提交的基础资料所做出的解释和推断负责，但因基础资料存在错误、遗漏导致承包人解释或推断失实的，由发包人承担责任。

承包人应对施工现场和施工条件进行查勘，并充分了解工程所在地的气象条件、交通条件、风俗习惯以及其他与完成合同工作有关的其他资料。因承包人未能充分查勘、了解前述情况或未能充分估计前述情况所可能产生后果的，承包人承担由此增加的费用和(或)延误的工期。

3.5 分包

3.5.1 分包的一般约定。承包人不得将其承包的全部工程转包给第三人，或将其承包的全部工程肢解后以分包的名义转包给第三人。承包人不得将工程主体结构、关键性工作及专用合同条款中禁止分包的专业工程分包给第三人，主体结构、关键性工作的范围由合同当事人按照法律规定在专用合同条款中予以明确。

承包人不得以劳务分包的名义转包或违法分包工程。

3.5.2 分包的确定。承包人应按专用合同条款的约定进行分包，确定分包人。已标价工程量清单或预算书中给定暂估价的专业工程，按照第 10.7 款“暂估价”确定分包人。按照合同约定进行分包的，承包人应确保分包人具有相应的资质和能力。工程分包不减轻或免除承包人的责任和义务，承包人和分包人就分包工程向发包人承担连带责任。除合同另有约定外，承包人应在分包合同签订后 7 天内向发包人和监理人提交分包合同副本。

3.5.3 分包管理。承包人应向监理人提交分包人的主要施工管理人员表，并对分包人的施工人员进行实名制管理，包括但不限于进出场管理、登记造册以及各种证照的办理。

3.5.4 分包合同价款。

(1) 除本项第(2)目约定的情况或专用合同条款另有约定外，分包合同价款由承包人与分包人结算，未经承包人同意，发包人不得向分包人支付分包工程价款;

(2) 生效法律文书要求发包人向分包人支付分包合同价款的，发包人有权从应付承包人工程款中扣除该部分款项。

3.5.5 分包合同权益的转让。分包人在分包合同项下的义务持续到缺陷责任期届满以后的，发包人有权在缺陷责任期届满前，要求承包人将其在分包合同项下的权益转让给发包人，承包人应当转让。除转让合同另有约定外，转让合同生效后，由分包人向发包人履行义务。

3.6 工程照管与成品、半成品保护

(1) 除专用合同条款另有约定外，自发包人向承包人移交施工现场之日起，承包人应负责照管工程及工程相关的材料、工程设备，直到颁发工程接收证书之日止。

(2) 在承包人负责照管期间，因承包人原因造成工程、材料、工程设备损坏的，由承包人负责修复或更换，并承担由此增加的费用和(或)延误的工期。

(3) 对合同内分期完成的成品和半成品，在工程接收证书颁发前，由承包人承担保护责任。因承包人原因造成成品或半成品损坏的，由承包人负责修复或更换，并承担由此增加的费用和(或)延误的工期。

3.7 履约担保

发包人需要承包人提供履约担保的，由合同当事人在专用合同条款中约定履约担保的方式、金额及期限等。履约担保可以采用银行保函或担保公司担保等形式，具体由合同当事人在专用合同条款中约定。

因承包人原因导致工期延长的，继续提供履约担保所增加的费用由承包人承担；非因承包人原因导致工期延长的，继续提供履约担保所增加的费用由发包人承担。

3.8 联合体

3.8.1 联合体各方应共同与发包人签订合同协议书。联合体各方应为履行合同向发包人承担连带责任。

3.8.2 联合体协议经发包人确认后作为合同附件。在履行合同过程中，未经发包人同意，不得修改联合体协议。

3.8.3 联合体牵头人负责与发包人和监理人联系，并接受指示，负责组织联合体各成员全面履行合同。

4. 监理人

4.1 监理人的一般规定

工程实行监理的，发包人和承包人应在专用合同条款中明确监理人的监理内容及监理权限等事项。监理人应当根据发包人授权及法律规定，代表发包人对工程施工相关事项进行检查、查验、审核、验收，并签发相关指示，但监理人无权修改合同，且无权减轻或免除合同约定的承包人的任何责任与义务。

除专用合同条款另有约定外，监理人在施工现场的办公场所、生活场所由承包人提供，所发生的费用由发包人承担。

4.2 监理人员

发包人授予监理人对工程实施监理的权利由监理人派驻施工现场的监理人员行使，监理人员包括总监理工程师及监理工程师。监理人应将授权的总监理工程师和监理工程师的姓名及授权范围以书面形式提前通知承包人。更换总监理工程师的，监理人应提前 7 天书面通知承包人；更换其他监理人员，监理人应提前 48 小时书面通知承包人。

4.3 监理人的指示

监理人应按照发包人的授权发出监理指示。监理人的指示应采用书面形式，并经其授权的监理人员签字。紧急情况下，为了保证施工人员的安全或避免工程受损，监理人员可以口头形式发出指示，该指示与书面形式的指示具有同等法律效力，但必须在发出口头指示后 24 小时内补发书面监理指示，补发的书面监理指示应与口头指示一致。

监理人发出的指示应送达承包人项目经理或经项目经理授权接收的人员。因监理人未能按合同约定发出指示、指示延误或发出了错误指示而导致承包人费用增加和(或)工期延误的，由发包人承担相应责任。除专用合同条款另有约定外，总监理工程师不应将第 4.4 款“商定或确定”约定应由总监理工程师做出确定的权力授权或委托给其他监理人员。

承包人对监理人发出的指示有疑问的，应向监理人提出书面异议，监理人应在 48 小时内对该指示予以确认、更改或撤销，监理人逾期未回复的，承包人有权拒绝执行上述指示。

监理人对承包人的任何工作、工程或其采用的材料和工程设备未在约定的或合理期限内提出意见的，视为批准，但不免除或减轻承包人对该工作、工程、材料、工程设备等应承担的责任和义务。

4.4 商定或确定

合同当事人进行商定或确定时，总监理工程师应当会同合同当事人尽量通过协商达成一致，不能达成一致的，由总监理工程师按照合同约定审慎做出公正的确定。

总监理工程师应将确定以书面形式通知发包人和承包人，并附详细依据。合同当事人对总监理工程师的确定没有异议的，按照总监理工程师的确定执行。任何一方合同当事人有异议，按照第 20 条“争议解决”约定处理。争议解决前，合同当事人暂按总监理工程师的确定执行；争议解决后，争议解决的结果与总监理工程师的确定不一致的，按照争议解决的结果执行，由此造成的损失由责任人承担。

5. 工程质量

5.1 质量要求

5.1.1 工程质量标准必须符合现行国家有关工程施工质量验收规范和标准的要求。有关工程质量的特殊标准或要求由合同当事人在专用合同条款中约定。

5.1.2 因发包人原因造成工程质量未达到合同约定标准的，由发包人承担由此增加的费用和(或)延误的工期，并支付承包人合理的利润。

5.1.3 因承包人原因造成工程质量未达到合同约定标准的，发包人有权要求承包人返工直至工程质量达到合同约定的标准为止，并由承包人承担由此增加的费用和(或)延误的工期。

5.2 质量保证措施

5.2.1 发包人的质量管理

发包人应按照法律规定及合同约定完成与工程质量有关的各项工作。

5.2.2 承包人的质量管理

承包人按照第 7.1 款“施工组织设计”约定向发包人和监理人提交工程质量保证体系及措施文件，建立完善的质量检查制度，并提交相应的工程质量文件。对于发包人和监理人违反法律规定和合同约定的错误指示，承包人有权拒绝实施。

承包人应对施工人员进行质量教育和技术培训，定期考核施工人员的劳动技能，严格执行施工规范和操作规程。

承包人应按照法律规定和发包人的要求，对材料、工程设备以及工程的所有部位及其施工工艺进行全过程的质量检查和检验，并做详细记录，编制工程质量报表，报送监理人审查。此外，承包人还应按照法律规定和发包人的要求，进行施工现场取样试验、工程复核测量和设备性能检测，提供试验样品、提交试验报告和测量成果以及其他工作。

5.2.3 监理人的质量检查和检验

监理人按照法律规定和发包人授权对工程的所有部位及其施工工艺、材料和工程设备进行检查和检验。承包人应为监理人的检查和检验提供方便，包括监理人到施工现场，或制造、加工地点，或合同约定的其他地方进行察看和查阅施工原始记录。监理人为此进行的检查和检验，不免除或减轻承包人按照合同约定应当承担的责任。

监理人的检查和检验不应影响施工正常进行。监理人的检查和检验影响施工正常进行的，且经检查和检验不合格的，影响正常施工的费用由承包人承担，工期不予顺延；经检查和检验合格的，由此增加的费用和(或)延误的工期由发包人承担。

5.3 隐蔽工程检查

5.3.1 承包人自检。承包人应当对工程隐蔽部位进行自检，并经自检确认是否具备覆盖条件。

5.3.2 检查程序。除专用合同条款另有约定外，工程隐蔽部位经承包人自检确认具备覆盖条件的，承包人应在共同检查前48小时书面通知监理人检查，通知中应载明隐蔽检查的内容、时间和地点，并应附有自检记录和必要的检查资料。

监理人应按时到场并对隐蔽工程及其施工工艺、材料和工程设备进行检查。经监理人检查确认质量符合隐蔽要求，并在验收记录上签字后，承包人才能进行覆盖。经监理人检查质量不合格的，承包人应在监理人指示的时间内完成修复，并由监理人重新检查，由此增加的费用和(或)延误的工期由承包人承担。

除专用合同条款另有约定外，监理人不能按时进行检查的，应在检查前24小时向承包人提交书面延期要求，但延期不能超过48小时，由此导致工期延误的，工期应予以顺延。监理人未按时进行检查，也未提出延期要求的，视为隐蔽工程检查合格，承包人可自行完成覆盖工作，并做相应记录报送监理人，监理人应签字确认。监理人事后对检查记录有疑问的，可按第5.3.3项“重新检查”的约定重新检查。

5.3.3 重新检查。承包人覆盖工程隐蔽部位后，发包人或监理人对质量有疑问的，可要求承包人对已覆盖的部位进行钻孔探测或揭开重新检查，承包人应遵照执行，并在检查后重新覆盖恢复原状。经检查证明工程质量符合合同要求的，由发包人承担由此增加的费用和(或)延误的工期，并支付承包人合理的利润；经检查证明工程质量不符合合同要求的，由此增加的费用和(或)延误的工期由承包人承担。

5.3.4 承包人私自覆盖。承包人未通知监理人到场检查，私自将工程隐蔽部位覆盖的，监理人有权指示承包人钻孔探测或揭开检查，无论工程隐蔽部位质量是否合格，由此增加的费用和(或)延误的工期均由承包人承担。

5.4 不合格工程的处理

5.4.1 因承包人原因造成工程不合格的，发包人有权随时要求承包人采取补救措施，直至达到合同要求的质量标准，由此增加的费用和(或)延误的工期由承包人承担。无法补救的，按照第13.2.4项“拒绝接收全部或部分工程”约定执行。

5.4.2 因发包人原因造成工程不合格的，由此增加的费用和(或)延误的工期由发包人承担，并支付承包人合理的利润。

5.5 质量争议检测

合同当事人对工程质量有争议的，由双方协商确定的工程质量检测机构鉴定，由此产生的费用及因此造成的损失，由责任方承担。

合同当事人均有责任的，由双方根据其责任分别承担。合同当事人无法达成一致的，按照第4.4款“商定或确定”执行。

6. 安全文明施工与环境保护

6.1 安全文明施工

6.1.1 安全生产要求。合同履行期间，合同当事人均应当遵守国家和工程所在地有关安全生产的要求，合同当事人有特别要求的，应在专用合同条款中明确施工项目安全生产标准化达标目标及相应事项。承包人有权拒绝发包人及监理人强令承包人违章作业、冒险施工的任何指示。

在施工过程中，如遇到突发的地质变动、事先未知的地下施工障碍等影响施工安全的紧急情况，承包人应及时报告监理人和发包人，发包人应当及时下令停工并报政府有关行政管理部门采取应急措施。

因安全生产需要暂停施工的，按照第 7.8 款“暂停施工”的约定执行。

6.1.2 安全生产保证措施。承包人应当按照有关规定编制安全技术措施或者专项施工方案，建立安全生产责任制度、治安保卫制度及安全生产教育培训制度，并按安全生产法律规定及合同约定履行安全职责，如实编制工程安全生产的有关记录，接受发包人、监理人及政府安全监督部门的检查与监督。

6.1.3 特别安全生产事项。承包人应按照法律规定进行施工，开工前做好安全技术交底工作，施工过程中做好各项安全防护措施。承包人为实施合同而雇用的特殊工种的人员应受过专门的培训并已取得政府有关管理机构颁发的上岗证书。

承包人在动力设备、输电线路、地下管道、密封防震车间、易燃易爆地段以及临街交通要道附近施工时，施工开始前应向发包人和监理人提出安全防护措施，经发包人认可后实施。

实施爆破作业，在放射、毒害性环境中施工(含储存、运输、使用)及使用毒害性、腐蚀性物品施工时，承包人应在施工前 7 天以书面通知发包人和监理人，并报送相应的安全防护措施，经发包人认可后实施。

需单独编制危险性较大分部分项专项工程施工方案的，及要求进行专家论证的超过一定规模的危险性较大的分部分项工程，承包人应及时编制和组织论证。

6.1.4 治安保卫。除专用合同条款另有约定外，发包人应与当地公安部门协商，在现场建立治安管理机构或联防组织，统一管理施工场地的治安保卫事项，履行合同工程的治安保卫职责。

发包人和承包人除应协助现场治安管理机构或联防组织维护施工场地的社会治安外，还应做好包括生活区在内的各自管辖区的治安保卫工作。

除专用合同条款另有约定外，发包人和承包人应在工程开工后 7 天内共同编制施工场地治安管理计划，并制定应对突发治安事件的紧急预案。在工程施工过程中，发生暴乱、爆炸等恐怖事件，以及群殴、械斗等群体性突发治安事件的，发包人和承包人应立即向当地政府报告。发包人和承包人应积极协助当地有关部门采取措施平息事态，防止事态扩大，尽量避免人员伤亡和财产损失。

6.1.5 文明施工。承包人在工程施工期间，应当采取措施保持施工现场平整，物料堆放整齐。工程所在地有关政府行政管理部门有特殊要求的，按照其要求执行。合同当事人对文明施工有其他要求的，可以在专用合同条款中明确。

在工程移交之前，承包人应当从施工现场清除承包人的全部工程设备、多余材料、垃圾和各种临时工程，并保持施工现场清洁整齐。经发包人书面同意，承包人可在发包人指定的地点保留承包人履行保修期内的各项义务所需要的材料、施工设备和临时工程。

6.1.6 安全文明施工费。安全文明施工费由发包人承担，发包人不得以任何形式扣减该部分费用。因基准日期后合同所适用的法律或政府有关规定发生变化，增加的安全文明施工费由发包人承担。

承包人经发包人同意采取合同约定以外的安全措施所产生的费用，由发包人承担。未经发包人同意的，如果该措施避免了发包人的损失，则发包人在避免损失的额度内承担该措施费。如果该措施避免了承包人的损失，由承包人承担该措施费。

除专用合同条款另有约定外，发包人应在开工后 28 天内预付安全文明施工费总额的 50%，其余部分与进度款同期支付。发包人逾期支付安全文明施工费超过 7 天的，承包人有权向发包人发出要求预付的催告通知，发包人收到通知后 7 天内仍未支付的，承包人有权暂停施工，并按第 16.1.1 项“发包人违约的情形”执行。

承包人对安全文明施工费应专款专用，承包人应在财务账目中单独列项备查，不得挪作他用，否则发包人有权责令其限期改正；逾期未改正的，可以责令其暂停施工，由此增加的费用和(或)延误的工期由承包人承担。

6.1.7 紧急情况处理。在工程施工期间或缺陷责任期内发生危及工程安全的事件，监理人通知承包人进行抢救，承包人声明无能力或不愿立即执行的，发包人有权雇用其他人员进行抢救。此类抢救按合同约定属于承包人义务的，由此增加的费用和(或)延误的工期由承包人承担。

6.1.8 事故处理。工程施工过程中发生事故的，承包人应立即通知监理人，监理人应立即通知发包人。发包人和承包人应立即组织人员和设备进行紧急抢救和抢修，减少人员伤亡和财产损失，防止事故扩大，并保护事故现场。需要移动现场物品时，应做出标记和书面记录，妥善保管有关证据。发包人和承包人应按国家有关规定，及时如实地向有关部门报告事故发生的情况，以及正在采取的紧急措施等。

6.1.9 安全生产责任。

6.1.9.1 发包人的安全责任。

发包人应负责赔偿以下各种情况造成的损失。

(1) 工程或工程的任何部分对土地的占用所造成的第三者财产损失；

(2) 由于发包人原因在施工场地及其毗邻地带造成的第三者人身伤亡和财产损失；

(3) 由于发包人原因对承包人、监理人造成的人员人身伤亡和财产损失；

(4) 由于发包人原因造成的发包人自身人员的人身伤害以及财产损失。

6.1.9.2 承包人的安全责任。由于承包人原因在施工场地内及其毗邻地带造成的发包人、监理人以及第三者人员伤亡和财产损失，由承包人负责赔偿。

6.2 职业健康

6.2.1 劳动保护。承包人应按照法律规定安排现场施工人员的劳动和休息时间，保障劳动者的休息时间，并支付合理的报酬和费用。承包人应依法为其履行合同所雇用的人员办理必要的证件、许可、保险和注册等，承包人应督促其分包人为分包人所雇用的人员办理必要的证件、许可、保险和注册等。

承包人应按照法律规定保障现场施工人员的劳动安全，并提供劳动保护，并应按国家有关劳动保护的规定，采取有效的防止粉尘、降低噪声、控制有害气体和保障高温、高寒、高空作业安全等劳动保护措施。承包人雇佣人员在施工中受到伤害的，承包人应立即采取有效措施进行抢救和治疗。

承包人应按法律规定安排工作时间，保证其雇佣人员享有休息和休假的权利。因工程施工的特殊需要占用休假日或延长工作时间的，应不超过法律规定的限度，并按法律规定给予补休或付酬。

6.2.2 生活条件。承包人应为其履行合同所雇用的人员提供必要的膳宿条件和生活环境；承包人应采取有效措施预防传染病，保证施工人员的健康，并定期对施工现场、施工人员生活基地和工程进行防疫和卫生的专业检查和处理，在远离城镇的施工场地，还应配备必要的伤病防治和急救的医务人员与医疗设施。

6.3 环境保护

承包人应在施工组织设计中列明环境保护的具体措施。在合同履行期间，承包人应采取合理措施保护施工现场环境。对施工作业过程中可能引起的大气、水、噪声以及固体废物污染采取具体可行的防范措施。

承包人应当承担因其原因引起的环境污染侵权损害赔偿责任，因上述环境污染引起纠纷而导致暂停施工的，由此增加的费用和(或)延误的工期由承包人承担。

7. 工期和进度

7.1 施工组织设计

7.1.1 施工组织设计的内容。施工组织设计应包含以下内容。

(1) 施工方案;

(2) 施工现场平面布置图;

(3) 施工进度计划和保证措施;

(4) 劳动力及材料供应计划;

(5) 施工机械设备的选用;

(6) 质量保证体系及措施;

(7) 安全生产、文明施工措施;

(8) 环境保护、成本控制措施;

(9) 合同当事人约定的其他内容。

7.1.2 施工组织设计的提交和修改。除专用合同条款另有约定外，承包人应在合同签订后 14 天内，但至迟不得晚于第 7.3.2 项“开工通知”载明的开工日期前 7 天，向监理人提交详细的施工组织设计方案，并由监理人报送发包人。除专用合同条款另有约定外，发包人和监理人应在监理人收到施工组织设计方案后 7 天内确认或提出修改意见。对发包人和监理人提出的合理意见和要求，承包人应自费修改完善。根据工程实际情况需要修改施工组织设计方案的，承包人应向发包人和监理人提交修改后的施工组织设计方案。

施工进度计划的编制和修改按照第 7.2 款“施工进度计划”执行。

7.2 施工进度计划

7.2.1 施工进度计划的编制。承包人应按照第 7.1 款“施工组织设计”约定提交详细的施工进度计划，施工进度计划的编制应当符合国家法律规定和一般工程实践惯例，施工进度计划经发包人批准后实施。施工进度计划是控制工程进度的依据，发包人和监理人有权按照施工进度计划检查工程进度情况。

7.2.2 施工进度计划的修订。施工进度计划不符合合同要求或与工程的实际进度不一致的，承包人应向监理人提交修订的施工进度计划，并附具有关措施和相关资料，由监理人报送发包人。除专用合同条款另有约定外，发包人和监理人应在收到修订的施工进度计划后 7 天内完成审核和批准或提出修改意见。发包人和监理人对承包人提交的施工进度计划的确认，不能减轻或免除承包人根据法律规定和合同约定应承担的任何责任或义务。

7.3 开工

7.3.1 开工准备。除专用合同条款另有约定外，承包人应按照第 7.1 款“施工组织设计”

约定的期限，向监理人提交工程开工报审表，经监理人报发包人批准后执行。开工报审表应详细说明按施工进度计划正常施工所需的施工道路、临时设施、材料、工程设备、施工设备、施工人员等落实情况以及工程的进度安排。

除专用合同条款另有约定外，合同当事人应按约定完成开工准备工作。

7.3.2 开工通知。发包人应按照法律规定获得工程施工所需的许可。经发包人同意后，监理人发出的开工通知应符合法律规定。监理人应在计划开工日期 7 天前向承包人发出开工通知，工期自开工通知中载明的开工日期起算。

除专用合同条款另有约定外，因发包人原因造成监理人未能在计划开工日期之日起 90 天内发出开工通知的，承包人有权提出价格调整要求，或者解除合同。发包人应当承担由此增加的费用和(或)延误的工期，并向承包人支付合理利润。

7.4 测量放线

7.4.1 除专用合同条款另有约定外，发包人应在至迟不得晚于第 7.3.2 项“开工通知”载明的开工日期前 7 天通过监理人向承包人提供测量基准点、基准线和水准点及其书面资料。发包人应对其提供的测量基准点、基准线和水准点及其书面资料的真实性、准确性和完整性负责。

承包人发现发包人提供的测量基准点、基准线和水准点及其书面资料存在错误或疏漏的，应及时通知监理人。监理人应及时报告发包人，并会同发包人和承包人予以核实。发包人应就如何处理和是否继续施工做出决定，并通知监理人和承包人。

7.4.2 承包人负责施工过程中的全部施工测量放线工作，并配置具有相应资质的人员、合格的仪器、设备和其他物品。承包人应矫正工程的位置、标高、尺寸或准线中出现的任何差错，并对工程各部分的定位负责。

施工过程中对施工现场内水准点等测量标志物的保护工作由承包人负责。

7.5 工期延误

7.5.1 因发包人原因导致工期延误。在合同履行过程中，因下列情况导致工期延误和(或)费用增加的，由发包人承担由此延误的工期和(或)增加的费用，且发包人应支付承包人合理的利润。

(1) 发包人未能按合同约定提供图纸或所提供图纸不符合合同约定的；

(2) 发包人未能按合同约定提供施工现场、施工条件、基础资料、许可、批准等开工条件的；

(3) 发包人提供的测量基准点、基准线和水准点及其书面资料存在错误或疏漏的；

(4) 发包人未能在计划开工日期之日起 7 天内同意下达开工通知的；

(5) 发包人未能按合同约定日期支付工程预付款、进度款或竣工结算款的；

(6) 监理人未按合同约定发出指示、批准等文件的；

(7) 专用合同条款中约定的其他情形。

因发包人原因未按计划开工日期开工的，发包人应按实际开工日期顺延竣工日期，确保实际工期不低于合同约定的工期总日历天数。因发包人原因导致工期延误需要修订施工进度计划的，按照第 7.2.2 项“施工进度计划的修订”执行。

7.5.2 因承包人原因导致工期延误。因承包人原因造成工期延误的，可以在专用合同条款中约定逾期竣工违约金的计算方法和逾期竣工违约金的上限。承包人支付逾期竣工违约金后，不免除承包人继续完成工程及修补缺陷的义务。

7.6 不利物质条件

不利物质条件是指有经验的承包人在施工现场遇到的不可预见的自然物质条件、非自然的物质障碍和污染物，包括地表以下物质条件和水文条件以及专用合同条款约定的其他情形，但不包括气候条件。

承包人遇到不利物质条件时，应采取克服不利物质条件的合理措施继续施工，并及时通知发包人和监理人。通知应载明不利物质条件的内容以及承包人认为不可预见的理由。监理人经发包人同意后应当及时发出指示，指示构成变更的，按第 10 条“变更”约定执行。承包人因采取合理措施而增加的费用和(或)延误的工期由发包人承担。

7.7 异常恶劣的气候条件

异常恶劣的气候条件是指在施工过程中遇到的，有经验的承包人在签订合同时不可预见的，对合同履行造成实质性影响的，但尚未构成不可抗力事件的恶劣气候条件。合同当事人可以在专用合同条款中约定异常恶劣的气候条件的具体情形。

承包人应采取克服异常恶劣的气候条件的合理措施继续施工，并及时通知发包人和监理人。监理人经发包人同意后应当及时发出指示，指示构成变更的，按第 10 条“变更”约定办理。承包人因采取合理措施而增加的费用和(或)延误的工期由发包人承担。

7.8 暂停施工

7.8.1 因发包人原因引起的暂停施工。因发包人原因引起暂停施工的，监理人经发包人同意后，应及时下达暂停施工指示。情况紧急且监理人未及时下达暂停施工指示的，按照第 7.8.4 项“紧急情况下的暂停施工”执行。

因发包人原因引起的暂停施工，发包人应承担由此增加的费用和(或)延误的工期，并支付承包人合理的利润。

7.8.2 因承包人原因引起的暂停施工。因承包人原因引起的暂停施工，承包人应承担由此增加的费用和(或)延误的工期，且承包人在收到监理人复工指示后 84 天内仍未复工的，视为第 16.2.1 项“承包人违约的情形”第(7)目约定的承包人无法继续履行合同的情形。

7.8.3 指示暂停施工。监理人认为有必要时，并经发包人批准后，可向承包人做出暂停施工的指示，承包人应按监理人指示暂停施工。

7.8.4 紧急情况下的暂停施工。因紧急情况需暂停施工，且监理人未及时下达暂停施工指示的，承包人可先暂停施工，并及时通知监理人。监理人应在接到通知后 24 小时内发出指示，逾期未发出指示，视为同意承包人暂停施工。监理人不同意承包人暂停施工的，应说明理由，承包人对监理人的答复有异议，按照第 20 条“争议解决”约定处理。

7.8.5 暂停施工后的复工。暂停施工后，发包人和承包人应采取有效措施积极消除暂停施工的影响。在工程复工前，监理人会同发包人和承包人确定因暂停施工造成的损失，并确定工程复工条件。当工程具备复工条件时，监理人应经发包人批准后向承包人发出复工通知，承包人应按照复工通知要求复工。

承包人无故拖延和拒绝复工的，承包人承担由此增加的费用和(或)延误的工期；因发包人原因无法按时复工的，按照第 7.5.1 项“因发包人原因导致工期延误”约定办理。

7.8.6 暂停施工持续 56 天以上。监理人发出暂停施工指示后 56 天内未向承包人发出复工通知，除该项停工属于第 7.8.2 项“承包人原因引起的暂停施工”及第 17 条“不可抗力”

约定的情形外，承包人可向发包人提交书面通知，要求发包人在收到书面通知后28天内准许已暂停施工的部分或全部工程继续施工。发包人逾期不予批准的，则承包人可以通知发包人，将工程受影响的部分视为按第10.1款“变更的范围”第(2)项的可取消工作。

暂停施工持续84天以上不复工的，且不属于第7.8.2项“承包人原因引起的暂停施工”及第17条“不可抗力”约定的情形，并影响到整个工程以及合同目的实现的，承包人有权提出价格调整要求，或者解除合同。解除合同的，按照第16.1.3项“因发包人违约解除合同”执行。

7.8.7 暂停施工期间的工程照管。暂停施工期间，承包人应负责妥善照管工程并提供安全保障，由此增加的费用由责任方承担。

7.8.8 暂停施工的措施。暂停施工期间，发包人和承包人均应采取必要的措施确保工程质量及安全，防止因暂停施工扩大损失。

7.9 提前竣工

7.9.1 发包人要求承包人提前竣工的，发包人应通过监理人向承包人下达提前竣工指示，承包人应向发包人和监理人提交提前竣工建议书，提前竣工建议书应包括实施的方案、缩短的时间、增加的合同价格等内容。发包人接受该提前竣工建议书的，监理人应与发包人和承包人协商采取加快工程进度的措施，并修订施工进度计划，由此增加的费用由发包人承担。承包人认为提前竣工指示无法执行的，应向监理人和发包人提出书面异议，发包人和监理人应在收到异议后7天内予以答复。任何情况下，发包人不得压缩合理工期。

7.9.2 发包人要求承包人提前竣工，或承包人提出提前竣工的建议能够给发包人带来效益的，合同当事人可以在专用合同条款中约定提前竣工的奖励。

8. 材料与设备

8.1 发包人供应材料与工程设备

发包人自行供应材料、工程设备的，应在签订合同时在专用合同条款的附件《发包人供应材料设备一览表》中明确材料、工程设备的品种、规格、型号、数量、单价、质量等级和送达地点。

承包人应提前30天通过监理人以书面形式通知发包人供应材料与工程设备进场。承包人按照第7.2.2项“施工进度计划的修订”约定修订施工进度计划时，需同时提交经修订后的发包人供应材料与工程设备的进场计划。

8.2 承包人采购材料与工程设备

承包人负责采购材料、工程设备的，应按照设计和有关标准要求采购，并提供产品合格证明及出厂证明，对材料、工程设备质量负责。合同约定由承包人采购的材料、工程设备，发包人不得指定生产厂家或供应商，发包人违反本款约定指定生产厂家或供应商的，承包人有权拒绝，并由发包人承担相应责任。

8.3 材料与工程设备的接收与拒收

8.3.1 发包人应按《发包人供应材料设备一览表》约定的内容提供材料和工程设备，并向承包人提供产品合格证明及出厂证明，对其质量负责。发包人应提前24小时以书面形式通知承包人、监理人材料和工程设备到货时间，承包人负责材料和工程设备的清点、检验和接收。

发包人提供的材料和工程设备的规格、数量或质量不符合合同约定的，或因发包人原

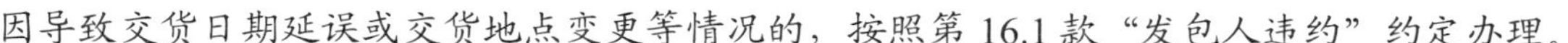

因导致交货日期延误或交货地点变更等情况的，按照第 16.1 款“发包人违约”约定办理。

8.3.2 承包人采购的材料和工程设备，应保证产品质量合格，承包人应在材料和工程设备到货前 24 小时通知监理人检验。承包人进行永久设备、材料的制造和生产的，应符合相关质量标准，并向监理人提交材料的样本以及有关资料，并应在使用该材料或工程设备之前获得监理人同意。

承包人采购的材料和工程设备不符合设计或有关标准要求时，承包人应在监理人要求的合理期限内将不符合设计或有关标准要求的材料、工程设备运出施工现场，并重新采购符合要求的材料、工程设备，由此增加的费用和(或)延误的工期，由承包人承担。

8.4 材料与工程设备的保管与使用

8.4.1 发包人供应材料与工程设备的保管与使用。发包人供应的材料和工程设备，承包人清点后由承包人妥善保管，保管费用由发包人承担，但已标价工程量清单或预算书已经列支或专用合同条款另有约定除外。因承包人原因发生丢失毁损的，由承包人负责赔偿；监理人未通知承包人清点的，承包人不负责材料和工程设备的保管，由此导致丢失毁损的由发包人负责。

发包人供应的材料和工程设备使用前，由承包人负责检验，检验费用由发包人承担，不合格的不得使用。

8.4.2 承包人采购材料与工程设备的保管与使用。承包人采购的材料和工程设备由承包人妥善保管，保管费用由承包人承担。法律规定材料和工程设备使用前必须进行检验或试验的，承包人应按监理人的要求进行检验或试验，检验或试验费用由承包人承担，不合格的不得使用。

发包人或监理人发现承包人使用不符合设计或有关标准要求的材料和工程设备时，有权要求承包人进行修复、拆除或重新采购，由此增加的费用和(或)延误的工期，由承包人承担。

8.5 禁止使用不合格的材料和工程设备

8.5.1 监理人有权拒绝承包人提供的不合格材料或工程设备，并要求承包人立即进行更换。监理人应在更换后再次进行检查和检验，由此增加的费用和(或)延误的工期由承包人承担。

8.5.2 监理人发现承包人使用了不合格的材料和工程设备，承包人应按照监理人的指示立即改正，并禁止在工程中继续使用不合格的材料和工程设备。

8.5.3 发包人提供的材料或工程设备不符合合同要求的，承包人有权拒绝，并可要求发包人更换，由此增加的费用和(或)延误的工期由发包人承担，并支付承包人合理的利润。

8.6 样品

8.6.1 样品的报送与封存。需要承包人报送样品的材料或工程设备，样品的种类、名称、规格、数量等要求均应在专用合同条款中约定。样品的报送程序如下。

(1) 承包人应在计划采购前 28 天向监理人报送样品。承包人报送的样品均应来自供应材料的实际生产地，且提供的样品的规格、数量足以表明材料或工程设备的质量、型号、颜色、表面处理、质地、误差和其他要求的特征。

(2) 承包人每次报送样品时应随附申报单，申报单应载明报送样品的相关数据和资料，并标明每件样品对应的图纸号，预留监理人批复意见栏。监理人应在收到承包人报送的样品后 7 天内向承包人回复经发包人签认的样品审批意见。

(3) 经发包人和监理人审批确认的样品应按约定的方法封样，封存的样品作为检验工程相关部分的标准之一。承包人在施工过程中不得使用与样品不符的材料或工程设备。

(4) 发包人和监理人对样品的审批确认仅为确认相关材料或工程设备的特征或用途，不得被理解为对合同的修改或改变，也并不减轻或免除承包人任何的责任和义务。如果封存的样品修改或改变了合同约定，合同当事人应当以书面协议予以确认。

8.6.2 样品的保管。经批准的样品应由监理人负责封存于现场，承包人应在现场为保存样品提供适当和固定的场所并保持适当和良好的存储环境条件。

8.7 材料与工程设备的替代

8.7.1 出现下列情况需要使用替代材料和工程设备的，承包人应按照第 8.7.2 项约定的程序执行。

(1) 基准日期后生效的法律规定禁止使用的；

(2) 发包人要求使用替代品的；

(3) 因其他原因必须使用替代品的。

8.7.2 承包人应在使用替代材料和工程设备 28 天前书面通知监理人，并附下列文件。

(1) 被替代的材料和工程设备的名称、数量、规格、型号、品牌、性能、价格及其他相关资料；

(2) 替代品的名称、数量、规格、型号、品牌、性能、价格及其他相关资料；

(3) 替代品与被替代产品之间的差异以及使用替代品可能对工程产生的影响；

(4) 替代品与被替代产品的价格差异；

(5) 使用替代品的理由和原因说明；

(6) 监理人要求的其他文件。

监理人应在收到通知后 14 天内向承包人发出经发包人签认的书面指示；监理人逾期发出书面指示的，视为发包人和监理人同意使用替代品。

8.7.3 发包人认可使用替代材料和工程设备的，替代材料和工程设备的价格，按照已标价工程量清单或预算书相同项目的价格认定；无相同项目的，参考相似项目价格认定；既无相同项目也无相似项目的，按照合理的成本与利润构成的原则，由合同当事人按照第 4.4 款“商定或确定”确定价格。

8.8 施工设备和临时设施

8.8.1 承包人提供的施工设备和临时设施。承包人应按合同进度计划的要求，及时配置施工设备和修建临时设施。进入施工场地的承包人设备需经监理人核查后才能投入使用。承包人更换合同约定的承包人设备的，应报监理人批准。

除专用合同条款另有约定外，承包人应自行承担修建临时设施的费用，需要临时占地的，应由发包人办理申请手续并承担相应费用。

8.8.2 发包人提供的施工设备和临时设施。发包人提供的施工设备或临时设施在专用合同条款中约定。

8.8.3 要求承包人增加或更换施工设备。承包人使用的施工设备不能满足合同进度计划和(或)质量要求时，监理人有权要求承包人增加或更换施工设备，承包人应及时增加或更换，由此增加的费用和(或)延误的工期由承包人承担。

8.9 材料与设备专用要求

承包人运入施工现场的材料、工程设备、施工设备以及在施工场地建设的临时设施，包括备品备件、安装工具与资料，必须专用于工程。未经发包人批准，承包人不得运出施工现场或挪作他用；经发包人批准，承包人可以根据施工进度计划撤走闲置的施工设备和其他物品。

9. 试验与检验

9.1 试验设备与试验人员

9.1.1 承包人根据合同约定或监理人指示进行的现场材料试验，应由承包人提供试验场所、试验人员、试验设备以及其他必要的试验条件。监理人在必要时可以使用承包人提供的试验场所、试验设备以及其他试验条件，进行以工程质量检查为目的的材料复核试验，承包人应予以协助。

9.1.2 承包人应按专用合同条款的约定提供试验设备、取样装置、试验场所和试验条件，并向监理人提交相应进场计划表。

承包人配置的试验设备要符合相应试验规程的要求并经过具有资质的检测单位检测，且在正式使用该试验设备前，需要经过监理人与承包人共同校定。

9.1.3 承包人应向监理人提交试验人员的名单及其岗位、资格等证明资料，试验人员必须能够熟练进行相应的检测试验，承包人对试验人员的试验程序和试验结果的正确性负责。

9.2 取样

试验属于自检性质的，承包人可以单独取样。试验属于监理人抽检性质的，可由监理人取样，也可由承包人的试验人员在监理人的监督下取样。

9.3 材料、工程设备和工程的试验和检验

9.3.1 承包人应按合同约定进行材料、工程设备和工程的试验和检验，并为监理人对上述材料、工程设备和工程的质量检查提供必要的试验资料和原始记录。按合同约定应由监理人与承包人共同进行试验和检验的，由承包人负责提供必要的试验资料和原始记录。

9.3.2 试验属于自检性质的，承包人可以单独进行试验。试验属于监理人抽检性质的，监理人可以单独进行试验，也可由承包人与监理人共同进行。承包人对由监理人单独进行的试验结果有异议的，可以申请重新共同进行试验。约定共同进行试验的，监理人未按照约定参加试验的，承包人可自行试验，并将试验结果报送监理人，监理人应承认该试验结果。

9.3.3 监理人对承包人的试验和检验结果有异议的，或为查清承包人试验和检验成果的可靠性要求承包人重新试验和检验的，可由监理人与承包人共同进行。重新试验和检验的结果证明该项材料、工程设备或工程的质量不符合合同要求的，由此增加的费用和(或)延误的工期由承包人承担；重新试验和检验结果证明该项材料、工程设备和工程符合合同要求的，由此增加的费用和(或)延误的工期由发包人承担。

9.4 现场工艺试验

承包人应按合同约定或监理人指示进行现场工艺试验。对大型的现场工艺试验，监理人认为必要时，承包人应根据监理人提出的工艺试验要求，编制工艺试验措施计划，报送监理人审查。

10. 变更

10.1 变更的范围

除专用合同条款另有约定外，合同履行过程中发生以下情形的，应按照本条约定进行变更。

(1) 增加或减少合同中任何工作，或追加额外的工作;

(2) 取消合同中任何工作，但转由他人实施的工作除外;

(3) 改变合同中任何工作的质量标准或其他特性;

(4) 改变工程的基线、标高、位置和尺寸;

(5) 改变工程的时间安排或实施顺序。

10.2 变更权

发包人和监理人均可以提出变更。变更指示均通过监理人发出，监理人发出变更指示前应征得发包人同意。承包人收到经发包人签认的变更指示后，方可实施变更。未经许可，承包人不得擅自对工程的任何部分进行变更。

涉及设计变更的，应由设计人提供变更后的图纸和说明。如变更超过原设计标准或批准的建设规模时，发包人应及时办理规划、设计变更等审批手续。

10.3 变更程序

10.3.1 发包人提出变更。发包人提出变更的，应通过监理人向承包人发出变更指示，变更指示应说明计划变更的工程范围和变更的内容。

10.3.2 监理人提出变更建议。监理人提出变更建议的，需要向发包人以书面形式提出变更计划，说明计划变更工程范围和变更的内容、理由，以及实施该变更对合同价格和工期的影响。发包人同意变更的，由监理人向承包人发出变更指示。发包人不同意变更的，监理人无权擅自发出变更指示。

10.3.3 变更执行。承包人收到监理人下达的变更指示后，认为不能执行，应立即提出不能执行该变更指示的理由。承包人认为可以执行变更的，应当书面说明实施该变更指示对合同价格和工期的影响，且合同当事人应当按照第10.4款“变更估价”约定确定变更估价。

10.4 变更估价

10.4.1 变更估价原则。除专用合同条款另有约定外，变更估价按照本款约定处理。

(1) 已标价工程量清单或预算书有相同项目的，按照相同项目单价认定;

(2) 已标价工程量清单或预算书中无相同项目，但有类似项目的，参照类似项目的单价认定;

(3) 变更导致实际完成的变更工程量与已标价工程量清单或预算书中列明的该项目工程量的变化幅度超过15%的，或已标价工程量清单或预算书中无相同项目及类似项目单价的，按照合理的成本与利润构成的原则，由合同当事人按照第4.4款“商定或确定”确定变更工作的单价。

10.4.2 变更估价程序。承包人应在收到变更指示后14天内，向监理人提交变更估价申请。监理人应在收到承包人提交的变更估价申请后7天内审查完毕并报送发包人，监理人对变更估价申请有异议，通知承包人修改后重新提交。发包人应在承包人提交变更估价申请后14天内审批完毕。发包人逾期未完成审批或未提出异议的，视为认可承包人提交的变

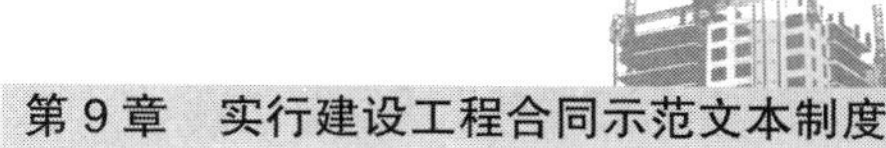


更估价申请。

因变更引起的价格调整应计入最近一期的进度款中支付。

10.5 承包人的合理化建议

承包人提出合理化建议的，应向监理人提交合理化建议说明，说明建议的内容和理由，以及实施该建议对合同价格和工期的影响。

除专用合同条款另有约定外，监理人应在收到承包人提交的合理化建议后 7 天内审查完毕并报送发包人，发现其中存在技术上的缺陷，应通知承包人修改。发包人应在收到监理人报送的合理化建议后 7 天内审批完毕。合理化建议经发包人批准的，监理人应及时发出变更指示，由此引起的合同价格调整按照第 10.4 款“变更估价”约定执行。发包人不同意变更的，监理人应书面通知承包人。

合理化建议降低了合同价格或者提高了工程经济效益的，发包人可对承包人给予奖励，奖励的方法和金额在专用合同条款中约定。

10.6 变更引起的工期调整

因变更引起工期变化的，合同当事人均可要求调整合同工期，由合同当事人按照第 4.4 款“商定或确定”并参考工程所在地的工期定额标准确定增减工期天数。

10.7 暂估价

暂估价专业分包工程、服务、材料和工程设备的明细由合同当事人在专用合同条款中约定。

10.7.1 依法必须招标的暂估价项目。对于依法必须招标的暂估价项目，采取以下第一种方式确定。合同当事人也可以在专用合同条款中选择其他招标方式。

第一种方式：对于依法必须招标的暂估价项目，由承包人招标，对该暂估价项目的确认和批准按照以下约定执行。

(1) 承包人应当根据施工进度计划，在招标工作启动前 14 天将招标方案通过监理人报送发包人审查，发包人应当在收到承包人报送的招标方案后 7 天内批准或提出修改意见。承包人应当按照经过发包人批准的招标方案开展招标工作。

(2) 承包人应当根据施工进度计划，提前 14 天将招标文件通过监理人报送发包人审批，发包人应当在收到承包人报送的相关文件后 7 天内完成审批或提出修改意见；发包人有权确定招标控制价并按照法律规定参加评标。

(3) 承包人与供应商、分包人在签订暂估价合同前，应当提前 7 天将确定的中标候选供应商或中标候选分包人的资料报送发包人，发包人应在收到资料后 3 天内与承包人共同确定中标人；承包人应当在签订合同后 7 天内，将暂估价合同副本报送发包人留存。

第二种方式：对于依法必须招标的暂估价项目，由发包人和承包人共同招标确定暂估价供应商或分包人的，承包人应按照施工进度计划，在招标工作启动前 14 天通知发包人，并提交暂估价招标方案和工作分工。发包人应在收到后 7 天内确认。确定中标人后，由发包人、承包人与中标人共同签订暂估价合同。

10.7.2 不属于依法必须招标的暂估价项目。除专用合同条款另有约定外，对于不属于依法必须招标的暂估价项目，采取以下第一种方式确定。

第一种方式：对于不属于依法必须招标的暂估价项目，按本项约定确认和批准。

(1) 承包人应根据施工进度计划，在签订暂估价项目的采购合同、分包合同前 28 天向监理人提出书面申请。监理人应当在收到申请后 3 天内报送发包人，发包人应当在收到申请后 14 天内给予批准或提出修改意见，发包人逾期未予批准或提出修改意见的，视为该书面申请已获得同意。

(2) 发包人认为承包人确定的供应商、分包人无法满足工程质量或合同要求的，发包人可以要求承包人重新确定暂估价项目的供应商、分包人。

(3) 承包人应当在签订暂估价合同后 7 天内，将暂估价合同副本报送发包人留存。

第二种方式：承包人按照第 10.7.1 项“依法必须招标的暂估价项目”约定的第一种方式确定暂估价项目。

第三种方式：承包人直接实施的暂估价项目

承包人具备实施暂估价项目的资格和条件的，经发包人和承包人协商一致后，可由承包人自行实施暂估价项目，合同当事人可以在专用合同条款约定具体事项。

10.7.3 因发包人原因导致暂估价合同订立和履行迟延的，由此增加的费用和(或)延误的工期由发包人承担，并支付承包人合理的利润。因承包人原因导致暂估价合同订立和履行迟延的，由此增加的费用和(或)延误的工期由承包人承担。

10.8 暂列金额

暂列金额应按照发包人的要求使用，发包人的要求应通过监理人发出。合同当事人可以在专用合同条款中协商确定有关事项。

10.9 计日工

需要采用计日工方式的，经发包人同意后，由监理人通知承包人以计日工计价方式实施相应的工作，其价款按列入已标价工程量清单或预算书中的计日工计价项目及其单价进行计算；已标价工程量清单或预算书中无相应的计日工单价的，按照合理的成本与利润构成的原则，由合同当事人按照第 4.4 款“商定或确定”确定变更工作的单价。

采用计日工计价的任何一项工作，承包人应在该项工作实施过程中，每天提交以下报表和有关凭证报送监理人审查。

(1) 工作名称、内容和数量；

(2) 投入该工作的所有人员的姓名、专业、工种、级别和耗用工时；

(3) 投入该工作的材料类别和数量；

(4) 投入该工作的施工设备型号、台数和耗用台时；

(5) 其他有关资料和凭证。

计日工由承包人汇总后，列入最近一期进度付款申请单，由监理人审查并经发包人批准后列入进度付款。

11. 价格调整

11.1 市场价格波动引起的调整

除专用合同条款另有约定外，市场价格波动超过合同当事人约定的范围，合同价格应当调整。合同当事人可以在专用合同条款中约定选择以下一种方式对合同价格进行调整。

第一种方式：采用价格指数进行价格调整。

(1) 价格调整公式。因人工、材料和设备等价格波动影响合同价格时，根据专用合同条款中约定的数据，按以下公式计算差额并调整合同价格：

$$\Delta P = P_0\left[A + \left(B_1 \times \frac{F_{t1}}{F_{01}} + B_2 \times \frac{F_{t2}}{F_{02}} + B_3 \times \frac{F_{t3}}{F_{03}} + \cdots + B_n \times \frac{F_{tn}}{F_{0n}}\right) - 1\right]$$

式中：$\Delta P$——需调整的价格差额；

$P_0$——约定的付款证书中承包人应得到的已完成工程量的金额。此项金额应不包括价格调整、不计质量保证金的扣留和支付、预付款的支付和扣回。约定的变更及其他金额已按现行价格计价的，也不计在内；

$A$——定值权重(即不调部分的权重)；

$B_1$、$B_2$、$B_3$、$\cdots B_n$——各可调因子的变值权重(即可调部分的权重)，为各可调因子在签约合同价中所占的比例；

$F_{t1}$、$F_{t2}$、$F_{t3}$、$\cdots F_{tn}$——各可调因子的现行价格指数，指约定的付款证书相关周期最后一天的前 42 天的各可调因子的价格指数；

$F_{01}$、$F_{02}$、$F_{03}$、$\cdots F_{0n}$——各可调因子的基本价格指数，指基准日期的各可调因子的价格指数。

以上价格调整公式中的各可调因子、定值和变值权重，以及基本价格指数及其来源在投标函附录价格指数和权重表中约定，非招标订立的合同，由合同当事人在专用合同条款中约定。价格指数应首先采用工程造价管理机构发布的价格指数，无前述价格指数时，可采用工程造价管理机构发布的价格代替。

(2) 暂时确定调整差额。在计算调整差额时无现行价格指数的，合同当事人同意暂用前次价格指数计算。实际价格指数有调整的，合同当事人进行相应调整。

(3) 权重的调整。因变更导致合同约定的权重不合理时，按照第 4.4 款“商定或确定”执行。

(4) 因承包人原因工期延误后的价格调整。因承包人原因未按期竣工的，对合同约定的竣工日期后继续施工的工程，在使用价格调整公式时，应采用计划竣工日期与实际竣工日期的两个价格指数中较低的一个作为现行价格指数。

第二种方式：采用造价信息进行价格调整。

合同履行期间，因人工、材料、工程设备和机械台班价格波动影响合同价格时，人工、机械使用费按照国家或省、自治区、直辖市建设行政管理部门、行业建设管理部门或其授权的工程造价管理机构发布的人工、机械使用费系数进行调整；需要进行价格调整的材料，其单价和采购数量应由发包人审批，发包人确认需调整的材料单价及数量，作为调整合同价格的依据。

(1) 人工单价发生变化且符合省级或行业建设主管部门发布的人工费调整规定，合同当事人应按省级或行业建设主管部门或其授权的工程造价管理机构发布的人工费等文件调整合同价格，但承包人对人工费或人工单价的报价高于发布价格的除外。

(2) 材料、工程设备价格变化的价款调整按照发包人提供的基准价格，按以下风险范围规定执行。

① 承包人在已标价工程量清单或预算书中载明材料单价低于基准价格的：除专用合同条款另有约定外，合同履行期间材料单价涨幅以基准价格为基础超过 5%时，或材料单价跌幅以在已标价工程量清单或预算书中载明材料单价为基础超过 5%时，其超过部分据实调整。

② 承包人在已标价工程量清单或预算书中载明材料单价高于基准价格的：除专用合同条款另有约定外，合同履行期间材料单价跌幅以基准价格为基础超过 5%时，材料单价涨幅以在已标价工程量清单或预算书中载明材料单价为基础超过 5%时，其超过部分据实调整。

③ 承包人在已标价工程量清单或预算书中载明材料单价等于基准价格的：除专用合同条款另有约定外，合同履行期间材料单价涨跌幅以基准价格为基础超过 ± 5%时，其超过部分据实调整。

④ 承包人应在采购材料前将采购数量和新的材料单价报发包人核对，发包人确认用于工程时，发包人应确认采购材料的数量和单价。发包人在收到承包人报送的确认资料后 5 天内不予答复的视为认可，作为调整合同价格的依据。未经发包人事先核对，承包人自行采购材料的，发包人有权不予调整合同价格。发包人同意的，可以调整合同价格。

前述基准价格是指由发包人在招标文件或专用合同条款中给定的材料、工程设备的价格，该价格原则上应当按照省级或行业建设主管部门或其授权的工程造价管理机构发布的信息价编制。

(3) 施工机械台班单价或施工机械使用费发生变化超过省级或行业建设主管部门或其授权的工程造价管理机构规定的范围时，按规定调整合同价格。

第三种方式：专用合同条款约定的其他方式。

11.2 法律变化引起的调整

基准日期后，法律变化导致承包人在合同履行过程中所需要的费用发生除第 11.1 款“市场价格波动引起的调整”约定以外的增加时，由发包人承担由此增加的费用；减少时，应从合同价格中予以扣减。基准日期后，因法律变化造成工期延误时，工期应予以顺延。

因法律变化引起的合同价格和工期调整，合同当事人无法达成一致的，由总监理工程师按第 4.4 款“商定或确定”的约定处理。

因承包人原因造成工期延误，在工期延误期间出现法律变化的，由此增加的费用和(或)延误的工期由承包人承担。

12. 合同价格、计量与支付

12.1 合同价格形式

发包人和承包人应在合同协议书中选择下列一种合同价格形式。

(1) 单价合同。单价合同是指合同当事人约定以工程量清单及其综合单价进行合同价格计算、调整和确认的建设工程施工合同，在约定的范围内合同单价不做调整。合同当事人应在专用合同条款中约定综合单价包含的风险范围和风险费用的计算方法，并约定风险范围以外的合同价格的调整方法，其中因市场价格波动引起的调整按第 11.1 款“市场价格波动引起的调整”约定执行。

(2) 总价合同。总价合同是指合同当事人约定以施工图、已标价工程量清单或预算书及有关条件进行合同价格计算、调整和确认的建设工程施工合同，在约定的范围内合同总价不做调整。合同当事人应在专用合同条款中约定总价包含的风险范围和风险费用的计算方法，并约定风险范围以外的合同价格的调整方法，其中因市场价格波动引起的调整按第 11.1 款“市场价格波动引起的调整”、因法律变化引起的调整按第 11.2 款“法律变化引起的调整”约定执行。

(3) 其他价格形式。合同当事人可在专用合同条款中约定其他合同价格形式。

12.2 预付款

12.2.1 预付款的支付。预付款的支付按照专用合同条款约定执行，但至迟应在开工通知载明的开工日期 7 天前支付。预付款应当用于材料、工程设备、施工设备的采购及修建临时工程、组织施工队伍进场等。

除专用合同条款另有约定外，预付款在进度付款中同比例扣回。在颁发工程接收证书前，提前解除合同的，尚未扣完的预付款应与合同价款一并结算。

发包人逾期支付预付款超过 7 天的，承包人有权向发包人发出要求预付的催告通知，发包人收到通知后 7 天内仍未支付的，承包人有权暂停施工，并按第 16.1.1 项“发包人违约的情形”执行。

12.2.2 预付款担保。发包人要求承包人提供预付款担保的，承包人应在发包人支付预付款 7 天前提供预付款担保，专用合同条款另有约定除外。预付款担保可采用银行保函、担保公司担保等形式，具体由合同当事人在专用合同条款中约定。在预付款完全扣回之前，承包人应保证预付款担保持续有效。

发包人在工程款中逐期扣回预付款后，预付款担保额度应相应减少，但剩余的预付款担保金额不得低于未被扣回的预付款金额。

12.3 计量

12.3.1 计量原则。工程量计量按照合同约定的工程量计算规则、图纸及变更指示等进行计量。工程量计算规则应以相关的国家标准、行业标准等为依据，由合同当事人在专用合同条款中约定。

12.3.2 计量周期。除专用合同条款另有约定外，工程量的计量按月进行。

12.3.3 单价合同的计量。除专用合同条款另有约定外，单价合同的计量按照本项约定执行。

(1) 承包人应于每月 25 日向监理人报送上月 20 日至当月 19 日已完成的工程量报告，并附具进度付款申请单、已完成工程量报表和有关资料。

(2) 监理人应在收到承包人提交的工程量报告后 7 天内完成对承包人提交的工程量报表的审核并报送发包人，以确定当月实际完成的工程量。监理人对工程量有异议的，有权要求承包人进行共同复核或抽样复测。承包人应协助监理人进行复核或抽样复测，并按监理人要求提供补充计量资料。承包人未按监理人要求参加复核或抽样复测的，监理人复核或修正的工程量视为承包人实际完成的工程量。

(3) 监理人未在收到承包人提交的工程量报表后的 7 天内完成审核的，承包人报送的工程量报告中的工程量视为承包人实际完成的工程量，据此计算工程价款。

12.3.4 总价合同的计量。除专用合同条款另有约定外，按月计量支付的总价合同，按照本项约定执行。

(1) 承包人应于每月 25 日向监理人报送上月 20 日至当月 19 日已完成的工程量报告，并附具进度付款申请单、已完成工程量报表和有关资料。

(2) 监理人应在收到承包人提交的工程量报告后 7 天内完成对承包人提交的工程量报表的审核并报送发包人，以确定当月实际完成的工程量。监理人对工程量有异议的，有权要求承包人进行共同复核或抽样复测。承包人应协助监理人进行复核或抽样复测并按监理人要求提供补充计量资料。承包人未按监理人要求参加复核或抽样复测的，监理人审核或修正的工程量视为承包人实际完成的工程量。

(3) 监理人未在收到承包人提交的工程量报表后的 7 天内完成复核的，承包人提交的工程量报告中的工程量视为承包人实际完成的工程量。

12.3.5 总价合同采用支付分解表计量支付的，可以按照第 12.3.4 项“总价合同的计量”约定进行计量，但合同价款按照支付分解表进行支付。

12.3.6 其他价格形式合同的计量。合同当事人可在专用合同条款中约定其他价格形式合同的计量方式和程序。

12.4 工程进度款支付

12.4.1 付款周期。除专用合同条款另有约定外，付款周期应按照第 12.3.2 项“计量周期”的约定与计量周期保持一致。

12.4.2 进度付款申请单的编制。除专用合同条款另有约定外，进度付款申请单应包括下列内容。

(1) 截至本次付款周期已完成工作对应的金额;

(2) 根据第 10 条“变更”应增加和扣减的变更金额;

(3) 根据第 12.2 款“预付款”约定应支付的预付款和扣减的返还预付款;

(4) 根据第 15.3 款“质量保证金”约定应扣减的质量保证金;

(5) 根据第 19 条“索赔”应增加和扣减的索赔金额;

(6) 对已签发的进度款支付证书中出现错误的修正，应在本次进度付款中支付或扣除的金额;

(7) 根据合同约定应增加和扣减的其他金额。

12.4.3 进度付款申请单的提交。

(1) 单价合同进度付款申请单的提交。

单价合同的进度付款申请单，按照第 12.3.3 项“单价合同的计量”约定的时间按月向监理人提交，并附上已完成工程量报表和有关资料。单价合同中的总价项目按月进行支付分解，并汇总列入当期进度付款申请单。

(2) 总价合同进度付款申请单的提交。

总价合同按月计量支付的，承包人按照第 12.3.4 项“总价合同的计量”约定的时间按月向监理人提交进度付款申请单，并附上已完成工程量报表和有关资料。

总价合同按支付分解表支付的，承包人应按照第 12.4.6 项“支付分解表”及第 12.4.2 项“进度付款申请单的编制”的约定向监理人提交进度付款申请单。

(3) 其他价格形式合同的进度付款申请单的提交。

合同当事人可在专用合同条款中约定其他价格形式合同的进度付款申请单的编制和提交程序。

12.4.4 进度款审核和支付。

(1) 除专用合同条款另有约定外，监理人应在收到承包人进度付款申请单以及相关资料后 7 天内完成审查并报送发包人，发包人应在收到后 7 天内完成审批并签发进度款支付证书。发包人逾期未完成审批且未提出异议的，视为已签发进度款支付证书。

发包人和监理人对承包人的进度付款申请单有异议的，有权要求承包人修正和提供补充资料，承包人应提交修正后的进度付款申请单。监理人应在收到承包人修正后的进度付款申请单及相关资料后 7 天内完成审查并报送发包人，发包人应在收到监理人报送的进度付款申请单及相关资料后 7 天内，向承包人签发无异议部分的临时进度款支付证书。存在争议的部分，按照第 20 条“争议解决”的约定处理。

(2) 除专用合同条款另有约定外，发包人应在进度款支付证书或临时进度款支付证书签发后 14 天内完成支付，发包人逾期支付进度款的，应按照中国人民银行发布的同期同类贷款基准利率支付违约金。

(3) 发包人签发进度款支付证书或临时进度款支付证书，不表明发包人已同意、批准或接受了承包人完成的相应部分的工作。

12.4.5 进度付款的修正。在对已签发的进度款支付证书进行阶段汇总和复核中发现错误、遗漏或重复的，发包人和承包人均有权提出修正申请。经发包人和承包人同意的修正，应在下期进度付款中支付或扣除。

12.4.6 支付分解表。

(1) 支付分解表的编制要求。

① 支付分解表中所列的每期付款金额，应为第 12.4.2 项“进度付款申请单的编制”第(1)目的估算金额；

② 实际进度与施工进度计划不一致的，合同当事人可按照第 4.4 款“商定或确定”修改支付分解表；

③ 不采用支付分解表的，承包人应向发包人和监理人提交按季度编制的支付估算分解表，用于支付参考。

(2) 总价合同支付分解表的编制与审批。

① 除专用合同条款另有约定外，承包人应根据第 7.2 款“施工进度计划”约定的施工进度计划、签约合同价和工程量等因素对总价合同按月进行分解，编制支付分解表。承包人应当在收到监理人和发包人批准的施工进度计划后 7 天内，将支付分解表及编制支付分解表的支持性资料报送监理人。

② 监理人应在收到支付分解表后 7 天内完成审核并报送发包人。发包人应在收到经监理人审核的支付分解表后 7 天内完成审批，经发包人批准的支付分解表为有约束力的支付分解表。

③ 发包人逾期未完成支付分解表审批的，也未及时要求承包人进行修正和提供补充资料的，则承包人提交的支付分解表视为已经获得发包人批准。

(3) 单价合同的总价项目支付分解表的编制与审批。

除专用合同条款另有约定外，单价合同的总价项目，由承包人根据施工进度计划和总价项目的总价构成、费用性质、计划发生时间和相应工程量等因素按月进行分解，形成支付分解表，其编制与审批参照总价合同支付分解表的编制与审批执行。

12.5 支付账户

发包人应将合同价款支付至合同协议书中约定的承包人账户。

13. 验收和工程试车

13.1 分部分项工程验收

13.1.1 分部分项工程质量应符合国家有关工程施工验收规范、标准及合同约定，承包人应按照施工组织设计的要求完成分部分项工程施工。

13.1.2 除专用合同条款另有约定外，分部分项工程经承包人自检合格并具备验收条件的，承包人应提前 48 小时通知监理人进行验收。监理人不能按时进行验收的，应在验收前 24 小时内向承包人提交书面延期要求，但延期不能超过 48 小时。监理人未按时进行验收，也未提出延期要求的，承包人有权自行验收，监理人应认可验收结果。分部分项工程未经验收的，不得进入下一道工序施工。

分部分项工程的验收资料应当作为竣工资料的组成部分。

13.2 竣工验收

13.2.1 竣工验收条件。工程具备以下条件的，承包人可以申请竣工验收。

(1) 除发包人同意的甩项工作和缺陷修补工作外，合同范围内的全部工程以及有关工作，包括合同要求的试验、试运行以及检验均已完成，并符合合同要求；

(2) 已按合同约定编制了甩项工作和缺陷修补工作清单以及相应的施工计划；

(3) 已按合同约定的内容和份数备齐竣工资料。

13.2.2 竣工验收程序。除专用合同条款另有约定外，承包人申请竣工验收的，应当按照以下程序进行。

(1) 承包人向监理人报送竣工验收申请报告，监理人应在收到竣工验收申请报告后 14 天内完成审查并报送发包人。监理人审查后认为尚不具备验收条件的，应通知承包人在竣工验收前承包人还需完成的工作内容，承包人应在完成监理人通知的全部工作内容后，再次提交竣工验收申请报告。

(2) 监理人审查后认为已具备竣工验收条件的，应将竣工验收申请报告提交发包人，发包人应在收到经监理人审核的竣工验收申请报告后 28 天内审批完毕并组织监理人、承包人、设计人等相关单位完成竣工验收。

(3) 竣工验收合格的，发包人应在验收合格后 14 天内向承包人签发工程接收证书。发包人无正当理由逾期不颁发工程接收证书的，自验收合格后第 15 天起视为已颁发工程接收证书。

(4) 竣工验收不合格的，监理人应按照验收意见发出指示，要求承包人对不合格工程返工、修复或采取其他补救措施，由此增加的费用和(或)延误的工期由承包人承担。承包人在完成不合格工程的返工、修复或采取其他补救措施后，应重新提交竣工验收申请报告，并按本项约定的程序重新进行验收。

(5) 工程未经验收或验收不合格，发包人擅自使用的，应在转移占有工程后 7 天内向承包人颁发工程接收证书；发包人无正当理由逾期不颁发工程接收证书的，自转移占有后第 15 天起视为已颁发工程接收证书。

除专用合同条款另有约定外，发包人不按照本项约定组织竣工验收、颁发工程接收证书的，每逾期一天，应以签约合同价为基数，按照中国人民银行发布的同期同类贷款基准利率支付违约金。

13.2.3 竣工日期。工程经竣工验收合格的，以承包人提交竣工验收申请报告之日为实际竣工日期，并在工程接收证书中载明；因发包人原因，未在监理人收到承包人提交的竣工验收申请报告 42 天内完成竣工验收，或完成竣工验收不予签发工程接收证书的，以提交竣工验收申请报告的日期为实际竣工日期；工程未经竣工验收，发包人擅自使用的，以转移占有工程之日为实际竣工日期。

13.2.4 拒绝接收全部或部分工程。对于竣工验收不合格的工程，承包人完成整改后，应当重新进行竣工验收，经重新组织验收仍不合格的且无法采取措施补救的，则发包人可以拒绝接收不合格工程，因不合格工程导致其他工程不能正常使用的，承包人应采取措施确保相关工程的正常使用，由此增加的费用和(或)延误的工期由承包人承担。

13.2.5 移交、接收全部与部分工程。除专用合同条款另有约定外，合同当事人应当在颁发工程接收证书后 7 天内完成工程的移交。

发包人无正当理由不接收工程的，发包人自应当接收工程之日起，承担工程照管、成品保护、保管等与工程有关的各项费用，合同当事人可以在专用合同条款中另行约定发包人逾期接收工程的违约责任。

承包人无正当理由不移交工程的，承包人应承担工程照管、成品保护、保管等与工程有关的各项费用，合同当事人可以在专用合同条款中另行约定承包人无正当理由不移交工程的违约责任。

13.3 工程试车

13.3.1 试车程序。工程需要试车的，除专用合同条款另有约定外，试车内容应与承包人承包范围相一致，试车费用由承包人承担。工程试车应按如下程序进行。

(1) 具备单机无负荷试车条件，承包人组织试车，并在试车前 48 小时书面通知监理人，通知中应载明试车内容、时间、地点。承包人准备试车记录，发包人根据承包人要求为试车提供必要条件。试车合格的，监理人在试车记录上签字。监理人在试车合格后不在试车记录上签字，自试车结束满 24 小时后视为监理人已经认可试车记录，承包人可继续施工或办理竣工验收手续。

监理人不能按时参加试车，应在试车前 24 小时以书面形式向承包人提出延期要求，但延期不能超过 48 小时，由此导致工期延误的，工期应予以顺延。监理人未能在前述期限内提出延期要求，又不参加试车的，视为认可试车记录。

(2) 具备无负荷联动试车条件，发包人组织试车，并在试车前 48 小时以书面形式通知承包人。通知中应载明试车内容、时间、地点和对承包人的要求，承包人按要求做好准备工作。试车合格，合同当事人在试车记录上签字。承包人无正当理由不参加试车的，视为认可试车记录。

13.3.2 试车中的责任。因设计原因导致试车达不到验收要求，发包人应要求设计人修改设计，承包人按修改后的设计重新安装。发包人承担修改设计、拆除及重新安装的全部费用，工期相应顺延。因承包人原因导致试车达不到验收要求，承包人按监理人要求重新安装和试车，并承担重新安装和试车的费用，工期不予顺延。

因工程设备制造原因导致试车达不到验收要求的，由采购该工程设备的合同当事人负责重新购置或修理，承包人负责拆除和重新安装，由此增加的修理、重新购置、拆除及重新安装的费用及延误的工期由采购该工程设备的合同当事人承担。

13.3.3 投料试车。如需进行投料试车的，发包人应在工程竣工验收后组织投料试车。发包人要求在工程竣工验收前进行或需要承包人配合时，应征得承包人同意，并在专用合同条款中约定有关事项。

投料试车合格的，费用由发包人承担；因承包人原因造成投料试车不合格的，承包人应按照发包人要求进行整改，由此产生的整改费用由承包人承担；非因承包人原因导致投料试车不合格的，如发包人要求承包人进行整改的，由此产生的费用由发包人承担。

13.4 提前交付单位工程的验收

13.4.1 发包人需要在工程竣工前使用单位工程的，或承包人提出提前交付已经竣工的单位工程且经发包人同意的，可进行单位工程验收，验收的程序按照第 13.2 款“竣工验收”的约定进行。

验收合格后，由监理人向承包人出具经发包人签认的单位工程接收证书。已签发单位工程接收证书的单位工程由发包人负责照管。单位工程的验收成果和结论作为整体工程竣工验收申请报告的附件。

13.4.2 发包人要求在工程竣工前交付单位工程，由此导致承包人费用增加和(或)工期延误的，由发包人承担由此增加的费用和(或)延误的工期，并支付承包人合理的利润。

13.5 施工期运行

13.5.1 施工期运行是指合同工程尚未全部竣工，其中某项或某几项单位工程或工程设备安装已竣工，根据专用合同条款约定，需要投入施工期运行的，经发包人按第 13.4 款“提前交付单位工程的验收”的约定验收合格，证明能确保安全后，才能在施工期投入运行。

13.5.2 在施工运行中发现工程或工程设备损坏或存在缺陷的，由承包人按第 15.2 款“缺陷责任期”约定进行修复。

13.6 竣工退场与地表还原

13.6.1 竣工退场。颁发工程接收证书后，承包人应按以下要求对施工现场进行清理。

(1) 施工现场内残留的垃圾已全部清除出场；

(2) 临时工程已拆除，场地已进行清理、平整或复原；

(3) 按合同约定应撤离的人员、承包人施工设备和剩余的材料，包括废弃的施工设备和材料，已按计划撤离施工现场；

(4) 施工现场周边及其附近道路、河道的施工堆积物，已全部清理；

(5) 施工现场其他场地清理工作已全部完成。

施工现场的竣工退场费用由承包人承担。承包人应在专用合同条款约定的期限内完成竣工退场，逾期未完成的，发包人有权出售或另行处理承包人遗留的物品，由此支出的费用由承包人承担，发包人出售承包人遗留物品所得款项在扣除必要费用后应返还承包人。

13.6.2 地表还原。承包人应按发包人要求恢复临时占地及清理场地，承包人未按发包人的要求恢复临时占地，或者场地清理未达到合同约定要求的，发包人有权委托其他人恢复或清理，所发生的费用由承包人承担。

14. 竣工结算

14.1 竣工结算申请

除专用合同条款另有约定外，承包人应在工程竣工验收合格后 28 天内向发包人和监理人提交竣工结算申请单，并提交完整的结算资料，有关竣工结算申请单的资料清单和份数等要求由合同当事人在专用合同条款中约定。

除专用合同条款另有约定外，竣工结算申请单应包括以下内容。

(1) 竣工结算合同价格；

(2) 发包人已支付承包人的款项；

(3) 应扣留的质量保证金；

(4) 发包人应支付承包人的合同价款。

14.2 竣工结算审核

(1) 除专用合同条款另有约定外，监理人应在收到竣工结算申请单后 14 天内完成核查并报送发包人。发包人应在收到监理人提交的经审核的竣工结算申请单后 14 天内完成审批，并由监理人向承包人签发经发包人签认的竣工付款证书。监理人或发包人对竣工结算申请单有异议的，有权要求承包人进行修正和提供补充资料，承包人应提交修正后的竣工结算申请单。

发包人在收到承包人提交竣工结算申请书后 28 天内未完成审批且未提出异议的，视为发包人认可承包人提交的竣工结算申请单，并自发包人收到承包人提交的竣工结算申请单后第 29 天起视为已签发竣工付款证书。

(2) 除专用合同条款另有约定外，发包人应在签发竣工付款证书后的 14 天内，完成对承包人的竣工付款。发包人逾期支付的，按照中国人民银行发布的同期同类贷款基准利率支付违约金；逾期支付超过 56 天的，按照中国人民银行发布的同期同类贷款基准利率的两倍支付违约金。

(3) 承包人对发包人签认的竣工付款证书有异议的，对于有异议部分应在收到发包人签认的竣工付款证书后 7 天内提出异议，并由合同当事人按照专用合同条款约定的方式和程序进行复核，或按照第 20 条“争议解决”约定处理。对于无异议部分，发包人应签发临时竣工付款证书，并按本款第(2)项完成付款。承包人逾期未提出异议的，视为认可发包人的审批结果。

14.3 甩项竣工协议

发包人要求甩项竣工的，合同当事人应签订甩项竣工协议。在甩项竣工协议中应明确，合同当事人按照第 14.1 款“竣工结算申请”及 14.2 款“竣工结算审核”的约定，对已完合格工程进行结算，并支付相应合同价款。

14.4 最终结清

14.4.1 最终结清申请单

(1) 除专用合同条款另有约定外，承包人应在缺陷责任期终止证书颁发后 7 天内，按专用合同条款约定的份数向发包人提交最终结清申请单，并提供相关证明材料。

除专用合同条款另有约定外，最终结清申请单应列明质量保证金、应扣除的质量保证金、缺陷责任期内发生的增减费用。

(2) 发包人对最终结清申请单内容有异议的，有权要求承包人进行修正和提供补充资料，承包人应向发包人提交修正后的最终结清申请单。

14.4.2 最终结清证书和支付

(1) 除专用合同条款另有约定外，发包人应在收到承包人提交的最终结清申请单后 14 天内完成审批并向承包人颁发最终结清证书。发包人逾期未完成审批，又未提出修改意见的，视为发包人同意承包人提交的最终结清申请单，且自发包人收到承包人提交的最终结清申请单后 15 天起视为已颁发最终结清证书。

(2) 除专用合同条款另有约定外，发包人应在颁发最终结清证书后 7 天内完成支付。发包人逾期支付的，按照中国人民银行发布的同期同类贷款基准利率支付违约金；逾期支付超过56天的，按照中国人民银行发布的同期同类贷款基准利率的两倍支付违约金。

(3) 承包人对发包人颁发的最终结清证书有异议的，按第20条“争议解决”的约定办理。

15. 缺陷责任与保修

15.1 工程保修的原则

在工程移交发包人后，因承包人原因产生的质量缺陷，承包人应承担质量缺陷责任和保修义务。缺陷责任期届满，承包人仍应按合同约定的工程各部位保修年限承担保修义务。

15.2 缺陷责任期

15.2.1 缺陷责任期自实际竣工日起计算，合同当事人应在专用合同条款约定缺陷责任期的具体期限，但该期限最长不超过24个月。

单位工程先于全部工程进行验收，经验收合格并交付使用的，该单位工程缺陷责任期自单位工程验收合格之日起算。因发包人原因导致工程无法按合同约定期限进行竣工验收的，缺陷责任期自承包人提交竣工验收申请报告之日起开始计算；发包人未经竣工验收擅自使用工程的，缺陷责任期自工程转移占有之日起开始计算。

15.2.2 工程竣工验收合格后，因承包人原因导致的缺陷或损坏致使工程、单位工程或某项主要设备不能按原定目的使用的，则发包人有权要求承包人延长缺陷责任期，并应在原缺陷责任期届满前发出延长通知，但缺陷责任期最长不能超过24个月。

15.2.3 任何一项缺陷或损坏修复后，经检查证明其影响了工程或工程设备的使用性能，承包人应重新进行合同约定的试验和试运行，试验和试运行的全部费用应由责任方承担。

15.2.4 除专用合同条款另有约定外，承包人应于缺陷责任期届满后7天内向发包人发出缺陷责任期届满通知，发包人应在收到缺陷责任期满通知后14天内核实承包人是否履行缺陷修复义务，承包人未能履行缺陷修复义务的，发包人有权扣除相应金额的维修费用。发包人应在收到缺陷责任期届满通知后14天内，向承包人颁发缺陷责任期终止证书。

15.3 质量保证金

经合同当事人协商一致扣留质量保证金的，应在专用合同条款中予以明确。

15.3.1 承包人提供质量保证金的方式。承包人提供质量保证金有以下三种方式。

(1) 质量保证金保函；

(2) 相应比例的工程款；

(3) 双方约定的其他方式。

除专用合同条款另有约定外，质量保证金原则上采用上述第(1)种方式。

15.3.2 质量保证金的扣留。质量保证金的扣留有以下三种方式。

(1) 在支付工程进度款时逐次扣留，在此情形下，质量保证金的计算基数不包括预付款的支付、扣回以及价格调整的金额；

(2) 工程竣工结算时一次性扣留质量保证金；

(3) 双方约定的其他扣留方式。

除专用合同条款另有约定外，质量保证金的扣留原则上采用上述第(1)种方式。

发包人累计扣留的质量保证金不得超过结算合同价格的5%，如承包人在发包人签发竣工付款证书后28天内提交质量保证金保函，发包人应同时退还扣留的作为质量保证金的工程价款。

15.3.3 质量保证金的退还。发包人应按 14.4 款“最终结清”的约定退还质量保证金。

15.4 保修

15.4.1 保修责任。工程保修期从工程竣工验收合格之日起算，具体分部分项工程的保修期由合同当事人在专用合同条款中约定，但不得低于法定最低保修年限。在工程保修期内，承包人应当根据有关法律规定以及合同约定承担保修责任。

发包人未经竣工验收擅自使用工程的，保修期自转移占有之日起算。

15.4.2 修复费用。保修期内，修复的费用按照以下约定处理。

(1) 保修期内，因承包人原因造成工程的缺陷、损坏，承包人应负责修复，并承担修复的费用以及因工程的缺陷、损坏造成的人身伤害和财产损失；

(2) 保修期内，因发包人使用不当造成工程的缺陷、损坏，可以委托承包人修复，但发包人应承担修复的费用，并支付承包人合理利润；

(3) 因其他原因造成工程的缺陷、损坏，可以委托承包人修复，发包人应承担修复的费用，并支付承包人合理的利润，因工程的缺陷、损坏造成的人身伤害和财产损失由责任方承担。

15.4.3 修复通知。在保修期内，发包人在使用过程中，发现已接收的工程存在缺陷或损坏的，应书面通知承包人予以修复，但情况紧急必须立即修复缺陷或损坏的，发包人可以口头通知承包人并在口头通知后 48 小时内书面确认，承包人应在专用合同条款约定的合理期限内到达工程现场并修复缺陷或损坏。

15.4.4 未能修复。因承包人原因造成工程的缺陷或损坏，承包人拒绝维修或未能在合理期限内修复缺陷或损坏，且经发包人书面催告后仍未修复的，发包人有权自行修复或委托第三方修复，所需费用由承包人承担。但修复范围超出缺陷或损坏范围的，超出范围部分的修复费用由发包人承担。

15.4.5 承包人出入权。在保修期内，为了修复缺陷或损坏，承包人有权出入工程现场，除情况紧急必须立即修复缺陷或损坏外，承包人应提前 24 小时通知发包人进场修复的时间。承包人进入工程现场前应获得发包人同意，且不应影响发包人正常的生产经营，并应遵守发包人有关保安和保密等规定。

16. 违约

16.1 发包人违约

16.1.1 发包人违约的情形。在合同履行过程中发生的下列情形，属于发包人违约。

(1) 因发包人原因未能在计划开工日期前 7 天内下达开工通知的；

(2) 因发包人原因未能按合同约定支付合同价款的；

(3) 发包人违反第 10.1 款“变更的范围”第(2)项约定，自行实施被取消的工作或转由他人实施的；

(4) 发包人提供的材料、工程设备的规格、数量或质量不符合合同约定，或因发包人原因导致交货日期延误或交货地点变更等情况的；

(5) 因发包人违反合同约定造成暂停施工的；

(6) 发包人无正当理由没有在约定期限内发出复工指示，导致承包人无法复工的；

(7) 发包人明确表示或者以其行为表明不履行合同主要义务的；

(8) 发包人未能按照合同约定履行其他义务的。

发包人发生除本项第(7)目以外的违约情况时，承包人可向发包人发出通知，要求发包人采取有效措施纠正违约行为。发包人收到承包人通知后 28 天内仍不纠正违约行为的，承包人有权暂停相应部位工程施工，并通知监理人。

16.1.2 发包人违约的责任。发包人应承担因其违约给承包人增加的费用和(或)延误的工期，并支付承包人合理的利润。此外，合同当事人可在专用合同条款中另行约定发包人违约责任的承担方式和计算方法。

16.1.3 因发包人违约解除合同。除专用合同条款另有约定外，承包人按第 16.1.1 项“发包人违约的情形”约定暂停施工满 28 天后，发包人仍不纠正其违约行为并致使合同目的不能实现的，或出现第 16.1.1 项“发包人违约的情形”第(7)目约定的违约情况，承包人有权解除合同，发包人应承担由此增加的费用，并支付承包人合理的利润。

16.1.4 因发包人违约解除合同后的付款。承包人按照本款约定解除合同的，发包人应在解除合同后 28 天内支付下列款项，并解除履约担保。

(1) 合同解除前所完成工作的价款；

(2) 承包人为工程施工订购并已付款的材料、工程设备和其他物品的价款；

(3) 承包人撤离施工现场以及遣散承包人人员的款项；

(4) 按照合同约定在合同解除前应支付的违约金；

(5) 按照合同约定应当支付给承包人的其他款项；

(6) 按照合同约定应退还的质量保证金；

(7) 因解除合同给承包人造成的损失。

合同当事人未能就解除合同后的结清达成一致的，按照第 20 条“争议解决”的约定处理。

承包人应妥善做好已完工程和与工程有关的已购材料、工程设备的保护和移交工作，并将施工设备和人员撤出施工现场，发包人应为承包人撤出提供必要条件。

16.2 承包人违约

16.2.1 承包人违约的情形。在合同履行过程中发生的下列情形，属于承包人违约。

(1) 承包人违反合同约定进行转包或违法分包的；

(2) 承包人违反合同约定采购和使用不合格的材料和工程设备的；

(3) 因承包人原因导致工程质量不符合合同要求的；

(4) 承包人违反第 8.9 款“材料与设备专用要求”的约定，未经批准，私自将已按照合同约定进入施工现场的材料或设备撤离施工现场的；

(5) 承包人未能按施工进度计划及时完成合同约定的工作，造成工期延误的；

(6) 承包人在缺陷责任期及保修期内，未能在合理期限对工程缺陷进行修复，或拒绝按发包人要求进行修复的；

(7) 承包人明确表示或者以其行为表明不履行合同主要义务的；

(8) 承包人未能按照合同约定履行其他义务的。

承包人发生除本项第(7)目约定以外的其他违约情况时，监理人可向承包人发出整改通知，要求其在指定的期限内改正。

16.2.2 承包人违约的责任。承包人应承担因其违约行为而增加的费用和(或)延误的工期。此外，合同当事人可在专用合同条款中另行约定承包人违约责任的承担方式和计算方法。

16.2.3 因承包人违约解除合同。除专用合同条款另有约定外，出现第16.2.1项“承包人违约的情形”第(7)目约定的违约情况时，或监理人发出整改通知后，承包人在指定的合理期限内仍不纠正违约行为并致使合同目的不能实现的，发包人有权解除合同。合同解除后，因继续完成工程的需要，发包人有权使用承包人在施工现场的材料、设备、临时工程、承包人文件和由承包人或以其名义编制的其他文件，合同当事人应在专用合同条款约定相应费用的承担方式。发包人继续使用的行为不免除或减轻承包人应承担的违约责任。

16.2.4 因承包人违约解除合同后的处理。因承包人原因导致合同解除的，则合同当事人应在合同解除后28天内完成估价、付款和清算，并按以下约定执行。

(1) 合同解除后，按第4.4款“商定或确定”商定或确定承包人实际完成工作对应的合同价款，以及承包人已提供的材料、工程设备、施工设备和临时工程等的价值；

(2) 合同解除后，承包人应支付的违约金；

(3) 合同解除后，因解除合同给发包人造成的损失；

(4) 合同解除后，承包人应按照发包人要求和监理人的指示完成现场的清理和撤离；

(5) 发包人和承包人应在合同解除后进行清算，出具最终结清付款证书，结清全部款项。

因承包人违约解除合同的，发包人有权暂停对承包人的付款，查清各项付款和已扣款项。发包人和承包人未能就合同解除后的清算和款项支付达成一致的，按照第20条“争议解决”的约定处理。

16.2.5 采购合同权益转让。因承包人违约解除合同的，发包人有权要求承包人将其为实施合同而签订的材料和设备的采购合同的权益转让给发包人，承包人应在收到解除合同通知后14天内，协助发包人与采购合同的供应商达成相关的转让协议。

16.3 第三人造成的违约

在履行合同过程中，一方当事人因第三人的原因造成违约的，应当向对方当事人承担违约责任。一方当事人和第三人之间的纠纷，依照法律规定或者按照约定解决。

17. 不可抗力

17.1 不可抗力的确认

不可抗力是指合同当事人在签订合同时不可预见，在合同履行过程中不可避免且不能克服的自然灾害和社会性突发事件，如地震、海啸、瘟疫、骚乱、戒严、暴动、战争和专用合同条款中约定的其他情形。

不可抗力事件发生后，发包人和承包人应收集证明不可抗力发生及不可抗力造成损失的证据，并及时认真统计所造成的损失。合同当事人对是否属于不可抗力或其损失的意见不一致的，由监理人按第4.4款“商定或确定”的约定处理。发生争议时，按第20条“争议解决”的约定处理。

17.2 不可抗力事件的通知

合同一方当事人遇到不可抗力事件，使其履行合同义务受到阻碍时，应立即通知合同另一方当事人和监理人，书面说明不可抗力和受阻碍的详细情况，并提供必要的证明。

不可抗力持续发生的，合同一方当事人应及时向合同另一方当事人和监理人提交中间报告，说明不可抗力和履行合同受阻的情况，并于不可抗力事件结束后28天内提交最终报告及有关资料。

17.3 不可抗力后果的承担

17.3.1 不可抗力引起的后果及造成的损失由合同当事人按照法律规定及合同约定各自承担。不可抗力发生前已完成的工程应当按照合同约定进行计量支付。

17.3.2 不可抗力导致的人员伤亡、财产损失、费用增加和(或)工期延误等后果，由合同当事人按以下原则承担。

(1) 永久工程、已运至施工现场的材料和工程设备的损坏，以及因工程损坏造成的第三人人员伤亡和财产损失由发包人承担；

(2) 承包人施工设备的损坏由承包人承担；

(3) 发包人和承包人承担各自人员伤亡和财产的损失；

(4) 因不可抗力影响承包人履行合同约定的义务，已经引起或将引起工期延误的，应当顺延工期，由此导致承包人停工的费用损失由发包人和承包人合理分担，停工期间必须支付的工人工资由发包人承担；

(5) 因不可抗力引起或将引起工期延误，发包人要求赶工的，由此增加的赶工费用由发包人承担；

(6) 承包人在停工期间按照发包人的要求照管、清理和修复工程的费用由发包人承担。

不可抗力事件发生后，合同当事人均应采取措施尽量避免和减少损失的扩大，任何一方当事人没有采取有效措施导致损失扩大的，应对扩大的损失承担责任。

因合同一方迟延履行合同义务，在迟延履行期间遭遇不可抗力的，不免除其违约责任。

17.4 因不可抗力解除合同

因不可抗力导致合同无法履行连续超过84天或累计超过140天的，发包人和承包人均有权解除合同。合同解除后，由双方当事人按照第4.4款“商定或确定”商定或确定发包人应支付的款项，该款项包括:

(1) 合同解除前承包人已完成工作的价款；

(2) 承包人为工程订购的并已交付给承包人，或承包人有责任接受交付的材料、工程设备和其他物品的价款；

(3) 发包人要求承包人退货或解除订货合同而产生的费用，或因不能退货或解除合同而产生的损失；

(4) 承包人撤离施工现场以及遣散承包人人员的费用；

(5) 按照合同约定在合同解除前应支付给承包人的其他款项；

(6) 扣减承包人按照合同约定应向发包人支付的款项；

(7) 双方商定或确定的其他款项。

除专用合同条款另有约定外，合同解除后，发包人应在商定或确定上述款项后28天内完成上述款项的支付。

18. 保险

18.1 工程保险

除专用合同条款另有约定外，发包人应投保建筑工程一切险或安装工程一切险；发包人委托承包人投保的，因投保产生的保险费和其他相关费用由发包人承担。

18.2 工伤保险

18.2.1 发包人应依照法律规定参加工伤保险，并为在施工现场的全部员工办理工伤保险，缴纳工伤保险费，并要求监理人及由发包人为履行合同聘请的第三方依法参加工伤保险。

18.2.2 承包人应依照法律规定参加工伤保险，并为其履行合同的全部员工办理工伤保险，缴纳工伤保险费，并要求分包人及由承包人为履行合同聘请的第三方依法参加工伤保险。

18.3 其他保险

发包人和承包人可以为其施工现场的全部人员办理意外伤害保险并支付保险费，包括其员工及为履行合同聘请的第三方的人员，具体事项由合同当事人在专用合同条款约定。

除专用合同条款另有约定外，承包人应为其施工设备等办理财产保险。

18.4 持续保险

合同当事人应与保险人保持联系，使保险人能够随时了解工程实施中的变动，并确保按保险合同条款要求持续保险。

18.5 保险凭证

合同当事人应及时向另一方当事人提交其已投保的各项保险的凭证和保险单复印件。

18.6 未按约定投保的补救

18.6.1 发包人未按合同约定办理保险，或未能使保险持续有效的，则承包人可代为办理，所需费用由发包人承担。发包人未按合同约定办理保险，导致未能得到足额赔偿的，由发包人负责补足。

18.6.2 承包人未按合同约定办理保险，或未能使保险持续有效的，则发包人可代为办理，所需费用由承包人承担。承包人未按合同约定办理保险，导致未能得到足额赔偿的，由承包人负责补足。

18.7 通知义务

除专用合同条款另有约定外，发包人变更除工伤保险之外的保险合同时，应事先征得承包人同意，并通知监理人；承包人变更除工伤保险之外的保险合同时，应事先征得发包人同意，并通知监理人。

保险事故发生时，投保人应按照保险合同规定的条件和期限及时向保险人报告。发包人和承包人应当在知道保险事故发生后及时通知对方。

19. 索赔

19.1 承包人的索赔

根据合同约定，承包人认为有权得到追加付款和(或)延长工期的，应按以下程序向发包人提出索赔。

(1) 承包人应在知道或应当知道索赔事件发生后 28 天内，向监理人递交索赔意向通知书，并说明发生索赔事件的事由；承包人未在前述 28 天内发出索赔意向通知书的，丧失要求追加付款和(或)延长工期的权利；

(2) 承包人应在发出索赔意向通知书后 28 天内，向监理人正式递交索赔报告；索赔报告应详细说明索赔理由以及要求追加的付款金额和(或)延长的工期，并附必要的记录和证明材料；

(3) 索赔事件具有持续影响的，承包人应按合理时间间隔继续递交延续索赔通知，说明持续影响的实际情况和记录，列出累计的追加付款金额和(或)工期延长天数；

(4) 在索赔事件影响结束后 28 天内，承包人应向监理人递交最终索赔报告，说明最终要求索赔的追加付款金额和(或)延长的工期，并附必要的记录和证明材料。

19.2 对承包人索赔的处理

对承包人索赔的处理如下。

(1) 监理人应在收到索赔报告后 14 天内完成审查并报送发包人。监理人对索赔报告存在异议的，有权要求承包人提交全部原始记录副本；

(2) 发包人应在监理人收到索赔报告或有关索赔的进一步证明材料后的 28 天内，由监理人向承包人出具经发包人签认的索赔处理结果。发包人逾期答复的，则视为认可承包人的索赔要求；

(3) 承包人接受索赔处理结果的，索赔款项在当期进度款中进行支付；承包人不接受索赔处理结果的，按照第 20 条“争议解决”约定处理。

19.3 发包人的索赔

根据合同约定，发包人认为有权得到赔付金额和(或)延长缺陷责任期的，监理人应向承包人发出通知并附有详细的证明。

发包人应在知道或应当知道索赔事件发生后 28 天内通过监理人向承包人提出索赔意向通知书，发包人未在前述 28 天内发出索赔意向通知书的，丧失要求赔付金额和(或)延长缺陷责任期的权利。发包人应在发出索赔意向通知书后 28 天内，通过监理人向承包人正式递交索赔报告。

19.4 对发包人索赔的处理

对发包人索赔的处理如下。

(1) 承包人收到发包人提交的索赔报告后，应及时审查索赔报告的内容、查验发包人证明材料；

(2) 承包人应在收到索赔报告或有关索赔的进一步证明材料后 28 天内，将索赔处理结果答复发包人。如果承包人未在上述期限内做出答复的，则视为对发包人索赔要求的认可；

(3) 承包人接受索赔处理结果的，发包人可从应支付给承包人的合同价款中扣除赔付的金额或延长缺陷责任期；发包人不接受索赔处理结果的，按第 20 条“争议解决”约定处理。

19.5 提出索赔的期限

(1) 承包人按第 14.2 款“竣工结算审核”约定接收竣工付款证书后，应被视为已无权再提出在工程接收证书颁发前所发生的任何索赔。

(2) 承包人按第 14.4 款“最终结清”提交的最终结清申请单中，只限于提出工程接收证书颁发后发生的索赔。提出索赔的期限自接受最终结清证书时终止。

20. 争议解决

20.1 和解

合同当事人可以就争议自行和解，自行和解达成协议的经双方签字并盖章后作为合同补充文件，双方均应遵照执行。

20.2 调解

合同当事人可以就争议请求建设行政主管部门、行业协会或其他第三方进行调解，调解达成协议的，经双方签字并盖章后作为合同补充文件，双方均应遵照执行。

20.3 争议评审

合同当事人在专用合同条款中约定采取争议评审方式解决争议以及评审规则，并按下列约定执行。

20.3.1 争议评审小组的确定。合同当事人可以共同选择一名或三名争议评审员，组成争议评审小组。除专用合同条款另有约定外，合同当事人应当自合同签订后 28 天内，或者争议发生后 14 天内，选定争议评审员。

选择一名争议评审员的，由合同当事人共同确定；选择三名争议评审员的，各自选定一名，第三名成员为首席争议评审员，由合同当事人共同确定或由合同当事人委托已选定的争议评审员共同确定，或由专用合同条款约定的评审机构指定第三名首席争议评审员。

除专用合同条款另有约定外，评审员报酬由发包人和承包人各承担一半。

20.3.2 争议评审小组的决定。合同当事人可在任何时间将与合同有关的任何争议共同提请争议评审小组进行评审。争议评审小组应秉持客观、公正原则，充分听取合同当事人的意见，依据相关法律、规范、标准、案例经验及商业惯例等，自收到争议评审申请报告后 14 天内做出书面决定，并说明理由。合同当事人可以在专用合同条款中对本项事项另行约定。

20.3.3 争议评审小组决定的效力。争议评审小组做出的书面决定经合同当事人签字确认后，对双方具有约束力，双方应遵照执行。

任何一方当事人不接受争议评审小组决定或不履行争议评审小组决定的，双方可选择采用其他争议解决方式。

20.4 仲裁或诉讼

因合同及合同有关事项产生的争议，合同当事人可以在专用合同条款中约定以下一种方式解决争议。

(1) 向约定的仲裁委员会申请仲裁；

(2) 向有管辖权的人民法院起诉。

20.5 争议解决条款效力

合同有关争议解决的条款独立存在，合同的变更、解除、终止、无效或者被撤销均不影响其效力。

## 9.3.3　专用条款部分的内容与具体格式

### 第三部分　专用合同条款

1. 一般约定

1.1 词语定义

1.1.1 合同

1.1.1.10 其他合同文件包括：________________________________。

1.1.2 合同当事人及其他相关方

1.1.2.4 监理人

名　　称：______________________________;
资质类别和等级：______________________________;
联系电话：______________________________;
电子信箱：______________________________;
通信地址：______________________________。

1.1.2.5 设计人

名　　称：______________________________;
资质类别和等级：______________________________;
联系电话：______________________________;
电子信箱：______________________________;
通信地址：______________________________。

1.1.3 工程和设备

1.1.3.7 作为施工现场组成部分的其他场所包括：__________。

1.1.3.9 永久占地包括：______________________________。

1.1.3.10 临时占地包括：______________________________。

1.3 法律

适用于合同的其他规范性文件：____________________。

1.4 标准和规范

1.4.1 适用于工程的标准规范包括：____________________。

1.4.2 发包人提供国外标准、规范的名称：__________;
发包人提供国外标准、规范的份数：____________________;
发包人提供国外标准、规范的名称：____________________。

1.4.3 发包人对工程的技术标准和功能要求的特殊要求：____________________。

1.5 合同文件的优先顺序

合同文件组成及优先顺序为：____________________。

1.6 图纸和承包人文件

1.6.1 图纸的提供

发包人向承包人提供图纸的期限：____________________;
发包人向承包人提供图纸的数量：____________________;
发包人向承包人提供图纸的内容：____________________。

1.6.4 承包人文件

需要由承包人提供的文件，包括：____________________;
承包人提供的文件的期限为：____________________;
承包人提供的文件的数量为：____________________;
承包人提供的文件的形式为：____________________;
发包人审批承包人文件的期限：____________________。

1.6.5 现场图纸准备

关于现场图纸准备的约定：____________________。

1.7 联络

1.7.1 发包人和承包人应当在______天内将与合同有关的通知、批准、证明、证书、指示、指令、要求、请求、同意、意见、确定和决定等书面函件送达对方当事人。

1.7.2 发包人接收文件的地点：____________________；

发包人指定的接收人为：____________________。

承包人接收文件的地点：____________________；

承包人指定的接收人为：____________________。

监理人接收文件的地点：____________________；

监理人指定的接收人为：____________________。

1.10 交通运输

1.10.1 出入现场的权利。关于出入现场的权利的约定：____________________。

1.10.3 场内交通。关于场外交通和场内交通的边界的约定：________________。

关于发包人向承包人免费提供满足工程施工需要的场内道路和交通设施的约定：____________________________________________。

1.10.4 超大件和超重件的运输。运输超大件或超重件所需的道路和桥梁临时加固改造费用和其他有关费用由____________承担。

1.11 知识产权

1.11.1 关于发包人提供给承包人的图纸、发包人为实施工程自行编制或委托编制的技术规范以及反映发包人关于合同要求或其他类似性质的文件的著作权的归属：__________。

关于发包人提供的上述文件的使用限制的要求：____________________。

1.11.2 关于承包人为实施工程所编制文件的著作权的归属：________________。

关于承包人提供的上述文件的使用限制的要求：____________________。

1.11.4 承包人在施工过程中所采用的专利、专有技术、技术秘密的使用费的承担方式：____________________。

1.13 工程量清单错误的修正

出现工程量清单错误时，是否调整合同价格：__________。

允许调整合同价格的工程量偏差范围：______________。

2. 发包人

2.2 发包人代表

发包人代表：

姓　　名：____________________；

身份证号：____________________；

职　　务：____________________；

联系电话：____________________；

电子信箱：____________________；

通信地址：____________________。

发包人对发包人代表的授权范围如下：______________。

2.4 施工现场、施工条件和基础资料的提供

2.4.1 提供施工现场。关于发包人移交施工现场的期限要求：______________。

2.4.2 提供施工条件。关于发包人应负责提供施工所需要的条件，包括：__________。

2.5 资金来源证明及支付担保。

发包人提供资金来源证明的期限要求：__________。
发包人是否提供支付担保：__________。
发包人提供支付担保的形式：__________。
3. 承包人
3.1 承包人的一般义务
(9) 承包人提交的竣工资料的内容：__________。
承包人需要提交的竣工资料套数：__________。
承包人提交的竣工资料的费用承担：__________。
承包人提交的竣工资料移交时间：__________。
承包人提交的竣工资料形式要求：__________。
(10) 承包人应履行的其他义务：__________。
3.2 项目经理
3.2.1 项目经理：
姓　　名：__________；
身份证号：__________；
建造师执业资格等级：__________；
建造师注册证书号：__________；
建造师执业印章号：__________；
安全生产考核合格证书号：__________；
联系电话：__________；
电子信箱：__________；
通信地址：__________；
承包人对项目经理的授权范围如下：__________。
关于项目经理每月在施工现场的时间要求：__________。
承包人未提交劳动合同，以及没有为项目经理缴纳社会保险证明的违约责任：__________。
项目经理未经批准，擅自离开施工现场的违约责任：__________。
3.2.3 承包人擅自更换项目经理的违约责任：__________。
3.2.4 承包人无正当理由拒绝更换项目经理的违约责任：__________。
3.3 承包人人员
3.3.1 承包人提交项目管理机构及施工现场管理人员安排报告的期限：__________。
3.3.3 承包人无正当理由拒绝撤换主要施工管理人员的违约责任：__________。
3.3.4 承包人主要施工管理人员离开施工现场的批准要求：__________。
3.3.5 承包人擅自更换主要施工管理人员的违约责任：__________。
3.4 承包人
主要施工管理人员擅自离开施工现场的违约责任：__________。
3.5 分包
3.5.1 分包的一般约定。禁止分包的工程包括：__________。
主体结构、关键性工作的范围：__________。

3.5.2 分包的确定。允许分包的专业工程包括：________________________________。

其他关于分包的约定：________________________________。

3.5.4 分包合同价款。关于分包合同价款支付的约定：____________________________。

3.6 工程照管与成品、半成品保护

承包人负责照管工程及工程相关的材料、工程设备的起始时间：__________。

3.7 履约担保

承包人是否提供履约担保：________________________________。

承包人提供履约担保的形式、金额及期限的：______________。

4. 监理人

4.1 监理人的一般规定

关于监理人的监理内容：________________________________。

关于监理人的监理权限：________________________________。

关于监理人在施工现场的办公场所、生活场所的提供和费用承担的约定：_____________。

4.2 监理人员

总监理工程师：

姓　　名：________________________________；

职　　务：________________________________；

监理工程师执业资格证书号：_________________；

联系电话：________________________________；

电子信箱：________________________________；

通信地址：________________________________；

关于监理人的其他约定：____________________。

4.4 商定或确定

在发包人和承包人不能通过协商达成一致意见时，发包人授权监理人对以下事项进行确定：

(1) ________________________________；

(2) ________________________________；

(3) ________________________________。

5. 工程质量

5.1 质量要求

5.1.1 特殊质量标准和要求：____________________________。

关于工程奖项的约定：________________________________。

5.3 隐蔽工程检查

5.3.2 承包人提前通知监理人隐蔽工程检查的期限的约定：___________________。

监理人不能按时进行检查时，应提前________小时提交书面延期要求。

关于延期最长不得超过：__________小时。

6. 安全文明施工与环境保护

6.1 安全文明施工

6.1.1 项目安全生产的达标目标及相应事项的约定：________________。

6.1.4 关于治安保卫的特别约定：________________。

关于编制施工场地治安管理计划的约定：________________。

6.1.5 文明施工。合同当事人对文明施工的要求：________________。

6.1.6 关于安全文明施工费支付比例和支付期限的约定：________________

7. 工期和进度

7.1 施工组织设计

7.1.1 合同当事人约定的施工组织设计应包括的其他内容：________________。

7.1.2 施工组织设计的提交和修改

承包人提交详细施工组织设计的期限的约定：__________。

发包人和监理人在收到详细的施工组织设计后确认或提出修改意见的期限：________。

7.2 施工进度计划

7.2.2 施工进度计划的修订

发包人和监理人在收到修订的施工进度计划后确认或提出修改意见的期限：________。

7.3 开工

7.3.1 开工准备。关于承包人提交工程开工报审表的期限：________________。

关于发包人应完成的其他开工准备工作及期限：__________。

关于承包人应完成的其他开工准备工作及期限：__________。

7.3.2 开工通知。因发包人原因造成监理人未能在计划开工日期之日起_____天内发出开工通知的，承包人有权提出价格调整要求，或者解除合同。

7.4 测量放线

7.4.1 发包人通过监理人向承包人提供测量基准点、基准线和水准点及其书面资料的期限：________________。

7.5 工期延误

7.5.1 因发包人原因导致工期延误。

(7) 因发包人原因导致工期延误的其他情形：________________________________。

7.5.2 因承包人原因导致工期延误。

因承包人原因造成工期延误，逾期竣工违约金的计算方法为：__________。

因承包人原因造成工期延误，逾期竣工违约金的上限：__________。

7.6 不利物质条件

不利物质条件的其他情形和有关约定：__________。

7.7 异常恶劣的气候条件

发包人和承包人同意以下情形视为异常恶劣的气候条件：

(1) ________________________;

(2) ________________________;

(3) ________________________。

7.9 提前竣工的奖励

7.9.2 提前竣工的奖励：________________。

8. 材料与设备

8.4 材料与工程设备的保管与使用

8.4.1 发包人供应的材料设备的保管费用的承担：____________________________。

8.6 样品

8.6.1 样品的报送与封存。需要承包人报送样品的材料或工程设备，样品的种类、名称、规格、数量要求：________________________________________________________。

8.8 施工设备和临时设施

8.8.1 承包人提供的施工设备和临时设施

关于修建临时设施费用承担的约定：____________________。

9. 试验与检验

9.1 试验设备与试验人员

9.1.2 试验设备

施工现场需要配置的试验场所：________________________。

施工现场需要配备的试验设备：________________________。

施工现场需要具备的其他试验条件：____________________。

9.4 现场工艺试验

现场工艺试验的有关约定：____________________________。

10. 变更

10.1 变更的范围

关于变更的范围的约定：______________________________。

10.4 变更估价

10.4.1 变更估价原则

关于变更估价的约定：__________________________________。

10.5 承包人的合理化建议

监理人审查承包人合理化建议的期限：___________________。

发包人审批承包人合理化建议的期限：___________________。

承包人提出的合理化建议降低了合同价格或者提高了工程经济效益的奖励的方法和金额为：________________________________________________。

10.7 暂估价

暂估价材料和工程设备的明细详见附件 11：《暂估价一览表》。

10.7.1 依法必须招标的暂估价项目

对于依法必须招标的暂估价项目的确认和批准采取第____种方式确定。

10.7.2 不属于依法必须招标的暂估价项目

对于不属于依法必须招标的暂估价项目的确认和批准采取第___ 种方式确定。

第三种方式：承包人直接实施的暂估价项目。

承包人直接实施的暂估价项目的约定：____________________。

10.8 暂列金额

合同当事人关于暂列金额使用的约定：____________________。

11. 价格调整

11.1 市场价格波动引起的调整

(1) 市场

价格波动是否调整合同价格的约定：________________。

因市场价格波动调整合同价格，采用以下第____种方式对合同价格进行调整：

第一种方式：采用价格指数进行价格调整。

关于各可调因子、定值和变值权重，以及基本价格指数及其来源的约定：__________；

第二种方式：采用造价信息进行价格调整。

(2) 关于基准价格的约定：________________________。

① 承包人在已标价工程量清单或预算书中载明的材料单价低于基准价格的：专用合同条款合同履行期间材料单价涨幅以基准价格为基础超过___%时，或材料单价跌幅以已标价工程量清单或预算书中载明材料单价为基础超过___%时，其超过部分据实调整。

② 承包人在已标价工程量清单或预算书中载明的材料单价高于基准价格的：专用合同条款合同履行期间材料单价跌幅以基准价格为基础超过___%时，材料单价涨幅以已标价工程量清单或预算书中载明材料单价为基础超过___%时，其超过部分据实调整。

③ 承包人在已标价工程量清单或预算书中载明的材料单价等于基准单价的：专用合同条款合同履行期间材料单价涨跌幅以基准单价为基础超过±___%时，其超过部分据实调整。

第三种方式：其他价格调整方式：______________________。

12. 合同价格、计量与支付

12.1 合同价格形式

(1) 单价合同。

综合单价包含的风险范围：______________________________。

风险费用的计算方法：__________________________________。

风险范围以外合同价格的调整方法：______________________。

(2) 总价合同。

总价包含的风险范围：__________________________________。

风险费用的计算方法：__________________________________。

风险范围以外合同价格的调整方法：______________________。

(3) 其他价格方式：____________________________________。

12.2 预付款

12.2.1 预付款的支付

预付款支付比例或金额：________________________________。

预付款支付期限：______________________________________。

预付款扣回的方式：____________________________________。

12.2.2 预付款担保

承包人提交预付款担保的期限：__________________________。

预付款担保的形式为：__________________________________。

12.3 计量

12.3.1 计量原则。工程量计算规则：________________________________________。

12.3.2 计量周期。关于计量周期的约定：____________________________________。

12.3.3 单价合同的计量。关于单价合同计量的约定：__________________________。

12.3.4 总价合同的计量。关于总价合同计量的约定：__________________________。

12.3.5 总价合同采用支付分解表计量支付的，是否适用第 12.3.4 项“总价合同的计量”约定进行计量：______________________。

12.3.6 其他价格形式合同的计量。其他价格形式的计量方式和程序：____________。

12.4 工程进度款支付

12.4.1 付款周期。关于付款周期的约定：____________________________________。

12.4.2 进度付款申请单的编制。关于进度付款申请单编制的约定：______________。

12.4.3 进度付款申请单的提交。

(1) 单价合同进度付款申请单提交的约定：________________。

(2) 总价合同进度付款申请单提交的约定：________________。

(3) 其他价格形式合同进度付款申请单提交的约定：________。

12.4.4 进度款审核和支付。

(1) 监理人审查并报送发包人的期限：____________________。

发包人完成审批并签发进度款支付证书的期限：__________。

(2) 发包人支付进度款的期限：__________________________________。

发包人逾期支付进度款的违约金的计算方式：____________________。

12.4.6 支付分解表的编制。

(1) 总价合同支付分解表的编制与审批

______________________________________________________________________________。

(2) 单价合同的总价项目支付分解表的编制与审批

______________________________________________________________________________。

13. 验收和工程试车

13.1 分部分项工程验收

13.1.2 监理人不能按时进行验收时，应提前________小时提交书面延期要求。

关于延期最长不得超过：__________小时。

13.2 竣工验收

13.2.2 竣工验收程序。关于竣工验收程序的约定：____________________________。

发包人不按照本项约定组织竣工验收、颁发工程接收证书的违约金的计算方法：____________________。

13.2.5 移交、接收全部与部分工程

承包人向发包人移交工程的期限：________________________。

发包人未按本合同约定接收全部或部分工程的，违约金的计算方法为：____________。

承包人未按时移交工程的，违约金的计算方法为：__________。

13.3 工程试车

13.3.1 试车程序。工程试车内容：______________________________________________。

(1) 单机无负荷试车费用由______________________承担；

(2) 无负荷联动试车费用由____________________承担。

13.3.3 投料试车

关于投料试车相关事项的约定：____________________________。

13.6 竣工退场

13.6.1 竣工退场。承包人完成竣工退场的期限：________________________________。

14. 竣工结算

14.1 竣工结算申请

承包人提交竣工结算申请单的期限：_______________________。

竣工结算申请单应包括的内容：____________________________。

14.2 竣工结算审核

发包人审批竣工付款申请单的期限：_______________________。

发包人完成竣工付款的期限：______________________________。

关于竣工付款证书异议部分复核的方式和程序：_____________。

14.4 最终结清

14.4.1 最终结清申请单。承包人提交最终结清申请单的份数：_____________________。

承包人提交最终结算申请单的期限：_______________________。

14.4.2 最终结清证书和支付。

(1) 发包人完成最终结清申请单的审批并颁发最终结清证书的期限：_______________。

(2) 发包人完成支付的期限：______________________________。

15. 缺陷责任期与保修

15.2 缺陷责任期

缺陷责任期的具体期限：__________________________________。

15.3 质量保证金

关于是否扣留质量保证金的约定：_________________________。

15.3.1 承包人提供质量保证金的方式。质量保证金采用以下第_____种方式。

(1) 质量保证金保函，保证金额为：________________________；

(2) _____%的工程款；

(3) 其他方式____________________________________________。

15.3.2 质量保证金的扣留。质量保证金的扣留采取以下第_____种方式。

(1) 在支付工程进度款时逐次扣留，在此情形下，质量保证金的计算基数不包括预付款的支付、扣回以及价格调整的金额；

(2) 工程竣工结算时一次性扣留质量保证金；

(3) 其他扣留方式：___________________________________。

关于质量保证金的补充约定：______________________________。

15.4 保修

15.4.1 保修责任。工程保修期为：______________________________________________。

15.4.3 修复通知。承包人收到保修通知并到达工程现场的合理时间：_______________。

16. 违约

16.1 发包人违约

16.1.1 发包人违约的情形。发包人违约的其他情形：________________。

16.1.2 发包人违约的责任。发包人违约责任的承担方式和计算方法：

(1) 因发包人原因未能在计划开工日期前 7 天内下达开工通知的违约责任：________________。

(2) 因发包人原因未能按合同约定支付合同价款的违约责任：________________。

(3) 发包人违反第 10.1 款“变更的范围”第(2)项约定，自行实施被取消的工作或转由他人实施的违约责任：________________。

(4) 发包人提供的材料、工程设备的规格、数量或质量不符合合同约定，或因发包人原因导致交货日期延误或交货地点变更等情况的违约责任：________________。

(5) 因发包人违反合同约定造成暂停施工的违约责任：________________。

(6) 发包人无正当理由没有在约定期限内发出复工指示，导致承包人无法复工的违约责任：________________。

(7) 其他：________________。

16.1.3 因发包人违约解除合同。承包人按 16.1.1 项“发包人违约的情形”约定暂停施工满______天后发包人仍不纠正其违约行为并致使合同目的不能实现的，承包人有权解除合同。

16.2 承包人违约

16.2.1 承包人违约的情形。承包人违约的其他情形：________________。

16.2.2 承包人违约的责任。承包人违约责任的承担方式和计算方法：________________。

16.2.3 因承包人违约解除合同。关于承包人违约解除合同的特别约定：________________。

发包人继续使用承包人在施工现场的材料、设备、临时工程、承包人文件和由承包人或以其名义编制的其他文件的费用承担方式：________________。

17. 不可抗力

17.1 不可抗力的确认

除通用合同条款约定的不可抗力事件之外，视为不可抗力事件的其他情形：________。

17.4 因不可抗力解除合同

合同解除后，发包人应在商定或确定发包人应支付款项后____天内完成款项的支付。

18. 保险

18.1 工程保险

关于工程保险的特别约定：________________。

18.3 其他保险

关于其他保险的约定：________________。

承包人是否应为其施工设备等办理财产保险：________________。

18.7 通知义务

关于变更保险合同时的通知义务的约定：________________。

20. 争议解决

20.3 争议评审

合同当事人是否同意将工程争议提交争议评审小组决定：________________。

20.3.1 争议评审小组的确定。争议评审小组成员的确定：________________________。
选定争议评审员的期限：________________________________。
争议评审小组成员的报酬承担方式：______________________。
其他事项的约定：____________________________________。
20.3.2 争议评审小组的决定。合同当事人关于本项的约定：______________________。
20.4 仲裁或诉讼
因合同及合同有关事项发生的争议，按下列第_____种方式解决：
(1) 向____________________仲裁委员会申请仲裁；
(2) 向____________________人民法院起诉。

## 复习思考题

1. 施工合同文本的主要内容有哪些？
2. 施工合同文件及解释顺序是如何规定的？
3. 工程师的含义是什么？
4. 发包人有哪些工作？
5. 承包人有哪些工作？
6. 工期顺延的情形有哪些？
7. 隐蔽工程与中间验收是如何规定的？
8. 关于安全施工有哪些规定？
9. 合同价款支付方式有哪些？
10. 质量保修书的内容有哪些？

# 第 10 章　与建设工程相关的合同

学习目标

- 掌握建设工程委托监理合同、工程建设项目货物采购合同、借款合同等内容。
- 熟悉租赁、融资租金、承揽合同、运输合同等相关内容。
- 了解保管合同、仓储合同等内容。

本章导读

本章主要学习建设工程委托监理合同、工程建设项目货物采购合同、借款合同、租赁合同、融资租赁合同、承揽合同、运输合同、保管合同、仓储合同等内容。

## 10.1　建设工程委托监理合同

### 10.1.1　建设工程委托监理合同的概念和特点

#### 1. 建设工程委托监理合同的概念

建设工程委托监理合同简称监理合同，是指委托人与监理人就委托的工程项目管理内容签订的明确双方权利、义务关系的协议。“委托人”是指承担直接投资责任和委托监理业务的一方及其合法继承人。“监理人”是指承担监理业务和监理责任的一方及其合法继承人。“监理机构”是指监理人派驻本工程现场实施监理业务的组织。“总监理工程师”是指经委托人同意，监理人派到监理机构全面履行合同的全权负责人。

#### 2. 建设工程委托监理合同的特点

监理合同是委托合同的一种，除具有委托合同的共同特点外，还具有以下特点。

(1) 监理合同的主体是委托人与监理人。

(2) 监理合同的标的是监理服务，与其他建设工程合同如施工合同、勘察合同、设计合同等都不相同。监理合同的标的是服务，这种服务表现为监理工程师凭借自己的知识、经验、技能受业主委托为业主所签订的其他合同的履行实施监督和管理。监理服务的“工程”是指委托人委托实施监理的工程。

(3) 工程监理的工作。工程监理的工作包括：工程监理的正常工作、工程监理的附加工作、工程监理的额外工作。“工程监理的正常工作”是指双方在专用条件中约定、委托人委托的监理工作范围和内容。“工程监理的附加工作”是指：①委托人委托监理范围以外，通过双方书面协议另外增加的工作内容；②由于委托人或承包人原因，使监理工作受到阻碍或延误，因增加工作量或持续时间而增加的工作。“工程监理的额外工作”是指正常工作和附加工作以外或非监理人自己的原因而暂停或终止监理业务，其善后工作及恢复监理业务的工作。

(4) 监理合同适用的法律。建设工程委托监理合同适用的法律是指国家的法律、行政法规，以及专用条件中议定的部门规章或工程所在地的地方法规、地方规章。

## 10.1.2 建设工程委托监理合同示范文本

《建设工程委托监理合同(示范文本)》是由中华人民共和国建设部、国家工商行政管理局于2000年2月制定的。该文本由三部分组成，第一部分是建设工程委托监理合同、第二部分是标准条件、第三部分是专用条件。

### 1. 建设工程委托监理合同

建设工程委托监理合同包括五个方面的内容：一是委托人委托监理人监理的工程(工程名称、工程地点、工程规模、总投资)；二是关于合同中的有关词语含义与合同“标准条件”中赋予它们的定义相同；三是合同文件的组成；四是监理人向委托人承诺，按照合同的规定，承担合同专用条件中议定范围内的监理业务；五是委托人向监理人承诺按照合同注明的期限、方式、币种，向监理人支付报酬。

监理合同文件的组成包括：监理投标书或中标通知书；合同标准条件；合同专用条件；在实施过程中双方共同签署的补充与修正文件。

### 2. 标准条件

标准条件包括的内容有词语定义、适用范围和法规；监理人义务；委托人义务；监理人权利；委托人权利；监理人责任；委托人责任；合同生效；监理报酬；其他；争议解决。

### 3. 专用条件

专用条件是对标准条件的具体化，是对标准条件规定的修改和补充。

## 10.1.3 建设工程委托监理合同双方当事人的义务、权利与责任

### 1. 监理人义务

(1) 监理人应按合同约定派出监理工作需要的监理机构及监理人员，向委托人报送委派的总监理工程师及其监理机构主要成员名单、监理规划，完成监理合同专用条件中约定的监理工程范围内的监理业务。在履行合同义务期间，应按合同约定定期向委托人报告监理工作。

(2) 监理人在履行合同义务期间，应认真、勤奋地工作，为委托人提供与其水平相适应的咨询意见，公正维护各方面的合法权益。

(3) 监理人使用委托人提供的设施和物品属委托人的财产。在监理工作完成或中止时，应将其设施和剩余的物品按合同约定的时间和方式移交给委托人。

(4) 在合同期内或合同终止后，未征得有关方同意，不得泄露与工程、合同业务有关的保密资料。

2. 委托人义务

(1) 委托人在监理人开展监理业务之前应向监理人支付预付款。

(2) 委托人应当负责工程建设的所有外部关系的协调，为监理工作提供外部条件。根据需要，如将部分或全部协调工作委托监理人承担，则应在专用条款中明确委托的工作内容和相应的报酬。

(3) 委托人应当在双方约定的时间内免费向监理人提供与工程有关的为监理工作所需要的工程资料。

(4) 委托人应当在专用条款约定的时间内就监理人书面提交并要求做出决定的一切事宜做出书面决定。

(5) 委托人应当授权一名熟悉工程情况、能在规定时间内做出决定的常驻代表(在专用条款中约定)，负责与监理人联系。更换常驻代表，要提前通知监理人。

(6) 委托人应当将授予监理人的监理权利，以及监理人主要成员的职能分工、监理权限及时书面通知已选定的承包合同的承包人，并在与第三人签订的合同中予以明确。

(7) 委托人应在不影响监理人开展监理工作的时间内提供以下资料：与本工程合作的原材料、构配件、设备等生产厂家的名录；与本工程有关的协作单位、配合单位的名录。

(8) 委托人应免费向监理人提供办公用房、通信设施、监理人员工地住房及合同专用条件约定的设施，对监理人自备的设施给予合理的经济补偿(补偿金额=设施在工程使用时间占折旧年限的比例×设施原值+管理费)。

(9) 根据情况需要，如果双方约定由委托人免费向监理人提供其他人员，应在监理合同专用条件中予以明确。

3. 监理人权利

1) 监理人在委托人委托的工程范围内享有的权利

(1) 选择工程总承包人的建议权。

(2) 选择工程分包人的认可权。

(3) 对工程建设有关事项包括工程规模、设计标准、规划设计、生产工艺设计和使用功能要求，向委托人的建议权。

(4) 对工程设计中的技术问题，按照安全和优化的原则，向设计人提出建议；如果拟提出的建议可能会提高工程造价，或延长工期，应当事先征得委托人的同意。当发现工程设计不符合国家颁布的建设工程质量标准或设计合同约定的质量标准时，监理人应当书面报告委托人并要求设计人更正。

(5) 审批工程施工组织设计和技术方案，按照保质量、保工期和降低成本的原则，向承包人提出建议，并向委托人提出书面报告。

(6) 主持工程建设有关协作单位的组织协调，重要协调事项应当事先向委托人报告。

(7) 征得委托人同意，监理人有权发布开工令、停工令、复工令，但应当事先向委托人报告。如在紧急情况下未能事先报告时，应在 24 小时内向委托人做出书面报告。

(8) 工程上使用的材料和施工质量的检验权。对于不符合设计要求和合同约定及国家质量标准的材料、构配件、设备，有权通知承包人停止使用；对于不符合规范和质量标准的工序，分部、分项工程和不安全施工作业，有权通知承包人停工整改、返工。承包人得到监理机构的复工令后才能复工。

(9) 工程施工进度的检查、监督权，以及工程实际竣工日期提前或超过工程施工合同规定的竣工期限的签认权。

(10) 在工程施工合同约定的工程价格范围内，工程款支付的审核和签认权，以及工程结算的复核确认权与否决权。未经总监理工程师签字确认，委托人不支付工程款。

2) 提出变更权

监理人在委托人授权下，可对任何承包人合同规定的义务提出变更。如果由此严重影响了工程费用、质量或进度，则这种变更须经委托人事先批准。在紧急情况下未能事先报委托人批准时，监理人所做的变更也应尽快通知委托人。在监理过程中如发现工程承包人的人员工作不力，监理机构可要求承包人调换有关人员。

3) 委托人、承包人对对方的意见和要求必须首先向监理机构提出

在委托的工程范围内，委托人或承包人对对方的任何意见和要求(包括索赔要求)必须首先向监理机构提出，由监理机构研究处置意见，再同双方协商确定。当委托人和承包人发生争议时，监理机构应根据自己的职能，以独立的身份判断，公正地进行调解。当双方的争议由政府建设行政主管部门调解或仲裁机构仲裁时，应当提供做证的事实材料。

### 4. 委托人权利

(1) 委托人有选定工程总承包人以及与其订立合同的权利。

(2) 委托人有对工程规模、设计标准、规划设计、生产工艺设计和设计使用功能要求的认定权，以及对工程设计变更的审批权。

(3) 监理人调换总监理工程师须事先经委托人同意。

(4) 委托人有权要求监理人提交监理工作月报及监理业务范围内的专项报告。

(5) 当委托人发现监理人员不按监理合同履行监理职责，或与承包人串通给委托人或工程造成损失的，委托人有权要求监理人更换监理人员，直到终止合同并要求监理人承担相应的赔偿责任或连带赔偿责任。

### 5. 监理人责任

(1) 监理人的责任期即委托监理合同有效期。在监理过程中，如果因工程建设进度的推迟或延误而超过书面约定的日期，双方应进一步约定相应延长的合同期。

(2) 监理人在责任期内，应当履行约定的义务。如果因监理人过失而造成委托人的经济损失，应当向委托人赔偿。累计赔偿总额(除合同第 24 条的规定以外)不应超过监理报酬总额(除去税金)。

(3) 监理人对承包人违反合同规定的质量要求和完工(交图、交货)时限不承担责任。因不可抗力导致委托监理合同不能全部或部分履行，监理人不承担责任。但对违反第五条的规定引起的与之有关的事宜，应向委托人承担赔偿责任。

(4) 监理人向委托人提出赔偿要求不能成立时，监理人应当补偿由于该索赔所导致委托人的各种费用支出。

### 6. 委托人责任

(1) 委托人应当履行委托监理合同约定的义务，如有违反则应当承担违约责任，赔偿给监理人造成的经济损失。监理人处理委托业务时，因非监理人原因的事由受到损失的，

可以向委托人要求补偿损失。

(2) 如果委托人向监理人提出赔偿的要求不能成立，则应当补偿由该索赔所引起的监理人的各种费用支出。

## 10.1.4 完成监理业务时间的延长与监理合同的变更和终止

### 1. 时间的延长

由于委托人或承包人的原因使监理工作受到阻碍或延误，以致发生了附加工作或延长了持续时间，则监理人应当将此情况与可能产生的影响及时通知委托人。完成监理业务的时间相应延长，并得到附加工作的报酬。

在委托监理合同签订后，实际情况发生变化，使监理人不能全部或部分执行监理业务时，监理人应当立即通知委托人。该监理业务的完成时间应予延长。当恢复执行监理业务时，应当增加不超过 42 日的时间用于恢复执行监理业务，并按双方约定的数量支付监理报酬。

### 2. 监理合同的变更和终止

根据《建设工程委托监理合同<示范文本>》第三十四条的规定，当事人一方要求变更或解除合同时，应当在 42 日前通知对方，因解除合同使一方遭受损失的，除依法可以免除责任的外，应由责任方负责赔偿。变更或解除合同的通知或协议必须采取书面形式，协议未达成之前，原合同仍然有效。

监理人向委托人办理完竣工验收或工程移交手续，承包人和委托人应签订工程保修责任书，监理人收到监理报酬尾款，监理合同即终止。关于保修期间的责任，双方要在专用条款中约定。监理人在应当获得监理报酬之日起 30 日内仍未收到支付单据，而委托人又未对监理人提出任何书面解释时，或根据规定，已暂停执行监理业务时限超过 6 个月的，监理人可向委托人发出终止合同的通知，发出通知后 14 日内仍未得到委托人答复，可进一步发出终止合同的通知，如果第二份通知发出后 42 日内仍未得到委托人答复，可终止合同或自行暂停或继续暂停执行全部或部分监理业务，委托人承担违约责任。监理人由于非自己的原因而暂停或终止执行监理业务，其善后工作以及恢复执行监理业务的工作应当视为额外工作，有权得到额外的报酬。

当委托人认为监理人无正当理由而又未履行监理义务时，可向监理人发出指明其未履行义务的通知。若委托人发出通知后 21 日内没有收到答复，可在第一个通知发出后 35 日内发出终止委托监理合同的通知，合同即行终止，监理人承担违约责任。合同协议的终止并不影响各方应有的权利和应当承担的责任。

## 10.1.5 关于监理报酬、费用、奖励与保密的规定

### 1. 监理报酬

取得监理报酬的监理工作包括：正常的监理工作、附加工作和额外工作的报酬。监理工作的报酬应按照监理合同专用条件中约定的方法计算，并按约定的时间和数额进行支付。如果委托人在规定的支付期限内未支付监理报酬，自规定之日起，还应向监理人支付滞纳

金。滞纳金从规定支付期限的最后一日起计算。支付监理报酬所采取的货币币种、汇率由合同专用条件约定。

如果委托人对监理人提交的支付通知中报酬或部分报酬项目提出异议，应当在收到支付通知书 24 小时内向监理人发出表示异议的通知，但委托人不得拖延其他无异议报酬项目的支付。

2. 关于监理费用

委托的建设工程监理所必要的监理人员出外考察、材料、设备复试，其费用支出经委托人同意的，在预算范围内向委托人实报实销。在监理业务范围内，如需聘用专家咨询或协助，由监理人聘用的，其费用由监理人承担；由委托人聘用的，其费用由委托人承担。

3. 关于奖励

监理人在监理工作过程中提出的合理化建议，使委托人得到了经济效益，委托人应按专用条件中的约定给予经济奖励。监理人驻地监理机构及其职员不得接受监理工程项目施工承包人的任何报酬或者经济利益。监理人不得参与可能与合同规定的与委托人的利益相冲突的任何活动。

4. 保密

监理人在监理过程中，不得泄露委托人申明的秘密，监理人亦不得泄露设计人、承包人等提供并申明的秘密。监理人对于由其编制的所有文件拥有版权，委托人仅有权为本工程使用或复制此类文件。

## 10.2 工程建设项目货物采购合同

### 10.2.1 工程建设项目货物采购合同的概念与特点

1. 建设工程项目货物采购合同的概念

建设工程项目货物采购合同，是指平等主体的自然人、法人、其他组织之间为实现工程项目的材料与设备的买卖，设立、变更、终止相互权利义务关系的协议。建设工程项目货物采购合同包括材料采购合同与设备采购合同，两者都属于买卖合同。具有买卖合同的一般特点，主要表现为以下几个方面。

(1) 出卖人与买受人订立买卖合同，是以转移财产所有权为目的。买卖合同的买受人取得财产所有权，必须支付相应的价款；出卖人转移财产所有权，必须以买受人支付价款为对价。

(2) 买卖合同是双务、有偿合同。所谓双务、有偿是指合同双方互负一定义务，出卖人应当保质、保量、按期交付合同订购的物资、设备，买受人应当按合同约定的条件接收货物并及时支付货款。

(3) 买卖合同是诺成合同。除了法律有特殊规定的情况外，当事人之间意思表示一致，买卖合同即可成立，并不以实物的交付为合同成立的条件。

### 2. 建设工程项目货物采购合同的特点

建设工程项目货物采购合同与项目的建设密切相关，其特点主要表现为以下几个方面。

(1) 建设工程项目货物采购合同的当事人。建设工程项目货物采购合同的买受人即采购人，可以是发包人，也可以是承包人，依据施工合同的承包方式来确定。永久工程的大型设备一般情况下由发包人采购。施工中使用的建筑材料采购责任按照施工合同专用条款的约定执行。通常由发包人负责采购供应，当然也有承包人负责采购的，属于包工包料承包方式。采购合同的出卖人即供货人，可以是生产厂家，也可以是从事物资流转业务的供应商。

(2) 物资采购合同的标的。建设工程项目货物采购合同的标的品种繁多，供货条件差异较大。

(3) 建设工程项目货物采购合同的内容。建设工程项目货物采购合同涉及的条款繁简程度差异较大。除具备买卖合同的一般条款外，还涉及交接程序、检验方式和质量要求等。大型设备采购除了交货阶段的工作外，往往还包括设备生产阶段、设备安装调试阶段、设备试运行阶段、设备性能达标检验和保修等方面的条款约定。

(4) 货物供应的时间。建设项目货物采购合同与施工进度密切相关。因此要求出卖人必须严格按照合同约定的时间交付订购的货物。延误交货将导致工程施工的停工待料，不能使建设项目及时发挥效益。买受人通常也不同意接受提前交货，因为一方面货物将占用施工现场有限的场地，影响施工；另一方面会增加买受人的仓储保管费用，增加买受人的成本支出。如出卖人提前将 500 吨水泥发运到施工现场，而买受人仓库已满，只好露天存放，为了防潮则需要投入很多物资进行维护保管。

## 10.2.2　工程建设项目材料采购合同

### 1. 材料采购合同的主要内容

按照《合同法》关于合同的分类，材料采购合同属于买卖合同。我国国内工矿产品购销合同、工矿产品订货合同的示范文本规定，合同条款应包括以下内容。

(1) 产品名称、商标、型号、生产厂家、订购数量、合同金额、供货时间及每次供应数量。

(2) 质量要求的技术标准、供货方对质量负责的条件和期限。

(3) 交(提)货地点、方式。

(4) 运输方式及到站、港和费用的负担责任。

(5) 合理损耗及计算方法。

(6) 包装标准、包装物的供应与回收。

(7) 验收标准、方法及提出异议的期限。

(8) 随机备品、配件工具数量及供应办法。

(9) 结算方式及期限。

(10) 如需提供担保，另立合同担保书作为合同附件。

(11) 违约责任。

(12) 解决合同争议的方法。

(13) 其他约定事项。

2. 订购产品的交付

(1) 产品的交付方式。订购物资或产品的供应方式，可以分为采购方到合同约定地点自提货物和供货方负责将货物送达指定地点两大类。供货方送货又可细分为将货物负责运抵现场或委托运输部门代运两种形式。为了明确货物的运输责任，应在相应条款内写明所采用的交(提)货方式、交(接)货物的地点、接货单位(或接货人)的名称。

(2) 交货期限。货物的交(提)货期限，是指货物交接的具体时间要求。它不仅关系到合同是否按期履行，还可能会出现货物意外灭失或损坏时的责任承担问题。合同内应对交(提)货期限写明月份或更具体的时间(如月、日)。如果合同内规定分批交货时，还需注明各批次交货的时间，以便明确责任。在合同履行过程中，判定是否按期交货或提货，依照约定的交(提)货方式的不同，可能有以下几种情况：①供货方送货到现场的交货日期，以采购方接收货物时在货单上签收的日期为准。②供货方负责代运货物，以发货时承运部门签发货单上的戳记日期为准。合同约定采用代运方式时，供货方必须根据合同规定的交货期、数量、到站、接货人等，按期编制运输作业计划，办理托运、装车(船)、查验等发货手续，并将货运单、合格证等交给或者寄给对方，以便采购方在指定车站或码头接货。如果因单证不齐导致采购方无法接货，由此造成的站场存储费和运输罚款等额外支出费用应由供货方承担。③采购方自提产品，以供货方通知提货的日期为准。但供货方的提货通知中，应给对方合理预留必要的途中时间。如果采购方不能按时提货，应承担逾期提货的违约责任。当供货方早于合同约定日期发出提货通知时，采购方可根据施工的实际需要和仓储保管能力，决定是否按通知的时间提前提货。采购方有权拒绝提前提货，也可以按通知时间提货后仍按合同规定的交货时间付款。实际交(提)货日期早于或迟于合同规定的期限，都应视为提前或逾期交(提)货，由有关方承担相应责任。

3. 交货检验

(1) 交货检验的依据。交货检验的依据主要包括：双方签订的采购合同；供货方提供的发货单、计量单、装箱单及其他有关凭证；合同内约定的质量标准，应写明执行的标准代号、标准名称；产品合格证、检验单；图纸、样品或其他技术证明文件；双方当事人共同封存的样品。

(2) 交货数量检验。供货方代运货物的到货检验。由供货方代运的货物，采购方在站场提货地点应与运输部门共同验货，以便发现灭失、短少、损坏等情况时，能及时分清责任。采购方接收后，运输部门不再负责。属于交运前出现的问题，由供货方负责；运输过程中发生的问题，由运输部门负责。

(3) 交货质量检验。不论采用何种交接方式，采购方均应按合同的规定，对交付产品进行验收和试验。某些必须安装运转后才能发现内在质量缺陷的设备，应在合同规定的缺陷责任期或保修期内进行检验、检测。在此期限内，凡检测不合格的物资或设备均由供货方负责。如果采购方在规定时间内未提出质量异议，或因其使用、保管、保养不善而造成质量下降，供货方不再负责。产品质量应满足规定用途的特性指标，因此合同内必须约定产品应达到的质量标准。如按国家标准执行，或按部颁标准执行等。合同内应具体写明采购方对不合格产品提出异议的时间和拒付货款的条件。采购方提出的书面异议中，应说明检验情况，出具检验证明和对不符合规定产品提出具体处理意见。凡因采购方使用、保管、保养不善原因导致的质量下降，供货方不承担责任。在接到采购方的书面异议通知后，供货方应在 10 天内(或合同商定的时间内)负责处理，否则即视为默认采购方提出的异议和处理意见。如果当事人双方对产品的质量检测、试验结果发生争议，应按《中华人民共和国标准化法》(以下简称《标准化法》)的规定，请标准化管理部门的质量监督检验机构进行仲裁检验。

4. 双方的违约责任

(1) 供货方的违约责任。

① 未能按合同约定交付货物，主要包括不能供货和不能按期供货两种情况。由于这两种错误行为给对方造成的损失不同，承担违约责任的形式也不完全一样。如果因供货方的原因导致不能全部或部分交货，应按合同约定的违约金比例乘以不能交货部分的货款计算违约金。若违约金不足以偿付采购方所受到的实际损失时，可以修改违约金的计算方法，使实际受到的损害能够得到合理的补偿。

供货方不能按期交货的行为，又可以进一步区分为逾期交货和提前交货两种情况。逾期交货的，不论由供货方将货物送达指定地点交接，还是采购方自提，均要按合同约定支付逾期交货部分的违约金。对约定由采购方自提货物而不能按期交付时，若发生采购方的其他额外损失，这笔实际开支的费用也应由供货方承担。发生逾期交货事件后，供货方还应在发货前与采购方就发货的有关事宜进行协商。采购方仍需要时，可继续发货，将合同规定的数额补齐，并承担逾期交货责任；如果采购方认为已不再需要，有权在接到发货协商通知后的 15 天内，通知供货方办理解除合同手续。但逾期不予答复即可视为同意供货方继续发货。对提前交付的货物，属于约定由采购方自提货物的合同，采购方接到对方发出的提前提货通知后，可以根据自己的实际情况拒绝提前提货；对于供货方提前发运或交付的货物，采购方仍可按合同规定的时间付款，而且对多交货部分以及品种、型号、规格、质量等不符合合同规定的产品，在代为保管期内实际支出的保管、保养等费用由供货方承担。代为保管期内，非因采购方保管不善原因而导致的损失，仍由供货方负责。

② 若交货数量与合同不符，存在多交或者少交的情况。交付的数量多于合同规定，采购方不同意接收时，可在承付期内拒付多交部分的货款和运杂费；当交付的数量少于合同规定时，采购方凭有关的合法证明在承付期内可以拒付少交部分的货款，还应在到货后的 10 天内将详情和处理意见通知对方。供货方接到通知后应在 10 天内答复，否则即可视为同意对方的处理意见。

③ 产品的质量缺陷问题的处理。交付货物的品种、型号、规格、质量不符合合同规定的，如果采购方同意使用，应当按质论价；当采购方不同意使用时，由供货方负责包换或包修。不能修理或调换的产品，按供货方不能交货对待。

④ 供货方的运输责任。此种责任主要涉及包装责任和发运责任两个方面：一方面，合理的包装是安全运输的保障，供货方应按合同约定的标准对产品进行包装。凡因包装不符合规定而造成货物运输过程中的损坏或灭失，均由供货方负责赔偿。另一方面，供货方如果将货物错发到货地点或接货人时，除应负责运交合同规定的到货地点或接货人外，还应承担对方因此多支付的一切实际费用和逾期交货的违约金。供货方应按合同约定的路线

和运输工具发运货物，如果未经对方同意私自变更运输工具或路线，应承担由此增加的费用。

(2) 采购方的违约责任。

① 不按合同约定接收货物的。合同签订以后或在履行过程中，采购方要求中途退货，应向供货方支付按退货部分货款总额计算的违约金。对于实行供货方送货或代运的物资，采购方违反合同规定拒绝接货，要承担由此造成的货物损失和运输部门的罚款。约定为自提的产品，采购方不能按期提货，除需支付按逾期提货部分货款总值计算延期付款的违约金之外，还应承担逾期提货时间内供货方实际发生的代为保管、保养费用。

② 逾期付款。采购方逾期付款，应按照合同内约定的计算办法，支付逾期付款利息。按照中国人民银行有关延期付款的规定，延期付款利率一般按每天 5‰计算。

③ 货物交接地点错误的责任问题。由于采购方在合同内错填到货地点、接货人，或者未在合同约定的时限内及时将变更的到货地点或接货人通知对方，导致供货方在送货或代运过程中不能顺利交接货物所产生的后果，均由采购方承担。责任范围包括自行运到所需地点或承担供货方及运输部门按采购方要求改变交货地点的一切额外支出。

## 10.2.3 工程建设项目设备采购合同

### 1. 设备采购合同的主要内容

大型设备采购合同指采购方与供货方为提供建设工程项目所需的大型复杂设备而签订的合同。大型设备采购合同的标的物可能是非标准产品，需要专门加工制作，也可能虽为标准产品，但技术复杂而市场需求量较小，一般没有现货供应，待双方签订合同后由供货方专门进行加工制作，因此属于承揽合同的范畴。一个较为完备的大型设备采购合同，通常由合同条款和附件组成。

(1) 合同条款的主要内容。当事人双方在合同内根据具体订购设备的特点和要求，约定以下几方面的内容：合同的词语定义；合同标的；供货范围；合同价格；付款；交货和运输；包装与标记；技术服务；质量监造与检验；安装、调试、验收；保证与索赔；保险；税费；分包与外购；合同的变更、修改、中止和终止；不可抗力；合同争议的解决；其他。

(2) 主要附件。为了对合同中某些约定条款涉及内容较多的部分做出更为详细的说明，还需要编制一些附件作为合同的一个组成部分。附件通常可能包括：技术规范；供货范围；技术资料的内容和交付安排；交货进度；监造、检验和性能验收试验；价格表；技术服务的内容；分包和外购计划；大部件说明表等。

### 2. 承包的工作范围

大型复杂设备供货方的承包范围可能包括以下方面。

(1) 按照采购方的要求对生产厂家定型设计图纸的局部修改。

(2) 设备制造。

(3) 提供配套的辅助设备。

(4) 设备运输。

(5) 设备安装(或指导安装)。

(6) 设备调试和检验。

(7) 提供备品、备件。

(8) 对采购方运行的管理和操作人员的技术培训等。

3. 设备采购合同双方的义务

(1) 设备制造期内双方的义务。

① 供货方的义务。a. 在合同约定的时间内向采购方提交设备的设计、制造和检验的标准，包括与设备监造有关的标准、图纸、资料、工艺要求。b. 合同设备开始投料制造时，向监造代表提供整套设备的生产计划。c. 每个月末均应提供月报表，说明本月包括工艺过程和检验记录在内的实际生产进度，以及下一个月的生产、检验计划。d. 监造代表在监造中发现设备和材料存在质量问题或不符合规定的标准或者包装要求而提出意见并暂不予以签字时，供货方需采取相应改进措施，以保证交货质量。供货方有义务主动及时地向其提供合同设备制造过程中出现的较大质量缺陷和问题，不得隐瞒，不得擅自处理。e. 监造代表发现重大问题要求停工检验时，供货方应当遵照执行。f. 供货方为监造代表提供工作、生活必要的方便条件。g. 不论监造代表是否参与监造与出厂检验，或者监造代表参加了监造与检验并签署了监造与检验报告，均不能被视为免除供货方对设备质量应负的责任。

② 采购方的义务。a. 进行现场的监造检验和见证，结合供货厂实际生产过程，不得影响正常的生产进度。b. 监造代表应按时参加合同规定的检查和试验。否则，供货方的试验工作可以正常进行，试验结果有效。

(2) 货物交付期间双方当事人的义务与责任。

① 供货方的义务。a. 供货方应在发运前合同约定的时间内向采购方发出通知，以便对方做好接货准备工作。b. 向承运部门办理申请发运设备所需的运输工具计划，负责合同设备从供货方到现场交货地点的运输。c. 每批合同设备交货日期以到货车站(码头)的到货通知单时间戳记为准，以此判定是否按期交货。d. 每批货物备妥及装运车辆(船)发出 24 小时内，应以电报或传真将该批货物的内容通知采购方。通知的内容包括：合同号；货物备妥发运日期；货物名称、编号和价格；货物总毛重；货物总体积；总包装件数；交运车站(码头)的名称、车号(船号)和运单号；重量超过 20 吨或尺寸超过 9m×3m×3m 的每件特大型货物的名称、重量、体积和件数，以及对每件该类设备(部件)必须标明重心和吊点位置，并附有草图。

② 采购方的义务。a. 应在接到发运通知后做好现场接货的准备工作。b. 按时到运输部门提货。c. 如果由于采购方的原因要求供货方推迟设备发货，应及时通知对方，并承担推迟期间的仓储费和必要的保管费。

③ 损害、缺陷、短少的合同责任。a. 现场检验时，如发现设备由于供货方的原因(包括运输)有任何损坏、缺陷、短少或不符合合同中规定的质量标准和规范时，应做好记录，并由双方代表签字，各执一份，作为采购方向供货方提出修理或更换索赔的依据。如果供货方要求采购方修理损坏的设备，所有修理设备的费用由供货方承担。b. 由于采购方的原因，如发现损坏或短缺，供货方在接到采购方通知后，应尽快提供或替换相应的部件，但费用由采购方自负。c. 供货方如对采购方提出修理、更换、索赔的要求有异议，应在接到采购方书面通知后合同约定的时间内提出，否则上述要求即告成立。如有异议，供货方应在接到通知后派代表赴现场同采购方代表共同复验。d. 双方代表在共同检验中对检验记录

不能取得一致意见时，可由双方委托的权威第三方检验机构进行裁定检验。检验结果对双方都有约束力，检验费用由责任方负担。e. 供货方在接到采购方提出的索赔通知后，应按合同约定的时间尽快修理、更换或补发短缺部分，由此产生的制造、修理和运费及保险费均应由责任方负担。

④ 到货检验的程序。a. 货物到达目的地后，采购方向供货方发出到货检验通知进行检验。b. 货物清点。双方代表共同根据运单和装箱单对货物的包装、外观和件数进行清点。如果发现任何不符之处，经过双方代表确认属于供货方的责任后，由供货方处理解决。c. 开箱检验。货物运到现场后，采购方应尽快与供货方共同开箱检验，如果采购方未通知供货方而自行开箱或每一批设备到达现场后在合同规定的时间内不开箱，产生的后果由采购方承担。双方共同检验货物的数量、规格和质量，检验结果和记录对双方均有效，并可作为采购方向供货方提出索赔的证据。

4. 设备安装验收

(1) 供货方的现场服务。按照合同约定的不同，设备安装工作可以由供货方负责，也可以在供货方提供必要的技术服务条件下由采购方承担。如果由采购方负责设备安装，供货方应提供的现场服务内容可能包括以下方面。

① 要派出必要的现场服务人员。供货方现场服务人员的职责包括指导安装和调试；处理设备的质量问题，参加试车和验收试验等。

② 要进行技术交底。在安装和调试前，供货方的技术服务人员应向安装施工人员进行技术交底，讲解和示范将要进行工作的程序和方法。对合同约定的重要工序，供货方的技术服务人员要对施工情况进行确认和签证，否则采购方不能进行下一道工序。经过确认和签证的工序，如果因技术服务人员指导错误而发生问题，由供货方负责。

③ 安装、调试的工序。整个安装、调试过程应在供货方现场技术服务人员的指导下进行，重要工序须经供货方现场技术服务人员签字确认。在安装、调试过程中，若采购方未按供货方的技术资料规定和现场技术服务人员的指导、未经供货方现场技术服务人员签字确认而出现问题，采购方自行负责(设备质量问题除外)；若采购方按供货方的技术资料规定和现场技术服务人员的指导、供货方现场技术服务人员签字确认而出现问题，由供货方承担责任。设备安装完毕后的调试工作由供货方的技术人员负责，或采购方的人员在其指导下进行。供货方应尽快解决调试中出现的设备问题，其所需时间应不超过合同约定的时间，否则将被视为延误工期。

(2) 设备验收。

① 启动试车。安装调试完毕后，双方共同参加启动试车的检验工作。试车可分成无负荷空运和带负荷试运行两个步骤进行，且每一阶段均应按技术规范要求的程序维持一定的持续时间，以检验设备的质量。试验合格后，监理及合同双方应在验收文件上签字，正式移交采购方进行生产运行。若检验不合格属于设备质量原因，由供货方负责修理、更换并承担全部费用；如果是由于工程施工质量问题引起的，由采购方负责拆除后纠正缺陷。不论是何种原因导致试车不合格，都要经过修理或更换设备后再次进行试车试验，直到满足合同规定的试车质量要求为止。

② 性能验收。性能验收又称性能指标达标考核。启动试车只是检验设备安装完毕后

是否能够顺利安全运行，但各项具体的技术性能指标是否达到供货方在合同内承诺的保证值还无法判定，因此合同中均要约定设备移交试生产稳定运行多少个月后进行性能测试。由于在合同规定的性能验收时间到来时，采购方已正式投产运行，这项验收试验由采购方负责，供货方参加。

试验大纲由采购方准备，与供货方讨论后确定。试验现场和所需的人力、物力由供货方提供。供货方应提供试验所需的测点、一次性元件和装设的试验仪表，以及做好技术配合和人员配合工作。

性能验收试验完毕，每套合同设备都达到合同规定的各项性能保证值指标后，采购方与供货方应共同会签合同设备初步验收证书。

如果合同设备经过性能测试检验，表明未能达到合同约定的一项或多项保证指标时，可以根据缺陷或技术指标试验值与供货方在合同内的承诺值偏差程度，按下列原则区别对待：首先，在不影响合同设备安全、可靠运行的条件下，如有个别微小缺陷，供货方应在双方商定的时间内免费修理，采购方可同意签署初步验收证书。其次，如果第一次性能验收试验达不到合同规定的一项或多项性能保证值，则双方应共同分析原因，划清责任，由责任一方采取措施，并在第一次验收试验结束后、合同约定的时间内进行第二次验收试验。如能顺利通过，则签署初步验收证书。再次，在第二次性能验收试验后，如仍有一项或多项指标未能达到合同规定的性能保证值，按责任的原因分别对待。如果属于采购方原因，则合同设备应被认为初步验收通过，共同签署初步验收证书。此后供货方仍有义务与采购方一起采取措施，使合同设备性能达到保证值。如果属于供货方原因，则应按照合同约定的违约金计算方法赔偿采购方的损失。最后，在合同设备稳定运行规定的时间后，如果由于采购方原因造成性能验收试验的延误超过约定的期限，采购方也应签署设备初步验收证书，可视为初步验收合格。

初步验收证书只是证明供货方所提供的合同设备性能和参数截至出具初步验收证明时可以按合同要求予以接受，但不能视为供货方对合同设备中存在的可能引起合同设备损坏的潜在缺陷所应负责任解除的证据。所谓潜在缺陷是指在正常情况下不能在制造过程中被发现的设备隐患。对于潜在缺陷，供货方应承担纠正缺陷责任。供货方的质量缺陷责任期限应保证到合同规定的保证期终止后或到第一次大修时。当发现这类潜在缺陷时，供货方应按照合同的规定进行修理或调换。

③　最终验收。合同应约定具体的设备保证期限，保证期从签发初步验收证书之日起开始计算；在保证期内的任何时候，当供货方提出由于其责任原因性能未达标而需要进行检查、试验、再试验、修理或调换时，采购方应做好安排和组织配合，以便进行上述工作。供货方应负担修理或调换的费用，并按实际修理或更换使设备停运所延误的时间将质量保证期限作相应延长。合同保证期满后，采购方在合同规定的时间内应向供货方出具合同设备最终验收证书。条件是此前供货方已完成采购方保证期满前提出的各项合理索赔要求，设备的运行质量符合合同的约定。每套合同设备最后一批交货到达现场之日起，如果因采购方原因在合同约定的时间内未能进行试运行和性能验收试验，期满后即可视为通过最终验收。采购方应与供货方共同协商后签发合同设备的最终验收证书。

5. 合同价格与支付

(1) 合同价格。设备采购合同通常采用固定总价合同，在合同交货期内为不变价格。合同价包括合同设备(含备品备件、专用工具)、技术资料、技术服务等费用，还包括合同设备的税费、运杂费、保险费等与合同有关的其他费用。

(2) 付款。支付的条件、支付的时间和费用等内容应在合同内具体约定。目前大型设备采购合同较多采用以下程序。

① 支付条件。合同生效后，供货方应提交金额为约定的合同设备价格某一百分比不可撤销的履约保函，作为采购方支付合同款的先决条件。

② 支付程序。

a. 合同设备款的支付。订购的合同设备价格可分3次支付：设备制造前供货方提交履约保函和金额为合同设备价格10%的商业发票后，采购方支付合同设备价格的10%作为预付款；供货方按交货顺序在规定的时间内将每批设备(部组件)运到交货地点，并将该批设备的商业发票、清单、质量检验合格证明、货运提单提供给采购方，支付该批设备价格的80%；剩余合同设备价格的10%作为设备保证金，待每套设备保证期满没有问题，采购方签发设备最终验收证书后支付。

b. 技术服务费的支付。合同约定的技术服务费分两次支付：第一批设备交货后，采购方支付给供货方该套合同设备技术服务费的30%；每套合同设备通过该套机组性能验收试验，初步验收证书签署后，采购方支付该套合同设备技术服务费的70%。

c. 运杂费的支付。运杂费在设备交货时由供货方分批向采购方结算，结算总额为合同规定的运杂费。

③ 采购方的支付责任。

付款时间以采购方银行承付日期为实际支付日期，若此日期晚于规定的付款日期，即从规定的日期开始，按合同约定计算迟付款违约金。

6. 违约责任

为了保证合同双方的合法权益，虽然在前面内容中已说明责任的划分，如修理、置换、补足短少部件等规定，但还应在合同中约定承担违约责任的条件、违约金的计算办法和违约金的最高赔偿限额。违约金通常包括以下几方面内容。

(1) 供货方的违约责任。

① 延误责任的违约金。此项违约金的计算方法可分为设备延误到货的违约金的计算办法；未能按合同规定的时间交付严重影响施工的关键技术资料的违约金的计算办法；因技术服务的延误、疏忽或错误导致工程延误的违约金的计算办法。

② 质量责任的违约金。经过两次性能试验后，一项或多项性能指标仍达不到保证指标时，各项具体性能指标违约金的计算办法。

③ 不能供货的违约金。合同履行过程中，如果因供货方的原因不能交货，按不能交货部分设备约定价格的某一百分比计算违约金。

(2) 采购方的违约责任。

① 延期付款违约金的计算办法。

② 延期付款利息的计算办法。

③　如果采购方中途要求退货，按退货部分设备约定价格的一百分比计算违约金。

在违约责任条款内还应分别列明任何一方严重违约时，对方可以单方面终止合同的条件、终止程序和后果责任。

# 10.3　借 款 合 同

## 10.3.1　借款合同的概念和特点

### 1. 借款合同的概念

根据《合同法》第一百九十六条的规定，“借款合同是借款人向贷款人借款，到期返还借款并支付利息的合同”。在借款合同中，提供钱款的一方称为贷款人，向对方借款、接受钱款的一方称为借款人。借款合同是确认借款和贷款关系的法律形式。有利于加速货币的周转，解决商品生产者、经营者的资金不足，缓解个人生活急需，充分发挥资金的作用，促进市场经济的健康发展，保护借款合同当事人的合法权益。

### 2. 借款合同的特点

借款合同与其他合同相比，有自己的特点。借款合同的标的是金钱。借款合同是转移标的钱款所有权的合同。借款合同的标的只限于金钱，即货币。金钱是可消耗物，即消费物，同时金钱又是特殊的种类物，当事人之间不必有特别约定就能发生金钱占有的转移。借款合同的目的在于使借款人获得对该借款的消费。在借款合同中，合同约定的或者法律规定的还款期限届至时，借款人无须返还原物，仅需返还同样数量的金钱即可。

## 10.3.2　借款合同的种类

### 1. 金融机构借款合同

(1)　金融机构借款合同的概念。金融机构借款合同是指办理贷款业务的金融机构作为贷款人一方，向借款人提供贷款，借款人到期返还借款并支付利息的合同。金融机构借款合同具有有偿性、要式性、诺成性特点。借款人不但要按期还本，还要支付利息。签订借款合同必须采用书面形式，根据《合同法》第一百九十七条的规定，“借款合同采用书面形式，但自然人之间借款另有约定的除外”。借款合同属于诺成性的合同，一经当事人双方依法达成借款合意，借款合同就成立生效，无须以实际交付为合同成立生效的要件。

(2)　借款合同的内容。借款合同的内容包括借款种类、币种、用途、数额、利率、期限和还款方式等条款。

(3)　借款人与贷款人的权利、义务和责任。订立借款合同，贷款人可以要求借款人依照《担保法》的规定提供担保。订立借款合同，借款人应当按照贷款人的要求提供与借款有关的业务活动和财务状况的真实情况。借款的利息不得预先在本金中扣除。利息预先在本金中扣除的，应当按照实际借款数额返还借款并计算利息。贷款人未按照约定的日期、数额提供借款，造成借款人损失的，应当赔偿损失。借款人未按照约定的日期、数额收取借款的，应当按照约定的日期、数额支付利息。

贷款人按照约定可以检查、监督借款的使用情况。借款人应当按照约定向贷款人定期提供有关财务会计报表等资料。借款人未按照约定的借款用途使用借款的，贷款人可以停止发放借款、提前收回借款或者解除合同。办理贷款业务的金融机构贷款的利率，应当按照中国人民银行规定的贷款利率的上下限确定。借款人未按照约定的期限返还借款的，应当按照约定或者国家的有关规定支付逾期利息。借款人提前偿还借款的，除当事人另有约定的以外，应当按照实际借款的期间计算利息。借款人可以在还款期限届满之前向贷款人申请展期。贷款人同意的，可以展期。

(4) 关于借款合同条款约定不明的规定。根据《合同法》第二百零五条的规定，“借款人应当按照约定的期限支付利息。对支付利息的期限没有约定或者约定不明确，依照本法第六十一条的规定仍不能确定，借款期间不满一年的，应当在返还借款时一并支付；借款期间一年以上的，应当在每届满一年时支付，剩余期间不满一年的，应当在返还借款时一并支付”。根据《合同法》第二百零六条的规定，“借款人应当按照约定的期限返还借款。对借款期限没有约定或者约定不明确，依照本法第六十一条的规定仍不能确定的，借款人可以随时返还；贷款人可以催告借款人在合理期限内返还”。

2. 自然人之间的借款合同

自然人之间的借款合同的主体限于自然人。这种借款合同与一方为金融机构的借款合同是有区别的。它是一种不要式的合同，采用何种形式由合同当事人约定。自然人之间的借款合同生效是以贷款人提供借款为前提的。《合同法》第二百一十条规定，“自然人之间的借款合同，自贷款人提供借款时生效”。自然人之间的借款合同可以是有偿的，也可以是无偿的，由当事人之间约定。根据《合同法》第二百一十一条的规定，“自然人之间的借款合同对支付利息没有约定或者约定不明确的，视为不支付利息。自然人之间的借款合同约定支付利息的，借款的利率不得违反国家有关限制借款利率的规定”。

**建设工程借款合同(参考文本)**

合同编号：__________

贷款方：________________________
借款方：________________________

根据国家规定，借款方为进行基本建设所需贷款，经贷款方审查发放。为明确双方责任，恪守信用，特签订本合同，共同遵守。

**第一条** 借款用途________________________________________________________。

**第二条** 借款金额 借款方向贷款方借款人民币(大写)_____元。预计用款为____年____元；____年____元；____年____元；____年____元；___年____元。

**第三条** 借款利率。自支用贷款之日起，按实际支用数计算利息，并计算复利。在合同规定的借款期内，年息为____%。借款方如果不按期归还贷款，逾期部分加收利率 20%。

**第四条** 借款期限。借款方保证从____年__月起至____年__月止，用国家规定的还款资金偿还全部贷款。预定为____年__元；____年__元；____年__元；____年__元；____年__元；____年__元。贷款逾期不还的部分，贷款方有权限期追回贷款，或者商请借款单位的其他开户银行代为扣款清偿。

**第五条** 因国家调整计划、产品价格、税率，以及修正概算等原因，需要变更合同条款时，由双方签订变更合同的文件，作为本合同的组成部分。

**第六条**　贷款方保证按照本合同的规定供应资金。因贷款方责任未按期提供贷款，应按违约数额和延期天数，付给借款方违约金。违约金的计算与银行规定的加收借款方的罚息计算相同。

**第七条**　贷款方有权检查、监督贷款的使用情况，了解借款方的经营管理、计划执行、财务活动、物资库存等情况。借款方应提供有关的统计、会计报表及资料。

借款方如果不按合同规定使用贷款，贷款方有权收回部分贷款，并对违约使用部分按照银行规定加收罚息。借款方提前还款的，应按规定减收利息。

**第八条**　本合同条款以外的其他事项，双方遵照《中华人民共和国合同法》的有关规定办理。

**第九条**　本合同经过签章后生效，贷款本息全部清偿后失效。本合同一式五份，签章各方各执一份，报送主管部门、总行、分行各一份。

借款方：______(盖章)　　贷款方：______(盖章)

负责人：______ (签章)　　负责人：______(签章)

地　址：______　　地　址：______

签约日期：______

签约地点：______

# 10.4　租 赁 合 同

## 10.4.1　租赁合同的概念和特征

### 1. 租赁合同的概念及其内容

依据《合同法》第二百一十二条的规定，“租赁合同是出租人将租赁物交付承租人使用、收益，承租人支付租金的合同”。租赁合同的内容包括租赁物的名称、数量、用途、租赁期限、租金及其支付期限和方式、租赁物维修等条款。租赁期限 6 个月以上的，应当采用书面形式。当事人未采用书面形式的，视为不定期租赁。

### 2. 租赁合同的特征

(1)　租赁合同为双务有偿合同。出租人要将租赁标的物交付给承租人使用、收益，承租人要向出租人支付租金，使双方互负义务，是有偿的合同。它与借用合同在这一点上是有区别的。

(2)　租赁合同是转让财产使用权的合同。租赁合同的目的是承租人对租赁物的使用与收益。因此租赁合同转移的是租赁物的使用与收益权，而不转移所有权，出租人不享有对租赁物的处分权。这一点与买卖合同是不同的。买卖合同转让的是标的物的所有权。

(3)　租赁合同为诺成合同。双方依法意思表示一致，合同即成立。

(4)　租赁合同具有临时性的特点。租赁合同不适用财产的永久性使用。根据《合同法》第二百一十四条的规定，租赁期限不得超过 20 年。超过 20 年的，超过部分无效。租赁期间届满，当事人可以续订租赁合同，但约定的租赁期限自续订之日起不得超过 20 年。

## 10.4.2 租赁合同当事人的权利、义务与责任

1. 出租人的权利、义务与责任

(1) 有依据合同要求对方支付租金的权利。根据《合同法》第二百二十七条的规定，“承租人无正当理由未支付或者迟延支付租金的，出租人可以要求承租人在合理期限内支付。承租人逾期不支付的，出租人可以解除合同”。

(2) 交付合同标的物的义务。出租人应当按照约定将租赁物交付承租人，并在租赁期间保持租赁物符合约定的用途。《合同法》第二百一十九条规定，“承租人未按照约定的方法或者租赁物的性质使用租赁物，致使租赁物受到损失的，出租人可以解除合同并要求赔偿损失”。

(3) 出租人负有对租赁物进行维修的义务。《合同法》第二百一十六条规定，“出租人应当履行租赁物的维修义务，但当事人另有约定的除外”。《合同法》第二百二十一条规定，“承租人在租赁物需要维修时可以要求出租人在合理期限内维修。出租人未履行维修义务的，承租人可以自行维修，维修费用由出租人负担。因维修租赁物影响承租人使用的，应当相应减少租金或者延长租期”。

(4) 出租人出卖租赁房屋，负有在合理期限内通知的义务。根据《合同法》第二百三十条的规定，“出租人出卖租赁房屋的，应当在出卖之前的合理期限内通知承租人，承租人享有以同等条件优先购买的权利”。

2. 承租人的权利、义务与责任

(1) 承租人合理使用租赁物不负赔偿的责任。依据《合同法》第二百一十八条的规定，承租人按照约定的方法或者租赁物的性质使用租赁物，致使租赁物受到损耗的，不承担损害赔偿责任。承租人有义务妥善保管租赁物，因保管不善造成租赁物毁损、灭失的，应当承担损害赔偿责任。

(2) 经出租人同意可对租赁物进行改善或者增设他物。《合同法》第二百二十三条规定，“承租人经出租人同意，可以对租赁物进行改善或者增设他物。承租人未经出租人同意，对租赁物进行改善或者增设他物的，出租人可以要求承租人恢复原状或者赔偿损失”。

(3) 经出租人同意，可以将租赁物转租给第三人。《合同法》第二百二十四条规定，“承租人经出租人同意，可以将租赁物转租给第三人。承租人转租的，承租人与出租人之间的租赁合同继续有效，第三人对租赁物造成损失的，承租人应当赔偿损失。承租人未经出租人同意转租的，出租人可以解除合同”。

(4) 租赁期间因占有、使用而获得收益权。《合同法》第二百二十五条规定，“在租赁期间因占有、使用租赁物获得的收益，归承租人所有，但当事人另有约定的除外”。因第三人主张权利，致使承租人不能对租赁物使用、收益的，承租人可以要求减少租金或者不支付租金。第三人主张权利的，承租人应当及时通知出租人。

(5) 按约定期限支付租金的义务。《合同法》第二百二十六条规定，“承租人应当按照约定的期限支付租金。对支付期限没有约定或者约定不明确，依照本法第六十一条的规定仍不能确定，租赁期间不满一年的，应当在租赁期间届满时支付；租赁期间一年以上的，应当在每届满一年时支付，剩余期间不满一年的，应当在租赁期间届满时支付”。

(6) 承租人负有返还租赁物的义务。《合同法》第二百三十五条规定，“租赁期间届满，承租人应当返还租赁物。返还的租赁物应当符合按照约定或者租赁物的性质使用后的状态”。租赁物在租赁期间发生所有权变动的，不影响租赁合同的效力。

(7) 不可归责原因的解除权。根据《合同法》第二百三十一条的规定，“因不可归责于承租人的事由，致使租赁物部分或者全部毁损、灭失的，承租人可以要求减少租金或者不支付租金；因租赁物部分或者全部毁损、灭失，致使不能实现合同目的的，承租人可以解除合同”。

租赁物危及承租人的安全或者健康的，即使承租人订立合同时明知该租赁物质量不合格，承租人仍然可以随时解除合同。承租人在房屋租赁期间死亡的，与其生前共同居住的人可以按照原租赁合同租赁该房屋。租赁期间届满，承租人继续使用租赁物，出租人没有提出异议的，原租赁合同继续有效，但租赁期限为不定期。

## 租赁合同(示范文本)

合同编号: __________

出租人: __________　　　　签订地点: __________

承租人: __________　　　　签订时间: __________

**第一条**　租赁物

1. 名称: __________

2. 数量及相关配套设施: __________

3. 质量状况: __________

**第二条**　租赁期限______年______个月______日，自____年______月______日至__________年__________月__________日。

(提示: 租赁期限不得超过二十年。超过二十年的，超过部分无效)

**第三条**　租赁物的用途或性质: __________。

租赁物的使用方法: __________。

**第四条**　租金、租金支付期限及方式

1. 租金(大写): __________

2. 租金支付期限: __________

3. 租金支付方式: __________

**第五条**　租赁物交付的时间、地点、方式及验收: __________。

**第六条**　租赁物的维修

1. 出租人维修范围、时间及费用承担: __________。

2. 承租人维修范围及费用承担: __________。

**第七条**　因租赁物维修影响承租人使用__________天的，出租人应相应减少租金或延长租期。其计算方式是: __________。

**第八条**　租赁物的改善或增设他物

出租人(是/否)允许承租人对租赁物进行改善或增设他物。改善或增设他物不得因此损坏租赁物。

租赁合同期满时，对租赁物的改善或增设的他物的处理办法是__________。

**第九条**　出租人(是/否)允许承租人转租租赁物。

**第十条** 违约责任：________________________________。

**第十一条** 合同争议的解决方式：本合同在履行过程中发生的争议，由双方当事人协商解决；也可由当地工商行政管理部门调解；协商或调解不成的，按下列第________种方式解决：

(一)提交________仲裁委员会仲裁；

(二)依法向人民法院起诉。

**第十二条** 租赁期届满，双方有意续订的，可在租赁期满前______日续订租赁合同。

**第十三条** 租赁期满租赁物的返还时间为：________________________。

**第十四条** 其他约定事项：____________________________

**第十五条** 本合同未做规定的，按照《中华人民共和国合同法》的规定执行。

| 出租人 | 承租人 | |
|---|---|---|
| 出租人(章)<br>住所:<br><br>法定代表人(签名):<br>居民身份证号码:<br><br>委托代理人(签名):<br>电话:<br><br>开户银行:<br>账号:<br><br>邮政编码: | 承租人(章)<br>住所:<br><br>法定代表人(签名):<br>居民身份证号码:<br><br>委托代理人(签名):<br>电话:<br><br>开户银行:<br>账号:<br><br>邮政编码: | 鉴(公)证意见:<br><br><br><br><br><br>鉴(公)证机关(章)<br><br>经办人<br><br>年 月 日 |

监制部门: 印制单位:

# 10.5 融资租赁合同

## 10.5.1 融资租赁合同的概念及其特征

### 1. 融资租赁合同的概念

根据《合同法》第二百三十七条的规定，“融资租赁合同是出租人根据承租人对出卖人、租赁物的选择，向出卖人购买租赁物，提供给承租人使用，承租人支付租金的合同”。《合同法》第二百三十八条规定，融资租赁合同的内容包括租赁物名称、数量、规格、技术性能、检验方法、租赁期限、租金构成及其支付期限和方式、币种、租赁期间届满租赁物的归属等条款。融资租赁合同应当采用书面形式。

融资租赁合同是融资交易的产物，融资租赁交易是第二次世界大战后发展起来的集金融、贸易和租赁为一体的新型信贷方式。我国融资租赁业发展起步较晚，1981 年成立的中日合资企业即中国东方租赁公司是我国第一家从事融资租赁的企业。融资租赁业在我国发展较快，已成为利用和吸引外资的一条重要途径。

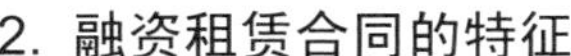

### 2. 融资租赁合同的特征

(1) 融资租赁合同是由两个合同即买卖合同和融资性租赁合同，三方当事人即出卖人、出租人、承租人结合在一起有机构成的新型独立合同。出卖人与买受人之间存在买卖合同关系；买受人与承租人之间存在融资性租赁合同关系；买受人在融资性租赁合同中，又是出租人。根据《合同法》第二百三十九条的规定，“出租人根据承租人对出卖人、租赁物的选择订立的买卖合同，出卖人应当按照约定向承租人交付标的物，承租人享有与受领标的物有关的买受人的权利”。《合同法》第二百四十条规定，“出租人、出卖人、承租人可以约定，出卖人不履行买卖合同义务的，由承租人行使索赔的权利。承租人行使索赔权利的，出租人应当协助”。出租人根据承租人对出卖人、租赁物的选择订立的买卖合同，未经承租人同意，出租人不得变更与承租人有关的合同内容。

(2) 融资租赁合同是以融资为目的的。这是融资合同与租赁合同、买卖合同、借款合同的不同点。

(3) 融资租赁合同中的出租人为从事融资租赁业务的租赁公司。从事融资租赁业务的公司不是一般意义上的自然人、法人、其他组织，只有经金融管理部门批准许可经营的公司才有从事融资租赁交易、订立融资租赁合同的资格。

(4) 融资租赁合同是诺成合同、要式合同、多务合同、有偿合同。

## 10.5.2　融资租赁合同中当事人的权利、义务与责任

### 1. 出租人享有对租赁物的所有权

《合同法》第二百四十二条规定，“出租人享有租赁物的所有权。承租人破产的，租赁物不属于破产财产”。关于融资租赁合同的租金，除当事人另有约定的以外，应当根据购买租赁物的大部分或者全部成本以及出租人的合理利润确定。租赁物不符合约定或者不符合使用目的的，出租人不承担责任，但承租人依赖出租人的技能确定租赁物或者出租人干预选择租赁物的除外。

### 2. 出租人应当保证承租人对租赁物的占有和使用

承租人应当妥善保管、使用租赁物。承租人应当履行占有租赁物期间的维修义务。承租人占有租赁物期间，租赁物造成第三人的人身伤害或者财产损害的，出租人不承担责任。

### 3. 承租人按约定支付租金

《合同法》第二百四十八条规定，“承租人应当按照约定支付租金。承租人经催告后在合理期限内仍不支付租金的，出租人可以要求支付全部租金；也可以解除合同，收回租赁物”。

### 4. 租赁期满租赁物的归属

根据我国《合同法》第二百四十九条的规定，“当事人约定租赁期间届满租赁物归承租人所有，承租人已经支付大部分租金，但无力支付剩余租金，出租人因此解除合同收回租赁物的，收回的租赁物的价值超过承租人欠付的租金以及其他费用的，承租人可以要求部分返还”。出租人和承租人可以约定租赁期间届满租赁物的归属。对租赁物的归属没有约定或者约定不明确，依照《合同法》第六十一条的规定仍不能确定的，租赁物的所有权

归出租人。

## 融资租赁合同(示范文本)

出租人(甲方): ______________________________

地　址: __________ 邮政编码: __________ 电话: __________

法定代表人: __________ 职务: __________

承租人(乙方): ______________________________

地　址: __________ 邮政编码: __________ 电话: __________

法定代表人: __________ 职务: __________

甲乙双方根据《中华人民共和国合同法》之规定，经协商一致，自愿签订本融资租赁合同(以下简称本合同)。本合同一经签订，在法律上对甲乙双方均有约束力。

**第一条**　租赁物名称

租赁物，是指乙方自行选定的以租用、留购为目的，甲方融资购买的第____号购买合同项下的技术设备。

**第二条**　租赁物的购买

1. 乙方以租用、留购为目的，以融资租赁方式向甲方承租租赁物；甲方根据乙方的上述目的为其融资购买租赁物。

2. 乙方须向甲方提供甲方认为必要的各种批准文件及担保函。

3. 乙方根据自己的需要选定租赁物及卖主和制造厂家，并与甲方一起参加订货谈判；在甲方主持下，乙方自行与卖主商定租赁物的名称、规格、型号、数量、质量、技术标准、技术服务及设备的品质保证等购买合同中的技术设备条款；甲乙双方与卖主共同商定价格、交货期、支付方式等购买合同中的商务条款；甲方以买主身份主签，乙方以承租人身份附签第____号购买合同。

4. 甲方应负责筹措购买租赁物所需的资金，并根据购买合同的规定办理进口许可证，履行支付定金、开立信用证、租船订舱、投保、结算等项义务。

5. 乙方负担购买租赁物应缴纳的海关关税、其他税款和银行开立信用证等国内费用。甲方垫付的银行开证费，乙方应在甲方指定的日期内，将款额及应付的利息给甲方。人民币计息办法按中国人民银行的规定办理。

**第三条**　租赁物的交货

1. 甲方支付货款并取得提货单后，将提单挂号寄送乙方即为完成向乙方交货。乙方应凭单在到货港(目的港)接货。乙方不得以任何理由拒收货物。

2. 租赁物到达到货港后，由甲方运输代理人(外运公司)或乙方自行办理报关、提货手续。提货后，乙方自负保管责任。如乙方不能及时缴纳关税等款项或办理提货手续所造成的损失，由乙方负担。

3. 因不可抗力及延迟运输、卸货、报关等不属于甲方原因而造成的租赁物的延迟交货或不能交货，甲方不负责任。

4. 租赁物由乙方根据购买合同的规定进行商检，并将商检结果于商检后10日内书面通告甲方。

5. 如卖主延迟交货，租赁物的规格、型号、数量、质量、技术标准等与购买合同规定的内容不符或在购买合同保证期内发生质量问题，均按购买合同的规定由卖主负责。乙方不得向甲方追索。

6. 乙方若因前款原因遭受损害，乙方应提供有关证据及索赔或仲裁方案，甲方根据乙方的要求向卖方索赔或提出仲裁。索赔、仲裁的结果及发生的全部费用均由乙方承担。

7. 不论发生上述何种情况，不免除乙方按期支付租金的义务。

**第四条**　合同期限和还租期限

1. 本合同期限，指从本合同生效之日至甲方收到乙方所有租金和应付的一切款项后出具租赁物所有权转移证明书之日。

2. 还租期限，指从还租期限起算日(以《到货通知单》上注明的租赁货物运抵到港日期为准)至最后一期租金应付日。

**第五条**　租金

1. 甲方为乙方融资购买租赁物，乙方承租租赁物件须付租金给甲方。

2. 租金是购买租赁物的成本与租赁费之和。

成本是甲方为乙方购买租赁物和向乙方交货所支付的货款、运费、保险费(含财产保险)及双方一致同意计入成本的费用与租前息(甲方支付上述费用从其支付或实际负担日起到还租日止所产生的利息总金额)之和。

计算租金的租赁费率由国际金融市场浮动利率和筹资手续费、风险费率及甲方应得的合理利差(后三项为不变量)两部分组成。签订本合同之日确定的租赁费率为本合同的暂定租赁费率。开立信用证之日确定的租赁费率为合同的固定租赁费率，在还租期内固定不变，外汇计息方法按中国人民银行的规定办理。

3. 《租金概算表》为甲乙双方签订本合同时的财务预算表，其租金根据概算成本和暂定租赁费率计算，具有暂时性。本合同的暂定租赁费率为(货币：____)____/年。

4. 《实际应付租金通知书》，为乙方偿还甲方租金的依据，根据实际成本和还租期限内的固定租赁费率计算。计算实际成本时，如甲方支付货款的货币与本合同货币不同时，按甲方实际兑换的汇率折成本合同的货币计算。租前息按固定租赁费率计算。

5. 实际成本核算完毕后，甲方向乙方发出《实际应付租金通知书》。除计算错误外，乙方同意不论租赁物件使用与否，都以该通知书中载明的日期、金额、币种等向甲方支付租金。

6. 如乙方提前偿还租金，需提前 30 天同甲方协商，甲方同意后，方可提前偿还租金，但须加收二个月利息。

如乙方未按期支付租金，应缴纳迟延利息，延付一个月内按原固定租赁费率的 130%计收；一个月后，每超过一天加收欠租金额的万分之五罚息。

**第六条**　服务费和保证金

1. 乙方在购买合同签订日后 15 天内，向甲方交付______元，作为付给甲方的服务费。

2. 乙方按《租金概算表》的规定，在购买合同签订日后 15 天内交付甲方保证金。保证金不计利息，在第一期租金到期时，自动抵作该期租金的全部或部分。

3. 如因乙方未及时支付保证金和服务费致使购买合同不能执行所造成的损失由乙方负责。

**第七条** 租赁物的所有权和使用权

1. 在本合同期限内，租赁物的所有权属于甲方。乙方除非征得甲方的书面同意，不得有转让、转租、抵押租赁物或将其投资给第三者或其他任何侵犯租赁物所有权的行为，也不得将租赁物迁离《租金概算表》中所记载的设置场所或允许他人使用。

2. 在本合同期限内，租赁物的使用权属于乙方。如任何第三者由于甲方的原因对租赁物主张任何权利，概由甲方负责。乙方的使用权不得因此受到影响。

3. 在本合同期限内，乙方负责租赁物维修、保养并承担其全部费用。甲方有权在其认为适当的时候，检查租赁物的使用和保养情况，乙方对甲方的检查应提供方便。如果需要，租赁物维修保养合同由乙方与卖主或原制造厂家签订，或由甲方代乙方与卖主或原制造厂家签订。如需更换租赁物的零件，在未得到甲方书面同意时，只能用其原制造厂提供的零件更换。

4. 因租赁物本身及其设置、保管、使用及租金的交付所发生的一切费用、税款(甲方应缴纳的利润所得税除外)由乙方负担。

5. 因租赁物本身及其设置、保管、使用等原因致使第三者遭受损害时，乙方应负赔偿责任。

**第八条** 租赁物的灭失及毁损

1. 在本合同期限内，乙方承担租赁物灭失或毁损的风险。

2. 如租赁物灭失或毁损，乙方应立即通知甲方，甲方可选择下列方式之一，由乙方负责处理并负担一切费用。

(1) 将租赁物复原或修理至可正常使用之状态;

(2) 更换与租赁物同等状态和性能的物件。

3. 租赁物灭失或毁损至无法修理的程度时，乙方应按《实际应付租金通知书》中记载的损失赔偿金额，赔偿给甲方。当乙方将损失赔偿金额及其他应付的款项缴纳给甲方时，按本合同第十三条办理。

**第九条** 保险

1. 自还租期限起算日开始，甲方以购买合同 CIF 价及本合同规定的币种对租赁物投保财产险，并使之在还租期限内持续有效。保险费由乙方负担，计入实际成本。

2. 事故发生后，乙方须立即通知甲方，并提供一切必要的文件，以便甲方领取保险金。

3. 甲方将取得的保险金，根据与乙方商定的下述原则之一办理:

(1) 作为第八条第 2 款第(1)项或第(2)项所需费用的支付;

(2) 作为第八条第 3 款及其他乙方应付给甲方的款项。

保险金不足以支付上述之一的款项时，由乙方补足。

**第十条** 违反本合同

1. 如甲方未能履行本合同第二条第 4 款所规定的义务造成卖主逾期交付租赁物，甲方购买租赁物所支付款项在逾期期间所发生的利息由甲方承担。

2. 如乙方不支付租金或违反本合同其他条款，甲方有权要求乙方即时付清租金和其他费用，或收回租赁物自行处置，所得款项抵作乙方应付租金及迟延利息，不足部分应由乙方赔偿。虽然甲方采取前述措施，并不因之免除本合同规定的乙方其他义务。

**第十一条** 甲方权利的转让和抵押

本合同期内，甲方有权将本合同赋予甲方的全部或部分权利转让给第三者，或提供租

赁物作为抵押，但不得影响乙方在本合同项下的权利和义务。

**第十二条** 重大变故的处理

1. 乙方如发生关闭、停产、合并、分立、破产等情况，须立即通知甲方，甲方可立即采取本合同第十条的规定的措施。

2. 乙方和担保人的法定地址、法定代表人等发生变化，不影响本合同的执行，但乙方和担保人应立即书面通知甲方。

**第十三条** 租赁物所有权的转移

乙方向甲方付清全部租金及其他款项，并再向甲方支付租赁物的残值____元(人民币)后，由甲方向乙方出具租赁物所有权转移证明书，租赁物的所有权即转归乙方所有。

**第十四条** 担保

乙方委托为本合同乙方的担保人，担保人向甲方出具不可撤销的租金担保函。详见本合同附件二。

乙方负责将本合同复印件转交担保人。

**第十五条** 争议的解决

有关本合同的一切争议，甲乙双方首先应根据本合同规定的内容协商解决，如协商不能解决时，可采取下列方式:

1. 向____市合同仲裁委员会提起仲裁;

2. 向____市人民法院提起诉讼。

**第十六条** 合同的修改和补充

凡对本合同进行修改、补充或变更，须以书面形式经双方法定代表人或授权的委托代理人签字后生效，并作为本合同的组成部分，同原合同具有同等效力。

**第十七条** 本合同必不可少的附件

1. 融资租赁委托书。

2. 不可撤销的租金担保函。

3. 购买合同。

4. 《租金概算表》。

5. 《实际应付租金通知书》。

6. 乙方提供的批准文件和证明材料。

**第十八条** 本合同的生效

本合同经甲乙双方法定代表人或由其授权的委托代理人签字后生效。本合同正本一式二份，甲乙双方各执一份。

甲　方：____________________
代表人：____________________
______年___月___日
乙　方：____________________
代表人：____________________
______年___月___日

# 10.6　承 揽 合 同

## 10.6.1　承揽合同的概念和特征

### 1. 承揽合同的概念

根据我国《合同法》第二百五十一条的规定，“承揽合同是承揽人按照定做人的要求完成工作，交付工作成果，定做人给付报酬的合同。承揽包括加工、定做、修理、复制、测试、检验等工作”。承揽合同的内容包括承揽的标的、数量、质量、报酬、承揽方式、材料的提供、履行期限、验收标准和方法等条款。

### 2. 承揽合同的特征

(1) 承揽合同的目的。承揽合同以完成一定工作为目的。在承揽合同中，承揽人按照定做人的要求完成工作，交付工作成果，定做人就承揽人完成的成果支付价款。

(2) 承揽人应当独立完成工作。承揽合同一般是建立在对承揽人信任的基础上，只有承揽人自己完成工作才符合定做人的要求。如果承揽人将其承揽的主要工作由第三人完成，属于债务的不履行，要承担违约责任。

(3) 定做物的特殊性。承揽合同的定做物的最终成果，无论以何种形式体现，都必须符合定做人的要求，否则交付的成果就不合格。

(4) 承揽合同为诺成、有偿合同。

## 10.6.2　承揽合同中当事人的义务与责任

### 1. 承揽人的义务与责任

(1) 完成主要工作的义务。根据《合同法》第二百五十三条的规定，“承揽人应当以自己的设备、技术和劳力，完成主要工作，但当事人另有约定的除外。承揽人将其承揽的主要工作交由第三人完成的，应当就该第三人完成的工作成果向定做人负责；未经定做人同意的，定做人也可以解除合同”。第二百五十四条规定，“承揽人可以将其承揽的辅助工作交由第三人完成。承揽人将其承揽的辅助工作交由第三人完成的，应当就该第三人完成的工作成果向定做人负责”。

(2) 对提供的材料进行检查和接受检查的义务。《合同法》第二百五十六条规定，“定做人提供材料的，定做人应当按照约定提供材料。承揽人对定做人提供的材料，应当及时检验，发现不符合约定时，应当及时通知定做人更换、补齐或者采取其他补救措施。承揽人不得擅自更换定做人提供的材料，不得更换不需要修理的零部件”。《合同法》第二百五十五条规定，“承揽人提供材料的，承揽人应当按照约定选用材料，并接受定做人检验”。承揽人发现定做人提供的图纸或者提出的技术要求不合理的，应当及时通知定做人。因定做人怠于答复等原因造成承揽人损失的，应当赔偿损失。

(3) 交付成果的义务。《合同法》第二百六十一条规定，“承揽人完成工作的，应当向定做人交付工作成果，并提交必要的技术资料和有关质量证明。定做人应当验收该工作成果”。第二百六十二条规定，“承揽人交付的工作成果不符合质量要求的，定做人可以要求承揽人承担修理、重做、减少报酬、赔偿损失等违约责任”。

(4) 负有妥善保管承揽物的义务。根据《合同法》第二百六十五条规定，“承揽人应当妥善保管定做人提供的材料以及完成的工作成果，因保管不善造成毁损、灭失的，应当承担损害赔偿责任”。

(5) 负有保密的义务。承揽人应当按照定做人的要求保守秘密，未经定做人许可，不得留存复制品或者技术资料。

(6) 共同承揽人的责任。共同承揽人对定做人承担连带责任，但当事人另有约定的除外。

### 2. 定做人的义务与责任

(1) 中途变更的损失赔偿。根据《合同法》第二百五十八条的规定，“定做人中途变更承揽工作的要求，造成承揽人损失的，应当赔偿损失”。

(2) 定做人的协作义务。根据《合同法》第二百五十九条的规定，“承揽工作需要定做人协助的，定做人有协助的义务。定做人不履行协助义务致使承揽工作不能完成的，承揽人可以催告定做人在合理期限内履行义务，并可以顺延履行期限；定做人逾期不履行的，承揽人可以解除合同”。承揽人在工作期间，应当接受定做人必要的监督检验。定做人不得因监督检验妨碍承揽人的正常工作。

(3) 支付价款的义务。《合同法》第二百六十三条规定，“定做人应当按照约定的期限支付报酬。对支付报酬的期限没有约定或者约定不明确，依照本法第六十一条的规定仍不能确定的，定做人应当在承揽人交付工作成果时支付；工作成果部分交付的，定做人应当相应支付”。定做人未向承揽人支付报酬或者材料费等价款的，承揽人对完成的工作成果享有留置权，但当事人另有约定的除外。

(4) 定做人可以随时解除合同的赔偿。根据《合同法》第二百六十八条的规定，“定做人可以随时解除承揽合同，造成承揽人损失的，应当赔偿损失”。

## 承揽合同(示范文本)

合同编号：____________

定做人：______________　　签订地点：____________

承揽人：______________　　签订时间：__________年___月___日

**第一条**　承揽项目、数量、报酬及交付期限

| 项目及名称 | 计量单位 | 数量 | 工作量(工时) | 报　酬 | | 交付期限 |
|---|---|---|---|---|---|---|
| | | | | 单　价 | 金　额 | |
| | | | | | | |
| | | | | | | |
| 合计人民币金额(大写): | | | | | | |

(注：空格如不够用，可以另接)

**第二条**　技术标准、质量要求：__________________________。

**第三条**　承揽人对质量负责的期限及条件__________________________________。

**第四条** 定做人提供技术资料、图纸的时间、办法及保密要求：__________。

**第五条** 承揽人使用的材料由____提供。材料的检验方法：_________。

**第六条** 定做人(是/否)允许承揽项目的主要工作由第三人来完成。可以交由第三人完成的工作是：______________________________________________。

**第七条** 工作成果检验标准、方法和期限：____________________。

**第八条** 结算方式及期限：____________________________。

**第九条** 定做人在___年___月___日前交付定金(大写)__________元。

**第十条** 定做人解除承揽合同应及时书面通知承揽人。

**第十一条** 定做人未向承揽人支付报酬或材料费的，承揽人(是/否)可以留置工作成果。

**第十二条** 违约责任：__________________________________________________。

**第十三条** 合同争议的解决方式：本合同在履行过程中发生的争议，由双方当事人协商解决；也可由当地工商行政管理部门调解；协商或调解不成的，按下列第___________种方式解决：

(一)提交 _________________仲裁委员会仲裁；

(二)依法向人民法院起诉。

**第十四条** 其他约定事项：______________________________________。

| 定做人 | 承揽人 | 鉴(公)证意见： |
|---|---|---|
| 定做人(章)： | 承揽人(章)： | |
| 住所： | 住所： | |
| 法定代表人： | 法定代表人： | |
| 居民身份证号码： | 居民身份证号码： | |
| 委托代理人： | 委托代理人： | |
| 电话： | 电话： | 鉴(公)证机关(章) |
| 开户银行： | 开户银行： | |
| 账号： | 账号： | 经办人： |
| 邮政编码： | 邮政编码： | |
| | | 年 月 日 |

# 10.7 运输合同

## 10.7.1 运输合同的概念与特点

### 1. 运输合同的概念

根据《合同法》第二百八十八条的规定，“运输合同是承运人将旅客或者货物从起运地点运输到约定地点，旅客、托运人或者收货人支付票款或者运输费用的合同”。从事公共运输的承运人不得拒绝旅客、托运人通常、合理的运输要求。承运人应当在约定期间或者合理期间内将旅客、货物安全运输到约定地点。承运人应当按照约定的或者通常的运输路线将旅客、货物运输到约定地点。旅客、托运人或者收货人应当支付票款或者运输费用。

承运人未按照约定路线或者通常路线运输，使得票款或者运输费用增加的，旅客、托运人或者收货人可以拒绝支付增加部分的票款或者运输费用。运输合同有客运合同、货运合同与多式联运合同。

2. 运输合同的特点

(1) 运输合同是双务有偿合同。

(2) 运输合同一般为诺成合同。根据《合同法》第二百九十三条的规定，“客运合同自承运人向旅客交付客票时成立，但当事人另有约定或者另有交易习惯的除外”。

(3) 运输合同一般为格式合同。在运输合同中，承运人多为专门从事运输营业的人，为便于订立合同，简化手续，承运人往往事先制定通用的标准文本，运输合同当事人的基本权利和义务及责任等也多由专门法规加以规定。在运输合同中，托运人、旅客只有是否与承运人订立合同的自由，而没有协商合同条款的自由。在运输实践中，也不排除非格式合同的情况存在。

(4) 运输合同的标的是运输行为。运输合同属于劳务合同的一种。

## 10.7.2　货物运输合同

1. 货物运输合同的概念和特点

(1) 货物运输合同的概念。货物运输合同是指承运人将货物从起运地点运到约定地点，托运人或者收货人支付运输费的合同。依据货物运输合同使用的工具不同，货物运输合同包括铁路货运合同、公路货运合同、水路货运合同、航空货运合同以及它们的联运合同。

(2) 货物运输合同的特点。货物运输合同是运输合同的一种，它除具有运输合同的一般特点外，还有其自身的特点，主要有以下几点。

首先，货物运输合同的运送对象是货物，这一点与客运合同是不同的。其次，货物运输合同往往有第三人参加，收货人可以为托运人，也可以是托运人以外的第三人。最后，货物运输合同的履行以货物交付收货人终止。

2. 货物运输合同相关当事人的义务

(1) 托运人的义务。

① 支付运费的义务。根据《合同法》第三百一十五条的规定，“托运人或者收货人不支付运费、保管费以及其他运输费用的，承运人对相应的运输货物享有留置权，但当事人另有约定的除外”。《合同法》第三百一十四条规定，“货物在运输过程中因不可抗力灭失，未收取运费的，承运人不得要求支付运费；已收取运费的，托运人可以要求返还”。

② 如实详细审报货物情况。根据《合同法》第三百零四条的规定，“托运人办理货物运输，应当向承运人准确表明收货人的名称或者姓名或者凭指示的收货人，货物的名称、性质、重量、数量，收货地点等有关货物运输的必要情况。因托运人申报不实或者遗漏重要情况，造成承运人损失的，托运人应当承担损害赔偿责任”。

③ 办理审批、检验手续。《合同法》第三百零五条规定，“货物运输需要办理审批、检验等手续的，托运人应当将办理完有关手续的文件提交承运人”。

④ 按照约定的方式包装货物。《合同法》第三百零六条规定，“托运人应当按照约定的方式包装货物。对包装方式没有约定或者约定不明确的，适用本法第一百五十六条的

规定。托运人违反前款规定的，承运人可以拒绝运输”。

⑤ 危险物品的包装及其警示。根据《合同法》三百零七条的规定，“托运人托运易燃、易爆、有毒、有腐蚀性、有放射性等危险物品的，应当按照国家有关危险物品运输的规定对危险物品妥善包装，做出危险物标志和标签，并将有关危险物品的名称、性质和防范措施的书面材料提交承运人。托运人违反前款规定的，承运人可以拒绝运输，也可以采取相应措施以避免损失的发生，因此产生的费用由托运人承担”。

⑥ 中止、变更合同的赔偿责任。根据《合同法》第三百零八条的规定，“在承运人将货物交付收货人之前，托运人可以要求承运人中止运输、返还货物、变更到达地或者将货物交给其他收货人，但应当赔偿承运人因此受到的损失”。

(2) 承运人的义务。

① 按约定完成货物的运输。根据我国《合同法》第二百八十八条、第二百九十条、第二百九十一条的规定，承运人应按照约定的地点、期限、运输线路将货物运送到约定的地点。

② 负有及时通知的义务。根据《合同法》第三百零九条的规定，“货物运输到达后，承运人知道收货人的，应当及时通知收货人，收货人应当及时提货。收货人逾期提货的，应当向承运人支付保管费等费用”。

③ 承运人对运输过程中货物的毁损、灭失承担损害赔偿责任。根据《合同法》第三百一十一条的规定，“承运人对运输过程中货物的毁损、灭失承担损害赔偿责任，但承运人证明货物的毁损、灭失是因不可抗力、货物本身的自然性质或者合理损耗以及托运人、收货人的过错造成的，不承担损害赔偿责任”。《合同法》第三百一十二条规定，“货物的毁损、灭失的赔偿额，当事人有约定的，按照其约定；没有约定或者约定不明确，依照本法第六十一条的规定仍不能确定的，按照交付或者应当交付时货物到达地的市场价格计算。法律、行政法规对赔偿额的计算方法和赔偿限额另有规定的，依照其规定”。

两个以上承运人以同一运输方式联运的，与托运人订立合同的承运人应当对全程运输承担责任。损失发生在某一运输区段的，与托运人订立合同的承运人和该区段的承运人承担连带责任。

(3) 收货人的义务。

① 依约定的期限检验货物。根据《合同法》第三百一十条的规定，“收货人提货时应当按照约定的期限检验货物。对检验货物的期限没有约定或者约定不明确，依照本法第六十一条的规定仍不能确定的，应当在合理期限内检验货物。收货人在约定的期限或者合理期限内对货物的数量、毁损等未提出异议的，视为承运人已经按照运输单证的记载交付的初步证据”。

② 及时提货。根据《合同法》第三百一十六条的规定，“收货人不明或者收货人无正当理由拒绝受领货物的，依照本法第一百零一条的规定，承运人可以提存货物”。

### 10.7.3 多式联运合同

#### 1. 多式联运经营人的义务与权利

根据《合同法》第三百一十七条的规定，“多式联运经营人负责履行或者组织履行多式联运合同，对全程运输享有承运人的权利，承担承运人的义务”。

### 2. 多式联运经营人可以约定相互之间的责任

根据《合同法》第三百一十八条的规定，“多式联运经营人可以与参加多式联运的各区段承运人就多式联运合同的各区段运输约定相互之间的责任，但该约定不影响多式联运经营人对全程运输承担的义务”。

### 3. 多式联运经营人签发多式联运单据

根据《合同法》第三百一十九条的规定，“多式联运经营人收到托运人交付的货物时，应当签发多式联运单据。按照托运人的要求，多式联运单据可以是可转让单据，也可以是不可转让单据”。

### 4. 多式联运经营人损失的赔偿

根据《合同法》第三百二十条的规定，“因托运人托运货物时的过错造成多式联运经营人损失的，即使托运人已经转让多式联运单据，托运人仍然应当承担损害赔偿责任”。《合同法》第三百二十一条规定：“货物的毁损、灭失发生于多式联运的某一运输区段的，多式联运经营人的赔偿责任和责任限额适用调整该区段运输方式的有关法律规定。货物毁损、灭失发生的运输区段不能确定的，依照本章规定承担损害赔偿责任。”

## 货物运输合同(示范文本)

托运方：________________________________

地址：____________　邮政编码：____________　电话：____________

法定代表人：____________　职务：____________

承　运　方：________________________________

地　址：____________　邮政编码：____________　电话：____________

法定代表人：____________　职务：____________

根据国家有关运输规定，经过双方充分协商，特订立本合同，以便双方共同遵守。

**第一条** 货物名称：__________

规格：__________

数量：__________

价款：__________

货物编号：__________

品名：__________

规格：__________

单位：__________

单价：__________

数量：__________

金额(元)__________

**第二条** 包装要求

托运方必须按照国家主管机关规定的标准包装；没有统一规定包装标准的，应根据保证货物运输安全的原则进行包装，否则承运方有权拒绝承运。

**第三条** 货物起运地点：____________________________________________

货物到达地点：________________________________

**第四条** 货物承运日期：________________________________

货物运到期限：________________________________

**第五条** 运输质量及安全要求：________________________________

**第六条** 货物装卸责任和方法：________________________________

**第七条** 收货人领取货物及验收办法：________________________________

**第八条** 运输费用、结算方式：________________________________

**第九条** 各方的权利与义务

一、托运方的权利与义务

1. 托运方的权利：要求承运方按照合同规定的时间、地点、把货物运输到目的地。货物托运后，托运方需要变更到货地点或收货人，或者取消托运时，有权向承运方提出变更合同的内容或解除合同的要求。但必须在货物未运到目的地之前通知承运方，并应按有关规定付给承运方所需费用。

2. 托运方的义务：按约定向承运方交付运杂费。否则，承运方有权停止运输，并要求对方支付违约金。托运方对托运的货物应按照规定的标准进行包装，遵守有关危险品运输的规定，按照合同中规定的时间和数量交付托运货物。

二、承运方的权利与义务

1. 承运方的权利：向托运方、收货方收取运杂费用。如果收货方不缴或不按时缴纳规定的各种运杂费用，承运方对其货物有扣压权。查不到收货人或收货人拒绝提取货物，承运方应及时与托运方联系，在规定期限内负责保管并有权收取保管费用，对于超过规定期限仍无法交付的货物，承运方有权按有关规定予以处理。

2. 承运方的义务：在合同规定的期限内，将货物运到指定的地点，按时向收货人发出货物到达的通知。对托运的货物要负责安全，保证货物无短缺，无损坏，无人为的变质，如有上述问题，应承担赔偿义务。在货物到达以后，按规定的期限，负责保管。

三、收货人的权利与义务

1. 收货人的权利：在货物运到指定地点后有以凭证领取货物的权利。必要时，收货人有权向到站或中途货物所在站提出变更到站或变更收货人的要求，签订变更协议。

2. 收货人的义务：在接到提货通知后，按时提取货物，缴清应付费用。超过规定提货时，应向承运人交付保管费。

**第十条** 违约责任

一、托运方责任

1. 未按合同规定的时间和要求提供托运的货物，托运方应按其价值的____%偿付给承运方违约金。

2. 由于在普通货物中夹带、匿报危险货物，错报笨重货物重量等招致吊具断裂、货物摔损、吊机倾翻、爆炸、腐蚀等事故，托运方应承担赔偿责任。

3. 由于货物包装缺陷产生破损，致使其他货物或运输工具、机械设备被污染腐蚀、损坏，造成人身伤亡的，托运方应承担赔偿责任。

4. 在托运方专用线或在港、站公用线、专用线自装的货物，在到站卸货时，发现货物损坏、缺少，在车辆施封完好或无异状的情况下，托运方应赔偿收货人的损失。

5. 罐车发运货物，因未随车附带规格质量证明或化验报告，造成收货方无法卸货时，托运方应偿付承运方卸车等存储费及违约金。

二、承运方责任

1. 不按合同规定的时间和要求配车、发运的，承运方应偿付甲方违约金____元。

2. 承运方如将货物错运到货地点或接货人，应无偿运至合同规定的到货地点或接货人。如果货物逾期到达，承运方应偿付逾期交货的违约金。

3. 运输过程中货物灭失、短少、变质、污染、损坏，承运方应按货物的实际损失(包括包装费、运杂费)赔偿托运方。

4. 联运的货物发生灭失、短少、变质、污染、损坏，应由承运方承担赔偿责任的，由终点阶段的承运方向负有责任的其他承运方追偿。

5. 在符合法律和合同规定条件下的运输，由于下列原因造成货物灭失、短少、变质、污染、损坏的，承运方不承担违约责任。

(1) 不可抗力;

(2) 货物本身的自然属性;

(3) 货物的合理损耗;

(4) 托运方或收货方本身的过错。

本合同正本一式二份，合同双方各执一份；合同副本一式_____份，送_____等单位各留一份。

托运方：________________

代表人：________________

______年___月___日

承运方：________________

代表人：________________

______年___月___日

# 10.8　保 管 合 同

## 10.8.1　保管合同的概念和特点

### 1. 保管合同的概念

根据《合同法》第三百六十五条的规定，“保管合同是保管人保管寄存人交付的保管物，并返还该物的合同”，在保管合同中，涉及保管人、寄存人、保管物等几个概念。保管人是指为他人保管物品的人，寄存人是指将保管物交付保管人保管的人，保管物是指被保管的物品。

### 2. 保管合同的特点

(1) 保管合同可以是有偿的，也可以是无偿的。根据《合同法》第三百六十六条的规定，“寄存人应当按照约定向保管人支付保管费。当事人对保管费没有约定或者约定不明确，依照本法第六十一条的规定仍不能确定的，保管是无偿的”。

(2) 保管合同原则上是实践合同，但也不排除诺成合同的情况。根据《合同法》第三百六十七条的规定，“保管合同自保管物交付时成立，但当事人另有约定的除外”。

(3) 保管合同是一种不要式合同。保管合同是以寄存人交付保管物为成立要件的。根据《合同法》第三百六十八条的规定，“寄存人向保管人交付保管物的，保管人应当给付保管凭证，但另有交易习惯的除外”。不论是实践合同，还是约定的诺成合同，法律都没有要求保管合同必须采用特定的形式。

(4) 保管合同转移保管物的占有。这种控制、占有只针对物的保管行为，保管人不得对保管物行使使用、收益和处分的权利。

(5) 保管合同的标的是保管行为。保管合同是保管人为管理保管物而提供的劳务，寄存人支付保管费，即劳务报酬。因此，保管合同的标的是保管行为。

## 10.8.2 保管合同当事人的义务

### 1. 保管人的义务

(1) 给付保管凭证的义务。《合同法》第三百六十八条规定，“寄存人向保管人交付保管物的，保管人应当给付保管凭证，但另有交易习惯的除外”。

(2) 妥善保管保管物的义务。根据《合同法》第三百六十九条的规定，“保管人应当妥善保管保管物。当事人可以约定保管场所或者方法。除紧急情况或者为了维护寄存人利益的以外，不得擅自改变保管场所或者方法”。《合同法》第三百七十四条规定，“保管期间，因保管人保管不善造成保管物毁损、灭失的，保管人应当承担损害赔偿责任，但保管是无偿的，保管人证明自己没有重大过失的，不承担损害赔偿责任”。

(3) 保管人应当亲自保管保管物。根据《合同法》第三百七十一条的规定，“保管人不得将保管物转交第三人保管，但当事人另有约定的除外。保管人违反前款规定，将保管物转交第三人保管，对保管物造成损失的，应当承担损害赔偿责任”。根据《合同法》第三百七十二条的规定，“保管人不得使用或者许可第三人使用保管物，但当事人另有约定的除外”。

(4) 及时通知与返还保管物的义务。根据《合同法》第三百七十三条的规定，“第三人对保管物主张权利的，除依法对保管物采取保全或者执行的以外，保管人应当履行向寄存人返还保管物的义务。第三人对保管人提起诉讼或者对保管物申请扣押的，保管人应当及时通知寄存人”。根据《合同法》第三百七十六条的规定，“寄存人可以随时领取保管物。当事人对保管期间没有约定或者约定不明确的，保管人可以随时要求寄存人领取保管物；约定保管期间的，保管人无特别事由，不得要求寄存人提前领取保管物”。保管期间届满或者寄存人提前领取保管物的，保管人应当将原物及其孳息归还寄存人。保管人保管货币的，可以返还相同种类、数量的货币。保管其他可替代物的，可以按照约定返还相同种类、品质、数量的物品。

### 2. 寄存人的义务

(1) 支付保管费及其他费用。根据《合同法》第三百七十九条的规定，“有偿的保管合同，寄存人应当按照约定的期限向保管人支付保管费。当事人对支付期限没有约定或者约定不明确，依照本法第六十一条的规定仍不能确定的，应当在领取保管物的同时支付”。

寄存人未按照约定支付保管费以及其他费用的，保管人对保管物享有留置权，但当事人另有约定的除外。

(2) 贵重物品的声明义务。根据《合同法》第三百七十五条的规定，“寄存人寄存货币、有价证券或者其他贵重物品的，应当向保管人声明，由保管人验收或者封存。寄存人未声明的，该物品毁损、灭失后，保管人可以按照一般物品予以赔偿”。

(3) 告知保管物的瑕疵与需要采取特殊保管措施的义务。根据《合同法》第三百七十条的规定，“寄存人交付的保管物有瑕疵或者按照保管物的性质需要采取特殊保管措施的，寄存人应当将有关情况告知保管人。寄存人未告知，致使保管物受损失的，保管人不承担损害赔偿责任；保管人因此受损失的，除保管人知道或者应当知道并且未采取补救措施的以外，寄存人应当承担损害赔偿责任”。

## 保管合同(示范文本)

合同编号：__________

保管人：__________　　签订地点：__________

寄存人：__________　　签订时间：_____年____月_____日

**第一条**　保管物

保管物的名称：____________________

性质：____________________

数量：____________________

价值：____________________

**第二条** 保管场所：____________________

**第三条** 保管方法：____________________

**第四条** 保管物(是/否)有瑕疵。瑕疵是：______________________________。

**第五条** 保管物(是/否)需要采取特殊保管措施。特殊保管措施是：____________________________________________________________。

**第六条** 保管物(是/否)有货币、有价证券或者其他贵重物。

**第七条** 保管期限自_____年_____月_____日至____年_____月____日止。

**第八条** 寄存人交付保管物时，保管人应当验收，并给付保管凭证。

**第九条** 保管人(是/否)允许保管人将保管物转交他人保管。

**第十条** 保管费(大写)___________元。

**第十一条** 保管费的支付方式与时间：___________________________。

**第十二条** 寄存人未向保管人支付保管费的，保管人(是/否)可以留置保管物。

**第十三条** 违约责任：________________________________________________。

**第十四条** 合同争议的解决方式：本合同在履行过程中发生的争议，由双方当事人协商解决；也可由当地工商行政管理部门调解；协商或调解不成的，按下列第___________种方式解决：

(1) 提交___________仲裁委员会仲裁；

(2) 依法向人民法院起诉。

**第十五条** 本合同自__________时成立。

**第十六条** 其他约定事项：______________________________。

保管人: 寄存人:

# 10.9 仓 储 合 同

## 10.9.1 仓储合同的概念和特点

根据《合同法》第三百八十一条的规定："仓储合同是保管人储存存货人交付的仓储物，存货人支付仓储费的合同。"

仓储合同的法律特点包括以下几点。

(1) 保管人是从事仓储保管业务的人。在仓储合同中，保管人只能是从事仓储保管业务的人，即仓库营业人。我国台湾地区《民法典》第六百一十三条的规定，仓库营业人是以接受报酬为他人堆藏及保管物品为营业的人。我国《合同法》没有对仓库营业人加以专门规定。

(2) 仓储物为动产。

(3) 仓储合同是诺成合同。

(4) 仓储合同是双务、有偿、不要式合同。

## 10.9.2 仓单

根据《合同法》第三百八十五条的规定，"存货人交付仓储物的，保管人应当给付仓单"。仓单是提取仓储物的凭证。存货人或者仓单持有人在仓单上背书并经保管人签字或者盖章的，可以转让提取仓储物的权利。

根据《合同法》第三百八十五条的规定，保管人应当在仓单上签字或者盖章。仓单包括下列事项：存货人的名称或者姓名和住所；仓储物的品种、数量、质量、包装、件数和标记；仓储物的损耗标准；储存场所；储存期间；仓储费；仓储物已经办理保险的，其保险金额、期间以及保险人的名称；填发人、填发地和填发日期。

## 10.9.3 仓储合同当事人的义务

### 1. 保管人的义务

(1) 给付仓单的义务。

(2) 验收仓储物的义务。根据《合同法》第三百八十四条的规定，"保管人应当按照约定对入库仓储物进行验收。保管人验收时发现入库仓储物与约定不符合的，应当及时通知存货人。保管人验收后，发生仓储物的品种、数量、质量不符合约定的，保管人应当承担损害赔偿责任"。

(3) 保管人储存易燃、易爆、有毒、有腐蚀性、有放射性等危险物品的，应当具备相应的保管条件。根据《合同法》第三百八十三条的规定，"储存易燃、易爆、有毒、有腐蚀性、有放射性等危险物品或者易变质物品，存货人应当说明该物品的性质，提供有关资料。存货人违反前款规定的，保管人可以拒收仓储物，也可以采取相应措施以避免损失的发生，因此产生的费用由存货人承担。保管人储存易燃、易爆、有毒、有腐蚀性、有放射性等危险物品的，应当具备相应的保管条件”。

(4) 同意存货人或者仓单持有人检查仓储物或者提取样品的义务。根据《合同法》第三百八十八条的规定，“保管人根据存货人或者仓单持有人的要求，应当同意其检查仓储物或者提取样品”。

(5) 通知和催告义务。根据《合同法》第三百八十九条、第三百九十条的规定，保管人对入库仓储物发现有变质或者其他损坏的，应当及时通知存货人或者仓单持有人。保管人对入库仓储物发现有变质或者其他损坏，危及其他仓储物的安全和正常保管的，应当催告存货人或者仓单持有人做出必要的处置。因情况紧急，保管人可以做出必要的处置，但事后应当将该情况及时通知存货人或者仓单持有人。

(6) 返还仓储物的义务。根据《合同法》第三百九十一条的规定，“当事人对储存期间没有约定或者约定不明确的，存货人或者仓单持有人可以随时提取仓储物，保管人也可以随时要求存货人或者仓单持有人提取仓储物，但应当给予必要的准备时间”。

**2. 存货人的义务**

(1) 合同约定交付仓储物的义务。储存易燃、易爆、有毒、有腐蚀性、有放射性等危险物品或者易变质物品，存货人应当说明该物品的性质，提供有关资料。

(2) 支付仓储费以及其他费用的义务。根据《合同法》第三百九十二条的规定，储存期间届满，存货人或者仓单持有人应当凭仓单提取仓储物。存货人或者仓单持有人逾期提取的，应当加收仓储费；提前提取的，不减收仓储费。

(3) 按时提取仓储物的义务。《合同法》第三百九十三条规定，储存期间届满，存货人或者仓单持有人不提取仓储物的，保管人可以催告其在合理期限内提取，逾期不提取的，保管人可以提存仓储物。

## 仓储合同(示范文本)

合同编号：__________

保管人：______________________________　签订地点：__________

寄存人：______________________________　签订时间：_____年_____月_____日

**第一条** 仓储物

| 品　名 | 品种规格 | 性　质 | 数　量 | 质　量 | 包　装 | 件　数 | 标　记 |
|---|---|---|---|---|---|---|---|
| | | | | | | | |
| | | | | | | | |
| | | | | | | | |
| | | | | | | | |

(注：空格如不够用，可以另接)

**第二条** 储存场所、储存物占用仓库位置及面积：______________________________。

**第三条** 仓储物(是/否)有瑕疵。瑕疵是：__________________________________。

**第四条** 仓储物(是/否)需要采取特殊保管措施。特殊保管措施是：_________________。

**第五条** 仓储物入库检验的方法、时间与地点：____________________________。

**第六条** 存货人交付仓储物后，保管人应当给付仓单。

**第七条** 储存期限：自_____年_____月____日至____年_____月____日止。

**第八条** 仓储物的损耗标准及计算方法：___________________________________。

**第九条** 保管人发现仓储物有变质和损坏的，应及时通知存货人或仓单持有人。

**第十条** 仓储物(是/否)已办理保险，险种名称：__________；保险金额：___________；保险期限：________；保险人名称：______________。

**第十一条** 仓储物出库检验的方法与时间：_______________________________。

**第十二条** 仓储费(大写)：______________________。

**第十三条** 仓储费的支付方式与时间：_____________________________________。

**第十四条** 存货人未向保管人支付仓储费的，保管人(是/否)可以留置仓储物。

**第十五条** 违约责任：______________________________________________________。

**第十六条** 合同争议的解决方式：本合同在履行过程中发生的争议，由双方当事人协商解决；也可由当地工商行政管理部门调解；协商或调解不成的，按下列第___________种方式解决：

(1) 提交___________仲裁委员会仲裁；

(2) 依法向人民法院起诉。

**第十七条** 其他约定事项：____________________________________________________。

| 存货人 | 保管人 | 鉴(公)证意见: |
|---|---|---|
| 存货人(章):<br>住所:<br>法定代表人:<br>委托代理人:<br>电话:<br>开户银行:<br>账号:<br>邮政编号: | 保管人(章):<br>住所:<br>法定代表人:<br>委托代理人:<br>电话:<br>开户银行:<br>账号:<br>邮政编号: | 鉴(公)证机关(章)<br>经办人:<br>年　月　日 |

# 复习思考题

1. 什么是建设工程监理合同？建设工程监理合同有什么特点？
2. 建设工程监理合同示范文本由哪几部分构成？
3. 监理人有哪些义务和权利？
4. 委托人有哪些义务和权利？
5. 如何理解建设工程项目货物采购合同？

6. 建设工程项目货物采购合同有什么特点？
7. 建设工程项目货物采购合同的主要内容有哪些？
8. 什么是借款合同？借款合同有什么特点？
9. 什么是租赁合同？租赁合同有什么特征？
10. 什么是融资租赁合同？融资租赁合同有什么特征？
11. 如何理解承揽合同？
12. 承揽合同当事人的权利与义务有哪些？
13. 如何理解运输合同的特点？
14. 如何理解保管合同及其特点？
15. 仓储合同有什么特点？
16. 仓储合同当事人有哪些义务？

## 案 例 分 析

**案例一**

2011 年 4 月，某省设备租赁公司与某县对外贸易公司、某县发电厂三方签订了一份汽车租赁合同。合同规定：

(1) 外贸公司租赁设备租赁公司的平头东风卡车三辆，租金总额为 41.5 万元；

(2) 租期为 14 个月，租金分五次不等额支付，每三个月为一个付租期；

(3) 汽车在租赁期间内归外贸公司使用，所有权属于租赁公司，外贸公司不得进行任何形式的转让、出租和抵押；

(4) 在租赁期间，汽车的一切事故均由外贸公司负责处理并承担费用；如汽车发生毁损或灭失时，外贸公司仍需按期支付租金；如不按期支付租金或违反本合同条款时，除按延付时间继续计算利息外，每日加收延付金额 5‰的滞纳金，并由外贸公司赔偿甲方由此产生的一切损失；

(5) 租赁期满后，租赁公司将汽车按其残值每台 300 元转让给外贸公司；

(6) 某县发电厂为本合同承租人的担保人，不论发生何种情况，承租人未按本合同规定支付租金的，发电厂负责支付所欠租金。

合同签订后，租赁公司分两次汇给外贸公司 30.6 万元，注明此款为三辆平头东风车的车价。随后，外贸公司将购车发票提供给租赁公司。合同履行过程中，外贸公司未按规定支付租金，双方发生纠纷，租赁公司遂诉至法院。

**问题：**本案中有几种法律关系？人民法院应当如何认定本案中的各种法律关系？

**案例二**

2011 年 8 月，中天科技公司为装修办公楼，委托蓝天装饰装修公司为其加工安装每间办公室的门窗。8 月 20 日，双方签订了一份合同，合同约定了设计式样、材料规格、质量标准、验收和付款方式及违约责任等。合同签订后，蓝天装饰装修公司按合同规定进场施工。在施工过程中，中天科技公司管理人员在例行检查时，发现已装好的纱窗不符合合同中规定的质量要求，所有材料是劣质产品。经中天科技公司进一步调查得知，蓝天装饰装修公司由于人力不足，将加工安装纱窗的工作交给佳和装潢公司完成。中天科技公司便向蓝天装饰装修公司提出解除合同，要求蓝天装饰装修公司赔偿其相应损失，并承担由此产生的违约责任。

蓝天装饰装修公司辩称自己将该部分工作交给佳和装潢公司完成并没有违约，自己对纱窗的质量问题不应承担责任，应该由佳和装潢公司对此负责，中天科技公司应直接向佳和装潢公司索赔。双方争执未果，中天科技公司将蓝天装饰装修公司告上法庭。法院判决蓝天装饰装修公司应对再承揽人佳和装潢公司完成的工作向定做人中天科技公司承担瑕疵责任，赔偿中天科技公司所受的损失。

**问题**：人民法院的判决合理吗？为什么？

# 第 11 章　建设工程合同管理

**学习目标**

- 掌握我国建设工程合同管理的特点与模式。
- 熟悉建设企业合同管理制度的设立及其相关内容。
- 了解勘察设计合同管理。

**本章导读**

本章主要学习我国建设工程合同管理的特点与模式、建设企业合同管理制度的设立、勘察设计合同的管理等内容。

## 11.1　我国建设工程合同管理的特点与模式

### 11.1.1　我国建设工程合同管理的特点

我国建设工程合同管理的特点主要是由工程合同的特点所决定的。建设工程项目的特点决定了建设工程合同的特点，同时决定了建设工程合同管理与其他合同的管理是不同的。

(1) 建设工程项目的完成是一个渐进的过程。在这个过程中，完成工程项目持续的时间要比完成其他合同的时间长，特别是建设工程承包合同的有效期为最长，一般的建设项目要一两年的时间，还有的工程长达 5 年甚至更长。以施工合同为例，施工合同不仅包括施工期限，还包括保修期。当然，如果加上招标投标期、合同谈判与签订期，施工合同的生命期会更长，由此决定了建设工程合同的管理是个较长的过程。例如，一个火力发电工程项目，就可能需要 5～10 年的时间才能全部完成。

(2) 由于工程价值量大，必然导致合同价格高，因此合同管理对经济效益的影响较大。对于承包人来说，合同管理得好，不但可以避免承包人亏本，还可以使承包人赢得利润。反之，则会使承包人蒙受较大的经济损失。这主要是因为，在现代工程中，由于竞争激烈，合同价格中包含的利润越来越少，合同管理中稍有失误就可能导致工程亏损。因此建设工程合同管理是直接同承包人的利益挂钩的，从某种程度上说，工程合同管理得好与不好，是关系到工程能否盈利的一个非常关键的因素。

(3) 工程合同变动较为频繁，这是工程合同管理遇到的又一个难题和特点。这主要是由于工程在完成过程中受内部与外部干扰的因素多造成的。现实生活中我们会看到，无论工程大小都存在这个问题。稍大一点的工程，合同实施过程中常常需要变更几十到几百项不等。合同在实施过程中变动频繁，是对合同进行动态管理的最主要的原因之一。因此，加强合同控制与变更管理十分重要。

(4) 现代工程合同管理工作极为复杂，因此对工程合同就必须严密、细致、准确地管理。首先是因为现代工程体积庞大，结构复杂，技术标准和质量标准都很高，这就给工程合同管理提出了一个新的要求：合同实施的技术水平和管理水平都要提高，才能满足现代工程管理的要求。其次，由于现代工程资金来源渠道多，有许多特殊的融资方式和承包方式，也使工程项目合同关系越来越复杂。再次，合同条件越来越多，不同的合同，其条件也不同。工程项目的参加单位和协作单位很多，可能涉及十几家甚至几十家单位。这就更需要进行科学合理的协调和管理，保证工程的有序进行。

(5) 合同风险大。除合同自身具有的实施时间长、合同实施变动大、合同涉及面广外，合同受外界环境(如经济条件、社会条件、法律和自然条件等)的影响大，因此其风险也大。从这个意义上讲，加强建设工程合同管理对减少风险是至关重要的。

## 11.1.2 我国建设工程合同管理的模式

### 1. 新法规的出台对工程合同管理的新要求

改革开放以来，我国合同制度得到长足的发展，人们的合同观念在日益增强。合同、建设工程合同、建设工程合同的管理、索赔在我国工程管理界特别是在建筑企业中受到普遍的重视。随着我国建筑业与国际市场和标准的接轨，我国建设工程合同管理出现了新问题，面临着新考验。随着我国社会主义市场经济的深入发展，《建筑法》《合同法》《招标投标法》等一系列法律、法规的相继颁布，我国建筑业和工程建设方面的法律法规框架体系已初步建立，为规范建筑业行业行为，明确建设市场主体的权利、义务与责任，依法实施工程建设提供了法律依据。我国又相继颁布了建设工程合同方面的示范文本，如勘察合同示范文本、设计合同示范文本、施工合同示范文本等。新的法律、法规及工程合同示范文本的出台，不但给我国建筑企业合同管理提供了新的标准，也对我国建筑企业合同管理提出了新的要求。

我国建设工程合同管理面临的几个新情况主要有：①合同主体多元化。建筑企业作为合同主体已不是单纯与国内法人、其他组织、自然人之间的合同往来，更多的是要和享受国民待遇的外国组织、自然人进行合同交往。因而合同主体有日趋多元化的趋势。②合同手段现代化。现代化通信技术的高速发展和网络技术的广泛应用，极大地提高了市场交易效率，提高了建筑企业的竞争力，网上合同交易、电子商务等形式日趋繁荣和广泛使用。③合同规则逐渐统一化。我国将修订、废止与WTO规则不相适应的法律、法规、规章和政策，转向遵守国际通行的国际贸易规则、国际惯例。建筑企业的法律、法规、规章也要与国际接轨。如我国在制定建设工程合同示范文本时要参照我国认可的国际咨询工程师联合会(FIDIC)《工木工程施工合同条件》的示范文本进行。无论从国际环境还是国内环境来看，建设工程合同的管理模式都要做出相应的调整，这样才能适应现代市场竞争，否则就要面临被淘汰的危险。

### 2. 建设工程合同管理模式的建立

(1) 强化合同意识与合同管理的意识。分析过去建筑企业经营中出现的问题，我们不难发现，建筑企业的经营运作还不规范，从业者的法律意识、合同意识、合同管理意识不强，尤其缺乏对新法律法规的认识与了解。有些人认为签合同就是走过场，不认真对待合同，给合同履行带来不便和引起过多的纠纷。一些巨额的工程项目往往不经过严格的招标投标过程就草签合同，合同内容又过于简单、笼统，在合同履约过程中不注意保留往来函件，工程签证缺乏记录和必要的资料保管，纠纷发生以后相互扯皮不断。由于合同管理跟不上，给建筑企业造成不应有的损失，而且这种情况时有发生。因此，建筑企业必须从主观上增强合同管理的意识，提高法治观念，加强合同管理。从我国近年来相继颁布的一系列法律、法规来看，国家已经加大了依法治国的力度，要求企业必须依法经营，以法治企。因为只有遵守法律、法规的规定，企业实施的经营行为才能受到国家法律的保护，企业自身的合法权益也才能真正地得以维护。

(2)　建设工程合同管理体系的网络化。针对我国建筑企业目前存在的几种企业运行模式，建筑企业的合同管理要从企业经营运作模式的实际出发，进行有针对性的合同管理。第一种情况是：建筑企业尤其是施工企业，为了更好地适应现代市场竞争，组成施工企业集团，下设众多具备独立法人资格的施工企业和其他专业公司。企业集团以管理为主，承接项目后由下属施工公司独立负责具体承建。对于此种模式，在合同管理方面，集团公司往往以自己的名义投标承揽工程，中标后交由下属企业具体履行合同。这种企业模式给合同管理带来很大的困难。如何界定合同权利与义务的承担显得尤为重要。如何界定企业集团公司的法律地位问题，企业集团公司与下属具有独立法人资格的企业关系问题，集团公司对外如何承担责任问题，集团公司下属具备独立法人资格的企业如何承担集团公司的外部责任与其内部责任问题，使建筑施工企业合同管理更具复杂性。集团和子公司虽有投资与管理的关系，但在法律上均是独立的法人，应当根据集团公司的具体经营和运作特点，建立以集团公司统一管理、下属企业同步协调的集团企业合同管理体系。第二种情况是：施工企业是一家独立法人，下属多家施工队伍，以内部承包或外部挂靠性质承接工程，对外由施工企业统一签署合同，经营利润依承包或挂靠合同分享。第三种情况是：施工企业下放权力，授权下属施工队或项目部对外签订合同，施工企业定期收取管理费和利润。这种模式多见于中小型施工企业，有针对性地建立统一的合同管理体系，将合同的签订、履行和监控等权利统一加以管理。

建设工程合同管理的组织形式大体有：①由建筑企业专门设立合同管理机构或者合同管理人员，由法定代表人授权其负责对整个企业所有合同的签订、履行、变更、解除进行统一管理。②建立管理合同科室，合同管理科室负责组织合同的签订、督促合同的履行、推动各职能科室和分支机构管理合同，对企业的职能科室和分支机构签订合同给予指导、监督，同时负责协调整个企业的合同管理工作。③由企业法定代表人直接在各职能科室和分支机构指定合同专管或者兼管人员来负责管理本职能科室、分支机构的合同。建筑企业根据企业的规模大小及签订合同量的多少，来构建本企业的合同管理的网络组织形式，加强对合同的管理。

(3)　运用科学理论和现代技术管理工程合同。①运用信息论、控制论、系统论管理合同。现代社会，建筑企业离开信息是没有办法生存的。信息的方法是以信息运动作为分析和处理问题的基础，完全抛开对象的具体运动形态，将管理的过程抽象为信息变换的过程，通过对信息的接收和使用过程来研究对象的特性，得出比较可靠的数据和结论，从而对合同管理整体上有个系统的认识。建筑企业对合同的管理很大程度上取决于合同全过程各环节的信息管理。②有效控制是对建筑企业进行合同管理的重要环节。合同管理可作为一个控制系统，而任何控制系统的一个基本要求就是信息反馈。信息反馈是合同管理中一种非常重要的手段，没有良好的信息反馈系统，管理者就无法对自己的各项管理活动有效地进行控制。③用系统的方法管理工程合同。建设工程合同管理是一个规模庞大、结构复杂、受外界影响特别大的系统。参与合同管理的组织、人员又不同。用系统的方法管理合同，可以更好地解决合同管理中存在的普遍问题，有效地调整合同管理的规划和设计。④用计算机辅助合同的管理。计算机以其计算速度快、精确度高、记忆能力强、能自动进行运算的特点，在现代管理中所起的巨大作用越来越多地为人们所认识。运用计算机辅助合同的管理，其优越性也很明显，可以使管理信息得到有效集中，还可以提高管理水平，减少管理滞后的现象。

## 11.2 建设企业合同管理制度的设立

建筑企业必须有一套完善、合理的合同管理制度。科学合理的合同管理制度可以为建筑企业内部管理机构和人员提供执行依据，从而将合同管理工作落到实处。建筑企业合同管理制度主要有以下几种。

### 11.2.1 建筑企业内部合同预签制度

由建筑企业的合同管理部门对建筑企业要签订的各种不同类型的合同进行研究，拟订合同的一般条款，确定合同双方具体的权利和义务。将拟订合同的人员分成两组，分别代表合同双方当事人预签合同。预签合同的人员包括建筑企业各个不同部门，以施工企业为例，如施工部门、物资采购部门、技术部门、财务部门等。这些部门从不同的角度，代表不同的利益的合同双方，对合同条款进行共同研究，提出具体意见。这样，既有利于调动企业各部门的积极性，集思广益，发挥各职能部门、业务部门的管理作用，还能使所签订的合同切实可行，保证合同履行的顺利进行。

### 11.2.2 建筑企业内部的审查、批准制度

为了保证建筑企业签订的合同合法、有效，必须在正式签订合同之前，履行审查、批准手续。将预签的合同交给企业主管合同的部门和企业的法律顾问，由他们再对预签的合同进行审查，看是否存在合同瑕疵。经仔细认真审查之后，交由企业主管和法定代表人签署意见，批准同意对外正式签订合同。通过严格的手续，可以使合同的签订建立在可靠的基础上，尽量减少或者避免合同纠纷的发生，切实保护企业的合法权益。

### 11.2.3 严格保护、保管企业印章制度

企业印章是包括企业所有的公章、合同专用章等能代表企业进行对外业务往来、并能发生法律效力的一种凭证。因此，企业应对企业公章、合同专用章的使用采用登记制度。同时，要有专人进行保管。尤其是印章的使用，更要严格管理，不得擅自和非法使用，要建立合同印章管理制度。合同专用章应由合同管理员保管、签印，并实行专章专用。合同专用章只能在规定的业务范围内使用，不能超越范围使用；不准为空白合同文本加盖合同

印章；不得为未经审查批准的合同文本加盖合同印章；严禁与合同洽谈人员勾结，利用合同专用章谋取个人私利。出现上述情况，要追究合同专用章管理人员的责任。凡外出签订合同时，应由合同专用章管理人员携带合同专用章，与负责办理签约的人员一起前往签约。从印章管理上杜绝滥用印章，防止利用印章进行违法犯罪活动。

### 11.2.4　检查和奖励制度

为发现和解决合同履行中的问题、协调建筑企业各部门履行合同中的关系，企业应建立合同签订、履行的监督检查制度。通过检查及时发现合同履行管理中的薄弱环节和矛盾，以利于提出改进意见，促进企业各部门不断改进合同履行管理工作，提高企业的经营管理水平。通过定期与不定期的检查和考核，对合同履行管理工作完成好的部门和人员给予表扬鼓励；对成绩突出并有重大贡献的人员，给予物质奖励。对于工作差、不负责任或经常“扯皮”的部门和人员要给予批评教育；对玩忽职守、严重渎职或有违法行为的人员要给予行政处分及相关的经济制裁，情节严重构成刑事犯罪的，要追究刑事责任。实行奖惩制度有利于增强企业各部门和有关人员履行合同的责任心，是保证合同得以全面履行的极其有力的措施。

### 11.2.5　完善合同统计考核制度

合同统计考核制度是施工企业整个统计报表制度的重要组成部分。完善合同统计考核制度，是运用科学的方法，利用统计数字，反馈合同的订立和履行情况，通过对统计数字的分析，总结经验，找出教训，为企业经营决策提供重要依据。建筑企业合同考核制度包括统计范围、计算方法、报表格式、填报规定、报送期限和部门等。以施工企业为例，一般是对中标率、合同谈判成功率、合同签约率和合同履约率进行统计考核。

### 11.2.6　建立合同管理评估制度

合同管理制度是合同管理活动及其运行过程的行为规范，合同管理制度是否健全是合同管理的关键所在。因此，建立一套有效的合同管理评估制度是十分必要的。合同管理评估制度的主要项目包括：①合同管理制度的合法性管理与评估。主要指合同管理制度符合国家有关法律、法规的规定。②合同管理的规范性。主要指合同管理制度具有规范合同行为的作用，对合同管理行为进行评价、指导、预测，对合法行为进行肯定、保护与奖励；对违法行为进行预防、警示或制裁等。③合同管理评估制度的实用性。合同管理评估制度能适应合同管理的需求，便于操作和实施。④合同管理评估制度的系统性。各类合同的管理制度是一个有机结合体，互相制约、互相协调，在工程建设合同管理中，能够发挥整体效应的作用。⑤合同管理评估的科学性。合同管理制度能够正确反映合同管理的客观经济规律，能保证人们利用客观规律进行有效的合同管理。

### 11.2.7　推行合同管理目标制度

合同管理目标制是各项合同管理活动应获得的预期结果和达到的最终目的。合同管理的目的是建筑企业通过在合同订立和履行过程中进行的计划、组织、指挥、监督和协调等工作，促使企业内部各部门、各环节互相衔接、密切配合，使人、财、物各要素得到合理组织和充分利用，保证企业经营管理活动的顺利进行，提高工程管理水平，增强市场竞争能力，高质量、高效益地满足社会需要。

### 11.2.8 建立合同管理质量责任制度

这是建筑企业的一项基本管理制度。它具体规定了企业内部具有合同管理任务的部门和合同管理人员的工作范围、履行合同中应负的责任以及拥有的职权。这一制度有利于企业内部合同管理工作的分工协作，责任明确，任务落实，逐级负责，人人负责，从而调动企业合同管理人员以及合同履行中涉及的有关人员的积极性，促进施工企业的合同管理工作正常开展，保证合同圆满完成。

建筑企业应大力加强合同管理、完善企业内部合同管理的体制，这不仅有利于提高企业自身的现代化管理水平，也可以有效地控制建设工程的质量和造价。更重要的是，良好的合同管理制度是避免、预防和减少纠纷的有效手段。建筑企业必须建立一套较为完善的合同管理体系，并辅以相关机构，设置专门的合同管理人员，制定一系列完备的合同管理制度，同时加强现代化的信息管理制度，并发挥相应的作用，服务于建筑企业的一切市场经济活动。

## 11.3 勘察设计合同的管理

为了加强对建设工程勘察、设计活动的管理，保证建设工程勘察、设计质量，保护人民生命和财产安全，2000 年 9 月 20 日，《建设工程勘察设计管理条例》经国务院第 31 次常务会议通过，于 2000 年 9 月 25 日公布施行。该条例分为 7 章共 45 条，包括：总则、资质资格管理、建设工程勘察设计发包与承包、建设工程勘察设计文件的编制与实施、监督管理、罚则、附则。

### 11.3.1 从事勘察设计活动应遵循的原则

(1) 建设工程的勘察、设计应当与社会、经济的发展水平相适应，做到经济效益、社会效益和环境效益相统一。

(2) 从事建设工程勘察、设计活动，应当坚持先勘察、后设计、再施工的原则。

(3) 加强管理，依法进行勘察设计活动，根据《建设工程勘察设计管理条例》第五条的规定，“县级以上人民政府建设行政主管部门和交通、水利等有关部门应当依照本条例的规定，加强对建设工程勘察、设计活动的监督管理。建设工程勘察、设计单位必须依法进行建设工程勘察、设计，严格执行工程建设强制性标准，并对建设工程勘察、设计的质量负责”。

(4) 国家鼓励采用新技术、新工艺以及新的材料设备与方法，根据《建设工程勘察设计管理条例》第六条的规定，“国家鼓励在建设工程勘察、设计活动中采用先进技术、先进工艺、先进设备、新型材料和现代管理方法”。

## 11.3.2 关于资质资格管理

### 1. 建设工程勘察、设计单位应当在其资质等级许可的范围内承揽建设工程勘察、设计业务

国家对从事建设工程勘察、设计活动的单位实行资质管理制度。建设工程勘察、设计单位应当在其资质等级许可的范围内承揽建设工程勘察、设计业务。禁止建设工程勘察、设计单位超越其资质等级许可的范围或者以其他建设工程勘察、设计单位的名义承揽建设工程勘察、设计业务。禁止建设工程勘察、设计单位允许其他单位或者个人以本单位的名义承揽建设工程勘察、设计业务。

### 2. 实行执业资格注册管理制度

国家对从事建设工程勘察、设计活动的专业技术人员实行执业资格注册管理制度。未经注册的建设工程勘察、设计人员，不得以注册执业人员的名义从事建设工程勘察、设计活动。建设工程勘察、设计注册执业人员和其他专业技术人员只能受聘于一个建设工程勘察、设计单位；未受聘于建设工程勘察、设计单位的，不得从事建设工程的勘察、设计活动。

建设工程勘察、设计单位资质证书和执业人员注册证书由国务院建设行政主管部门统一制作。

## 11.3.3 建设工程勘察设计的发包与承包

(1) 建设工程勘察设计的发包。建设工程勘察、设计发包依法实行招标发包或者直接发包。

建设工程勘察、设计应当依照《招标投标法》的规定，进行招标发包。建设工程勘察、设计方案评标，应当以投标人的业绩、信誉和勘察、设计人员的能力以及勘察、设计方案的优劣为依据，进行综合评定。建设工程勘察、设计的招标人应当在评标委员会推荐的候选方案中确定中标方案。但是，建设工程勘察、设计的招标人认为评标委员会推荐的候选方案不能最大限度满足招标文件规定要求的，应当依法重新招标。

依据《建设工程勘察设计管理条例》的规定，建设工程的勘察、设计，经有关主管部门批准，可以直接发包。直接发包的情况有：采用特定的专利或者专有技术的；建筑艺术造型有特殊要求的；国务院规定的其他建设工程的勘察、设计。

发包方不得将建设工程勘察、设计业务发包给不具有相应勘察、设计资质等级的建设工程勘察、设计单位。发包方可以将整个建设工程的勘察、设计发包给一个勘察、设计单位；也可以将建设工程的勘察、设计分别发包给几个勘察、设计单位。

(2) 建设工程勘察设计的承包。除建设工程主体部分的勘察、设计外，经发包方书面同意，承包方可以将建设工程其他部分的勘察、设计再分包给其他具有相应资质等级的建设工程勘察、设计单位。建设工程勘察、设计单位不得将所承揽的建设工程勘察、设计转包。

承包方必须在建设工程勘察、设计资质证书规定的资质等级和业务范围内承揽建设工程的勘察、设计业务。

建设工程勘察、设计的发包方与承包方应当执行国家规定的建设工程勘察、设计程序。建设工程勘察、设计的发包方与承包方应当签订建设工程勘察、设计合同。建设工程勘察、设计发包方与承包方应当执行国家有关建设工程勘察费、设计费的管理规定。

## 11.3.4 建设工程勘察设计文件的编制与实施

(1) 编制建设工程勘察设计文件的依据。编制建设工程勘察、设计文件应当依据的规定有：项目批准文件；城市规划；工程建设强制性标准；国家规定的建设工程勘察、设计深度要求。

铁路、交通、水利等专业建设工程，还应当以专业规划的要求为依据。

(2) 编制建设勘察设计文件的要求。编制建设工程勘察文件，应当真实、准确，满足建设工程规划、选址、设计、岩土治理和施工的需要。编制方案设计文件，应当满足编制初步设计文件和控制概算的需要。编制初步设计文件，应当满足编制施工招标文件、主要设备材料订货和编制施工图设计文件的需要。编制施工图设计文件，应当满足设备材料采购、非标准设备制作和施工的需要，并注明建设工程合理使用年限。设计文件中选用的材料、构配件、设备，应当注明其规格、型号、性能等技术指标，其质量要求必须符合国家规定的标准。除有特殊要求的建筑材料、专用设备和工艺生产线外，设计单位不得指定生产厂、供应商。建设单位、施工单位、监理单位不得修改建设工程勘察、设计文件；确需修改建设工程勘察、设计文件的，应当由原建设工程勘察、设计单位修改。经原建设工程勘察、设计单位书面同意，建设单位也可以委托其他具有相应资质的建设工程勘察、设计单位修改。修改单位对修改的勘察、设计文件承担相应责任。施工单位、监理单位发现建设工程勘察、设计文件不符合工程建设强制性标准、合同约定的质量要求的，应当报告建设单位，建设单位有权要求建设工程勘察、设计单位对建设工程勘察、设计文件应进行补充、修改。建设工程勘察、设计文件内容需要做重大修改的，建设单位应当报经原审批机关批准后，方可修改。建设工程勘察、设计文件中规定采用的新技术、新材料，可能影响建设工程质量和安全，又没有国家技术标准的，应当由国家认可的检测机构进行试验、论证，出具检测报告，并经国务院有关部门或者省、自治区、直辖市人民政府有关部门组织的建设工程技术专家委员会审定后，方可使用。

(3) 勘察设计意图的说明与解释。建设工程勘察、设计单位应当在建设工程施工前，向施工单位和监理单位说明建设工程勘察、设计意图，解释建设工程勘察、设计文件。建设工程勘察、设计单位应当及时解决施工中出现的勘察、设计问题。

## 11.3.5 违反《建设工程勘察设计管理条例》的法律责任

### 1. 超出建设工程勘察设计资质范围应承担的法律责任

建设工程勘察、设计单位应当在其资质等级许可的范围内承揽建设工程勘察、设计业务。禁止建设工程勘察、设计单位超越其资质等级许可的范围或者以其他建设工程勘察、设计单位的名义承揽建设工程勘察、设计业务。禁止建设工程勘察、设计单位允许其他单位或者个人以本单位的名义承揽建设工程勘察、设计业务。若违反上述规定，责令停止违法行为，处合同约定的勘察费、设计费 1 倍以上 2 倍以下的罚款，有违法所得的，予以没收；可以责令停业整顿，降低资质等级；情节严重的，吊销资质证书。未取得资质证书承揽工程的，予以取缔，处合同约定的勘察费、设计费 1 倍以上 2 倍以下的罚款；有违法所得的，予以没收。以欺骗手段取得资质证书承揽工程的，吊销资质证书，处合同约定的勘察费、设计费 1 倍以上 2 倍以下的罚款；有违法所得的，予以没收。

**2. 未经注册的法律责任**

未经注册，擅自以注册建设工程勘察、设计人员的名义从事建设工程勘察、设计活动的，责令停止违法行为，没收违法所得，处违法所得 2 倍以上 5 倍以下罚款；给他人造成损失的，依法承担赔偿责任。

**3. 从业人员违反聘任规定的法律责任**

建设工程勘察、设计注册执业人员和其他专业技术人员未受聘于一个建设工程勘察、设计单位或者同时受聘于两个以上建设工程勘察、设计单位，从事建设工程勘察、设计活动的，责令停止违法行为，没收违法所得，处违法所得 2 倍以上 5 倍以下的罚款；情节严重的，可以责令停止执行业务或者吊销资格证书；给他人造成损失的，依法承担赔偿责任。

**4. 发包给不具有相应资质等级单位的法律责任**

发包方将建设工程勘察、设计业务发包给不具有相应资质等级的建设工程勘察、设计单位的，责令改正，处 50 万元以上 100 万元以下的罚款。

**5. 转包的法律责任**

建设工程勘察、设计单位将所承揽的建设工程勘察、设计转包的，责令改正，没收违法所得，处合同约定的勘察费、设计费 25%以上 50%以下的罚款，可以责令停业整顿，降低资质等级；情节严重的，吊销资质证书。

**6. 有下列行为之一的，依照《建设工程质量管理条例》第六十三条的规定给予处罚**

(1) 勘察单位未按照工程建设强制性标准进行勘察的。
(2) 设计单位未根据勘察成果文件进行工程设计的。
(3) 设计单位指定建筑材料、建筑构配件的生产厂、供应商的。
(4) 设计单位未按照工程建设强制性标准进行设计的。

## 复习思考题

1. 我国建设工程合同管理有哪些特征？
2. 建筑企业合同管理制度主要有哪几种？
3. 如何建立建设工程合同管理模式？
4. 从事勘察设计活动应当遵循的原则有哪些？
5. 如何对勘察设计单位资质进行管理？
6. 建设工程勘察设计文件编制的要求和依据是什么？

# 案例分析

**案例一**

广西某海关私货仓综合楼工程建筑面积2800平方米，工程造价260万元，建设单位为某海关。2010年11月4日，自治区建筑市场秩序检查组查出该工程项目存在以下违法、违规行为：施工图纸设计文件未经审查；建设单位擅自改变工程图纸，违反工程建设强制性标准，擅自取消原工程设计的一个楼梯和通道；中标施工单位为某建工集团有限公司。检查组检查施工现场时项目管理人员不到位，项目管理班子与投标文件不符。检查组经初步调查认定，某建工集团有限公司没有参加该工程的投标活动，该工程的投标文件为他人私刻公章参加投标，因此，该工程施工单位属于冒名挂靠。

**问题：**对此类违法、违规行为应如何处理为妥？

**案例二**

甲方为建设水泥厂，委托乙勘察设计公司进行地质勘查，双方签署了《建设工程勘察合同》。合同约定甲公司于合同订立之日起支付乙公司勘察定金为合同勘察费的30%，于乙方交付勘察文件后的三日内结清全部勘察费；甲方于合同订立之日提交完整的勘察基础资料，乙方按照甲方的要求进行测量和工程地质、水文地质等勘察任务，于2012年10月8日提交所完成的勘察文件。双方还约定了违约责任。同时，甲方还与A公司签订了设计合同，合同约定甲方向A公司提交勘察资料的时间是10月9日。

《建设工程勘察合同》签订后，甲方向乙方提交了勘察的基础资料和技术要求。乙方开始进场勘察，但是在进入现场后，乙方人员遭到当地农民的围攻，原因是征用该建设用地的青苗补偿费还没有落实，农民拒绝乙方人员进入现场。经乙方请求，甲方与当地农民达成了暂时补偿协议，对于迟延的工期，甲方与乙方签署了工期补偿的书面协议。乙方提出的条件是工期无须顺延，但甲方须补偿乙方勘察补偿费2万元整。但是此后，由于甲方迟迟没有将青苗补偿费落实到位，当地农民还是不断地进行干扰。乙方认为，当时甲方询问自己是否需要顺延工期的时候，自己没有同意而是拿了人家的钱，所以在情况极为艰难的情况下按照合同工期在10月8日提交了勘察文件。10月9日，甲方将勘察文件提交设计单位A公司，经A公司审查发现，甲方提供的勘察资料不完全，特别是缺乏地下水资源评价、水文地质参数计算等文件。

甲方就设计公司提出的问题向乙方提出质问，但是乙方说，由于你方没有解决好当地农民的补偿问题造成我们勘察工作进行的困难，甲方应当承担责任。在这么短的时间内我们能够完成到这种程度已经很不错了。甲方认为，我们承认对农民的补偿没有落实，可是当时你们不同意顺延工期，在合同约定的时间内没有全部完成合同约定的义务，应当承担责任。双方协商不成，甲方将乙方告上法庭。

**问题：**人民法院应如何处理此纠纷？请谈谈自己的看法。

# 第 12 章　建设工程合同的谈判、签订与审查

**学习目标**

- ◆ 掌握建设工程合同的签订等内容。
- ◆ 熟悉建设工程合同的谈判、建设工程合同的审查等内容。

**本章导读**

本章主要学习建设工程合同的谈判、建设工程合同的签订、建设工程合同的审查等内容。

## 12.1　建设工程合同的谈判

### 12.1.1　合同谈判前需有相关法律知识的储备

改革开放以后，我国陆续出台了相当数量的法律、法规、规章。近几年随着市场经济的发展，新颁布的法律、法规逐年增多，建筑企业面临着怎样尽快熟悉、使用这些法律、法规，维护自己的合法权益等问题。代表建筑企业对外进行谈判、签订合同、确定合同当事人双方的权利和义务等，要求谈判人员除具有必备的相关专业知识以外，还必须具有相关法律知识的储备。这是进行合同谈判的人员应具备的最基本条件。如《合同法》中关于订立合同应遵循的原则问题、订立合同的方式问题、缔约过失责任问题、不同合同应该具备哪些条款问题、格式条款与格式合同问题、免责问题、合同无效问题、合同效力待定问题、合同条款规定不明应遵循的规则问题、合同风险转移问题、承担违约责任问题等；建筑企业进行合同谈判的人员还要具备建筑法、建设工程质量管理条例、建筑企业资质管理、资质等级等专业法律规范文件；熟悉勘察、设计、施工、监理合同示范文本的规定。这样才能适应现代社会发展变化，才能在谈判中依法合理确定双方的权利和义务，使合同履行的风险降到最低。

### 12.1.2　合同谈判的准备工作

工程施工合同具有标的物特殊、履行周期长、条款内容多、涉及面广的特点，往往一个大型工程施工合同的签订关系到一家企业的生死存亡。所以，应给予工程施工合同谈判以足够的重视，从合同条款上全力维护己方的合法权益。进行合同谈判，是签订合同、明

确合同当事人的权利与义务不可或缺的阶段。合同谈判是工程施工合同双方对是否签订合同以及合同具体内容达成一致的协商过程。通过谈判，能够充分了解对方及项目的情况，为企业决策提供信息和依据。

合同谈判要有必要的准备工作。谈判活动的成功与否，通常取决于谈判准备工作的充分程度和在谈判过程中策略与技巧的运用。合同谈判可以从以下几个方面入手。

**1. 谈判人员的组成**

根据所要谈判的项目，确定己方谈判人员的组成。工程合同谈判一般可由三部分人员组成：①懂建筑方面的法律、法规与政策的人员。主要是为了保证所签订的合同能符合国家的法律、法规和国家的相关政策，把握合同合法的正确方向。平等地确立合同当事人的权利与义务，避免合同无效、合同被撤销等情况，发挥合同的经济效用。②懂工程技术方面的人员。建筑工程专业性比较强，涉及范围广，在谈判中要充分发挥这方面人员的作用。否则，会给企业带来不可估量的损失。③懂建筑经济方面的人员。因为建筑企业要通过承揽项目获得利润，所以，要求合同谈判人员必须有懂建筑经济方面专业知识的人员。

**2. 注重相关项目的资料收集工作**

谈判准备工作中最不可少的工作就是收集、整理有关合同对方及项目的各种基础资料和背景材料。这些资料的内容包括对方的资信状况、履约能力、发展阶段、已有成绩等，还包括工程项目的由来、土地获得情况、项目目前的进展、资金来源等。这些资料的体现形式可以是己方通过合法调查手段获得的信息，也可以是前期接触过程中已经达成的意向书、会议纪要、备忘录、合同等，还可以是对方对己方的前期评估印象和意见，双方参加前期阶段谈判的人员名单及其情况等。

**3. 对谈判主体及其情况的具体分析**

在获得了上述基础材料、背景材料的基础上，即可做一定分析。《孙子兵法》中有句话："知彼知己，百战不殆"，谈判准备工作的重要一环就是对己方和对方的情况进行充分分析。

(1) 发包方的自我分析。①签订工程施工合同之前，首先要确定工程施工合同的标的物，即拟建工程项目。发包方必须运用科学研究的成果，对拟建项目的投资进行综合分析、论证和决策。发包方必须按照可行性研究的有关规定，做定性和定量的分析研究、工程水文地质勘察、地形测量以及项目的经济、社会、环境效益的测算比较，在此基础上论证项目在技术上、经济上的可行性，经过方案比较，推荐出最佳方案。依据获得批准的项目建议书和可行性研究报告，编制项目设计任务书并选择建设地点。②要进行招标投标工作的准备。建设项目的设计任务书和选点报告批准后，发包方就可以进行招标或委托取得工程设计资格证书的设计单位进行设计。随后，发包方需要进行一系列建设准备工作，包括技术准备、征地拆迁、现场的"三通一平"等。一旦建设项目得以确定，有关项目的技术资料和文件已经具备，建设单位便可进入工程招投标程序，和众多的工程承包单位接触，进入建设工程合同签订前的实质性准备阶段。③要对承包方进行考察。发包方应该实地考察承包方以前完成的各类工程的质量和工期，注意考察承包方在被考察工程施工中的主体地位，是总包方还是分包方。不能仅通过观察下结论，最佳的方案是亲自到过去与承包方合作的建设单位进行了解。④发包方不要单纯考虑承包方的报价，而是要全面考察承包方的资质和能力，否则会导致合同无法顺利履行，受损害的还是发包方自己。

(2) 承包方的自我分析。①在获得发包方发出招标公告或通知的消息后，不应一味盲目地投标。承包方首先应该对发包方做一系列调查研究工作。如工程建设项目是否确实由发包方立项？该项目的规模如何？是否适合自身的资质条件？发包方的资金实力如何？这些问题可以通过审查有关文件，如发包方的法人营业执照、项目可行性研究报告、立项批复、建设用地规划许可证等加以解决。②要注意在一些原则性问题上不能让步。承包方为了承接项目，往往主动提出某些让利的优惠条件，但是，这些优惠条件必须是在项目是真实的、发包方主体是合法的、建设资金已经落实的前提条件下进行的让步。否则，即使在竞争中获胜，并中标承包了项目，一旦发生问题，合同的合法性和有效性很难得到保证，此种情况下受损害最大的往往是承包方自己。③要注意到该项目本身是否有效益以及己方是否有能力投入或承接。权衡利弊，做深入仔细的分析，得出客观可行的结论，供企业决策层参考、决策。

(3) 对对方的基本情况的分析。①对对方谈判人员的分析。了解对方组成人员的身份、地位、权限、性格、喜好等，掌握与对方建立良好关系的办法与途径，进而发展谈判双方的友谊，争取在到达谈判桌以前就有了一定的亲切感和信任感，为谈判创造良好的氛围。②对对方实力的分析。主要指的是对对方资信、技术、物力、财力等状况的分析。信息时代，很容易通过各种渠道和信息传递手段取得有关资料。外国公司很重视这方面的工作，他们往往通过各种机构和组织以及信息网络对我国公司的实力进行调研。在实践中，无论是发包方还是承包方，都要对对方的实力进行考察。否则就很难保证项目的正常进行，建筑市场上屡禁不止的拖欠工程款和垫资施工现象在所难免。无资质证书承揽工程或越级承揽工程或以欺骗手段获取资质证书或允许其他单位或个人使用本企业的资质证书、营业执照取得该工程的施工企业很难保证工程质量，会给国家和人民带来无可挽回的损失。因此，对对方进行实力分析是关系到项目成败的关键所在。

(4) 对谈判目标进行可行性及双方优势与劣势分析。分析自身设置的谈判目标是否正确合理、是否切合实际、是否能为对方接受以及接受的程度。同时要注意对方设置的谈判目标是否正确合理，与自己所设立的谈判目标的差距以及自己的接受程度等。在实际谈判中，也要注意目前建筑市场的实际情况，发包方是占有一定优势的，承包方往往会接受发包方一些极不合理的要求，如带资垫资、工期短等，从而很容易发生回收资金、获取工程款、工期反索赔方面的困难。

#### 4. 拟订谈判方案

在对上述情况进行综合分析的基础之上，应考虑到该项目可能面临的风险、双方的共同利益、双方的利益冲突，进一步拟订合同谈判方案。谈判方案中要注意尽可能地将双方能取得一致的内容列出，还要尽可能地列出双方在哪些问题上还存在着分歧，拟订谈判的初步方案，决定谈判的重点和难点，从而有针对性地运用谈判策略和技巧，获得谈判的成功。

### 12.1.3 合同谈判的策略和技巧

谈判是通过不断的会晤确定各方权利、义务的过程，它直接关系到谈判各方最终利益的得失。因此，谈判不是一项简单的机械性工作，而是集合了策略与技巧的艺术。常见的谈判策略和技巧有以下几种。

**1. 掌握谈判议程，合理分配各议题的时间**

工程建设这样的大型谈判一定会涉及诸多需要讨论的事项，而各谈判事项的重要性并不相同，谈判各方对同一事项的关注程度也并不相同。成功的谈判者善于掌握谈判的进程，在充满合作气氛的阶段，展开对自己所关注的议题的商讨，从而抓住时机，达成有利于己方的协议。而在气氛紧张时，则引导谈判进入双方具有共识的议题，一方面缓和气氛，另一方面缩小双方差距，推进谈判进程。同时，谈判者应懂得合理分配谈判时间。对于各议题的商讨时间分配应得当，不要过多地拘泥于细节性问题。这样可以缩短谈判时间，降低交易成本。

**2. 高起点战略**

谈判的过程是各方妥协的过程，通过谈判，各方都或多或少会放弃部分利益以求得项目的进展。而有经验的谈判者在谈判之初会有意识地向对方提出苛刻的谈判条件，当然这种苛刻的条件是对方能够接受的。这样对方会过高估计本方的谈判底线，从而在谈判中更多地做出让步。

**3. 注意谈判氛围**

谈判各方既有利益一致的部分，又有利益冲突的部分。各方通过谈判主要是维护各方的利益，求同存异，达到谈判各方利益的一种相对平衡。谈判过程中难免出现各种不同程度的争执，使谈判气氛处于比较紧张的状态，在这种情况下，一个有经验的谈判者会在各方分歧严重、谈判气氛激烈的时候采取润滑措施，舒缓压力。在我国最常见的方式是饭桌式谈判。通过餐宴，联络谈判各方的感情，拉近谈判双方的心理距离，进而在和谐的氛围中重新回到议题，使谈判议题得以继续进行。

**4. 适当的拖延与休会**

当谈判遇到障碍，陷入僵局的时候，拖延与休会可以使明智的谈判方有时间冷静思考，在客观分析形势后提出替代性方案。在一段时间的冷处理后，各方都可以进一步考虑整个项目的意义，进而弥合分歧，将谈判从低谷引向高潮。

**5. 避实就虚**

谈判各方都有自己的优势和劣势。谈判者应在充分分析形势的情况下，做出正确判断，利用对方的弱点，猛烈攻击，迫其就范，做出妥协，而对于己方的弱点，则要尽量注意回避。

当然也要考虑到自身存在的弱点，在对方发现或者利用自己的弱势进行攻击时，己方要考虑到是否让步以及让步的程度，还要考虑到这种让步能得到多大利益。

**6. 分配谈判角色，注意发挥专家的作用**

任何一方的谈判团都由众多人士组成，谈判中应利用各人不同的性格特征，各自扮演不同的角色，有积极进攻的角色，也有和颜悦色的角色。这样有软有硬，软硬兼施，可以事半功倍。同时注意在谈判中充分利用专家的作用。现代科技发展使个人不可能成为各方面的专家，而工程项目谈判又涉及广泛的学科和领域。充分发挥各领域专家的作用，既可以在专业问题上获得技术支持，又可以利用专家的权威性给对方以心理压力，从而取得谈判的成功。

## 12.2　建设工程合同的签订

合同的订立，是指发包人和承包人之间为了建立承发包合同关系，通过对工程合同具体内容进行协商而形成合意的过程。订立工程合同应遵循《合同法》关于合同订立的基本原则、方式、形式，同时还要注意工程合同中的一些重要条款。

### 12.2.1　订立建设工程合同应遵循的原则

#### 1. 平等、自愿原则

《合同法》第三条规定：“合同当事人的法律地位平等，一方不得将自己的意志强加给另一方。”所谓平等是指当事人之间在合同的订立、履行和承担违约责任等方面都处于平等的法律地位，彼此的权利、义务对等。合同的当事人，无论是法人和其他组织之间，还是法人、其他组织和自然人之间，虽然体制、财力、经济效益、隶属关系各异，但是只要他们以合同主体的身份参加到合同法律关系中，那么他们之间就处于平等的法律地位，法律对其予以平等的保护。订立工程合同必须体现发包人和承包人在法律地位上完全平等。

《合同法》第四条规定：“当事人依法享有订立合同的权利，任何单位和个人不得干预。”所谓自愿原则，是指是否订立合同、与谁订立合同、订立合同的内容以及变更不变更合同，都要由当事人依法自愿决定。订立工程合同必须遵守自愿原则。实践中，有些地方行政管理部门如消防、环保、供气等部门通常要求发包方、总包方接受并与其指定的专业承包商签订专业工程分包合同，发包方、总包方如果不同意，上述部门在工程竣工验收时就会故意找麻烦，拖延验收、通过。此行为严重违背了在订立合同时当事人之间应当遵守的自愿原则。

#### 2. 公平原则

《合同法》第五条规定：“当事人应当遵循公平原则确定各方的权利和义务。”所谓公平原则是指当事人在设立权利、义务、承担民事责任方面，要公正、公允、合情、合理。贯彻该原则最基本的要求即是发包人与承包人的合同权利、义务、承担责任要对等而不能显失公平。实践中，发包人常常利用自身在建筑市场的优势地位，要求工程质量达到优良标准，但又不愿优质优价；要求承包人大幅度缩短工期，但又不愿支付赶工措施费；竣工日期提前，发包人不支付奖励或奖励很低，竣工日期延迟，发包人却要承包人承担逾期竣工一倍甚至几倍于奖金的违约金。上述情况均违背了订立工程合同时承、发包方应该遵循的公平原则。

#### 3. 诚实信用原则

《合同法》第六条规定：“当事人行使权利、履行义务应当遵循诚实信用原则。”诚实信用原则，主要是指当事人在订立、履行合同的全过程中，应当抱着真诚的善意，相互协作，密切配合，言行一致，表里如一，说到做到，正确、适当地行使合同规定的权利，全面履行合同规定的义务，不弄虚作假、尔虞我诈，不做损害对方和国家、集体、第三人以及社会公共利益的事情。在订立工程合同的过程中，常常会出现这样的情况，经过招标投标过程，发包方确定了中标人，却不愿与中标人订立工程合同，而另行与其他承包商订立合同。发包人此行为严重违背了诚实信用原则，按《合同法》的规定应承担缔约过失责任。

#### 4. 合法原则

《合同法》第七条规定，当事人订立、履行合同，应当遵守法律、行政法规。所谓合法原则，主要是指在合同法律关系中，合同主体、合同的订立形式、订立合同的程序、合同的内容、履行合同的方式、对变更或者解除合同权利的行使等都必须符合我国的法律、行政法规的规定。实践中，常常出现因为违反法律、行政法规的强制性规定而导致工程合同无效或部分无效的现象。如没有从事建筑经营活动资格而订立的合同；超越资质等级订立的合同；未取得《建设工程规划许可证》或者违反《建设工程规划许可证》的规定进行建设，严重影响城市规划的合同；未取得《建设用地规划许可证》而签订的合同；未依法取得土地使用权而签订的合同；必须招标投标的项目，未办理招标投标手续而签订的合同；根据无效中标结果所订立的合同；非法转包合同；不符合分包条件而分包的合同；违法带资、垫资施工的合同；等等。

### 12.2.2 订立建设工程合同的方式与形式

#### 1. 订立建设工程合同的方式

《合同法》第十三条规定：“当事人订立合同，采取要约、承诺方式。”

关于订立合同的方式，即要约与承诺在本书第 2 编合同法基本原理中已有详尽论述，此处不再重复。建设工程合同的订立方式，更多的是通过招标投标的具体方式来进行的。根据《招标投标法》对招标、投标的规定，招标、投标、中标实质上就是要约、承诺的一种具体方式。招标人通过媒体发布招标公告，或向符合条件的投标人发出招标文件，为要约邀请；投标人根据招标文件的内容在约定的期限内向招标人提交投标文件，为要约；招标人通过评标确定中标人，发出中标通知书，为承诺；招标人和中标人按照中标通知书、招标文件和中标人的投标文件等订立书面合同时，合同成立并生效。

#### 2. 订立工程合同的形式

《合同法》第十条规定：“当事人订立合同，有书面合同、口头形式和其他形式。法律、行政法规规定采用书面形式的，应当采用书面形式。当事人约定采用书面形式的应当采用书面形式。”书面形式是指合同书、信件和数据电文(包括电报、电传、传真、电子数据交换和电子邮件)等可以有形地表现所载内容的形式。

《合同法》第二百六十九条规定，建设工程合同是承包人进行工程建设、发包人支付价款的合同。建设工程合同包括工程勘察、设计、施工合同。建设工程合同由于涉及面广、内容复杂、建设周期长、标的的金额大，《合同法》第二百七十条规定：“工程施工合同应当采用书面形式。”《合同法》第二百七十二条规定，发包人可以与总承包人订立建设工程合同，也可以分别与勘察人、设计人、施工人订立勘察、设计、施工承包合同。发包人不得将应当由一个承包人完成的建设工程肢解成若干部分发包给几个承包人。同时《合同法》又规定，国家重大建设工程合同应当按照国家规定的程序和国家批准的投资计划、可行性研究报告等文件订立。

### 3. 建设工程合同的内容

关于勘察设计合同、施工合同的内容，《合同法》第二百七十四条、第二百七十五条分别做出了规定。如勘察、设计合同的内容包括提交有关基础资料和文件(包括概预算)的期限、质量要求、费用以及其他协作条件等条款。施工合同的内容包括工程范围、建设工期、中间交工工程的开工和竣工时间、工程质量、工程造价、技术资料交付时间、材料和设备供应责任、拨款和结算、竣工验收、质量保修范围和质量保证期、双方相互协作等条款。

在实践中，施工合同中关于工期、质量、造价方面的条款是合同的最重要条款。关于工期的争议往往因开工、竣工日期未明确而产生。如开工日期有“破土之日”“验线之日”“进场之日”之说，竣工日期有“验收合格之日”“交付使用之日”“申请验收之日”之说。无论采用何种说法，均应在签订合同时予以明确，并应约定开工、竣工应办理哪些手续、签署何种文件。另外，对中间交付验收的工程也应明确规定。关于质量条款，根据国务院《建设工程质量管理条例》的规定，工程质量监督部门不再是工程竣工验收和工程质量评定的主体，竣工验收要由建设单位组织勘察、设计、施工、监理单位进行。因此，合同中应明确约定参加验收的单位、人员，采用的质量标准，验收程序，必须签署的文件及产生争议的处理办法。关于施工合同造价问题，在签订合同时，必须明确合同价款的调整范围、程序、计算依据、设计变更、现场签证、材料价格的签发与确认。

## 12.3　建设工程合同的审查

### 12.3.1　审查建设工程合同是否符合有效条件

根据《合同法》第二十五条的规定：“承诺生效时合同成立。”根据《合同法》第四十四条的规定：“依法成立的合同，自成立时生效。”合同生效，是指已经成立的合同在当事人之间产生了一定的法律拘束力，也就是通常所说的法律效力。这里所说的法律效力，并不是指合同能够像法律那样产生拘束力。合同本身并不是法律，只是当事人之间的合意，因此不可能具有法律一样的效力。所谓合同的法律效力，只是强调合同对当事人的拘束性。合同之所以能具有法律拘束力，并非来源于当事人的意志，而是来源于法律的赋予。合同生效必须具备一定的要件，包括以下内容。

#### 1. 要求行为人具有相应的民事行为能力

行为人具有相应的民事行为能力的要件，在学理上又被称为有行为能力原则或主体合格原则。作为合同主体的自然人、法人、其他组织，应具有相应的行为能力。在建设工程合同中，订立合同的主体是发包人与承包人。无论是发包人还是承包人，在订立建设工程合同时，都必须有合法的经营资格。如，作为发包方的房地产开发企业应有相应的开发资格。《城市房地产管理法》第二十九条规定，房地产开发企业是以营利为目的、从事房地产开发和经营的企业。设立房地产开发企业，应当具备下列条件：①有自己的名称和组织机构；②有固定的经营场所；③有符合国务院规定的注册资本；④有足够的专业技术人员；

⑤法律、行政法规规定的其他条件。设立房地产开发企业，除应具备法律规定的条件以外，还应当向工商行政管理部门申请设立登记。工商行政管理部门对符合《城市房地产管理法》规定条件的，应当予以登记，发给营业执照；对不符合《城市房地产管理法》规定条件的，不予登记。同样，作为承包方的勘察、设计、施工单位也均应具有合法经营资格。《建筑法》第十二条规定，从事建筑活动的建筑施工企业、勘察单位、设计单位和工程监理单位，应当具备下列条件：①有符合国家规定的注册资本；②有与其从事的建筑活动相适应的具有法定执业资格的专业技术人员；③有从事相关建筑活动所应有的技术装备；④法律、行政法规规定的其他条件。审查对方的资格，可以通过审查承包方法人营业执照来解决。

建设工程是“百年大计”的不动产产品，因此建设工程合同的主体除了具备可以支配的财产、固定的经营场所和组织机构外，还必须具备与建设工程项目相适应的资质条件，而且也只能在资质证书核定的范围内承接相应的建设工程任务，不得擅自越级或超越规定的范围。《建筑法》第十三条规定，从事建筑活动的建筑施工企业、勘察单位、设计单位和工程监理单位，按照其拥有的注册资本、专业技术人员、技术装备和已完成的建筑工程业绩等资质条件，划分为不同的资质等级，经资质审查合格，取得相应等级的资质证书后，方可在其资质等级许可的范围内从事建筑活动。国务院于2000年1月30日发布的《建设工程质量管理条例》第十八条规定，从事建设工程勘察、设计的单位应当依法取得相应等级的资质证书，并在其资质等级许可的范围内承揽工程。禁止勘察、设计单位超越其资质等级许可的范围或者以其他勘察、设计单位的名义承揽工程。禁止勘察、设计单位允许其他单位或者个人以本单位的名义承揽工程。《建设工程质量管理条例》第二十五条规定，施工单位应当依法取得相应等级的资质证书，并在其资质等级许可的范围内承揽工程。禁止施工单位超越本单位资质等级许可的业务范围或者以其他施工单位的名义承揽工程。禁止施工单位允许其他单位或者个人以本单位的名义承揽工程。

由此可见，合同签订时，无论是发包方还是承包方均应对对方进行资格审查，审查对方有无订立合同的资格与能力，因为这直接影响到合同是否有效，以及合同能否实际正确履行。

### 2. 审查合同当事人意思表示是否真实

意思表示是指行为人将其设立、变更、终止民事权利义务的内在意思表示于外部的行为。意思表示包括效果意思和表示行为两个要素。在实践中具体审查、确认意思表示不真实的合同是否有效，应依据法律的规定，既要考虑如何保护表意人的正当权益，又要考虑如何维护相对人或第三人的利益，维护交易安全。如对于一方采用欺诈、胁迫手段签订合同的，损害合同当事人利益的，一般认为是可变更、可撤销的合同，而不认为合同无效。对于损害国家利益的，才认定合同无效。

### 3. 审查有无违反法律和社会公共利益的情况

主要审查合同有无违反法律的强制性规定。所谓强制性规定，是指这些规定必须由当事人遵守，不得通过协议加以改变。不过，在《合同法》中包括了大量任意性规定，这些规定主要是用来指导当事人订立合同的，并不要求当事人必须遵守，当事人可以通过实施合法的行为改变这些规范的内容。我国《建筑法》允许建设工程总承包单位将承包工程中的部分发包给具有相应资质条件的分包单位，但是，除总承包合同中约定的分包外，其他

分包必须经建设单位认可。属于施工总承包的，建筑工程主体结构的施工必须由总承包单位自行完成。也就是说，未经建设单位认可的分包和施工总承包单位将工程主体结构分包出去所订立的分包合同，都是无效的。此外，将建设工程分包给不具备相应资质条件的单位或分包后将工程再分包的，均是法律禁止的。《建筑法》及其他法律、法规对转包行为均做了严格禁止。转包，包括承包单位将其承包的全部建筑工程转包、承包单位将其承包的全部建筑工程肢解以后以分包的名义分别转包给他人。属于转包性质的合同，也因其违法而无效。

此外，还要审查合同有无以合法形式掩盖非法目的、有无损害社会公共利益。对于那些实质上损害了全体人民的共同利益，破坏了社会经济生活秩序的合同行为，都应认为是违反了社会公共利益。同时，将社会公共利益作为衡量合同生效的要件，也有利于维护社会公共道德。

#### 4. 审查合同是否具备法律规定的形式

《民法通则》第五十六条规定："民事法律行为可以采取书面形式、口头形式或者其他形式。法律规定用特定形式的，应当依照法律规定。"《合同法》第十条规定，当事人订立合同，有书面形式、口头形式和其他形式。《合同法》第四十四条规定："依法成立的合同，自成立时生效。法律、行政法规规定应当办理批准、登记等手续生效的，依照其规定。"

《合同法》第二百七十条规定："工程施工合同应当采用书面形式。"在审查建设工程合同时，必须审查合同是否具备法律规定的形式。

### 12.3.2 审查建设工程合同有无效力待定情况

#### 1. 审查有无限制民事行为能力人依法不能独立订立合同的情况

《合同法》第四十七条第一款规定限制民事行为能力人订立的合同，经法定代理人追认后，该合同有效，但纯获利益的合同或者与其年龄、智力、精神健康状况相适应而订立的合同，不必经法定代理人追认。限制民事行为能力人依法不能独立实施的行为，可以在征得其法定代理人的同意后实施。限制民事行为能力人依法不能独立实施的而未经其法定代理人同意的民事行为，只能由其法定代理人代理实施。《合同法》第四十七条第二款规定，相对人可以催告法定代理人在一个月内予以追认。法定代理人未做表示的，视为拒绝追认。合同被追认之前，善意相对人有撤销的权利。撤销应当以通知的方式做出。

#### 2. 审查是否有无代理权的人代订合同的情况

无权代理主要有三种情况：①根本无代理权的无权代理。代理人在未得到任何授权的情况下，以本人的名义从事代理活动；②超越代理权的无权代理。代理人虽享有一定的代理权，但其实施的代理行为超越了代理权许可的范围；③代理权终止后的无权代理。委托代理权可能因本人撤销委托、代理期限届满等原因而终止。《合同法》第四十八条规定，"行为人没有代理权、超越代理权或者代理权终止以后以被代理人名义订立的合同，未经被代理人追认，对被代理人不发生效力，由行为人承担责任"。无权代理所产生的合同并不是绝对无效合同，而是一种效力待定合同，经过本人的追认是有效的合同。

3. 审查合同中是否有无处分权的人处分他人财产的情况

《合同法》第五十一条规定，“无处分权的人处分他人财产，经权利人追认或者无处分权的人订立合同后取得处分权的，该合同有效”。无处分权的人处分他人财产，与相对人订立的合同属于效力待定合同。这取决于权利人的追认与取得处分权。

## 12.3.3 审查建设工程合同的主要内容

1. 审查是否确定了合理的合同工期

对发包方而言，工期过短，不利于工程质量以及施工过程中建筑半成品的养护；工期过长，则不利于发包方及时收回投资。对承包方而言，应当合理计算自己能否在发包方要求的工期内完成承包任务，否则应当按照合同的约定承担逾期竣工的违约责任。

2. 审查双方代表的权限有无重叠的情况

在有监理委托的建设工程合同中，通常会明确甲方代表、工程师和乙方代表的姓名和职务，同时规定双方代表的权限。在合同审查时，要注意审查甲方代表、工程师在职权上有无重叠的现象。施工合同示范文本中规定，发包人派驻施工场地履行合同的代表在施工合同中也称工程师，其姓名、职务、职权由发包人在专用条款内写明，但职权不得与监理单位委派的总监理工程师职权相互交叉。

由于代表的行为即代表了发包方和承包方的行为，审查合同时，有必要对双方代表的权利范围以及权利限制做一定约定。例如，在施工合同中约定确认工程量增加、设计变更等事项，只需代表签字即发生法律效力，作为双方在履行合同过程中达成的对原合同的补充或修改；再如，确认工期是否可以顺延，应由甲方代表签字并加盖甲方公章方可生效。

3. 审查合同中有关工程造价及其计算方法是否明确

工程造价条款是工程施工合同的必备和关键条款，但通常会发生约定不明的情况，容易在合同履行中产生纠纷。人民法院或仲裁机构解决此类纠纷一般委托有权审理工程造价的单位进行鉴定，所需时间比较长，对维护当事人的合法权益极为不利。审查工程合同造价应从以下几个方面进行。

(1) 审查合同中是否约定了发包方按工程形象进度分段提供施工图的期限和发包方组织分段图纸会审的期限；承包商得到分段施工图后，提供相应工程预算以及发包方批复同意分段预算的期限。经发包方认可的分段预算是该段工程备料款和进度款的付款依据。

(2) 审查在合同中是否约定了承包商应按发包方认可的分段施工图组织设计和分段进度计划组织基础、结构、装修阶段施工。

(3) 审查在合同中是否约定承包商完成分阶段工程，并经质量检查符合合同约定向发包方递交该进度阶段的工程决算的期限，以及发包方审核的期限。同时还要审查是否约定了发包方支付承包商分阶段预算工程款的比例，以及备料款、进度、工作量增减值和设计变更签证、新型特殊材料差价的分阶段结算方法。

(4) 审查合同中是否约定全部工程竣工通过验收后承包商递交工程最终决算造价的期限，以及发包方审核是否同意及提出异议的期限和方法。双方约定经发包方提出异议，承包商做修改、调整后双方能协商一致的，即为工程最终造价。同时还要审查是否约定了承发包双方对结算工程最终造价有异议时的委托审价机构审价，以及该机构审价对双方均具有约束力，双方均应承认该机构审定的即为工程最终造价。审查有无约定双方自行审核确定的或由约定审价机构审定的最终造价的支付以及工程保修金的处理方法。

4. 审查合同中是否明确了工程竣工交付使用、保修年限及质量保证

合同中应当明确约定工程竣工交付的标准。如发包方需要提前竣工，而承包商表示同意的，则应约定由发包方另行支付赶工费用或奖励。因为赶工意味着承包商将投入更多的人力、物力、财力，劳动强度增大，损耗亦会增加。明确最低保修年限和合理使用寿命的质量保证。

《建筑法》第六十条、第六十二条明确了建筑工程保修的必要内容，指出设定保修期限的原则，即保证建筑物在合理使用寿命年限内正常使用，维护使用者合法权益，同时又提出了最低保修期限的概念。《建设工程质量管理条例》第四十条明确规定，在正常使用条件下，建设工程的最低保修期限为：基础设施工程、房屋建筑的地基基础工程和主体工程，为设计文件规定的该工程的合理使用年限；屋面防水工程、有防水要求的卫生间、房间和外墙面的防渗漏，为 5 年；供热与供冷系统，为两个采暖期、供冷期；电气管线、给排水管道、设备安装和装修工程，为两年。其他项目的保修期限由发包方与承包方约定。建设工程的保修期，自竣工验收合格之日起计算。

5. 审查合同中是否具体明确了违约责任及争议解决的方式

(1) 审查双方在工程合同中是否有违约责任的约定以及违约责任规定得是否合理。违约责任的规定是双方履行合同的重要保证，也是处理合同纠纷的有力依据，还是承担不履行或者不正确履行合同责任的前提条件。因此，对违约责任的约定应当具体、合理，不应笼统化。如有的合同不论违约的具体情况而笼统地约定一笔违约金，这无法与因违约造成的损失额匹配，从而导致违约金过高或过低，是不妥当的。应当针对不同的情形做不同的约定，如质量不符合合同约定的标准应当承担的责任、因工程返修造成工期延长的责任、逾期支付工程款所应承担的责任等。

(2) 审查合同中是否规定了解决合同争议的方式。《合同法》第一百二十八条规定，当事人可以通过和解或者调解解决合同争议。当事人不愿和解、调解或者和解、调解不成的，可以根据仲裁协议向仲裁机构申请仲裁。涉外合同的当事人可以根据仲裁协议向中国仲裁机构或者其他仲裁机构申请仲裁。当事人没有订立仲裁协议或者仲裁协议无效的，可以向人民法院起诉。建设工程合同争议的解决方式应当在专用条款中明确约定双方共同接受的调解人，以及最终解决合同争议的机构。若是选择仲裁解决争议，则需要明确具体的仲裁机构。

## 12.3.4　审查建设工程合同中有无免责及限制对方责任的问题

免责事由是在合同履行过程中，因出现了法定的或合同约定的免责条件而导致合同不履行，债务人将被免除履行义务。这些法定的或约定的免责条件被统称为免责事由。在我国《合同法》中，法定的免责事由仅指不可抗力。根据《合同法》第一百一十七条的规定，不可抗力“是指不能预见、不能避免并不能克服的客观情况”。不可抗力包括某些自然现

象或某些社会现象(如战争等)。在施工合同示范文本同通用条款中对不可抗力发生后当事人的责任、义务、费用等如何划分做出了详细规定。国内工程在施工周期中发生战争、动乱、空中飞行物体坠落等现象的可能性相对较少，较为常见的是风、雪、雨等自然灾害。自然灾害达到什么程度才能被认为是不可抗力，需要合同当事人在签订建设工程合同中加以明确并具体约定，否则难以形成统一意见，造成不必要的纠纷。

《合同法》第五十三条规定了合同中的下列免责条款是无效的：①造成对方人身伤害的；②因故意或者重大过失造成对方财产损失的。在进行合同审查时要注意审查这方面的规定，否则会导致相关条款无效。

## 复习思考题

1. 建设工程合同的谈判可以从哪几个方面入手？
2. 建设工程合同谈判中常见的策略和技巧有哪些？
3. 建设工程合同审查主要从哪几个方面进行？

## 案 例 分 析

**案例一**

2012年6月，沈阳建筑工程公司与金飞股份有限公司签订了建设金飞大厦的“建设工程施工合同”，合同约定金飞大厦设计为22层，预算投资为8000万元。双方就合同的施工条件和协议条款部分达成了初步的意向。但是在最后签字的过程中，沈阳建筑工程公司擅自修改了合同的主要条款，并将修改后的文本加盖了印章。金飞股份有限公司发现后，向沈阳建筑工程公司提出了强烈抗议，认为沈阳建筑工程公司的行为是极不负责任的，因此提出解除合作关系。后在中间人的斡旋下，双方于2012年8月又重新签订了“建设工程施工合同”，沈阳建筑工程公司按照合同约定进场施工。在施工的过程中，由于建筑公司的施工工艺存在严重缺陷，在开槽的过程中，没有做好护坡桩的工作，导致邻近的居民楼的地基受到侵害，在9月的雨季中，相邻的居民楼地基出现塌陷，构成了对居民居住条件的严重威胁。在居民的强烈抗议下，金飞股份有限公司向沈阳建筑工程公司正式提出停工整顿的要求。建筑公司停工后，派人对现场进行看护，对施工机械设备进行封存。随着时间的推移，沈阳进入了冬季施工季节，虽然金飞公司向建筑公司发出了复工的命令，但是由于建筑公司本身的施工能力和技术能力等原因，建筑公司以停工造成重大损失要求先行赔偿为由，拒绝复工。为此双方发生争执。

**问题：**此纠纷应如何处理才能将损失降到最低？

**案例二**

某市决定对历史遗留的老城区环城水系进行改造和清淤，设计和施工所要实现的目标是既要满足河道排水的需要，又要满足美化城市环境的需要，全部工期为2年，预计投资1.2亿元。可行性研究论证、设计任务书等报市计划主管部门审核后，报省计划委员会申请

重大建设工程项目立项。在申请立项过程中，本项目的项目法人开始筹备工程的招标投标事宜，并通过招标确定了四家建设单位为中标单位，实行分段承包施工建设，工程价款采取固定总价加工程量增减价结算。但是后来省计委下达了项目立项批准书，明确指出，鉴于本项目在实施过程中涉及许多国家古文物的保护和城市发展的长远规划，对项目规划进行了部分修改，要求对原规划中没有涉及的部分旧城区进行拆除，同时增设人文景观，开挖两个人工湖，清淤泥土用于假山建设，希望通过这次改造达到一劳永逸的目的，为此追加项目工程款到 1.8 亿元。接到通知后，项目法人根据规划变化的情况，在涉及的承包段内追加了相应的工程款。但是由于各承包段内增加的工程量大小相差悬殊，有的承包人表示反对，主张对省计划委员会下达的文件中新增工程量部分和新增建设项目部分进行单独招标，在公开招标的基础上确定承包人，这种方法遭到了发包人的拒绝。对于反对强烈的个别承包人则采取了单方面解除合同的做法，引起承包人的不满，部分承包人于是将发包人诉讼至法院。要求维护合法权益，维持合同的效力。

**问题：**人民法院能维护部分承包人的合法权益吗？

# 第 13 章　建设工程合同的风险管理

**学习目标**

- 掌握建设工程合同风险管理的相关内容。
- 熟悉建设工程担保合同管理的相关内容。
- 了解建设工程保险合同管理的相关内容。

**本章导读**

本章主要学习建设工程合同风险管理、建设工程担保合同管理、建设工程保险合同管理等内容。

## 13.1　建设工程合同风险管理概述

风险，是指一种客观存在的、损失的发生具有不确定性的概率性事件。而建设工程项目中的风险则是指在工程项目的筹划、设计、施工建造以及竣工后投入使用各个阶段可能遭受的风险。建设工程施工阶段风险的客观存在取决于建设工程的特点。建设工程具有规模大、工期长、材料设备消耗大，产品固定、施工生产流动性强，受地质条件、水文条件和社会环境因素影响大等特点，这些特点都不可避免地在环境、技术、经济等各方面给工程施工带来不可确定性风险。

### 13.1.1　合同签订和履行带来的风险

#### 1. 合同条款不完善

建设工程合同在签订、履行过程中由于各种因素，可能会出现合同条款不完善、有漏洞的地方。如表现为合同条款不全面、不完善；合同文字不细致、不严密，致使合同存在比较严重的漏洞；或者合同存在着单方面约束性、过于苛刻；或者在合同中存在合同当事人责权利不平衡条款等。

#### 2. 合同中未规定风险转移条款或者规定得不够完善

合同中没有规定转移风险的担保、索赔、保险等相应条款或者规定得不够完善。在合同履行过程中，推行索赔制度是相互转移风险的一种有效方法。工程索赔制度在我国推行得不够普遍，承发包双方对索赔的认识还很不足，从承包方、发包方对待索赔的态度上来看，索赔这种风险转移的方法尚需相当长的一段时间才能够被人们所接受。对于索赔和反索赔的具体操作就更显得生疏。因此，政府主管部门和中介机构要向承发包双方不断宣传推行索赔制度，转移风险的意义，传授索赔方法，制定有关推行索赔的管理办法，使转移工程风险的合理合法的索赔制度健康地开展起来，逐步同国际工程惯例接轨。

3. 合同内缺少因第三方影响造成工期延误或经济损失的条款

建设工程合同当事人在订立合同时，往往注意对方造成工期延误或者由于对方原因造成经济损失的补救办法，而忽视了合同双方以外的第三方造成工期延误或其他经济损失的补救办法。一旦出现因第三方原因造成一方或者双方损失的情况时，合同当事人很难就此达成一致意见，给双方带来不必要的麻烦和损失。

4. 发包方资信因素带来的风险

由于发包方的经济情况发生变化，导致工程款不能及时到位甚至不能到位，合同履行存在一定风险。这种风险也可能是由于发包方信誉差、不诚实、有意拖欠工程款造成的。

5. 选择分包商不当带来的风险

由于选择分包商不当，会遇到分包商违约，不能按质、按量、按时完成分包工程，致使影响整个工程进度或发生经济损失。因此，在选择分包商及签订分包合同方面时，就要尽可能选信誉、履约能力较好的企业，减少合同履行的风险。

6. 工程师工作的低效率带来的风险

在合同履行的过程中，由于发包方驻工地代表或监理工程师工作效率低，不能及时解决问题或付款，或者是发出错误的指令而造成损失。

## 13.1.2　建设工程合同的自身特点与履行环境带来的风险

1. 建筑风险

建筑风险主要指工程建设中由于人为的或自然的原因而影响建设工程顺利完工的风险。具体而言，是指对建设工程的成本、工期、质量以及完工造成不利影响的风险，包括设计失误、工艺不完善、原材料缺陷、工程损毁、施工人员伤亡、第三者财产的损毁或人身伤亡、自然灾害、工程间接损失等。

2. 市场风险

建筑市场是一个竞争日益激烈的市场，建筑市场并未发展成熟，在此情况下，业主有可能选择不到一个有能力的适当的承包商，而承包商又会面临工程垫资、带资、无法及时收到工程款的风险，这都属于市场带来的风险。

3. 信用风险

市场体制的不健全带来的一个突出的问题就是信用。业主是否能保证按期支付工程款，承包商是否能保证保质、按期完工，在对方头脑里均是一个问号。

4. 环境风险

建设工程本身需要占用一定面积的土地。同时，有些工程项目不仅需要占用土地，还对周边环境有特定的要求。而这些项目的建设由于涉及材料、运输等方面的特殊需要，会对环境产生不利影响，工程建设不得不面对环境风险。

#### 5. 政治风险与法律风险

稳定的政治环境会对工程建设产生有利的影响；反之，将会给各市场主体带来顾虑和阻力，加大工程建设的风险。另外，在一般涉外工程承发包合同中，都会有“法律变更”或“新法适用”的条款。一国建筑、外汇管理、税收管理、公司制度等方面的法律、法规、规章的颁布和修订，将直接影响到建筑市场各方的权利和义务，从而进一步影响其根本利益。近年来，我国的建筑市场主体也愈发关注法律规定对其自身的影响。

### 13.1.3 风险的控制与转移

#### 1. 风险的控制

(1) 重视合同谈判，签订完善的施工合同。作为承包商宁可不承包工程，也不能签订不利的、独立承担过多风险的合同。减少或避免风险是谈判施工合同的重点，通过合同谈判，对合同条款拾遗补阙，尽量完整，防止不必要的风险，对不可避免的风险由双方合理分担。使用合同示范文本(或称标准文本)签订合同是使施工合同趋于完善的有效途径。由于合同示范文本内容完整，条款齐全，双方责权利明确、平衡，从而风险较小，对一些不可避免的风险进行分担，也比较公正合理。

(2) 加强合同履行管理，分析工程风险。虽然在合同谈判和签订过程中对工程风险已经发现，但是合同中还会存在词语含糊，约定不具体、不全面，责任不明确甚至矛盾的条款。因此在任何建设工程施工合同履行过程中都要加强合同管理，分析不可避免的风险，如果不能及时透彻地分析出风险，就不可能对风险有充分的准备，在合同履行中很难进行有效的控制。特别是对风险大的工程更要强化合同分析工作。

#### 2. 转移风险

转移风险包括相互转移风险和向第三方转移风险。转移工程项目风险有以下措施。

(1) 推行索赔制度，相互转移风险。在合同履行的过程中，推行索赔制度是相互转移风险的有效方法。

(2) 向第三方转移风险。向第三方转移风险包括推行担保制度和进行工程保险。推行担保制度是向第三方转移风险的一种有法律保障的做法。我国《担保法》规定了五种担保方式，在建设工程施工阶段以推行保证和抵押两种方式为宜。工程保险是业主和承包商转移风险的一种重要手段。当出现保险范围内的风险、造成经济损失时，业主和承包商可以向保险公司索赔，以获得相应的赔偿。

## 13.2 建设工程担保合同管理

### 13.2.1 担保的概念及特征

#### 1. 担保的概念

担保是为了保证债务的履行、确保债权的实现，在人的信用或特定的财产之上设定的特殊的民事法律制度。它区别于一般的民事法律关系之处在于：一般的民事法律关系的内容即权利义务基本上处于一种确定的状态，而担保的内容则处于一种不确定的状态，即当债务人不按主合同之约定履行债务导致债权无法实现时，担保的权利义务方才确定并成为现实。

2. 担保的法律特征

(1) 担保具有附随性特征，又称为从属性。担保是为了保证债权人受偿而由债务人或第三人提供的担保，具有从属于被担保的债权的性质。被担保的债权被称为主债权，主债权人对担保人享有的权利称作从债权。没有主债权的存在，从债权亦无所依托。主债消灭，可使担保之债同时归于消灭。

(2) 条件性。债权人依照担保合同行使其担保权利，只能以主债务人不履行或不能履行合同为前提条件。而在债务人已经按约定履行主债务的情形下，担保人无须履行担保义务。其中特别重要的是，在一般保证的情况下，保证人对债权人享有先诉抗辩权。

(3) 相对独立性。尽管担保具有从属性，但其仍然相对独立于被担保的债权。首先，担保的设立必须有当事人的合意，其与被担保的债权的发生或成立是两种不同的法律关系。其次，根据我国《担保法》的有关规定，当事人可以自行约定担保不依附于主债权而单独发生效力。即主债权无效，可以不影响担保债权的效力。

## 13.2.2　担保方式

我国《担保法》规定的担保方式有保证、抵押、质押、留置、定金五种。

1. 保证

(1) 保证的概念和方式。保证是指保证人和债权人约定，当债务人不履行债务时，保证人按照约定履行债务或者承担责任的行为。

保证的方式有两种，即一般保证和连带责任保证。在具体合同中，保证方式由当事人约定，如果当事人没有约定或者约定不明确的，则按照连带责任保证承担责任。一般保证是指保证人在保证合同中约定，债务人不能履行债务时，由保证人承担责任的保证。一般保证的保证人在主合同纠纷未经审判或者仲裁，并就债务人财产依法强制执行仍不能履行债务前，对债权人可以拒绝承担担保责任。连带责任保证是指当事人在保证合同中约定保证人与债务人对债务承担连带责任的保证。连带责任保证的债务人在主合同规定的债务履行期届满没有履行债务的，债权人可以要求债务人履行债务，也可以要求保证人在其保证范围内承担保证责任。

(2) 保证人的资格。具有代为清偿能力的法人、其他组织或者公民，可以作为保证人。但是，以下组织不能作为保证人。

① 企业法人的分支机构、职能部门。企业法人分支机构有法人书面授权的，可以在授权范围内提供保证。

② 国家机关。经国务院批准为使用外国政府或者国际组织贷款进行转贷的除外。

③ 学校、幼儿园、医院等以公益事业为目的的事业单位、社会团体。

(3) 保证合同的内容。保证合同主要有如下内容：被保证的主债权种类、数额；债务人履行债务的期限；保证的方式；保证的范围；保证期间；双方认为需要约定的其他事项。

(4) 保证责任。保证合同生效后，保证人就应当在合同规定的保证范围和保证期间内承担责任。保证担保的范围包括主债务及利息、违约金、损害赔偿金和实现债权的费用。保证合同另有约定的，按照约定。当事人对保证担保的范围没有约定或者约定不明确的，保证人应当对全部债务承担责任。一般保证的保证人未约定保证期间的，保证期间为主债务履行期届满之日起 6 个月。在保证期间内债权人与债务人协议变更主合同或者债权人转让债务的，应当取得保证人的书面同意，否则保证人不再承担保证责任。

2. 抵押

(1) 抵押的概念。抵押是指债务人或第三人不转移财产占有将该财产作为债权担保，债务人不履行债务时，债权人有权以该财产折价或者以拍卖、变卖该财产的价款优先受偿。抵押该财产的债务人或者第三人为抵押人，获得该担保的债权人为抵押权人，提供担保的财产为抵押物。

(2) 《担保法》规定可以抵押的财产。①抵押人所有的房屋和其他地上定着物；②抵押人所有的机器、交通运输工具和其他财产；③抵押人依法有权处分的国有的土地使用权、房屋和其他地上定着物；④抵押人依法有权处分的国有的机器、交通运输工具和其他财产；⑤抵押人依法承包并经发包方同意抵押的荒山、荒沟、荒丘、荒滩等荒地的土地使用权；⑥依法可以抵押的其他财产。

抵押人所担保的债权不得超出其抵押物的价值。财产抵押后，该财产的价值大于所担保债权的余额部分，可以再次抵押，但不得超出其余额部分。《担保法》同时规定，以依法取得的国有土地上的房屋抵押的，该房屋占用范围内的国有土地使用权同时抵押。以出让方式取得的国有土地使用权抵押的，应当将抵押时该国有土地上的房屋同时抵押。乡(镇)、村企业的土地使用权不得单独抵押。以乡(镇)、村企业的厂房等建筑物抵押的，其占用范围内的土地使用权同时抵押。

(3) 依法不得抵押的财产。根据《担保法》的规定，不得抵押的财产如下：①土地所有权；②耕地、宅基地、自留地、自留山等集体所有的土地使用权；③学校、幼儿园、医院等以公益为目的的事业单位、社会团体的教育设施、医疗卫生设施和其他社会公益设施；④所有权、使用权不明或者有争议的财产；⑤依法被查封、扣押、监管的财产；⑥依法不得抵押的其他财产。

(4) 抵押合同的主要内容与抵押担保的范围。①抵押合同的主要内容包括：被担保的主债权种类、数额；债务人履行债务的期限；抵押物的名称、数量、质量、状况、所在地、所有权权属或者使用权权属；抵押担保的范围；当事人认为需要约定的其他事项。以无地上定着物的土地使用权、城市房地产或者乡(镇)、村企业的厂房等建筑物、林木、航空器、船舶、车辆、企业的设备和其他动产抵押的，必须向有关部门办理抵押物登记后方可生效。以其他财产抵押的，抵押合同自签订之日起生效，但当事人可以自愿办理抵押物登记。②抵押担保的范围包括主债权及利息、违约金、损害赔偿金和实现抵押权的费用。抵押合同另有约定的，从其约定。

(5) 抵押权的实现。债务人履行期届满抵押权人未受清偿的，可以与抵押人协议以抵押物折价或者以拍卖、变卖该抵押物所得的价款受偿；协议不成的，抵押权人可以向人民法院提起诉讼。抵押物折价或者拍卖、变卖后，其价款超过债权数额的部分归抵押人所有，不足部分由债务人清偿。同一财产向两个以上债权人抵押的，拍卖、变卖抵押物所得的价款按照以下规定清偿：第一，抵押合同已登记生效的，按照抵押物登记的先后顺序清偿；顺序相同的，按照债权比例清偿。第二，抵押合同自签订之日起生效的，该抵押物已登记的，按照已登记的先于未登记的顺序受偿。未登记的，按照合同生效时间的先后顺序清偿，顺序相同的，按照债权比例清偿。

#### 3. 质押

(1) 质押的概念。质押，是指债务人或第三人转移财产(动产)或权利的占有，将之作为债权担保。债务人不履行债务时，债权人有权以该动产或权利折价或者以拍卖、变卖该动产的价款优先受偿。质押动产或权利的债务人或者第三人为出质人，获得该担保的债权人为质权人，移交的动产为质物。质押与抵押的主要不同在于出质人向质权人转移质物的占有，而抵押物在抵押期间仍由抵押人占有。

(2) 质押合同的主要内容与担保范围。质押合同的主要内容包括：被担保的主债权种类、数额；债务人履行债务的期限；质物的名称、数量、质量、状况；质押担保的范围；质物移交的时间；当事人认为需要约定的其他事项。质押合同自质物移交于质权人占有时生效。

质押担保的范围包括主债权及利息、违约金、损害赔偿金、质物保管费用和实现质权的费用。质押合同另有约定的，按照约定。

(3) 质押的分类。质押可分为动产质押与权利质押。动产质押是指债务人或者第三人将其动产移交债权人占有，将该动产作为债权的担保。

权利质押一般是将权利凭证交付质押人的担保。根据《担保法》的规定，可以质押的权利包括：汇票、支票、本票、债券、存款单、仓单、提单；依法可以转让的股份、股票；依法可以转让的商标专用权、专利权、著作权中的财产权；依法可以质押的其他权利。

#### 4. 留置

留置，是指债权人按照合同约定占有对方的动产，当债务人不按合同约定的期限履行债务时，债权人有权依照法律规定留置该财产，以其折价、拍卖或变卖的价款优先受偿。

依据《担保法》的规定，能够留置的财产仅限于动产，且只有因保管合同、仓储合同、运输合同、加工承揽合同发生的债权，债权人才可能实施留置。

#### 5. 定金

当事人可以约定一方向对方给付定金作为债权的担保。债务人履行债务后，定金应当抵作价款或者收回。给付定金的一方不履行约定的债务的，无权要求返还定金；收受定金的一方不履行约定的债务的，应当双倍返还定金。定金的数额由当事人约定，但不得超过主合同标的额的 20%。

### 13.2.3 工程合同中可采用的主要担保

#### 1. 工程招标投标过程中的担保

从招标方角度而言，招标单位应当具备《招标投标法》所规定的招标人应当具备的条件，如应符合《招标投标法》第九条的规定，即招标人应当有进行招标项目的相应资金或者资金来源已经落实，并应当在招标文件中如实载明。但在实践中往往会出现中标后投标人才发觉招标人资金不到位的情况。因此，招标人为证明自己有履约能力，大多以银行保函的形式担保其将来之债务的履行，即将已落实的一定金额的建设资金交给银行，设立专门账户，由该银行进行监管，并对投标人出具银行保函。

从投标方角度而言，投标担保在我国应用较为普遍。投标担保是履约担保的前奏，它的主要作用在于保证投标方在要约有效期内不撤回要约及在中标后与招标方签订承发包合同，并提供履约担保。具体的方式可以为履约保证金或银行保函。

#### 2. 工程施工过程中的担保

(1) 承包商履约担保。这里的承包商履约担保是狭义上的履约担保，仅指承包商为保证履行自己的合同责任而向发包方提供的担保。在承包商履约担保中，提供担保方是承包方，接受担保方是发包方，担保的内容是保证承包方按照承发包合同的约定履行一切责任和义务，如有违反，担保方将向发包方承担违约责任。承包商履约担保的有效期始于工程开工之日，终止日期则可约定为工程竣工交付之日或保修期满之日。

(2) 业主付款担保。业主以设定担保方式保证其向承包方履行付款的义务，这就是业主付款担保。在业主付款担保中，提供担保方是发包方，接受担保方是承包方，担保的内容是保证发包方按照承发包合同约定的付款数额及支付方式向承包方付款，如其超过一定时间没有足额付款，则担保方或发包方自身将承担违约及损失赔偿责任。该担保开始的时间也是工程开工之日，终止的时间应为合同约定的最后一笔工程款付清之日，但其中作为保修金留存的款项可除外，因其可通过保修金支付担保的方式解决。

#### 3. 工程竣工后的担保种类

工程竣工后，承包商仍然负有在保修期内予以保修的义务。它的作用在于保证当工程在交付后出现质量缺陷时，承包商能够及时履行保修义务。在保修担保中，提供担保方是承包方，接受担保方是发包方。担保的内容是承包商保证按照保修合同或条款的约定完成保修义务，如有违反，担保方或承包方自身将承担违约及损失赔偿责任。该担保始于保修期开始之日，一般指工程交付使用之第二日；终止的时间难以确定。鉴于目前工程各部分的保修期限长短不一，法定最低年限中最长的是地基基础工程和主体结构工程，合理使用寿命多达几十年甚至上百年，最短的仅几年，故保修担保的期限在实际操作中有一定难度。应当在这方面做进一步研究。

### 13.2.4 工程担保合同的风险管理应注意的几个问题

不论是作为债权人、债务人或担保人，工程担保合同的签订均涉及其重大经济利益：债权人在一定程度上分解了经营风险，债务人加重了履约的负担，担保人则无形中多负担了一定风险。因此，各方当事人均需审慎签订工程担保合同。在签订工程担保合同时，尤其应该注意以下几个问题。

#### 1. 注重担保人的担保能力问题

(1) 担保人资格问题。担保人应当符合《担保法》规定的主体资格的条件。担保人应当是有足够代偿能力的法人、其他组织或者公民。《公司法》第十三条规定，公司可以设立分公司，分公司不具有企业法人资格，其民事责任由公司承担。公司可以设立子公司，子公司具有企业法人资格，依法独立承担民事责任。如果公司作为担保人，就要考虑该公司是否具有法人资格，能否提供担保。《公司法》第六十条规定，董事、经理不得以公司资产为本公司的股东或者其他个人债务提供担保。若公民作为保证人，应当是具有完全民事行为能力的人。

(2) 担保人的实际履行能力问题。这种能力一方面指担保的经济能力，如作为保证人是否有足够的资信，作为抵押人是否实际合法拥有抵押物的所有权等。一个注册资金仅为几十万元人民币且经营状况欠佳的企业是绝不能为上百万乃至上千万元的债务清偿提供担保的。另一方面指担保的履行能力，如在母公司保证中，作为发展商的保证人的母公司是否有房地产开发的经营范围和资质；在同业保证中，承包商的保证人是否具有代为履行的经营范围和相应资质，如无此经营范围和资质，该保证人就不能代承包商履约，其承诺的代为履行的担保依法不能实现，而只能由其承担连带赔偿的担保责任。所以，一家仅有三级资质的工程施工企业是不能为必须由一级资质施工企业施工的项目的承包方提供代为履行担保的。

### 2. 担保合同的生效因担保方式不同而有所区别

我国《担保法》规定了五种担保方式，同一担保方式因担保物的不同，其生效条件也不尽相同。在实践中，当事人往往认为签订了担保合同也就设定了担保，而不了解有些担保是需经法定程序才能有效，因而出现担保合同无效或者担保虚设的情况。

(1) 关于保证担保。《担保法》并未对保证合同的生效做明文规定，而是赋予当事人自行约定保证合同的生效条件。当事人一般约定保证合同自各方当事人签字盖章之日起生效，也可以约定其他生效条件，如经司法公证等。

(2) 关于抵押担保。因抵押标的物的不同，生效的条件也不同。如，当事人以土地使用权、城市房地产、林木、航空器、船舶、车辆等财产抵押的，应当办理抵押物登记手续，抵押合同自登记之日起生效。当事人以其他财产抵押的，可以自愿办理抵押登记手续，抵押合同自签订之日起生效。当事人未办理抵押物登记的，不得对抗第三人。由此可以看出，抵押担保方式关于抵押合同生效有两种不同的生效条件。一种是必须履行抵押物登记才生效的抵押担保；另一种是法律授权给抵押合同当事人，由合同当事人决定抵押物是否登记，抵押合同自签订之日生效。

(3) 质押担保。质押担保可分为动产质押与权利质押两种。动产质押合同自质押物移交给质押权人占有时生效。权利质押情况较为复杂，如以汇票、支票、本票、债券、存款单、仓单、提单等作为质物的质押合同，自权利凭证交付之日起生效；以依法可转让的股票作为质物的质押合同，自合同向证券登记机关办理登记之日起生效；以有限责任公司的股份作为质物的质押合同，自股份出质载于规定名册之日起生效；以依法可以转让的商标专用权、专利权、著作权中的财产权出质的质押合同，自管理部门登记之日起生效。

### 3. 注意签订担保合同容易忽视的相关问题

(1) 保证担保容易忽视的问题。①保证方式问题。保证是被普遍运用的担保方式，在采用这种担保方式时必须在合同中明确约定保证的方式，即是一般保证还是连带责任保证。这两种保证方式对担保人所产生的法律责任是不同的，一般保证是指债务履行期届满，债务纠纷已经人民法院审理判决生效或经仲裁机构裁决生效，并由人民法院对债务人的财产执行后，仍然不能清偿债务时，保证人才对未受清偿的债务承担保证责任。也就是说，当债务纠纷未经仲裁机构或人民法院依法裁判或虽经裁判但未经人民法院对债务人的财产实施强制执行时，一般保证的保证人有权对债权人拒绝承担保证责任，这项权利法律上称为先诉抗辩权。承担连带责任保证的保证人则不享有先诉抗辩权。所谓连带责任保证是指当债务履行期届满，债务人没有履行债务时，债权人既可以要求债务人履行债务，也可以要求保证人在其保证范围内履行债务。连带责任保证和一般保证相比较，保证责任更重一些。当事人在订立保证合同时，应当对上述两种保证方式进行选择、明确约定，如果当事人在合同中未对保证方式做出约定或约定不明确的，我国《担保法》规定，按照连带责任承担保证责任。②保证期限问题。在保证合同中还应予以注意的是保证期间的确定。我国《担保法》规定，如果当事人在保证合同中未约定保证期间，保证期间为主债务履行期届满之日起 6 个月。也就是说，当债权人在主债务履行期届满之日起 6 个月内未要求保证人承担保证责任或未对债务人提起诉讼或申请仲裁的，保证人即可免除保证责任。③不能做保证人的问题。保证人资格直接影响到保证合同的效力。因此，依据法律规定哪些人能做保证人，哪些人不能做保证人，签订保证合同的当事人一定要弄清楚，否则就达不到签订保证合同的担保效果。

(2) 抵押担保容易被忽视的问题。抵押担保容易被忽视的问题主要是：第一，抵押的财产。签订抵押合同的当事人要了解我国《担保法》中规定的哪些财产可以抵押，哪些财产不可以抵押。抵押合同当事人约定抵押的财产为法律所认可，是保证抵押合同有效的前提条件。第二，抵押物的保管问题。《担保法》规定，抵押合同不转移财产的占有，抵押物是由抵押人来保管的。这就需要注意抵押物的登记问题。依法应当进行抵押物登记的，当事人必须进行抵押登记。依法自愿登记的，当事人在签订抵押合同时要权衡利弊，决定是否进行抵押物登记。

(3) 质押担保问题。第一，质押物的保管问题。依据《担保法》的规定，用于质押的动产或者权利由质押权人保管。我国《担保法》对能够质押的动产没有限制，但对权利质押做了规定。因此，在签订质押合同时，债权人要注意及时占有用于质押的动产或者权利，确保债权人债权的实现。第二，关于权利质押问题。要注意不同权利质押的生效时间与条件，从而充分发挥权利质押的担保作用。

(4) 关于定金与留置担保问题。关于定金担保，主要应注意定金的数额不能超过合同总标的额的 20%，还要注意定金的罚则作用。关于留置问题，主要注意用于留置的财产只限于动产，且只有因保管合同、仓储合同、运输合同、加工承揽合同发生的债权，债权人才可以实施留置。

## 13.3 建设工程保险合同管理

### 13.3.1 保险合同

#### 1. 保险合同的成立与生效

(1) 保险合同的定义。保险合同是投保人与保险人约定保险权利义务关系的协议。投保人是指与保险人订立保险合同，并按照合同约定负有支付保险费义务的人。保险人是指与投保人订立保险合同，并按照合同约定承担赔偿或者给付保险金责任的保险公司。

(2) 保险合同的成立与生效。①保险合同的成立。订立保险合同，应当协商一致，遵循公平原则确定各方的权利和义务。除法律、行政法规规定必须保险的外，保险合同自愿订立。我国《保险法》第十三条规定，投保人提出保险要求，经保险人同意承保，保险合同成立。保险人应当及时向投保人签发保险单或者其他保险凭证。保险单或者其他保险凭证应当载明当事人双方约定的合同内容。当事人也可以约定采用其他书面形式载明合同内容。依法成立的保险合同自成立时生效。投保人和保险人可以对合同的效力约定附条件或者附期限。订立保险合同，保险人就保险标的或者被保险人的有关情况提出询问的，投保人应当如实告知。投保人故意或者因重大过失未履行如实告知义务，足以影响保险人决定是否同意承保或者提高保险费率的，保险人有权解除合同。合同解除权自保险人知道有解除事由之日起，超过 30 日不行使而消灭。自合同成立之日起超过 2 年的，保险人不得解除合同；发生保险事故的，保险人应当承担赔偿或者给付保险金的责任。投保人故意不履行如实告知义务的，保险人对于合同解除前发生的保险事故不承担赔偿或者给付保险金的责任，并不退还保险费。投保人因重大过失未履行如实告知义务，对保险事故的发生有严重影响的，保险人对于合同解除前发生的保险事故不承担赔偿或者给付保险金的责任，但应当退还保险费。保险人在合同订立时已经知道投保人未如实告知的情况的，保险人不得解除合同；发生保险事故的，保险人应当承担赔偿或者给付保险金的责任。保险事故是指保险合同约定的保险责任范围内的事故。②保险合同的生效。保险合同成立后，投保人按照约定交付保险费，保险人按照约定的时间开始承担保险责任。除《中华人民共和国保险法》(以下简称《保险法》)另有规定或者保险合同另有约定外，保险合同成立后，投保人可以解除合同，保险人不得解除合同。订立保险合同，采用保险人提供的格式条款的，保险人向投保人提供的投保单应当附格式条款，保险人应当向投保人说明合同的内容。对保险合同中免除保险人责任的条款，保险人在订立合同时应当在投保单、保险单或者其他保险凭证上做出足以引起投保人注意的提示，并对该条款的内容以书面或者口头形式向投保人做出明确说明；未做提示或者明确说明的，该条款不产生效力。根据《保险法》第十九条的规定，采用保险人提供的格式条款订立的保险合同中的下列条款无效：免除保险人依法应承担的义务或者加重投保人、被保险人责任的；排除投保人、被保险人或者受益人依法享有的权利的。

### 2. 保险合同的内容

根据《保险法》第十八条的规定，保险合同应当包括下列事项：保险人的名称和住所；投保人、被保险人的姓名或者名称、住所，以及人身保险的受益人的姓名或者名称、住所；保险标的；保险责任和责任免除；保险期间和保险责任开始时间；保险金额；保险费以及支付办法；保险金赔偿或者给付办法；违约责任和争议处理；订立合同的年、月、日。投保人和保险人可以约定与保险有关的其他事项。受益人是指人身保险合同中由被保险人或者投保人指定的享有保险金请求权的人。投保人、被保险人可以为受益人。保险金额是指保险人承担赔偿或者给付保险金责任的最高限额。

### 3. 保险合同当事人的义务

(1) 通知义务。我国《保险法》第二十一条规定，投保人、被保险人或者受益人知道保险事故发生后，应当及时通知保险人。故意或者因重大过失未及时通知，致使保险事故的性质、原因、损失程度等难以确定的，保险人对无法确定的部分不承担赔偿或者给付保险金的责任，但保险人通过其他途径已经及时知道或者应当及时知道保险事故发生的除外。

被保险人是指其财产或者人身受保险合同保障，享有保险金请求权的人，投保人可以为被保险人。受益人是指人身保险合同中由被保险人或者投保人指定的享有保险金请求权的人，投保人、被保险人可以为受益人。

(2) 提供与补充相关证明、资料的义务。保险事故发生后，按照保险合同请求保险人赔偿或者给付保险金时，投保人、被保险人或者受益人应当向保险人提供其所能提供的与确认保险事故的性质、原因、损失程度等有关的证明和资料。保险人按照合同的约定，认为有关的证明和资料不完整的，应当及时一次性通知投保人、被保险人或者受益人补充提供。

(3) 支付保险金义务。保险人收到被保险人或者受益人的赔偿或者给付保险金的请求后，应当及时做出核定；情形复杂的，应当在 30 日内做出核定，但合同另有约定的除外。保险人应当将核定结果通知被保险人或者受益人；对属于保险责任的，在与被保险人或者受益人达成赔偿或者给付保险金的协议后 10 日内，履行赔偿或者给付保险金义务。保险合同对赔偿或者给付保险金的期限有约定的，保险人应当按照约定履行赔偿或者给付保险金义务。

保险人未及时履行上述规定义务的，除支付保险金外，应当赔偿被保险人或者受益人因此受到的损失。任何单位和个人不得非法干预保险人履行赔偿或者给付保险金的义务，也不得限制被保险人或者受益人取得保险金的权利。保险金额是指保险人承担赔偿或者给付保险金责任的最高限额。

### 4. 保险合同的种类

(1) 财产保险合同。①财产保险合同与重复保险。我国《保险法》第十二条规定，财产保险是以财产及其有关利益为保险标的的保险。《保险法》第五十六条对重复保险进行了规定。重复保险是指投保人对同一保险标的、同一保险利益、同一保险事故分别与两个以上保险人订立保险合同，且保险金额总和超过保险价值的保险。重复保险的投保人应当将重复保险的有关情况通知各保险人。重复保险的各保险人赔偿保险金额总和不得超过保险价值。除合同另有约定外，各保险人按照其保险金额与保险金额总和的比例承担赔偿保险金的责任。重复保险的投保人可以就保险金额总和超过保险价值的部分，请求各保险人按比例返还保险费。②保险标的的转让与保险价值的确定。保险标的转让的，保险标的的受让人承继被保险人的权利和义务。保险标的转让的，被保险人或者受让人应当及时通知保险人，但货物运输保险合同和另有约定的合同除外。我国《保险法》第五十五条规定，投保人和保险人约定保险标的的保险价值并在合同中载明的，保险标的发生损失时，以约定的保险价值为赔偿计算标准。投保人和保险人未约定保险标的的保险价值的，保险标的发生损失时，以保险事故发生时保险标的的实际价值为赔偿计算标准。保险金额不得超过保险价值。超过保险价值的，超过部分无效，保险人应当退还相应的保险费。保险金额低于保险价值的，除合同另有约定外，保险人按照保险金额与保险价值的比例承担赔偿保险金的责任。③保险费增加与保险费用降低。我国《保险法》第五十二条规定，在合同有效期内，保险标的的危险程度显著增加的，被保险人应当按照合同约定及时通知保险人，保险人可以按照合同约定增加保险费或者解除合同。保险人解除合同的，应当将已收取的保险费按照合同约定扣除自保险责任开始之日起至合同解除之日止应收的部分后，退还投保人。被保险人未履行前款规定的通知义务的，因保险标的的危险程度显著增加而发生的保险事故，保险人不承担赔偿保险金的责任。《保险法》第五十三条规定了保险费用降低的情况，有下列情形之一的，除合同另有约定外，保险人应当降低保险费，并按日计算退还相应的保险费：据以确定保险费率的有关情况发生变化，保险标的的危险程度明显减少的；保险标的的保险价值明显减少的。④保险合同当事人的义务与责任。第一，安全义务。《保险法》第五十一条规定，被保险人应当遵守国家有关消防、安全、生产操作、劳动保护等方面的规定，维护保险标的的安全。保险人可以按照合同约定对保险标的的安全状况进行检查，及时向投保人、被保险人提出消除不安全因素和安全隐患的书面建议。投保人、被保险人未按照约定履行其对保险标的的安全应尽责任的，保险人有权要求增加保险费或者解除合同。保险人为维护保险标的的安全，经被保险人同意，可以采取安全预防措施。第二，防止与减少损失的责任。《保险法》第五十七条规定，保险事故发生时，被保险人应当尽力采取必要的措施，防止或者减少损失。保险事故发生后，被保险人为防止或者减少保险标的的损失所支付的必要的、合理的费用，由保险人承担；保险人所承担的费用数额在保险标的损失赔偿金额以外另行计算，最高不超过保险金额的数额。⑤保险合同的解除与终止。保险责任开始前，投保人要求解除合同的，应当按照合同约定向保险人支付手续费，保险人应当退还保险费。保险责任开始后，投保人要求解除合同的，保险人应当将已收取的保险费，按照合同约定扣除自保险责任开始之日起至合同解除之日止应收的部分后，退还投保人。但是，货物运输保险合同和运输工具航程保险合同，保险责任开始后，合同当事人不得解除合同。《保险法》第五十八条规定，保险标的发生部分损失的，自保险人赔偿之日起 30 日内，投保人可以解除合同；除合同另有约定外，保险人也可以解除合同，但应当提前 15 日通知投保人。合同解除的，保险人应当将保险标的未受损失部分的保险费，按照合同约定扣除自保险责任开始之日起至合同解除之日止应收的部分后，退还投保人。

保险事故发生后，保险人已支付了全部保险金额，并且保险金额等于保险价值的，受损保险标的的全部权利归于保险人；保险金额低于保险价值的，保险人按照保险金额与保险价值的比例取得受损保险标的的部分权利。⑥代位权的行使与赔偿请求权的放弃。第一，关于代位权的行使。《保险法》第六十条规定，因第三者对保险标的的损害而造成保险事故的，保险人自向被保险人赔偿保险金之日起，在赔偿金额范围内代位行使被保险人对第三者请求赔偿的权利。上述规定的保险事故发生后，被保险人已经从第三者处取得损害赔偿的，保险人赔偿保险金时，可以相应扣减被保险人从第三者处已取得的赔偿金额。保险人依照第六十条第一款规定行使代位请求赔偿的权利，不影响被保险人就未取得赔偿的部分向第三者请求赔偿的权利。第二，关于赔偿请求权的放弃。《保险法》第六十一条规定，保险事故发生后，保险人未赔偿保险金之前，被保险人放弃对第三者请求赔偿的权利的，保险人不承担赔偿保险金的责任。保险人向被保险人赔偿保险金后，被保险人未经保险人同意放弃对第三者请求赔偿的权利的，该行为无效。被保险人故意或者因重大过失致使保险人不能行使代位请求赔偿的权利的，保险人可以扣减或者要求返还相应的保险金。

(2) 人身保险合同。①人身保险合同及其保险利益。《保险法》第十二条规定，人身保险是以人的寿命和身体为保险标的的保险。《保险法》第三十一条规定，投保人对下列人员具有保险利益：本人；配偶、子女、父母；上述以外与投保人有抚养、赡养或者扶养关系的家庭其他成员、近亲属；与投保人有劳动关系的劳动者。除上述规定外，被保险人同意投保人为其订立合同的，视为投保人对被保险人具有保险利益。订立合同时，投保人对被保险人不具有保险利益的，合同无效。②申报年龄不真实的处理。第一，解除合同。投保人申报的被保险人年龄不真实，并且其真实年龄不符合合同约定的年龄限制的，保险人可以解除合同，并按照合同约定退还保险单的现金价值。保险人行使合同解除权，自保险人知道有解除事由之日起，超过 30 日不行使而消灭。自合同成立之日起超过 2 年的，保险人不得解除合同；发生保险事故的，保险人应当承担赔偿或者给付保险金的责任。保险人在合同订立时已经知道投保人未如实告知的情况的，保险人不得解除合同；发生保险事故的，保险人应当承担赔偿或者给付保险金的责任。第二，投保人申报的被保险人年龄不真实，致使投保人支付的保险费少于应付保险费的，保险人有权更正并要求投保人补交保险费，或者在给付保险金时按照实付保险费与应付保险费的比例支付。第三，保险费退还投保人。投保人申报的被保险人年龄不真实，致使投保人支付的保险费多于应付保险费的，保险人应当将多收的保险费退还投保人。③保险费用的支付。投保人可以按照合同约定向保险人一次支付全部保险费或者分期支付保险费。合同约定分期支付保险费，投保人支付首期保险费后，除合同另有约定外，投保人自保险人催告之日起超过 30 日未支付当期保险费，或者超过约定的期限 60 日未支付当期保险费的，合同效力中止，或者由保险人按照合同约定的条件减少保险金额。被保险人在上述规定期限内发生保险事故的，保险人应当按照合同约定给付保险金，但可以扣减欠交的保险费。④死亡保险合同的订立与转让。第一，死亡保险的禁止。《保险法》第三十三条规定，投保人不得为无民事行为能力人投保以死亡为给付保险金条件的人身保险，保险人也不得承保。父母为其未成年子女投保的人身保险，不受此规定限制，但是死亡给付保险金额总和不得超过保险监督管理机构规定的限额。第二，死亡保险合同的订立与转让。以死亡为给付保险金条件的合同，未经被保险人书面同意并认可保险金额的，合同无效。父母为其未成年子女投保的人身保险，不受此规定限制。依照以死亡为给付保险金条件的合同所签发的保险单，未经被保险人书面同意，不得转让或者质押。⑤受益人的确定与变更、受益顺序及份额、受益权的丧失。第一，受益人的确定与变更。人身保险的受益人由被保险人或者投保人指定。投保人指定受益人时须经被保险人同意。投保人为与其有劳动关系的劳动者投保人身保险，不得指定被保险人及其近亲属以外的人为受益人。被保险人为无民事行为能力人或者限制民事行为能力人的，可以由其监护人指定受益人。被保险人或者投保人可以变更受益人并书面通知保险人。保险人收到变更受益人的书面通知后，应当在保险单或者其他保险凭证上批注或者附贴批单。投保人变更受益人时须经被保险人同意。第二，受益顺序及份额。被保险人或者投保人可以指定一人或者数人为受益人。受益人为数人的，被保险人或者投保人可以确定受益顺序和受益份额；未确定受益份额的，受益人按照相等份额享有受益权。第三，受益权的丧失。投保人故意造成被保险人死亡、伤残或者疾病的，保险人不承担给付保险金的责任。投保人已交足 2 年以上保险费的，保险人应当按照合同约定向其他权利人退还保险单的现金价值。受益人故意造成被保险人死亡、伤残、疾病的，或者故意杀害被保险人未遂的，该受益人丧失受益权。

## 13.3.2　建设工程保险合同

### 1. 建设工程保险的概念和特点

1)　工程保险的概念

工程保险是指在工程项目建设的整个过程中，投保人根据合同约定，向保险人支付保险费，保险人对于合同约定的可能发生的事故因其发生所造成的财产损失承担赔偿保险责任，或者被保险人死亡、伤残、疾病的商业保险行为。工程保险主要是对各类民用、工业用和公共事业用的建设工程项目，包括道路、水坝、桥梁等在建筑安装过程中因自然灾害或人为因素而引起的免责事项外的一切意外损失给予赔偿的一种保险。

2)　工程保险的特点

(1)　为转移不可预见的不确定风险而经保险人与投保人合意，确立保险合同。保险作为一种转移风险的制度，是由保险人与投保人经协商一致后签订保险合同加以确立的，主要是为转移难以预料或难以控制，但又可能发生，且会给人们的生产、生活造成损失的不确定风险而设立的。

(2)　保险合同存在的独立性。只要有不确定的风险存在的可能，就有保险存在的可能，保险合同不受保险人和投保人之间其他合同关系的影响而独立存在。

(3)　保险发生与否的不确定性。保险合同成立之时，投保人缴纳保费换取的只是保险人的承诺，是否实际赔偿或给付，要以约定的保险事故或赔付情况是否发生而定。

(4)　金钱偿付性。根据被保标的不同，保险可以分为财产保险和人身保险。两者均以金钱形式偿付。

(5)　保险的不可追偿性。一旦保险人按保险合同的约定，因保险事实或赔付事由的发生而支付了保险赔偿金，则其不可以向投保人追偿。

### 2. 工程保险的种类

建筑工程涉及的险种较多，主要包括：建筑工程一切险(及第三者责任险)、安装工程一切险(及第三者责任险)、机器损坏险、人身意外伤害险、货物运输险等。狭义的建筑工程保险一般指建筑工程一切险(及第三者责任险)和安装工程一切险(及第三者责任险)。

1)　建筑工程一切险(及第三者责任险)。

(1)　建筑工程一切险的概念。建筑工程一切险是承保各类民用、工业用和公用事业建筑项目，包括道路、桥梁、水坝、港口等，在建造过程中因自然灾害或者意外事故而引起的一切损失的险种。建设工程一切险往往还加保第三者责任险。第三者责任险是指凡在工程期间的保险有效期内因在工地上发生意外事故造成在工地及邻近地区的第三者人身伤亡或者财产损失，依法应由被保险人承担的经济赔偿责任。包括：在保险期内，因发生与所保工程直接相关的意外事故引起工地内及邻近区域的第三者人身伤亡、疾病或者财产损失；被保险人因上述原因而支付的诉讼费以及事先经保险人书面同意而支付的其他费用。

(2)　建筑工程一切险的投保人与被保险人。我国《建设工程施工合同(示范文本)》规定，工程保险，除专用合同条款另有约定外，发包人应投保建筑工程一切险或安装工程一切险；发包人委托承包人投保的，因投保产生的保险费和其他相关费用由发包人承担。FIDIC《土木施工合同条件》要求，承包人以承包人和业主的共同名义对工程及其材料、配套设备装置投保保险。建筑工程一切险的被保险人包括所有在工程进行期间对该工程承担一定风险的有关各方。被保险人具体包括：业主和工程所有人；承包人或者分包人；技术顾问，包括业主聘用的建筑师、工程师及其他专业顾问。

(3) 责任范围与除外责任。

责任范围。保险人对下列原因造成的损失和费用负责赔偿：第一，自然事件，指地震、海啸、雷电、飓风、台风、龙卷风、风暴、洪水、水灾、冻灾、冰雹、地崩、山崩、雪崩、火山爆发、地面下陷下沉以及其他人力不可抗拒的破坏力强大的自然现象。第二，意外事故，指不可预料的以及被保险人无法控制并造成物质损失或者人身伤亡的突发事件，包括火灾和爆炸。

除外责任。保险人对下列原因造成的损失不负赔偿责任：第一，设计错误引起的损失和费用。第二，自然磨损、内在或者潜在缺陷、物质本身变化、自燃、自热、氧化、锈蚀、渗漏、鼠咬、虫蛀、大气变化、正常水位变化或其他渐变原因造成的保险财产自身的损失和费用。第三，因原材料缺陷或工艺不完善引起的保险财产本身的损失以及为置换、修理或矫正这些错误所支付的费用。第四，非外力引起的机械或电气装置的本身损失，或施工用机具、设备、机械装置失灵造成的本身损失。第五，维修保养或正常检修的费用。第六，档案、文件、账簿、票据、现金、各种有价证券、图表资料及包装物料的损失。第七，盘点时发现的短缺。第八，领有公共运输行驶执照的，或已由其他保险予以保障的车辆、船舶和飞机的损失。第九，除非另有约定，在保险工程开始以前已经存在或形成的位于工地范围内或其周围的属于被保险人的财产损失。第十，除非另有约定，在本保险单保险期限终止以前，保险财产中已由工程所有人签发完竣工验收证书或验收合格或实际占有或使用接受的部分。

(4) 赔偿金额。保险人对每次事故引起的赔偿金额以法院或政府有关部门根据现行法律裁定的应由被保险人偿付的金额为准，但在任何情况下，均不得超过保险单明细表中对应列明的每次事故赔偿限额。在保险期内，保险人经济赔偿的是最高赔偿责任不得超过本保险单明细表中列明的累计赔偿限额。

(5) 保险期限。建筑工程一切险的保险责任自工程在工地动工或用于保险工程的材料、设备运抵工地之时起始，至工程所有人对部分或全部工程签发完工程验收证书或者验收合格，或工程所有人实际占用、使用或者接受该部分或全部工程之日时终止，以先发生者为准。但在任何情况下保险人承担损害赔偿义务的期限不超过保险单明细表中列明的建筑期保险终止日。

2) 安装工程一切险(及第三者责任险)

(1) 安装工程一切险及第三者责任险的概念。

安装工程一切险是承保安装机器、设备、储油罐、钢结构工程、起重机、吊车以及包含机械工程因素的各种建造工程的险种。安装工程一切险往往加保第三者责任险。安装工程一切险的第三者责任负责被保险人在保险期内因发生意外事故，造成在工地及邻近地区的第三者人身伤亡、疾病或财产损失，依法应由被保险人赔偿的经济损失，以及因此而支付的诉讼费用和经保险人书面同意支付的其他费用。

(2) 安装工程一切险的责任范围。

损失费用的赔偿范围与保险期限。保险人对下列原因造成的损失和费用负责赔偿。

第一，自然灾害，指地震、海啸、雷电、飓风、台风、龙卷风、风暴、暴雨、洪水、水灾、冻灾、冰雹、地崩、山崩、雪崩、火山爆发、地面下陷下沉以及其他人力不可抗拒的破坏力强大的自然现象。

第二，意外事故，指不可预料的以及被保险人无法控制并造成物质损失或者人身伤亡的突发事件，包括火灾和爆炸。

安装工程一切险通常应以整个工期为保险期限。一般是从被保险项目被卸至施工地点时起生效到工程预计竣工验收交付使用之日止。如验收完毕先于保险单列明的终止日，则验收完毕时保险期随之终止。

除外责任。保险人对下列原因造成的损失不负赔偿责任。

第一，设计错误、铸造或原材料缺陷或者工艺不完善引起的保险财产本身的损失以及为置换、修理或矫正这些错误所支付的费用。

第二，由于超负荷、超电压、碰线、电弧、漏电、短路、大气放电及其他电气原因造成电气用具本身的损失。

第三，施工用机具、设备、机械装置失灵造成的本身损失。

第四，自然磨损、内在或者潜在缺陷、物质本身变化、自燃、自热、氧化、锈蚀、渗漏、鼠咬、虫蛀、大气变化、正常水位变化或其他渐变原因造成的保险财产自身的损失和费用。

第五，维修保养或正常检修的费用。

第六，档案、文件、账簿、票据、现金、各种有价证券、图表资料及包装物料的损失。

第七，盘点时发现的短缺。

第八，领有公共运输行驶执照的，或已由其他保险予以保障的车辆、船舶和飞机的损失。

第九，除非另有约定，在保险工程开始以前已经存在或形成的位于工地范围内或其周围的属于被保险人的财产的损失。

第十，除非另有约定，在本保险期限终止以前，保险财产中已由工程所有人签发完竣工验收证书或验收合格或实际占有或使用接受的部分。

## 13.3.3　保险合同的管理

### 1. 投保决策

投保决策主要体现在两个方面：一是是否投保；二是怎样选择保险人。建筑工程的风险可以自留，也可以转移。是否投保需要考虑的因素有：期望损失与风险概率、机会成本、费用等。若期望损失与风险概率较高，则应尽量转移风险，避免风险自留。决定了风险转移后，还要决定是采用保险风险转移还是采用非保险风险转移。非保险风险转移是指通过各种合同将本应由自己承担的风险转移给他人，如设备租赁。

### 2. 及时办理保险手续

保险合同的订立一般需经过投保人提出投保要求、保险人做出同意承保的意思表示两个基本步骤。而在实践中，保险合同通常是以保单的书面形式订立的。由于保单通常为格式合同，所以订立时必须仔细审查保单中的内容。如需修改，可在固定保单外增加补充条款或删除有关保单条款。如果投保人并不了解保单的内容就签订了该保单，事后投保人就很难否认该保险合同的成立。在申办工程保险时，应当注意以下事项：第一，在合同中明确各方风险责任的划分和物权的转移，明确投保工程险的责任人及费用承担、险别等。第二，在工程项目的成本计划中列入保险费的开支。第三，熟悉合同或保单中的承保责任范围、除外责任、保险有效期、保险金额等约定内容，以利于一旦发生理赔事件，能够及时依约索赔。

### 3. 保险索赔

所谓保险索赔，是指在保险合同有效期间发生的建设工程项目，由于保险合同中列明的保险事故而给建设工程带来损失时，投保人要求保险公司根据保险合同的条款给予赔偿或给予偿付保险金的行为。在事故发生后，立即向保险人提交理赔通知，便于保险人及时调查保险事故，或采取有效地防止风险扩大的措施。

进行索赔要做好以下几方面工作：第一，工程投保人必须提供必要的作为索赔依据的有效证明。索赔的证据包括保单、建设工程合同、事故照片、鉴定报告、保单中规定的证明文件。第二，投保人应及时提出保险索赔请求。第三，要计算损失的大小。如果保险单上载明的保险财产全部损失或者虽未全部损失、灭失，但其损坏的程度已经达到无法修理，或者修理费用将超过赔偿金额，都应当按照全损进行索赔。如果是部分财产损失，则应当按照部分损失进行索赔。如果一个建设项目同时由几家保险公司承保，则只能按照约定的比例分别向不同的保险公司提出索赔要求。

## 复习思考题

1. 试析签订合同与履行合同可能带来的风险。
2. 试析建设工程合同自身的特点与履行环境带来的风险。
3. 风险如何控制与转移？
4. 什么是担保？担保有哪些法律特征？
5. 担保方式有哪些？
6. 什么是保证？保证的方式有哪几种？
7. 哪些组织不能作保证人？
8. 保证合同的内容有哪些？
9. 什么是抵押？哪些财产可以抵押？
10. 依法不能抵押的财产有哪些？
11. 什么是质押？质押有哪几种形式？
12. 工程担保合同的风险管理应注意的问题有哪些？
13. 工程保险的含义是什么？有什么特点？

14. 工程保险的种类有哪些？

15. 如何对保险合同进行管理？

# 案 例 分 析

## 案例一

甲市钢材公司与本市中国工商银行签订合同。合同规定，由工商银行向钢材公司提供150 万元贷款，借款期限为 3 年，贷款到期时，钢材公司还清借款，另付利息 30 万元。合同签订后，银行经调查，发现钢材公司经营不善，便提出终止合同。经某市某物资总公司出面说情，达成一致意见，原合同继续有效。另外，三方签订补充协议，物资公司签署保证，保证钢材公司到期将全部贷款及利息还给工商银行，并对资金使用进行监督。还款期限届至，工商银行前来催款，钢材公司只返还 100 万元，并请求工商银行允许余额 50 万元及利息 30 万元于两个月后返还。工商银行考虑到钢材公司的实际困难和与物资公司的长期良好关系，同意了钢材公司的请求，并签署了协议，但此事并未通知物资公司，到应还款之日，银行发现钢材公司账户资金所剩无几。此时，银行向人民法院起诉，要求物资公司与钢材公司负连带责任，偿还 50 万元及利息 30 万元。

**问题：** 物资公司还应承担担保连带责任吗？本案应由谁承担责任？

## 案例二

飞达汽车制造厂因急需钢材，于 2010 年 7 月与富乐金属材料公司签订一份钢材购销合同，约定由富乐公司将该公司三种型号的钢材供应给飞达汽车制造厂。合同签订后，富乐公司按期将货送至汽车制造厂。该厂经验收合格后，支付了全部货款。时隔几日，远东机械加工厂派代表到飞达汽车制造厂，称富乐公司提供给该厂的三种型号钢材中的两种型号货物系抵押物，机械加工厂是这两种型号钢材的抵押权人，该厂代表出示了两种型号钢材的抵押资料和经公证的抵押合同书。汽车厂不愿交出这批钢材，机械厂坚持要运走这批货物，经多次协商，双方意见未能统一。飞达汽车制造厂便提起诉讼，将富乐金属材料公司起诉到法院。法院经审理确认这两种型号的钢材的抵押权属于远东机械加工厂，判决富乐金属材料公司向飞达汽车制造厂承担权利瑕疵担保责任。

**问题：** 人民法院的判决符合法律规定吗？为什么？

# 附　录

## 附录 1　中华人民共和国招标投标法

(1999 年 8 月 30 日第九届全国人民代表大会常务委员会第十一次会议通过、自 2000 年 1 月 1 日起施行)

### 第一章　总　则

**第一条**　为了规范招标投标活动，保护国家利益、社会公共利益和招标投标活动当事人的合法权益，提高经济效益，保证项目质量，制定本法。

**第二条**　在中华人民共和国境内进行招标投标活动，适用本法。

**第三条**　在中华人民共和国境内进行下列工程建设项目包括项目的勘察、设计、施工、监理以及与工程建设有关的重要设备、材料等的采购，必须进行招标。

(一)大型基础设施、公用事业等关系社会公共利益、公众安全的项目；

(二)全部或者部分使用国有资金投资或者国家融资的项目；

(三)使用国际组织或者外国政府贷款、援助资金的项目。

前款所列项目的具体范围和规模标准，由国务院发展计划部门会同国务院有关部门制定，报国务院批准。

法律或者国务院对必须进行招标的其他项目的范围有规定的，依照其规定。

**第四条**　任何单位和个人不得将依法必须进行招标的项目化整为零或者以其他任何方式规避招标。

**第五条**　招标投标活动应当遵循公开、公平、公正和诚实信用的原则。

**第六条**　依法必须进行招标的项目，其招标投标活动不受地区或者部门的限制。任何单位和个人不得违法限制或者排斥本地区、本系统以外的法人或者其他组织参加投标，不得以任何方式非法干涉招标投标活动。

**第七条**　招标投标活动及其当事人应当接受依法实施的监督。

有关行政监督部门依法对招标投标活动实施监督，依法查处招标投标活动中的违法行为。

对招标投标活动的行政监督及有关部门的具体职权划分，由国务院规定。

## 第二章　招　　标

**第八条**　招标人是依照本法规定提出招标项目、进行招标的法人或者其他组织。

**第九条**　招标项目按照国家有关规定需要履行项目审批手续的，应当先履行审批手续，取得批准。

招标人应当有进行招标项目的相应资金或者资金来源已经落实，并应当在招标文件中如实载明。

**第十条**　招标分为公开招标和邀请招标。

公开招标，是指招标人以招标公告的方式邀请不特定的法人或者其他组织投标。

邀请招标，是指招标人以投标邀请书的方式邀请特定的法人或者其他组织投标。

**第十一条**　国务院发展计划部门确定的国家重点项目和省、自治区、直辖市人民政府确定的地方重点项目不适宜公开招标的，经国务院发展计划部门或省、自治区、直辖市人民政府批准，可以进行邀请招标。

**第十二条**　招标人有权自行选择招标代理机构，委托其办理招标事宜。任何单位和个人不得以任何方式为招标人指定招标代理机构。

招标人具有编制招标文件和组织评标能力的，可以自行办理招标事宜。任何单位和个人不得强制其委托招标代理机构办理招标事宜。

**第十三条**　招标代理机构是依法设立、从事招标代理业务并提供相关服务的社会中介组织。

招标代理机构应当具备下列条件。

(一)有从事招标代理业务的营业场所和相应资金；

(二)有能够编制招标文件和组织评标的相应专业力量；

(三)有符合本法第三十七条第三款规定条件、可以作为评标委员会成员人选的技术、经济等方面的专家库。

**第十四条**　从事工程建设项目招标代理业务的招标代理机构，其资格由国务院或者省、自治区、直辖市人民政府的建设行政主管部门认定。具体办法由国务院建设行政主管部门会同国务院有关部门制定。从事其他招标代理业务的招标代理机构，其资格认定的主管部门由国务院规定。

招标代理机构与行政机关和其他国家机关不得存在隶属关系或者其他利益关系。

**第十五条**　招标代理机构应当在招标人委托的范围内办理招标事宜，并遵守本法关于招标人的规定。

**第十六条**　招标人采用公开招标方式的，应当发布招标公告。依法必须进行招标的项目的招标公告，应当通过国家指定的报刊、信息网络或者其他媒介发布。

招标公告应当载明招标人的名称和地址、招标项目的性质、数量、实施地点和时间以及获取招标文件的办法等事项。

**第十七条**　招标人采用邀请招标方式的，应当向三个以上具备承担招标项目的能力、资信良好的特定的法人或者其他组织发出投标邀请书。

投标邀请书应当载明本法第十六条第二款规定的事项。

**第十八条**　招标人可以根据招标项目本身的要求，在招标公告或者投标邀请书中，要求潜在投标人提供有关资质证明文件和业绩情况，并对潜在投标人进行资格审查；国家对投标人的资格条件有规定的，依照其规定。

招标人不得以不合理的条件限制或者排斥潜在投标人，不得对潜在投标人实行歧视待遇。

**第十九条** 招标人应当根据招标项目的特点和需要编制招标文件。招标文件应当包括招标项目的技术要求、对投标人资格审查的标准、投标报价要求和评标标准等所有实质性要求和条件以及拟签订合同的主要条款。

国家对招标项目的技术、标准有规定的，招标人应当按照其规定在招标文件中提出相应要求。

招标项目需要划分标段、确定工期的，招标人应当合理划分标段、确定工期，并在招标文件中载明。

**第二十条** 招标文件不得要求或者标明特定的生产供应者以及含有倾向或者排斥潜在投标人的其他内容。

**第二十一条** 招标人根据招标项目的具体情况，可以组织潜在投标人踏勘项目现场。

**第二十二条** 招标人不得向他人透露已获取招标文件的潜在投标人的名称、数量以及可能影响公平竞争的有关招标投标的其他情况。

招标人设有标底的，标底必须保密。

**第二十三条** 招标人对已发出的招标文件进行必要的澄清或者修改的，应当在招标文件要求提交投标文件截止时间至少十五日前，以书面形式通知所有招标文件收受人。该澄清或者修改的内容为招标文件的组成部分。

**第二十四条** 招标人应当确定投标人编制投标文件所需要的合理时间；但是，依法必须进行招标的项目，自招标文件开始发出之日起至投标人提交投标文件截止之日止，最短不得少于二十日。

## 第三章 投 标

**第二十五条** 投标人是响应招标、参加投标竞争的法人或者其他组织。

依法招标的科研项目允许个人参加投标的，投标的个人适用本法有关投标人的规定。

**第二十六条** 投标人应当具备承担招标项目的能力；国家有关规定对投标人资格条件或者招标文件对投标人资格条件有规定的，投标人应当具备规定的资格条件。

**第二十七条** 投标人应当按照招标文件的要求编制投标文件。投标文件应当对招标文件提出的实质性要求和条件做出响应。

招标项目属于建设施工的，投标文件的内容应当包括拟派出的项目负责人与主要技术人员的简历、业绩和拟用于完成招标项目的机械设备等。

**第二十八条** 投标人应当在招标文件要求提交投标文件的截止时间前，将投标文件送达投标地点。招标人收到投标文件后，应当签收保存，不得开启。投标人少于三个的，招标人应当依照本法重新招标。

在招标文件要求提交投标文件的截止时间后送达的投标文件，招标人应当拒收。

**第二十九条** 投标人在招标文件要求提交投标文件的截止时间前，可以补充、修改或者撤回已提交的投标文件，并书面通知招标人。补充、修改的内容为投标文件的组成部分。

**第三十条**　投标人根据招标文件载明的项目实际情况，拟在中标后将中标项目的部分非主体、非关键性工作进行分包的，应当在投标文件中载明。

**第三十一条**　两个以上法人或者其他组织可以组成一个联合体，以一个投标人的身份共同投标。

联合体各方均应当具备承担招标项目的相应能力；国家有关规定或者招标文件对投标人资格条件有规定的，联合体各方均应当具备规定的相应资格条件。由同一专业的单位组成的联合体，按照资质等级较低的单位确定资质等级。

联合体各方应当签订共同投标协议，明确约定各方拟承担的工作和责任，并将共同投标协议连同投标文件一并提交招标人。联合体中标的，联合体各方应当共同与招标人签订合同，就中标项目向招标人承担连带责任。

招标人不得强制投标人组成联合体共同投标，不得限制投标人之间的竞争。

**第三十二条**　投标人不得相互串通投标报价，不得排挤其他投标人的公平竞争，损害招标人或者其他投标人的合法权益。

投标人不得与招标人串通投标，损害国家利益、社会公共利益或者他人的合法权益。

禁止投标人以向招标人或者评标委员会成员行贿的手段谋取中标。

**第三十三条**　投标人不得以低于成本的报价竞标，也不得以他人名义投标或者以其他方式弄虚作假，骗取中标。

## 第四章　开标、评标和中标

**第三十四条**　开标应当在招标文件确定的提交投标文件截止时间的同一时间公开进行；开标地点应当为招标文件中预先确定的地点。

**第三十五条**　开标由招标人主持，邀请所有投标人参加。

**第三十六条**　开标时，由投标人或者其推选的代表检查投标文件的密封情况，也可以由招标人委托的公证机构检查并公证；经确认无误后，由工作人员当众拆封，宣读投标人名称、投标价格和投标文件的其他主要内容。

招标人在招标文件要求提交投标文件的截止时间前收到的所有投标文件，开标时都应当当众予以拆封、宣读。

开标过程应当记录，并存档备查。

**第三十七条**　评标由招标人依法组建的评标委员会负责。

依法必须进行招标的项目，其评标委员会由招标人的代表和有关技术、经济等方面的专家组成，成员人数为五人以上单数，其中技术、经济等方面的专家不得少于成员总数的三分之二。

前款专家应当从事相关领域工作满八年并具有高级职称或者具有同等专业水平，由招标人从国务院有关部门或者省、自治区、直辖市人民政府有关部门提供的专家名册或者招标代理机构的专家库内的相关专业的专家名单中确定；一般招标项目可以采取随机抽取方式，特殊招标项目可以由招标人直接确定。

与投标人有利害关系的人不得进入相关项目的评标委员会；已经进入的应当更换。评标委员会成员的名单在中标结果确定前应当保密。

**第三十八条**　招标人应当采取必要的措施，保证评标在严格保密的情况下进行。任何单位和个人不得非法干预、影响评标的过程和结果。

**第三十九条**　评标委员会可以要求投标人对投标文件中含义不明确的内容做必要的澄清或者说明，但是澄清或者说明不得超出投标文件的范围或者改变投标文件的实质性内容。

**第四十条**　评标委员会应当按照招标文件确定的评标标准和方法，对投标文件进行评审和比较；设有标底的，应当参考标底。评标委员会完成评标后，应当向招标人提出书面评标报告，并推荐合格的中标候选人。

招标人根据评标委员会提出的书面评标报告和推荐的中标候选人确定中标人。招标人也可以授权评标委员会直接确定中标人。国务院对特定招标项目的评标有特别规定的，从其规定。

**第四十一条**　中标人的投标应当符合下列条件之一。

(一)能够最大限度地满足招标文件中规定的各项综合评价标准；

(二)能够满足招标文件的实质性要求，并且经评审的投标价格最低；但是投标价格低于成本的除外。

**第四十二条**　评标委员会经评审，认为所有投标都不符合招标文件要求的，可以否决所有投标。

依法必须进行招标的项目的所有投标被否决的，招标人应当依照本法重新招标。

**第四十三条**　在确定中标人前，招标人不得与投标人就投标价格、投标方案等实质性内容进行谈判。

**第四十四条**　评标委员会成员应当客观、公正地履行职务，遵守职业道德，对所提出的评审意见承担个人责任。

评标委员会成员不得私下接触投标人，不得收受投标人的财物或者其他好处。

评标委员会成员和参与评标的有关工作人员不得透露对投标文件的评审和比较、中标候选人的推荐情况以及与评标有关的其他情况。

**第四十五条**　中标人确定后，招标人应当向中标人发出中标通知书，并同时将中标结果通知所有未中标的投标人。

中标通知书对招标人和中标人具有法律效力。中标通知书发出后，招标人改变中标结果的，或者中标人放弃中标项目的，应当依法承担法律责任。

**第四十六条**　招标人和中标人应当自中标通知书发出之日起三十日内，按照招标文件和中标人的投标文件订立书面合同。招标人和中标人不得再行订立背离合同实质性内容的其他协议。

招标文件要求中标人提交履约保证金的，中标人应当提交。

**第四十七条**　依法必须进行招标的项目，招标人应当自确定中标人之日起十五日内，向有关行政监督部门提交招标投标情况的书面报告。

**第四十八条**　中标人应当按照合同约定履行义务，完成中标项目。中标人不得向他人转让中标项目，也不得将中标项目肢解后分别向他人转让。

中标人按照合同约定或者经招标人同意，可以将中标项目的部分非主体、非关键性工作分包给他人完成。接受分包的人应当具备相应的资格条件，并不得再次分包。

中标人应当就分包项目向招标人负责，接受分包的人就分包项目承担连带责任。

## 第五章 法 律 责 任

**第四十九条** 违反本法规定，必须进行招标的项目而不招标的，将必须进行招标的项目化整为零，或者以其他任何方式规避招标的，责令限期改正，可以处项目合同金额千分之五以上千分之十以下的罚款；对全部或者部分使用国有资金的项目，可以暂停项目执行或者暂停资金拨付，对单位直接负责的主管人员和其他直接责任人员依法给予处分。

**第五十条** 招标代理机构违反本法规定，泄露应当保密的与招标投标活动有关的情况和资料的，或者与招标人、投标人串通损害国家利益、社会公共利益或者他人合法权益的，处五万元以上二十五万元以下的罚款，对单位直接负责的主管人员和其他直接责任人员处单位罚款数额百分之五以上百分之十以下的罚款；有违法所得的，并处没收违法所得；情节严重的，暂停直至取消招标代理资格；构成犯罪的，依法追究刑事责任。给他人造成损失的，依法承担赔偿责任。

前款所列行为影响中标结果的，中标无效。

**第五十一条** 招标人以不合理的条件限制或者排斥潜在投标人的，对潜在投标人实行歧视待遇的，强制要求投标人组成联合体共同投标的，或者限制投标人之间竞争的，责令改正，可以处一万元以上五万元以下的罚款。

**第五十二条** 依法必须进行招标的项目的招标人向他人透露已获取招标文件的潜在投标人的名称、数量或者可能影响公平竞争的有关招标投标的其他情况的，或者泄露标底的，给予警告，可以并处一万元以上十万元以下的罚款；对单位直接负责的主管人员和其他直接责任人员依法给予处分；构成犯罪的，依法追究刑事责任。

前款所列行为影响中标结果的，中标无效。

**第五十三条** 投标人相互串通投标，或者与招标人串通投标的，投标人以向招标人或者评标委员会成员行贿的手段谋取中标的，中标无效，处中标项目金额千分之五以上千分之十以下的罚款，对单位直接负责的主管人员和其他直接责任人员处单位罚款数额百分之五以上百分之十以下的罚款；有违法所得的，并处没收违法所得；情节严重的，取消其一年至二年内参加依法必须进行招标的项目的投标资格并予以公告，直至由工商行政管理机关吊销营业执照；构成犯罪的，依法追究刑事责任。给他人造成损失的，依法承担赔偿责任。

**第五十四条** 投标人以他人名义投标或者以其他方式弄虚作假，骗取中标的，中标无效，给招标人造成损失的，依法承担赔偿责任；构成犯罪的，依法追究刑事责任。

依法必须进行招标的项目的投标人有前款所列行为尚未构成犯罪的，处中标项目金额千分之五以上千分之十以下的罚款，对单位直接负责的主管人员和其他直接责任人员处单位罚款数额百分之五以上百分之十以下的罚款；有违法所得的，并处没收违法所得；情节严重的，取消其一年至三年内参加依法必须进行招标的项目的投标资格并予以公告，直至由工商行政管理机关吊销营业执照。

**第五十五条** 依法必须进行招标的项目，招标人违反本法规定，与投标人就投标价格、投标方案等实质性内容进行谈判的，给予警告，对单位直接负责的主管人员和其他直接责任人员依法给予处分。

前款所列行为影响中标结果的，中标无效。

**第五十六条** 评标委员会成员收受投标人的财物或者其他好处的，评标委员会成员或者参加评标的有关工作人员向他人透露对投标文件的评审和比较、中标候选人的推荐以及与评标有关的其他情况的，给予警告，没收收受的财物，可以并处三千元以上五万元以下的罚款，对有所列违法行为的评标委员会成员取消担任评标委员会成员的资格，不得再参加任何依法必须进行招标的项目的评标；构成犯罪的，依法追究刑事责任。

**第五十七条** 招标人在评标委员会依法推荐的中标候选人以外确定中标人的，依法必须进行招标的项目在所有投标被评标委员会否决后自行确定中标人的，中标无效，责令改正，可以处中标项目金额千分之五以上千分之十以下的罚款；对单位直接负责的主管人员和其他直接责任人员依法给予处分。

**第五十八条** 中标人将中标项目转让给他人的，将中标项目肢解后分别转让给他人的，违反本法规定将中标项目的部分主体、关键性工作分包给他人的，或者分包人再次分包的，转让、分包无效，处转让、分包项目金额千分之五以上千分之十以下的罚款；有违法所得的，并处没收违法所得；可以责令停业整顿；情节严重的，由工商行政管理机关吊销营业执照。

**第五十九条** 招标人与中标人不按照招标文件和中标人的投标文件订立合同的，或者招标人、中标人订立背离合同实质性内容的协议的，责令改正；可以处中标项目金额千分之五以上千分之十以下的罚款。

**第六十条** 中标人不履行与招标人订立的合同的，履约保证金不予退还，给招标人造成的损失超过履约保证金数额的，还应当对超过部分予以赔偿；没有提交履约保证金的，应当对招标人的损失承担赔偿责任。

中标人不按照与招标人订立的合同履行义务，情节严重的，取消其二年至五年内参加依法必须进行招标的项目的投标资格并予以公告，直至由工商行政管理机关吊销营业执照。

因不可抗力不能履行合同的，不适用前两款规定。

**第六十一条** 本章规定的行政处罚，由国务院规定的有关行政监督部门决定。本法已对实施行政处罚的机关做出规定的除外。

**第六十二条** 任何单位违反本法规定，限制或者排斥本地区、本系统以外的法人或者其他组织参加投标的，为招标人指定招标代理机构的，强制招标人委托招标代理机构办理招标事宜的，或者以其他方式干涉招标投标活动的，责令改正；对单位直接负责的主管人员和其他直接责任人员依法给予警告、记过、记大过的处分，情节较重的，依法给予降级、撤职、开除的处分。

个人利用职权进行前款违法行为的，依照前款规定追究责任。

**第六十三条** 对招标投标活动依法负有行政监督职责的国家机关工作人员徇私舞弊、滥用职权或者玩忽职守，构成犯罪的，依法追究刑事责任；不构成犯罪的，依法给予行政处分。

**第六十四条** 依法必须进行招标的项目违反本法规定，中标无效的，应当依照本法规定的中标条件从其余投标人中重新确定中标人或者依照本法重新进行招标。

## 第六章　附　　则

**第六十五条** 投标人和其他利害关系人认为招标投标活动不符合本法有关规定的，有

权向招标人提出异议或者依法向有关行政监督部门投诉。

**第六十六条** 涉及国家安全、国家秘密、抢险救灾或者属于利用扶贫资金实行以工代赈、需要使用农民工等特殊情况，不适宜进行招标的项目，按照国家有关规定可以不进行招标。

**第六十七条** 使用国际组织或者外国政府贷款、援助资金的项目进行招标，贷款方、资金提供方对招标投标的具体条件和程序有不同规定的，可以适用其规定，但违背中华人民共和国的社会公共利益的除外。

**第六十八条** 本法自 2000 年 1 月 1 日起施行。

# 附录 2 中华人民共和国合同法

(1999 年 3 月 15 日第九届全国人民代表大会第二次会议通过)

**总　　则**

第一章　一般规定

第二章　合同的订立

第三章　合同的效力

第四章　合同的履行

第五章　合同的变更和转让

第六章　合同的权利义务终止

第七章　违约责任

第八章　其他规定

**分　　则**

第九章　买卖合同

第十章　供用电、水、气、热力合同

第十一章　赠予合同

第十二章　借款合同

第十三章　租赁合同

第十四章　融资租赁合同

第十五章　承揽合同

第十六章　建设工程合同

第十七章　运输合同

第十八章　技术合同

第十九章　保管合同

第二十章　仓储合同

第二十一章　委托合同

第二十二章　行纪合同

第二十三章　居间合同

**附　　则**

# 总　　则

## 第一章　一 般 规 定

**第一条**　为了保护合同当事人的合法权益，维护社会经济秩序，促进社会主义现代化建设，制定本法。

**第二条**　本法所称合同是平等主体的自然人、法人、其他组织之间设立、变更、终止民事权利义务关系的协议。

婚姻、收养、监护等有关身份关系的协议，适用其他法律的规定。

**第三条**　合同当事人的法律地位平等，一方不得将自己的意志强加给另一方。

**第四条**　当事人依法享有自愿订立合同的权利，任何单位和个人不得非法干预。

**第五条**　当事人应当遵循公平原则确定各方的权利和义务。

**第六条**　当事人行使权利、履行义务应当遵循诚实信用原则。

**第七条**　当事人订立、履行合同，应当遵守法律、行政法规，尊重社会公德，不得扰乱社会经济秩序，损害社会公共利益。

**第八条**　依法成立的合同，对当事人具有法律约束力。当事人应当按照约定履行自己的义务，不得擅自变更或者解除合同。

依法成立的合同，受法律保护。

## 第二章　合同的订立

**第九条**　当事人订立合同，应当具有相应的民事权利能力和民事行为能力。

当事人依法可以委托代理人订立合同。

**第十条**　当事人订立合同，有书面形式、口头形式和其他形式。

法律、行政法规规定采用书面形式的，应当采用书面形式。当事人约定采用书面形式的，应当采用书面形式。

**第十一条**　书面形式是指合同书、信件和数据电文(包括电报、电传、传真、电子数据交换和电子邮件)等可以有形地表现所载内容的形式。

**第十二条**　合同的内容由当事人约定，一般包括以下条款。

(一)当事人的名称或者姓名和住所；

(二)标的；

(三)数量；

(四)质量；

(五)价款或者报酬；

(六)履行期限、地点和方式；

(七)违约责任；

(八)解决争议的方法。

当事人可以参照各类合同的示范文本订立合同。

**第十三条**　当事人订立合同，采取要约、承诺方式。

**第十四条**　要约是希望和他人订立合同的意思表示，该意思表示应当符合下列规定。

(一)内容具体确定；

(二)表明经受要约人承诺，要约人即受该意思表示约束。

**第十五条** 要约邀请是希望他人向自己发出要约的意思表示。寄送的价目表、拍卖公告、招标公告、招股说明书、商业广告等为要约邀请。商业广告的内容符合要约规定的，视为要约。

**第十六条** 要约到达受要约人时生效。

采用数据电文形式订立合同，收件人指定特定系统接收数据电文的，该数据电文进入该特定系统的时间，视为到达时间；未指定特定系统的，该数据电文进入收件人的任何系统的首次时间，视为到达时间。

**第十七条** 要约可以撤回。撤回要约的通知应当在要约到达受要约人之前或者与要约同时到达受要约人。

**第十八条** 要约可以撤销。撤销要约的通知应当在受要约人发出承诺通知之前到达受要约人。

**第十九条** 有下列情形之一的，要约不得撤销。

(一)要约人确定了承诺期限或者以其他形式明示要约不可撤销；

(二)受要约人有理由认为要约是不可撤销的，并已经为履行合同做了准备工作。

**第二十条** 有下列情形之一的，要约失效。

(一)拒绝要约的通知到达要约人；

(二)要约人依法撤销要约；

(三)承诺期限届满，受要约人未做出承诺；

(四)受要约人对要约的内容做出实质性变更。

**第二十一条** 承诺是受要约人同意要约的意思表示。

**第二十二条** 承诺应当以通知的方式做出，但根据交易习惯或者要约表明可以通过行为做出承诺的除外。

**第二十三条** 承诺应当在要约确定的期限内到达要约人。要约没有确定承诺期限的，承诺应当依照下列规定到达。

(一)要约以对话方式做出的，应当即时做出承诺，但当事人另有约定的除外；

(二)要约以非对话方式做出的，承诺应当在合理期限内到达。

**第二十四条** 要约以信件或者电报做出的，承诺期限自信件载明的日期或者电报交发之日开始计算。信件未载明日期的，自投寄该信件的邮戳日期开始计算。要约以电话、传真等快速通信方式做出的，承诺期限自要约到达受要约人时开始计算。

**第二十五条** 承诺生效时合同成立。

**第二十六条** 承诺通知到达要约人时生效。承诺不需要通知的，根据交易习惯或者要约的要求做出承诺的行为时生效。采用数据电文形式订立合同的，承诺到达的时间适用本法第十六条第二款的规定。

**第二十七条** 承诺可以撤回。撤回承诺的通知应当在承诺通知到达要约人之前或者与承诺通知同时到达要约人。

**第二十八条** 受要约人超过承诺期限发出承诺的，除要约人及时通知受要约人该承诺有效的以外，为新要约。

**第二十九条** 受要约人在承诺期限内发出承诺，按照通常情形能够及时到达要约人，但因其他原因承诺到达要约人时超过承诺期限的，除要约人及时通知受要约人因承诺超过期限不接受该承诺的以外，该承诺有效。

**第三十条** 承诺的内容应当与要约的内容一致。受要约人对要约的内容做出实质性变更的，为新要约。有关合同标的、数量、质量、价款或者报酬、履行期限、履行地点和方式、违约责任和解决争议方法等的变更，是对要约内容的实质性变更。

**第三十一条** 承诺对要约的内容做出非实质性变更的，除要约人及时表示反对或者要约表明承诺不得对要约的内容做出任何变更的以外，该承诺有效，合同的内容以承诺的内容为准。

**第三十二条** 当事人采用合同书形式订立合同的，自双方当事人签字或者盖章时合同成立。

**第三十三条** 当事人采用信件、数据电文等形式订立合同的，可以在合同成立之前要求签订确认书。签订确认书时合同成立。

**第三十四条** 承诺生效的地点为合同成立的地点。

采用数据电文形式订立合同的，收件人的主营业地为合同成立的地点；没有主营业地的，其经常居住地为合同成立的地点。当事人另有约定的，按照其约定。

**第三十五条** 当事人采用合同书形式订立合同的，双方当事人签字或者盖章的地点为合同成立的地点。

**第三十六条** 法律、行政法规规定或者当事人约定采用书面形式订立合同，当事人未采用书面形式但一方已经履行主要义务，对方接受的，该合同成立。

**第三十七条** 采用合同书形式订立合同，在签字或者盖章之前，当事人一方已经履行主要义务，对方接受的，该合同成立。

**第三十八条** 国家根据需要下达指令性任务或者国家订货任务的，有关法人、其他组织之间应当依照有关法律、行政法规规定的权利和义务订立合同。

**第三十九条** 采用格式条款订立合同的，提供格式条款的一方应当遵循公平原则确定当事人之间的权利和义务，并采取合理的方式提请对方注意免除或者限制其责任的条款，按照对方的要求，对该条款予以说明。

格式条款是当事人为了重复使用而预先拟定，并在订立合同时未与对方协商的条款。

**第四十条** 格式条款具有本法第五十二条和第五十三条规定情形的，或者提供格式条款一方免除其责任、加重对方责任、排除对方主要权利的，该条款无效。

**第四十一条** 对格式条款的理解发生争议的，应当按照通常理解予以解释。对格式条款有两种以上解释的，应当做出不利于提供格式条款一方的解释。格式条款和非格式条款不一致的，应当采用非格式条款。

**第四十二条** 当事人在订立合同过程中有下列情形之一，给对方造成损失的，应当承担损害赔偿责任。

(一)假借订立合同，恶意进行磋商；

(二)故意隐瞒与订立合同有关的重要事实或者提供虚假情况；

(三)有其他违背诚实信用原则的行为。

**第四十三条** 当事人在订立合同过程中知悉的商业秘密，无论合同是否成立，不得泄

露或者不正当地使用。泄露或者不正当地使用该商业秘密给对方造成损失的，应当承担损害赔偿责任。

## 第三章　合同的效力

**第四十四条**　依法成立的合同，自成立时生效。

法律、行政法规规定应当办理批准、登记等手续生效的，依照其规定。

**第四十五条**　当事人对合同的效力可以约定附条件。附生效条件的合同，自条件成就时生效。附解除条件的合同，自条件成就时失效。

当事人为自己的利益不正当地阻止条件成就的，视为条件已成就；不正当地促成条件成就的，视为条件不成就。

**第四十六条**　当事人对合同的效力可以约定附期限。附生效期限的合同，自期限届至时生效。附终止期限的合同，自期限届满时失效。

**第四十七条**　限制民事行为能力人订立的合同，经法定代理人追认后，该合同有效，但纯获利益的合同或者与其年龄、智力、精神健康状况相适应而订立的合同，不必经法定代理人追认。

相对人可以催告法定代理人在一个月内予以追认。法定代理人未做表示的，视为拒绝追认。合同被追认之前，善意相对人有撤销的权利。撤销应当以通知的方式做出。

**第四十八条**　行为人没有代理权、超越代理权或者代理权终止后以被代理人名义订立的合同，未经被代理人追认，对被代理人不发生效力，由行为人承担责任。相对人可以催告被代理人在一个月内予以追认。被代理人未做表示的，视为拒绝追认。合同被追认之前，善意相对人有撤销的权利。撤销应当以通知的方式做出。

**第四十九条**　行为人没有代理权、超越代理权或者代理权终止后以被代理人名义订立合同，相对人有理由相信行为人有代理权的，该代理行为有效。

**第五十条**　法人或者其他组织的法定代表人、负责人超越权限订立的合同，除相对人知道或者应当知道其超越权限的以外，该代表行为有效。

**第五十一条**　无处分权的人处分他人财产，经权利人追认或者无处分权的人订立合同后取得处分权的，该合同有效。

**第五十二条**　有下列情形之一的，合同无效。

(一)一方以欺诈、胁迫的手段订立合同，损害国家利益；

(二)恶意串通，损害国家、集体或者第三人利益；

(三)以合法形式掩盖非法目的；

(四)损害社会公共利益；

(五)违反法律、行政法规的强制性规定。

**第五十三条**　合同中的下列免责条款无效。

(一)造成对方人身伤害的；

(二)因故意或者重大过失造成对方财产损失的。

**第五十四条**　下列合同，当事人一方有权请求人民法院或者仲裁机构变更或者撤销。

(一)因重大误解订立的；

(二)在订立合同时显失公平的。

一方以欺诈、胁迫的手段或者乘人之危，使对方在违背真实意思的情况下订立的合同，受损害方有权请求人民法院或者仲裁机构变更或者撤销。

当事人请求变更的，人民法院或者仲裁机构不得撤销。

**第五十五条** 有下列情形之一的，撤销权消灭。

(一)具有撤销权的当事人自知道或者应当知道撤销事由之日起一年内没有行使撤销权；

(二)具有撤销权的当事人知道撤销事由后明确表示或者以自己的行为放弃撤销权。

**第五十六条** 无效的合同或者被撤销的合同自始没有法律约束力。合同部分无效，不影响其他部分效力的，其他部分仍然有效。

**第五十七条** 合同无效、被撤销或者终止的，不影响合同中独立存在的有关解决争议方法的条款的效力。

**第五十八条** 合同无效或者被撤销后，因该合同取得的财产，应当予以返还；不能返还或者没有必要返还的，应当折价补偿。有过错的一方应当赔偿对方因此所受到的损失，双方都有过错的，应当各自承担相应的责任。

**第五十九条** 当事人恶意串通，损害国家、集体或者第三人利益的，因此取得的财产收归国家所有或者返还集体、第三人。

## 第四章 合同的履行

**第六十条** 当事人应当按照约定全面履行自己的义务。当事人应当遵循诚实信用原则，根据合同的性质、目的和交易习惯履行通知、协助、保密等义务。

**第六十一条** 合同生效后，当事人就质量、价款或者报酬、履行地点等内容没有约定或者约定不明确的，可以协议补充；不能达成补充协议的，按照合同有关条款或者交易习惯确定。

**第六十二条** 当事人就有关合同内容约定不明确，依照本法第六十一条的规定仍不能确定的，适用下列规定。

(一)质量要求不明确的，按照国家标准、行业标准履行；没有国家标准、行业标准的，按照通常标准或者符合合同目的的特定标准履行。

(二)价款或者报酬不明确的，按照订立合同时履行地的市场价格履行；依法应当执行政府定价或者政府指导价的，按照规定履行。

(三)履行地点不明确，给付货币的，在接受货币一方所在地履行；交付不动产的，在不动产所在地履行；其他标的，在履行义务一方所在地履行。

(四)履行期限不明确的，债务人可以随时履行，债权人也可以随时要求履行，但应当给对方必要的准备时间。

(五)履行方式不明确的，按照有利于实现合同目的的方式履行。

(六)履行费用的负担不明确的，由履行义务一方负担。

**第六十三条** 执行政府定价或者政府指导价的，在合同约定的交付期限内政府价格调整时，按照交付时的价格计价。逾期交付标的物的，遇价格上涨时，按照原价格执行；价格下降时，按照新价格执行。逾期提取标的物或者逾期付款的，遇价格上涨时，按照新价格执行；价格下降时，按照原价格执行。

**第六十四条** 当事人约定由债务人向第三人履行债务的，债务人未向第三人履行债务

或者履行债务不符合约定，应当向债权人承担违约责任。

**第六十五条** 当事人约定由第三人向债权人履行债务的，第三人不履行债务或者履行债务不符合约定，债务人应当向债权人承担违约责任。

**第六十六条** 当事人互负债务，没有先后履行顺序的，应当同时履行。一方在对方履行之前有权拒绝其履行要求。一方在对方履行债务不符合约定时，有权拒绝其相应的履行要求。

**第六十七条** 当事人互负债务，有先后履行顺序，先履行一方未履行的，后履行一方有权拒绝其履行要求。先履行一方履行债务不符合约定的，后履行一方有权拒绝其相应的履行要求。

**第六十八条** 应当先履行债务的当事人，有确切证据证明对方有下列情形之一的，可以中止履行。

(一)经营状况严重恶化；

(二)转移财产、抽逃资金，以逃避债务；

(三)丧失商业信誉；

(四)有丧失或者可能丧失履行债务能力的其他情形。当事人没有确切证据中止履行的，应当承担违约责任。

**第六十九条** 当事人依照本法第六十八条的规定中止履行的，应当及时通知对方。对方提供适当担保时，应当恢复履行。中止履行后，对方在合理期限内未恢复履行能力并且未提供适当担保的，中止履行的一方可以解除合同。

**第七十条** 债权人分立、合并或者变更住所没有通知债务人，致使履行债务发生困难的，债务人可以中止履行或者将标的物提存。

**第七十一条** 债权人可以拒绝债务人提前履行债务，但提前履行不损害债权人利益的除外。

债务人提前履行债务给债权人增加的费用，由债务人负担。

**第七十二条** 债权人可以拒绝债务人部分履行债务，但部分履行不损害债权人利益的除外。债务人部分履行债务给债权人增加的费用，由债务人负担。

**第七十三条** 因债务人怠于行使其到期债权，对债权人造成损害的，债权人可以向人民法院请求以自己的名义代位行使债务人的债权，但该债权专属于债务人自身的除外。

代位权的行使范围以债权人的债权为限。债权人行使代位权的必要费用，由债务人负担。

**第七十四条** 因债务人放弃其到期债权或者无偿转让财产，对债权人造成损害的，债权人可以请求人民法院撤销债务人的行为。债务人以明显不合理的低价转让财产，对债权人造成损害，并且受让人知道该情形的，债权人也可以请求人民法院撤销债务人的行为。撤销权的行使范围以债权人的债权为限。债权人行使撤销权的必要费用，由债务人负担。

**第七十五条** 撤销权自债权人知道或者应当知道撤销事由之日起一年内行使。自债务人的行为发生之日起五年内没有行使撤销权的，该撤销权消灭。

**第七十六条** 合同生效后，当事人不得因姓名、名称的变更或者法定代表人、负责人、承办人的变动而不履行合同义务。

## 第五章　合同的变更和转让

**第七十七条**　当事人协商一致，可以变更合同。

法律、行政法规规定变更合同应当办理批准、登记等手续的，依照其规定。

**第七十八条**　当事人对合同变更的内容约定不明确的，推定为未变更。

**第七十九条**　债权人可以将合同的权利全部或者部分转让给第三人，但有下列情形之一的除外。

(一)根据合同性质不得转让；

(二)按照当事人约定不得转让；

(三)依照法律规定不得转让。

**第八十条**　债权人转让权利的，应当通知债务人。未经通知，该转让对债务人不发生效力。债权人转让权利的通知不得撤销，但经受让人同意的除外。

**第八十一条**　债权人转让权利的，受让人取得与债权有关的从权利，但该从权利专属于债权人自身的除外。

**第八十二条**　债务人接到债权转让通知后，债务人对让与人的抗辩，可以向受让人主张。

**第八十三条**　债务人接到债权转让通知时，债务人对让与人享有债权，并且债务人的债权先于转让的债权到期或者同时到期的，债务人可以向受让人主张抵销。

**第八十四条**　债务人将合同的义务全部或者部分转移给第三人的，应当经债权人同意。

**第八十五条**　债务人转移义务的，新债务人可以主张原债务人对债权人的抗辩。

**第八十六条**　债务人转移义务的，新债务人应当承担与主债务有关的从债务，但该从债务专属于原债务人自身的除外。

**第八十七条**　法律、行政法规规定转让权利或者转移义务应当办理批准、登记等手续的，依照其规定。

**第八十八条**　当事人一方经对方同意，可以将自己在合同中的权利和义务一并转让给第三人。

**第八十九条**　权利和义务一并转让的，适用本法第七十九条、第八十一条至第八十三条、第八十五条至第八十七条的规定。

**第九十条**　当事人订立合同后合并的，由合并后的法人或者其他组织行使合同权利，履行合同义务。当事人订立合同后分立的，除债权人和债务人另有约定的以外，由分立的法人或者其他组织对合同的权利和义务享有连带债权，承担连带债务。

## 第六章　合同的权利义务终止

**第九十一条**　有下列情形之一的，合同的权利义务终止。

(一)债务已经按照约定履行；

(二)合同解除；

(三)债务相互抵销；

(四)债务人依法将标的物提存；

(五)债权人免除债务；

(六)债权债务同归于一人；

(七)法律规定或者当事人约定终止的其他情形。

**第九十二条** 合同的权利义务终止后，当事人应当遵循诚实信用原则，根据交易习惯履行通知、协助、保密等义务。

**第九十三条** 当事人协商一致，可以解除合同。当事人可以约定一方解除合同的条件。解除合同的条件成就时，解除权人可以解除合同。

**第九十四条** 有下列情形之一的，当事人可以解除合同。

(一)因不可抗力致使不能实现合同目的；

(二)在履行期限届满之前，当事人一方明确表示或者以自己的行为表明不履行主要债务；

(三)当事人一方迟延履行主要债务，经催告后在合理期限内仍未履行；

(四)当事人一方迟延履行债务或者有其他违约行为致使不能实现合同目的；

(五)法律规定的其他情形。

**第九十五条** 法律规定或者当事人约定解除权行使期限，期限届满当事人不行使的，该权利消灭。法律没有规定或者当事人没有约定解除权行使期限，经对方催告后在合理期限内不行使的，该权利消灭。

**第九十六条** 当事人一方依照本法第九十三条第二款、第九十四条的规定主张解除合同的，应当通知对方。合同自通知到达对方时解除。对方有异议的，可以请求人民法院或者仲裁机构确认解除合同的效力。

法律、行政法规规定解除合同应当办理批准、登记等手续的，依照其规定。

**第九十七条** 合同解除后，尚未履行的，终止履行；已经履行的，根据履行情况和合同性质，当事人可以要求恢复原状、采取其他补救措施，并有权要求赔偿损失。

**第九十八条** 合同的权利义务终止，不影响合同中结算和清理条款的效力。

**第九十九条** 当事人互负到期债务，该债务的标的物种类、品质相同的，任何一方可以将自己的债务与对方的债务抵销，但依照法律规定或者按照合同性质不得抵销的除外。

当事人主张抵销的，应当通知对方。通知自到达对方时生效。抵销不得附条件或者附期限。

**第一百条** 当事人互负债务，标的物种类、品质不相同的，经双方协商一致，也可以抵销。

**第一百零一条** 有下列情形之一，难以履行债务的，债务人可以将标的物提存。

(一)债权人无正当理由拒绝受领；

(二)债权人下落不明；

(三)债权人死亡未确定继承人或者丧失民事行为能力未确定监护人；

(四)法律规定的其他情形。标的物不适于提存或者提存费用过高的，债务人依法可以拍卖或者变卖标的物，提存所得的价款。

**第一百零二条** 标的物提存后，除债权人下落不明的以外，债务人应当及时通知债权人或者债权人的继承人、监护人。

**第一百零三条** 标的物提存后，毁损、灭失的风险由债权人承担。提存期间，标的物的孳息归债权人所有。提存费用由债权人负担。

**第一百零四条** 债权人可以随时领取提存物，但债权人对债务人负有到期债务的，在债权人未履行债务或者提供担保之前，提存部门根据债务人的要求应当拒绝其领取提存物。

债权人领取提存物的权利，自提存之日起五年内不行使而消灭，提存物扣除提存费用后归国家所有。

**第一百零五条** 债权人免除债务人部分或者全部债务的，合同的权利义务部分或者全部终止。

**第一百零六条** 债权和债务同归于一人的，合同的权利义务终止，但涉及第三人利益的除外。

## 第七章 违 约 责 任

**第一百零七条** 当事人一方不履行合同义务或者履行合同义务不符合约定的，应当承担继续履行、采取补救措施或者赔偿损失等违约责任。

**第一百零八条** 当事人一方明确表示或者以自己的行为表明不履行合同义务的，对方可以在履行期限届满之前要求其承担违约责任。

**第一百零九条** 当事人一方未支付价款或者报酬的，对方可以要求其支付价款或者报酬。

**第一百一十条** 当事人一方不履行非金钱债务或者履行非金钱债务不符合约定的，对方可以要求履行，但有下列情形之一的除外。

(一)法律上或者事实上不能履行；

(二)债务的标的不适于强制履行或者履行费用过高；

(三)债权人在合理期限内未要求履行。

**第一百一十一条** 质量不符合约定的，应当按照当事人的约定承担违约责任。对违约责任没有约定或者约定不明确，依照本法第六十一条的规定仍不能确定的，受损害方根据标的的性质以及损失的大小，可以合理选择要求对方承担修理、更换、重做、退货、减少价款或者报酬等违约责任。

**第一百一十二条** 当事人一方不履行合同义务或者履行合同义务不符合约定的，在履行义务或者采取补救措施后，对方还有其他损失的，应当赔偿损失。

**第一百一十三条** 当事人一方不履行合同义务或者履行合同义务不符合约定，给对方造成损失的，损失赔偿额应当相当于因违约所造成的损失，包括合同履行后可以获得的利益，但不得超过违反合同一方订立合同时预见到或者应当预见到的因违反合同可能造成的损失。

经营者对消费者提供商品或者服务有欺诈行为的，依照《中华人民共和国消费者权益保护法》的规定承担损害赔偿责任。

**第一百一十四条** 当事人可以约定一方违约时应当根据违约情况向对方支付一定数额的违约金，也可以约定因违约产生的损失赔偿额的计算方法。

约定的违约金低于造成的损失的，当事人可以请求人民法院或者仲裁机构予以增加；约定的违约金过分高于造成的损失的，当事人可以请求人民法院或者仲裁机构予以适当减少。

当事人就迟延履行约定违约金的，违约方支付违约金后，还应当履行债务。

**第一百一十五条** 当事人可以依照《中华人民共和国担保法》约定一方向对方给付定金作为债权的担保。债务人履行债务后，定金应当抵作价款或者收回。给付定金的一方不履行约定的债务的，无权要求返还定金；收受定金的一方不履行约定的债务的，应当双倍返还定金。

**第一百一十六条** 当事人既约定违约金，又约定定金的，一方违约时，对方可以选择适用违约金或者定金条款。

**第一百一十七条** 因不可抗力不能履行合同的，根据不可抗力的影响，部分或者全部免除责任，但法律另有规定的除外。当事人迟延履行后发生不可抗力的，不能免除责任。

本法所称不可抗力，是指不能预见、不能避免并不能克服的客观情况。

**第一百一十八条** 当事人一方因不可抗力不能履行合同的，应当及时通知对方，以减轻可能给对方造成的损失，并应当在合理期限内提供证明。

**第一百一十九条** 当事人一方违约后，对方应当采取适当措施防止损失的扩大；没有采取适当措施致使损失扩大的，不得就扩大的损失要求赔偿。

当事人因防止损失扩大而支出的合理费用，由违约方承担。

**第一百二十条** 当事人双方都违反合同的，应当各自承担相应的责任。

**第一百二十一条** 当事人一方因第三人的原因造成违约的，应当向对方承担违约责任。当事人一方和第三人之间的纠纷，依照法律规定或者按照约定解决。

**第一百二十二条** 因当事人一方的违约行为，侵害对方人身、财产权益的，受损害方有权选择依照本法要求其承担违约责任或者依照其他法律要求其承担侵权责任。

## 第八章 其他规定

**第一百二十三条** 其他法律对合同另有规定的，依照其规定。

**第一百二十四条** 本法分则或者其他法律没有明文规定的合同，适用本法总则的规定，并可以参照本法分则或者其他法律最相类似的规定。

**第一百二十五条** 当事人对合同条款的理解有争议的，应当按照合同所使用的词句、合同的有关条款、合同的目的、交易习惯以及诚实信用原则，确定该条款的真实意思。

合同文本采用两种以上文字订立并约定具有同等效力的，对各文本使用的词句推定具有相同含义。各文本使用的词句不一致的，应当根据合同的目的予以解释。

**第一百二十六条** 涉外合同的当事人可以选择处理合同争议所适用的法律，但法律另有规定的除外。涉外合同的当事人没有选择的，适用与合同有最密切联系的国家的法律。在中华人民共和国境内履行的中外合资经营企业合同、中外合作经营企业合同、中外合作勘探开发自然资源合同，适用中华人民共和国法律。

**第一百二十七条** 工商行政管理部门和其他有关行政主管部门在各自的职权范围内，依照法律、行政法规的规定，对利用合同危害国家利益、社会公共利益的违法行为，负责监督处理；构成犯罪的，依法追究刑事责任。

**第一百二十八条** 当事人可以通过和解或者调解解决合同争议。

当事人不愿和解、调解或者和解、调解不成的，可以根据仲裁协议向仲裁机构申请仲裁。涉外合同的当事人可以根据仲裁协议向中国仲裁机构或者其他仲裁机构申请仲裁。当事人没有订立仲裁协议或者仲裁协议无效的，可以向人民法院起诉。当事人应当履行发生法律效力的判决、仲裁裁决、调解书；拒不履行的，对方可以请求人民法院执行。

**第一百二十九条** 因国际货物买卖合同和技术进出口合同争议提起诉讼或者申请仲裁的期限为四年，自当事人知道或者应当知道其权利受到侵害之日起计算。因其他合同争议提起诉讼或者申请仲裁的期限，依照有关法律的规定。

# 分 则

## 第九章 买卖合同

**第一百三十条** 买卖合同是出卖人转移标的物的所有权于买受人，买受人支付价款的合同。

**第一百三十一条** 买卖合同的内容除依照本法第十二条的规定以外，还可以包括包装方式、检验标准和方法、结算方式、合同使用的文字及其效力等条款。

**第一百三十二条** 出卖的标的物，应当属于出卖人所有或者出卖人有权处分。法律、行政法规禁止或者限制转让的标的物，依照其规定。

**第一百三十三条** 标的物的所有权自标的物交付时起转移，但法律另有规定或者当事人另有约定的除外。

**第一百三十四条** 当事人可以在买卖合同中约定买受人未履行支付价款或者其他义务的，标的物的所有权属于出卖人。

**第一百三十五条** 出卖人应当履行向买受人交付标的物或者交付提取标的物的单证，并转移标的物所有权的义务。

**第一百三十六条** 出卖人应当按照约定或者交易习惯向买受人交付提取标的物单证以外的有关单证和资料。

**第一百三十七条** 出卖具有知识产权的计算机软件等标的物的，除法律另有规定或者当事人另有约定的以外，该标的物的知识产权不属于买受人。

**第一百三十八条** 出卖人应当按照约定的期限交付标的物。约定交付期间的，出卖人可以在该交付期间内的任何时间交付。

**第一百三十九条** 当事人没有约定标的物的交付期限或者约定不明确的，适用本法第六十一条、第六十二条第四项的规定。

**第一百四十条** 标的物在订立合同之前已为买受人占有的，合同生效的时间为交付时间。

**第一百四十一条** 出卖人应当按照约定的地点交付标的物。当事人没有约定交付地点或者约定不明确，依照本法第六十一条的规定仍不能确定的，适用下列规定。

(一)标的物需要运输的，出卖人应当将标的物交付给第一承运人以运交给买受人；

(二)标的物不需要运输，出卖人和买受人订立合同时知道标的物在某一地点的，出卖人应当在该地点交付标的物；不知道标的物在某一地点的，应当在出卖人订立合同时的营业地交付标的物。

**第一百四十二条** 标的物毁损、灭失的风险，在标的物交付之前由出卖人承担，交付之后由买受人承担，但法律另有规定或者当事人另有约定的除外。

**第一百四十三条** 因买受人的原因致使标的物不能按照约定的期限交付的，买受人应

当自违反约定之日起承担标的物毁损、灭失的风险。

**第一百四十四条** 出卖人出卖交由承运人运输的在途标的物，除当事人另有约定的以外，毁损、灭失的风险自合同成立时起由买受人承担。

**第一百四十五条** 当事人没有约定交付地点或者约定不明确，依照本法第一百四十一条第二款第一项的规定标的物需要运输的，出卖人将标的物交付给第一承运人后，标的物毁损、灭失的风险由买受人承担。

**第一百四十六条** 出卖人按照约定或者依照本法第一百四十一条第二款第二项的规定将标的物置于交付地点，买受人违反约定没有收取的，标的物毁损、灭失的风险自违反约定之日起由买受人承担。

**第一百四十七条** 出卖人按照约定未交付有关标的物的单证和资料的，不影响标的物毁损、灭失风险的转移。

**第一百四十八条** 因标的物质量不符合质量要求，致使不能实现合同目的的，买受人可以拒绝接受标的物或者解除合同。买受人拒绝接受标的物或者解除合同的，标的物毁损、灭失的风险由出卖人承担。

**第一百四十九条** 标的物毁损、灭失的风险由买受人承担的，不影响因出卖人履行债务不符合约定，买受人要求其承担违约责任的权利。

**第一百五十条** 出卖人就交付的标的物，负有保证第三人不得向买受人主张任何权利的义务，但法律另有规定的除外。

**第一百五十一条** 买受人订立合同时知道或者应当知道第三人对买卖的标的物享有权利的，出卖人不承担本法第一百五十条规定的义务。

**第一百五十二条** 买受人有确切证据证明第三人可能就标的物主张权利的，可以中止支付相应的价款，但出卖人提供适当担保的除外。

**第一百五十三条** 出卖人应当按照约定的质量要求交付标的物。出卖人提供有关标的物质量说明的，交付的标的物应当符合该说明的质量要求。

**第一百五十四条** 当事人对标的物的质量要求没有约定或者约定不明确，依照本法第六十一条的规定仍不能确定的，适用本法第六十二条第一项的规定。

**第一百五十五条** 出卖人交付的标的物不符合质量要求的，买受人可以依照本法第一百一十一条的规定要求承担违约责任。

**第一百五十六条** 出卖人应当按照约定的包装方式交付标的物。对包装方式没有约定或者约定不明确，依照本法第六十一条的规定仍不能确定的，应当按照通用的方式包装，没有通用方式的，应当采取足以保护标的物的包装方式。

**第一百五十七条** 买受人收到标的物时应当在约定的检验期间内检验。没有约定检验期间的，应当及时检验。

**第一百五十八条** 当事人约定检验期间的，买受人应当在检验期间内将标的物的数量或者质量不符合约定的情形通知出卖人。买受人怠于通知的，视为标的物的数量或者质量符合约定。

当事人没有约定检验期间的，买受人应当在发现或者应当发现标的物的数量或者质量不符合约定的合理期间内通知出卖人。买受人在合理期间内未通知或者自标的物收到之日起两年内未通知出卖人的，视为标的物的数量或者质量符合约定，但对标的物有质量保证期的，适用质量保证期，不适用该两年的规定。

出卖人知道或者应当知道提供的标的物不符合约定的，买受人不受前两款规定的通知时间的限制。

**第一百五十九条** 买受人应当按照约定的数额支付价款。对价款没有约定或者约定不明确的，适用本法第六十一条、第六十二条第二项的规定。

**第一百六十条** 买受人应当按照约定的地点支付价款。对支付地点没有约定或者约定不明确，依照本法第六十一条的规定仍不能确定的，买受人应当在出卖人的营业地支付，但约定支付价款以交付标的物或者交付提取标的物单证为条件的，在交付标的物或者交付提取标的物单证的所在地支付。

**第一百六十一条** 买受人应当按照约定的时间支付价款。对支付时间没有约定或者约定不明确，依照本法第六十一条的规定仍不能确定的，买受人应当在收到标的物或者提取标的物单证的同时支付。

**第一百六十二条** 出卖人多交标的物的，买受人可以接收或者拒绝接收多交的部分。买受人接收多交部分的，按照合同的价格支付价款；买受人拒绝接收多交部分的，应当及时通知出卖人。

**第一百六十三条** 标的物在交付之前产生的孳息，归出卖人所有，交付之后产生的孳息，归买受人所有。

**第一百六十四条** 因标的物的主物不符合约定而解除合同的，解除合同的效力及于从物。因标的物的从物不符合约定被解除的，解除的效力不及于主物。

**第一百六十五条** 标的物为数物，其中一物不符合约定的，买受人可以就该物解除，但该物与他物分离使标的物的价值显受损害的，当事人可以就数物解除合同。

**第一百六十六条** 出卖人分批交付标的物的，出卖人对其中一批标的物不交付或者交付不符合约定，致使该批标的物不能实现合同目的的，买受人可以就该批标的物解除。

出卖人不交付其中一批标的物或者交付不符合约定，致使今后其他各批标的物的交付不能实现合同目的的，买受人可以就该批以及今后其他各批标的物解除。

买受人如果就其中一批标的物解除，该批标的物与其他各批标的物相互依存的，可以就已经交付和未交付的各批标的物解除。

**第一百六十七条** 分期付款的买受人未支付到期价款的金额达到全部价款的五分之一的，出卖人可以要求买受人支付全部价款或者解除合同。

出卖人解除合同的，可以向买受人要求支付该标的物的使用费。

**第一百六十八条** 凭样品买卖的当事人应当封存样品，并可以对样品质量予以说明。出卖人交付的标的物应当与样品及其说明的质量相同。

**第一百六十九条** 凭样品买卖的买受人不知道样品有隐蔽瑕疵的，即使交付的标的物与样品相同，出卖人交付的标的物的质量仍然应当符合同种物的通常标准。

**第一百七十条** 试用买卖的当事人可以约定标的物的试用期间。对试用期间没有约定或者约定不明确，依照本法第六十一条的规定仍不能确定的，由出卖人确定。

**第一百七十一条** 试用买卖的买受人在试用期内可以购买标的物，也可以拒绝购买。试用期间届满，买受人对是否购买标的物未作表示的，视为购买。

**第一百七十二条** 招标投标买卖的当事人的权利和义务以及招标投标程序等，依照有

关法律、行政法规的规定。

**第一百七十三条** 拍卖的当事人的权利和义务以及拍卖程序等，依照有关法律、行政法规的规定。

**第一百七十四条** 法律对其他有偿合同有规定的，依照其规定；没有规定的，参照买卖合同的有关规定。

**第一百七十五条** 当事人约定易货交易，转移标的物的所有权的，参照买卖合同的有关规定。

## 第十章　供用电、水、气、热力合同

**第一百七十六条** 供用电合同是供电人向用电人供电，用电人支付电费的合同。

**第一百七十七条** 供用电合同的内容包括供电的方式、质量、时间，用电容量、地址、性质，计量方式，电价、电费的结算方式，供用电设施的维护责任等条款。

**第一百七十八条** 供用电合同的履行地点，按照当事人约定；当事人没有约定或者约定不明确的，供电设施的产权分界处为履行地点。

**第一百七十九条** 供电人应当按照国家规定的供电质量标准和约定安全供电。供电人未按照国家规定的供电质量标准和约定安全供电，造成用电人损失的，应当承担损害赔偿责任。

**第一百八十条** 供电人因供电设施计划检修、临时检修、依法限电或者用电人违法用电等原因，需要中断供电时，应当按照国家有关规定事先通知用电人。未事先通知用电人中断供电，造成用电人损失的，应当承担损害赔偿责任。

**第一百八十一条** 因自然灾害等原因断电，供电人应当按照国家有关规定及时抢修。未及时抢修，造成用电人损失的，应当承担损害赔偿责任。

**第一百八十二条** 用电人应当按照国家有关规定和当事人的约定及时交付电费。用电人逾期不交付电费的，应当按照约定支付违约金。经催告用电人在合理期限内仍不交付电费和违约金的，供电人可以按照国家规定的程序中止供电。

**第一百八十三条** 用电人应当按照国家有关规定和当事人的约定安全用电。用电人未按照国家有关规定和当事人的约定安全用电，造成供电人损失的，应当承担损害赔偿责任。

**第一百八十四条** 供用水、供用气、供用热力合同，参照供用电合同的有关规定。

## 第十一章　赠 予 合 同

**第一百八十五条** 赠予合同是赠予人将自己的财产无偿给予受赠人，受赠人表示接受赠予的合同。

**第一百八十六条** 赠予人在赠予财产的权利转移之前可以撤销赠予。具有救灾、扶贫等社会公益、道德义务性质的赠予合同或者经过公证的赠予合同，不适用前款规定。

**第一百八十七条** 赠予的财产依法需要办理登记等手续的，应当办理有关手续。

**第一百八十八条** 具有救灾、扶贫等社会公益、道德义务性质的赠予合同或者经过公证的赠予合同，赠予人不交付赠予的财产的，受赠人可以要求交付。

**第一百八十九条** 因赠予人故意或者重大过失致使赠予的财产毁损、灭失的，赠予人应当承担损害赔偿责任。

**第一百九十条** 赠予可以附义务。赠予附义务的，受赠人应当按照约定履行义务。

**第一百九十一条** 赠予的财产有瑕疵的，赠予人不承担责任。附义务的赠予，赠予的财产有瑕疵的，赠予人在附义务的限度内承担与出卖人相同的责任。赠予人故意不告知瑕疵或者保证无瑕疵，造成受赠人损失的，应当承担损害赔偿责任。

**第一百九十二条** 受赠人有下列情形之一的，赠予人可以撤销赠予。

(一)严重侵害赠予人或者赠予人的近亲属；

(二)对赠予人有扶养义务而不履行；

(三)不履行赠予合同约定的义务。

赠予人的撤销权，自知道或者应当知道撤销原因之日起一年内行使。

**第一百九十三条** 因受赠人的违法行为致使赠予人死亡或者丧失民事行为能力的，赠予人的继承人或者法定代理人可以撤销赠予。

赠予人的继承人或者法定代理人的撤销权，自知道或者应当知道撤销原因之日起六个月内行使。

**第一百九十四条** 撤销权人撤销赠予的，可以向受赠人要求返还赠予的财产。

**第一百九十五条** 赠予人的经济状况显著恶化，严重影响其生产经营或者家庭生活的，可以不再履行赠予义务。

## 第十二章 借 款 合 同

**第一百九十六条** 借款合同是借款人向贷款人借款，到期返还借款并支付利息的合同。

**第一百九十七条** 借款合同采用书面形式，但自然人之间借款另有约定的除外。借款合同的内容包括借款种类、币种、用途、数额、利率、期限和还款方式等条款。

**第一百九十八条** 订立借款合同，贷款人可以要求借款人提供担保。担保依照《中华人民共和国担保法》的规定。

**第一百九十九条** 订立借款合同，借款人应当按照贷款人的要求提供与借款有关的业务活动和财务状况的真实情况。

**第二百条** 借款的利息不得预先在本金中扣除。利息预先在本金中扣除的，应当按照实际借款数额返还借款并计算利息。

**第二百零一条** 贷款人未按照约定的日期、数额提供借款，造成借款人损失的，应当赔偿损失。借款人未按照约定的日期、数额收取借款的，应当按照约定的日期、数额支付利息。

**第二百零二条** 贷款人按照约定可以检查、监督借款的使用情况。借款人应当按照约定向贷款人定期提供有关财务会计报表等资料。

**第二百零三条** 借款人未按照约定的借款用途使用借款的，贷款人可以停止发放借款、提前收回借款或者解除合同。

**第二百零四条** 办理贷款业务的金融机构贷款的利率，应当按照中国人民银行规定的贷款利率的上下限确定。

**第二百零五条** 借款人应当按照约定的期限支付利息。对支付利息的期限没有约定或者约定不明确，依照本法第六十一条的规定仍不能确定，借款期间不满一年的，应当在返还借款时一并支付；借款期间一年以上的，应当在每届满一年时支付，剩余期间不满一年

的，应当在返还借款时一并支付。

**第二百零六条** 借款人应当按照约定的期限返还借款。对借款期限没有约定或者约定不明确，依照本法第六十一条的规定仍不能确定的，借款人可以随时返还；贷款人可以催告借款人在合理期限内返还。

**第二百零七条** 借款人未按照约定的期限返还借款的，应当按照约定或者国家有关规定支付逾期利息。

**第二百零八条** 借款人提前偿还借款的，除当事人另有约定的以外，应当按照实际借款的期间计算利息。

**第二百零九条** 借款人可以在还款期限届满之前向贷款人申请展期。贷款人同意的，可以展期。

**第二百一十条** 自然人之间的借款合同，自贷款人提供借款时生效。

**第二百一十一条** 自然人之间的借款合同对支付利息没有约定或者约定不明确的，视为不支付利息。

自然人之间的借款合同约定支付利息的，借款的利率不得违反国家有关限制借款利率的规定。

## 第十三章 租赁合同

**第二百一十二条** 租赁合同是出租人将租赁物交付承租人使用、收益，承租人支付租金的合同。

**第二百一十三条** 租赁合同的内容包括租赁物的名称、数量、用途、租赁期限、租金及其支付期限和方式、租赁物维修等条款。

**第二百一十四条** 租赁期限不得超过二十年。超过二十年的，超过部分无效。租赁期间届满，当事人可以续订租赁合同，但约定的租赁期限自续订之日起不得超过二十年。

**第二百一十五条** 租赁期限六个月以上的，应当采用书面形式。当事人未采用书面形式的，视为不定期租赁。

**第二百一十六条** 出租人应当按照约定将租赁物交付承租人，并在租赁期间保持租赁物符合约定的用途。

**第二百一十七条** 承租人应当按照约定的方法使用租赁物。对租赁物的使用方法没有约定或者约定不明确，依照本法第六十一条的规定仍不能确定的，应当按照租赁物的性质使用。

**第二百一十八条** 承租人按照约定的方法或者租赁物的性质使用租赁物，致使租赁物受到损耗的，不承担损害赔偿责任。

**第二百一十九条** 承租人未按照约定的方法或者租赁物的性质使用租赁物，致使租赁物受到损失的，出租人可以解除合同并要求赔偿损失。

**第二百二十条** 出租人应当履行租赁物的维修义务，但当事人另有约定的除外。

**第二百二十一条** 承租人在租赁物需要维修时可以要求出租人在合理期限内维修。出租人未履行维修义务的，承租人可以自行维修，维修费用由出租人负担。因维修租赁物影响承租人使用的，应当相应减少租金或者延长租期。

**第二百二十二条** 承租人应当妥善保管租赁物，因保管不善造成租赁物毁损、灭失的，

应当承担损害赔偿责任。

**第二百二十三条**　承租人经出租人同意，可以对租赁物进行改善或者增设他物。

承租人未经出租人同意，对租赁物进行改善或者增设他物的，出租人可以要求承租人恢复原状或者赔偿损失。

**第二百二十四条**　承租人经出租人同意，可以将租赁物转租给第三人。承租人转租的，承租人与出租人之间的租赁合同继续有效，第三人对租赁物造成损失的，承租人应当赔偿损失。

承租人未经出租人同意转租的，出租人可以解除合同。

**第二百二十五条**　在租赁期间因占有、使用租赁物获得的收益，归承租人所有，但当事人另有约定的除外。

**第二百二十六条**　承租人应当按照约定的期限支付租金。对支付期限没有约定或者约定不明确，依照本法第六十一条的规定仍不能确定，租赁期间不满一年的，应当在租赁期间届满时支付；租赁期间一年以上的，应当在每届满一年时支付，剩余期间不满一年的，应当在租赁期间届满时支付。

**第二百二十七条**　承租人无正当理由未支付或者迟延支付租金的，出租人可以要求承租人在合理期限内支付。承租人逾期不支付的，出租人可以解除合同。

**第二百二十八条**　因第三人主张权利，致使承租人不能对租赁物使用、收益的，承租人可以要求减少租金或者不支付租金。

第三人主张权利的，承租人应当及时通知出租人。

**第二百二十九条**　租赁物在租赁期间发生所有权变动的，不影响租赁合同的效力。

**第二百三十条**　出租人出卖租赁房屋的，应当在出卖之前的合理期限内通知承租人，承租人享有以同等条件优先购买的权利。

**第二百三十一条**　因不可归责于承租人的事由，致使租赁物部分或者全部毁损、灭失的，承租人可以要求减少租金或者不支付租金；因租赁物部分或者全部毁损、灭失，致使不能实现合同目的的，承租人可以解除合同。

**第二百三十二条**　当事人对租赁期限没有约定或者约定不明确，依照本法第六十一条的规定仍不能确定的，视为不定期租赁。当事人可以随时解除合同，但出租人解除合同应当在合理期限之前通知承租人。

**第二百三十三条**　租赁物危及承租人的安全或者健康的，即使承租人订立合同时明知该租赁物质量不合格，承租人仍然可以随时解除合同。

**第二百三十四条**　承租人在房屋租赁期间死亡的，与其生前共同居住的人可以按照原租赁合同租赁该房屋。

**第二百三十五条**　租赁期间届满，承租人应当返还租赁物。返还的租赁物应当符合按照约定或者租赁物的性质使用后的状态。

**第二百三十六条**　租赁期间届满，承租人继续使用租赁物，出租人没有提出异议的，原租赁合同继续有效，但租赁期限为不定期。

## 第十四章　融资租赁合同

**第二百三十七条**　融资租赁合同是出租人根据承租人对出卖人、租赁物的选择，向出

卖人购买租赁物，提供给承租人使用，承租人支付租金的合同。

**第二百三十八条** 融资租赁合同的内容包括租赁物名称、数量、规格、技术性能、检验方法、租赁期限、租金构成及其支付期限和方式、币种、租赁期间届满租赁物的归属等条款。融资租赁合同应当采用书面形式。

**第二百三十九条** 出租人根据承租人对出卖人、租赁物的选择订立的买卖合同，出卖人应当按照约定向承租人交付标的物，承租人享有与受领标的物有关的买受人的权利。

**第二百四十条** 出租人、出卖人、承租人可以约定，出卖人不履行买卖合同义务的，由承租人行使索赔的权利。承租人行使索赔权利的，出租人应当协助。

**第二百四十一条** 出租人根据承租人对出卖人、租赁物的选择订立的买卖合同，未经承租人同意，出租人不得变更与承租人有关的合同内容。

**第二百四十二条** 出租人享有租赁物的所有权。承租人破产的，租赁物不属于破产财产。

**第二百四十三条** 融资租赁合同的租金，除当事人另有约定的以外，应当根据购买租赁物的大部分或者全部成本以及出租人的合理利润确定。

**第二百四十四条** 租赁物不符合约定或者不符合使用目的的，出租人不承担责任，但承租人依赖出租人的技能确定租赁物或者出租人干预选择租赁物的除外。

**第二百四十五条** 出租人应当保证承租人对租赁物的占有和使用。

**第二百四十六条** 承租人占有租赁物期间，租赁物造成第三人的人身伤害或者财产损害的，出租人不承担责任。

**第二百四十七条** 承租人应当妥善保管、使用租赁物。承租人应当履行占有租赁物期间的维修义务。

**第二百四十八条** 承租人应当按照约定支付租金。承租人经催告后在合理期限内仍不支付租金的，出租人可以要求支付全部租金；也可以解除合同，收回租赁物。

**第二百四十九条** 当事人约定租赁期间届满租赁物归承租人所有，承租人已经支付大部分租金，但无力支付剩余租金，出租人因此解除合同收回租赁物的，收回的租赁物的价值超过承租人欠付的租金以及其他费用的，承租人可以要求部分返还。

**第二百五十条** 出租人和承租人可以约定租赁期间届满租赁物的归属。对租赁物的归属没有约定或者约定不明确，依照本法第六十一条的规定仍不能确定的，租赁物的所有权归出租人。

## 第十五章 承 揽 合 同

**第二百五十一条** 承揽合同是承揽人按照定做人的要求完成工作，交付工作成果，定做人给付报酬的合同。承揽包括加工、定做、修理、复制、测试、检验等工作。

**第二百五十二条** 承揽合同的内容包括承揽的标的、数量、质量、报酬、承揽方式、材料的提供、履行期限、验收标准和方法等条款。

**第二百五十三条** 承揽人应当以自己的设备、技术和劳力，完成主要工作，但当事人另有约定的除外。

承揽人将其承揽的主要工作交由第三人完成的，应当就该第三人完成的工作成果向定做人负责；未经定做人同意的，定做人也可以解除合同。

**第二百五十四条** 承揽人可以将其承揽的辅助工作交由第三人完成。承揽人将其承揽的辅助工作交由第三人完成的，应当就该第三人完成的工作成果向定做人负责。

**第二百五十五条** 承揽人提供材料的，承揽人应当按照约定选用材料，并接受定做人检验。

**第二百五十六条** 定做人提供材料的，定做人应当按照约定提供材料。承揽人对定做人提供的材料，应当及时检验，发现不符合约定时，应当及时通知定做人更换、补齐或者采取其他补救措施。

承揽人不得擅自更换定做人提供的材料，不得更换不需要修理的零部件。

**第二百五十七条** 承揽人发现定做人提供的图纸或者技术要求不合理的，应当及时通知定做人。因定做人怠于答复等原因造成承揽人损失的，应当赔偿损失。

**第二百五十八条** 定做人中途变更承揽工作的要求，造成承揽人损失的，应当赔偿损失。

**第二百五十九条** 承揽工作需要定做人协助的，定做人有协助的义务。定做人不履行协助义务致使承揽工作不能完成的，承揽人可以催告定做人在合理期限内履行义务，并可以顺延履行期限；定做人逾期不履行的，承揽人可以解除合同。

**第二百六十条** 承揽人在工作期间，应当接受定做人必要的监督检验。定做人不得因监督检验妨碍承揽人的正常工作。

**第二百六十一条** 承揽人完成工作的，应当向定做人交付工作成果，并提交必要的技术资料和有关质量证明。定做人应当验收该工作成果。

**第二百六十二条** 承揽人交付的工作成果不符合质量要求的，定做人可以要求承揽人承担修理、重做、减少报酬、赔偿损失等违约责任。

**第二百六十三条** 定做人应当按照约定的期限支付报酬。对支付报酬的期限没有约定或者约定不明确，依照本法第六十一条的规定仍不能确定的，定做人应当在承揽人交付工作成果时支付；工作成果部分交付的，定做人应当相应支付。

**第二百六十四条** 定做人未向承揽人支付报酬或者材料费等价款的，承揽人对完成的工作成果享有留置权，但当事人另有约定的除外。

**第二百六十五条** 承揽人应当妥善保管定做人提供的材料以及完成的工作成果，因保管不善造成毁损、灭失的，应当承担损害赔偿责任。

**第二百六十六条** 承揽人应当按照定做人的要求保守秘密，未经定做人许可，不得留存复制品或者技术资料。

**第二百六十七条** 共同承揽人对定做人承担连带责任，但当事人另有约定的除外。

**第二百六十八条** 定做人可以随时解除承揽合同，造成承揽人损失的，应当赔偿损失。

## 第十六章　建设工程合同

**第二百六十九条** 建设工程合同是承包人进行工程建设，发包人支付价款的合同。

建设工程合同包括工程勘察、设计、施工合同。

**第二百七十条** 建设工程合同应当采用书面形式。

**第二百七十一条** 建设工程的招标投标活动，应当依照有关法律的规定公开、公平、公正进行。

**第二百七十二条** 发包人可以与总承包人订立建设工程合同，也可以分别与勘察人、设计人、施工人订立勘察、设计、施工承包合同。发包人不得将应当由一个承包人完成的建设工程肢解成若干部分发包给几个承包人。

总承包人或者勘察、设计、施工承包人经发包人同意，可以将自己承包的部分工作交由第三人完成。第三人就其完成的工作成果与总承包人或者勘察、设计、施工承包人向发包人承担连带责任。承包人不得将其承包的全部建设工程转包给第三人或者将其承包的全部建设工程肢解以后以分包的名义分别转包给第三人。

禁止承包人将工程分包给不具备相应资质条件的单位。禁止分包单位将其承包的工程再分包。建设工程主体结构的施工必须由承包人自行完成。

**第二百七十三条** 国家重大建设工程合同，应当按照国家规定的程序和国家批准的投资计划、可行性研究报告等文件订立。

**第二百七十四条** 勘察、设计合同的内容包括提交有关基础资料和文件(包括概预算)的期限、质量要求、费用以及其他协作条件等条款。

**第二百七十五条** 施工合同的内容包括工程范围、建设工期、中间交工工程的开工和竣工时间、工程质量、工程造价、技术资料交付时间、材料和设备供应责任、拨款和结算、竣工验收、质量保修范围和质量保证期、双方相互协作等条款。

**第二百七十六条** 建设工程实行监理的，发包人应当与监理人采用书面形式订立委托监理合同。发包人与监理人的权利和义务以及法律责任，应当依照本法委托合同以及其他有关法律、行政法规的规定。

**第二百七十七条** 发包人在不妨碍承包人正常作业的情况下，可以随时对作业进度、质量进行检查。

**第二百七十八条** 隐蔽工程在隐蔽以前，承包人应当通知发包人检查。发包人没有及时检查的，承包人可以顺延工程日期，并有权要求赔偿停工、窝工等损失。

**第二百七十九条** 建设工程竣工后，发包人应当根据施工图纸及说明书、国家颁发的施工验收规范和质量检验标准及时进行验收。验收合格的，发包人应当按照约定支付价款，并接收该建设工程。建设工程竣工经验收合格后，方可交付使用；未经验收或者验收不合格的，不得交付使用。

**第二百八十条** 勘察、设计的质量不符合要求或者未按照期限提交勘察、设计文件拖延工期，造成发包人损失的，勘察人、设计人应当继续完善勘察、设计，减收或者免收勘察、设计费并赔偿损失。

**第二百八十一条** 因施工人的原因致使建设工程质量不符合约定的，发包人有权要求施工人在合理期限内无偿修理或者返工、改建。经过修理或者返工、改建后，造成逾期交付的，施工人应当承担违约责任。

**第二百八十二条** 因承包人的原因致使建设工程在合理使用期限内造成人身和财产损害的，承包人应当承担损害赔偿责任。

**第二百八十三条** 发包人未按照约定的时间和要求提供原材料、设备、场地、资金、技术资料的，承包人可以顺延工程日期，并有权要求赔偿停工、窝工等损失。

**第二百八十四条** 因发包人的原因致使工程中途停建、缓建的，发包人应当采取措施弥补或者减少损失，赔偿承包人因此造成的停工、窝工、倒运、机械设备调迁、材料和构件积压等损失和实际费用。

**第二百八十五条** 因发包人变更计划，提供的资料不准确，或者未按照期限提供必需的勘察、设计工作条件而造成勘察、设计的返工、停工或者修改设计，发包人应当按照勘察人、设计人实际消耗的工作量增付费用。

**第二百八十六条** 发包人未按照约定支付价款的，承包人可以催告发包人在合理期限内支付价款。发包人逾期不支付的，除按照建设工程的性质不宜折价、拍卖的以外，承包人可以与发包人协议将该工程折价，也可以申请人民法院将该工程依法拍卖。建设工程的价款就该工程折价或者拍卖的价款优先受偿。

**第二百八十七条** 本章没有规定的，适用承揽合同的有关规定。

## 第十七章　运 输 合 同

### 第一节　一 般 规 定

**第二百八十八条** 运输合同是承运人将旅客或者货物从起运地点运输到约定地点，旅客、托运人或者收货人支付票款或者运输费用的合同。

**第二百八十九条** 从事公共运输的承运人不得拒绝旅客、托运人通常、合理的运输要求。

**第二百九十条** 承运人应当在约定期间或者合理期间内将旅客、货物安全运输到约定地点。

**第二百九十一条** 承运人应当按照约定的或者通常的运输路线将旅客、货物运输到约定地点。

**第二百九十二条** 旅客、托运人或者收货人应当支付票款或者运输费用。承运人未按照约定路线或者通常路线运输增加票款或者运输费用的，旅客、托运人或者收货人可以拒绝支付增加部分的票款或者运输费用。

### 第二节　客 运 合 同

**第二百九十三条** 客运合同自承运人向旅客交付客票时成立，但当事人另有约定或者另有交易习惯的除外。

**第二百九十四条** 旅客应当持有效客票乘运。旅客无票乘运、超程乘运、越级乘运或者持失效客票乘运的，应当补交票款，承运人可以按照规定加收票款。旅客不交付票款的，承运人可以拒绝运输。

**第二百九十五条** 旅客因自己的原因不能按照客票记载的时间乘坐的，应当在约定的时间内办理退票或者变更手续。逾期办理的，承运人可以不退票款，并不再承担运输义务。

**第二百九十六条** 旅客在运输中应当按照约定的限量携带行李。超过限量携带行李的，应当办理托运手续。

**第二百九十七条** 旅客不得随身携带或者在行李中夹带易燃、易爆、有毒、有腐蚀性、有放射性以及有可能危及运输工具上人身和财产安全的危险物品或者其他违禁物品。旅客违反前款规定的，承运人可以将违禁物品卸下、销毁或者送交有关部门。旅客坚持携带或者夹带违禁物品的，承运人应当拒绝运输。

**第二百九十八条** 承运人应当向旅客及时告知有关不能正常运输的重要事由和安全运输应当注意的事项。

**第二百九十九条** 承运人应当按照客票载明的时间和班次运输旅客。承运人迟延运输的，应当根据旅客的要求安排改乘其他班次或者退票。

**第三百条** 承运人擅自变更运输工具而降低服务标准的，应当根据旅客的要求退票或者减收票款；提高服务标准的，不应当加收票款。

**第三百零一条** 承运人在运输过程中，应当尽力救助患有急病、分娩、遇险的旅客。

**第三百零二条** 承运人应当对运输过程中旅客的伤亡承担损害赔偿责任，但伤亡是旅客自身健康原因造成的或者承运人证明伤亡是旅客故意、重大过失造成的除外。

前款规定适用于按照规定免票、持优待票或者经承运人许可搭乘的无票旅客。

**第三百零三条** 在运输过程中旅客自带物品毁损、灭失，承运人有过错的，应当承担损害赔偿责任。旅客托运的行李毁损、灭失的，适用货物运输的有关规定。

### 第三节 货运合同

**第三百零四条** 托运人办理货物运输，应当向承运人准确表明收货人的名称或者姓名或者凭指示的收货人，货物的名称、性质、重量、数量，收货地点等有关货物运输的必要情况。

因托运人申报不实或者遗漏重要情况，造成承运人损失的，托运人应当承担损害赔偿责任。

**第三百零五条** 货物运输需要办理审批、检验等手续的，托运人应当将办理完有关手续的文件提交承运人。

**第三百零六条** 托运人应当按照约定的方式包装货物。对包装方式没有约定或者约定不明确的，适用本法第一百五十六条的规定。托运人违反前款规定的，承运人可以拒绝运输。

**第三百零七条** 托运人托运易燃、易爆、有毒、有腐蚀性、有放射性等危险物品的，应当按照国家有关危险物品运输的规定对危险物品妥善包装，做出危险物标志和标签，并将有关危险物品的名称、性质和防范措施的书面材料提交承运人。

托运人违反前款规定的，承运人可以拒绝运输，也可以采取相应措施以避免损失的发生，因此产生的费用由托运人承担。

**第三百零八条** 在承运人将货物交付收货人之前，托运人可以要求承运人中止运输、返还货物、变更到达地或者将货物交给其他收货人，但应当赔偿承运人因此受到的损失。

**第三百零九条** 货物运输到达后，承运人知道收货人的，应当及时通知收货人，收货人应当及时提货。收货人逾期提货的，应当向承运人支付保管费等费用。

**第三百一十条** 收货人提货时应当按照约定的期限检验货物。对检验货物的期限没有约定或者约定不明确，依照本法第六十一条的规定仍不能确定的，应当在合理期限内检验货物。收货人在约定的期限或者合理期限内对货物的数量、毁损等未提出异议的，视为承运人已经按照运输单证的记载交付的初步证据。

**第三百一十一条** 承运人对运输过程中货物的毁损、灭失承担损害赔偿责任，但承运人证明货物的毁损、灭失是因不可抗力、货物本身的自然性质或者合理损耗以及托运人、收货人的过错造成的，不承担损害赔偿责任。

**第三百一十二条** 货物的毁损、灭失的赔偿额，当事人有约定的，按照其约定；没有约定或者约定不明确，依照本法第六十一条的规定仍不能确定的，按照交付或者应当交付时货物到达地的市场价格计算。法律、行政法规对赔偿额的计算方法和赔偿限额另有规定的，依照其规定。

**第三百一十三条** 两个以上承运人以同一运输方式联运的，与托运人订立合同的承运人应当对全程运输承担责任。损失发生在某一运输区段的，与托运人订立合同的承运人和该区段的承运人承担连带责任。

**第三百一十四条** 货物在运输过程中因不可抗力灭失，未收取运费的，承运人不得要求支付运费；已收取运费的，托运人可以要求返还。

**第三百一十五条** 托运人或者收货人不支付运费、保管费以及其他运输费用的，承运人对相应的运输货物享有留置权，但当事人另有约定的除外。

**第三百一十六条** 收货人不明或者收货人无正当理由拒绝受领货物的，依照本法第一百零一条的规定，承运人可以提存货物。

### 第四节 多式联运合同

**第三百一十七条** 多式联运经营人负责履行或者组织履行多式联运合同，对全程运输享有承运人的权利，承担承运人的义务。

**第三百一十八条** 多式联运经营人可以与参加多式联运的各区段承运人就多式联运合同的各区段运输约定相互之间的责任，但该约定不影响多式联运经营人对全程运输承担的义务。

**第三百一十九条** 多式联运经营人收到托运人交付的货物时，应当签发多式联运单据。按照托运人的要求，多式联运单据可以是可转让单据，也可以是不可转让单据。

**第三百二十条** 因托运人托运货物时的过错造成多式联运经营人损失的，即使托运人已经转让多式联运单据，托运人仍然应当承担损害赔偿责任。

**第三百二十一条** 货物的毁损、灭失发生于多式联运的某一运输区段的，多式联运经营人的赔偿责任和责任限额，适用调整该区段运输方式的有关法律规定。货物毁损、灭失发生的运输区段不能确定的，依照本章规定承担损害赔偿责任。

## 第十八章 技 术 合 同

### 第一节 一 般 规 定

**第三百二十二条** 技术合同是当事人就技术开发、转让、咨询或者服务订立的确立相互之间权利和义务的合同。

**第三百二十三条** 订立技术合同，应当有利于科学技术的进步，加速科学技术成果的转化、应用和推广。

**第三百二十四条** 技术合同的内容由当事人约定，一般包括以下条款。

(一)项目名称；

(二)标的的内容、范围和要求；

(三)履行的计划、进度、期限、地点、地域和方式；

(四)技术情报和资料的保密；

(五)风险责任的承担；

(六)技术成果的归属和收益的分成办法；

(七)验收标准和方法；

(八)价款、报酬或者使用费及其支付方式；

(九)违约金或者损失赔偿的计算方法；

(十)解决争议的方法；

(十一)名词和术语的解释。

与履行合同有关的技术背景资料、可行性论证和技术评价报告、项目任务书和计划书、技术标准、技术规范、原始设计和工艺文件，以及其他技术文档，按照当事人的约定可以作为合同的组成部分。

技术合同涉及专利的，应当注明发明创造的名称、专利申请人和专利权人、申请日期、申请号、专利号以及专利权的有效期限。

**第三百二十五条** 技术合同价款、报酬或者使用费的支付方式由当事人约定，可以采取一次总算、一次总付或者一次总算、分期支付，也可以采取提成支付或者提成支付附加预付入门费的方式。

约定提成支付的，可以按照产品价格、实施专利和使用技术秘密后新增的产值、利润或者产品销售额的一定比例提成，也可以按照约定的其他方式计算。提成支付的比例可以采取固定比例、逐年递增比例或者逐年递减比例。约定提成支付的，当事人应当在合同中约定查阅有关会计账目的办法。

**第三百二十六条** 职务技术成果的使用权、转让权属于法人或者其他组织的，法人或者其他组织可以就该项职务技术成果订立技术合同。法人或者其他组织应当从使用和转让该项职务技术成果所取得的收益中提取一定比例，对完成该项职务技术成果的个人给予奖励或者报酬。法人或者其他组织订立技术合同转让职务技术成果时，职务技术成果的完成人享有以同等条件优先受让的权利。

职务技术成果是执行法人或者其他组织的工作任务，或者主要是利用法人或者其他组织的物质技术条件所完成的技术成果。

**第三百二十七条** 非职务技术成果的使用权、转让权属于完成技术成果的个人，完成技术成果的个人可以就该项非职务技术成果订立技术合同。

**第三百二十八条** 完成技术成果的个人有在有关技术成果文件上写明自己是技术成果完成者的权利和取得荣誉证书、奖励的权利。

**第三百二十九条** 非法垄断技术、妨碍技术进步或者侵害他人技术成果的技术合同无效。

### 第二节　技术开发合同

**第三百三十条** 技术开发合同是指当事人之间就新技术、新产品、新工艺或者新材料及其系统的研究开发所订立的合同。

技术开发合同包括委托开发合同和合作开发合同。

技术开发合同应当采用书面形式。

当事人之间就具有产业应用价值的科技成果实施转化订立的合同，参照技术开发合同的规定。

**第三百三十一条** 委托开发合同的委托人应当按照约定支付研究开发经费和报酬；提供技术资料、原始数据；完成协作事项；接受研究开发成果。

**第三百三十二条** 委托开发合同的研究开发人应当按照约定制订和实施研究开发计

划；合理使用研究开发经费；按期完成研究开发工作，交付研究开发成果，提供有关的技术资料和必要的技术指导，帮助委托人掌握研究开发成果。

**第三百三十三条** 委托人违反约定造成研究开发工作停滞、延误或者失败的，应当承担违约责任。

**第三百三十四条** 研究开发人违反约定造成研究开发工作停滞、延误或者失败的，应当承担违约责任。

**第三百三十五条** 合作开发合同的当事人应当按照约定进行投资，包括以技术进行投资；分工参与研究开发工作；协作配合研究开发工作。

**第三百三十六条** 合作开发合同的当事人违反约定造成研究开发工作停滞、延误或者失败的，应当承担违约责任。

**第三百三十七条** 因作为技术开发合同标的的技术已经由他人公开，致使技术开发合同的履行没有意义的，当事人可以解除合同。

**第三百三十八条** 在技术开发合同履行过程中，因出现无法克服的技术困难，致使研究开发失败或者部分失败的，该风险责任由当事人约定。没有约定或者约定不明确，依照本法第六十一条的规定仍不能确定的，风险责任由当事人合理分担。当事人一方发现前款规定的可能致使研究开发失败或者部分失败的情形时，应当及时通知另一方并采取适当措施减少损失。没有及时通知并采取适当措施，致使损失扩大的，应当就扩大的损失承担责任。

**第三百三十九条** 委托开发完成的发明创造，除当事人另有约定的以外，申请专利的权利属于研究开发人。研究开发人取得专利权的，委托人可以免费实施该专利。研究开发人转让专利申请权的，委托人享有以同等条件优先受让的权利。

**第三百四十条** 合作开发完成的发明创造，除当事人另有约定的以外，申请专利的权利属于合作开发的当事人共有。当事人一方转让其共有的专利申请权的，其他各方享有以同等条件优先受让的权利。

合作开发的当事人一方声明放弃其共有的专利申请权的，可以由另一方单独申请或者由其他各方共同申请。申请人取得专利权的，放弃专利申请权的一方可以免费实施该专利。

合作开发的当事人一方不同意申请专利的，另一方或者其他各方不得申请专利。

**第三百四十一条** 委托开发或者合作开发完成的技术秘密成果的使用权、转让权以及利益的分配办法，由当事人约定。没有约定或者约定不明确，依照本法第六十一条的规定仍不能确定的，当事人均有使用和转让的权利，但委托开发的研究开发人不得在向委托人交付研究开发成果之前，将研究开发成果转让给第三人。

### 第三节　技术转让合同

**第三百四十二条** 技术转让合同包括专利权转让、专利申请权转让、技术秘密转让、专利实施许可合同。

技术转让合同应当采用书面形式。

**第三百四十三条** 技术转让合同可以约定让与人和受让人实施专利或者使用技术秘密的范围，但不得限制技术竞争和技术发展。

**第三百四十四条** 专利实施许可合同只在该专利权的存续期间内有效。专利权有效期限届满或者专利权被宣布无效的，专利权人不得就该专利与他人订立专利实施许可合同。

**第三百四十五条** 专利实施许可合同的让与人应当按照约定许可受让人实施专利，交付实施专利有关的技术资料，提供必要的技术指导。

**第三百四十六条** 专利实施许可合同的受让人应当按照约定实施专利，不得许可约定以外的第三人实施该专利；并按照约定支付使用费。

**第三百四十七条** 技术秘密转让合同的让与人应当按照约定提供技术资料，进行技术指导，保证技术的实用性、可靠性，承担保密义务。

**第三百四十八条** 技术秘密转让合同的受让人应当按照约定使用技术，支付使用费，承担保密义务。

**第三百四十九条** 技术转让合同的让与人应当保证自己是所提供的技术的合法拥有者，并保证所提供的技术完整、无误、有效，能够达到约定的目标。

**第三百五十条** 技术转让合同的受让人应当按照约定的范围和期限，对让与人提供的技术中尚未公开的秘密部分，承担保密义务。

**第三百五十一条** 让与人未按照约定转让技术的，应当返还部分或者全部使用费，并应当承担违约责任；实施专利或者使用技术秘密超越约定的范围的，违反约定擅自许可第三人实施该项专利或者使用该项技术秘密的，应当停止违约行为，承担违约责任；违反约定的保密义务的，应当承担违约责任。

**第三百五十二条** 受让人未按照约定支付使用费的，应当补交使用费并按照约定支付违约金；不补交使用费或者支付违约金的，应当停止实施专利或者使用技术秘密，交还技术资料承担违约责任；实施专利或者使用技术秘密超越约定的范围的，未经让与人同意擅自许可第三人实施该专利或者使用该技术秘密的，应当停止违约行为，承担违约责任；违反约定的保密义务的，应当承担违约责任。

**第三百五十三条** 受让人按照约定实施专利、使用技术秘密侵害他人合法权益的，由让与人承担责任，但当事人另有约定的除外。

**第三百五十四条** 当事人可以按照互利的原则，在技术转让合同中约定实施专利、使用技术秘密后续改进的技术成果的分享办法。没有约定或者约定不明确，依照本法第六十一条的规定仍不能确定的，一方后续改进的技术成果，其他各方无权分享。

**第三百五十五条** 法律、行政法规对技术进出口合同或者专利、专利申请合同另有规定的，依照其规定。

### 第四节 技术咨询合同和技术服务合同

**第三百五十六条** 技术咨询合同包括就特定技术项目提供可行性论证、技术预测、专题技术调查、分析评价报告等合同。

技术服务合同是指当事人一方以技术知识为另一方解决特定技术问题所订立的合同，不包括建设工程合同和承揽合同。

**第三百五十七条** 技术咨询合同的委托人应当按照约定阐明咨询的问题，提供技术背景材料及有关技术资料、数据；接受受托人的工作成果，支付报酬。

**第三百五十八条** 技术咨询合同的受托人应当按照约定的期限完成咨询报告或者解答问题；提出的咨询报告应当达到约定的要求。

**第三百五十九条** 技术咨询合同的委托人未按照约定提供必要的资料和数据，影响工作进度和质量，不接受或者逾期接受工作成果的，支付的报酬不得追回，未支付的报酬应当支付。

技术咨询合同的受托人未按期提出咨询报告或者提出的咨询报告不符合约定的，应当承担减收或者免收报酬等违约责任。

技术咨询合同的委托人按照受托人符合约定要求的咨询报告和意见做出决策所造成的损失，由委托人承担，但当事人另有约定的除外。

**第三百六十条** 技术服务合同的委托人应当按照约定提供工作条件，完成配合事项；接受工作成果并支付报酬。

**第三百六十一条** 技术服务合同的受托人应当按照约定完成服务项目，解决技术问题，保证工作质量，并传授解决技术问题的知识。

**第三百六十二条** 技术服务合同的委托人不履行合同义务或者履行合同义务不符合约定，影响工作进度和质量，不接受或者逾期接受工作成果的，支付的报酬不得追回，未支付的报酬应当支付。

技术服务合同的受托人未按照合同约定完成服务工作的，应当承担免收报酬等违约责任。

**第三百六十三条** 在技术咨询合同、技术服务合同履行过程中，受托人利用委托人提供的技术资料和工作条件完成的新的技术成果，属于受托人。委托人利用受托人的工作成果完成的新的技术成果，属于委托人。当事人另有约定的，按照其约定。

**第三百六十四条** 法律、行政法规对技术中介合同、技术培训合同另有规定的，依照其规定。

## 第十九章 保 管 合 同

**第三百六十五条** 保管合同是保管人保管寄存人交付的保管物，并返还该物的合同。

**第三百六十六条** 寄存人应当按照约定向保管人支付保管费。当事人对保管费没有约定或者约定不明确，依照本法第六十一条的规定仍不能确定的，保管是无偿的。

**第三百六十七条** 保管合同自保管物交付时成立，但当事人另有约定的除外。

**第三百六十八条** 寄存人向保管人交付保管物的，保管人应当给付保管凭证，但另有交易习惯的除外。

**第三百六十九条** 保管人应当妥善保管保管物。当事人可以约定保管场所或者方法。除紧急情况或者为了维护寄存人利益的以外，不得擅自改变保管场所或者方法。

**第三百七十条** 寄存人交付的保管物有瑕疵或者按照保管物的性质需要采取特殊保管措施的，寄存人应当将有关情况告知保管人。寄存人未告知，致使保管物受损失的，保管人不承担损害赔偿责任；保管人因此受损失的，除保管人知道或者应当知道并且未采取补救措施的以外，寄存人应当承担损害赔偿责任。

**第三百七十一条** 保管人不得将保管物转交第三人保管，但当事人另有约定的除外。保管人违反前款规定，将保管物转交第三人保管，对保管物造成损失的，应当承担损害赔偿责任。

**第三百七十二条** 保管人不得使用或者许可第三人使用保管物，但当事人另有约定的除外。

**第三百七十三条** 第三人对保管物主张权利的，除依法对保管物采取保全或者执行的

以外，保管人应当履行向寄存人返还保管物的义务。

第三人对保管人提起诉讼或者对保管物申请扣押的，保管人应当及时通知寄存人。

**第三百七十四条** 保管期间，因保管人保管不善造成保管物毁损、灭失的，保管人应当承担损害赔偿责任，但保管是无偿的，保管人证明自己没有重大过失的，不承担损害赔偿责任。

**第三百七十五条** 寄存人寄存货币、有价证券或者其他贵重物品的，应当向保管人声明，由保管人验收或者封存。寄存人未声明的，该物品毁损、灭失后，保管人可以按照一般物品予以赔偿。

**第三百七十六条** 寄存人可以随时领取保管物。当事人对保管期间没有约定或者约定不明确的，保管人可以随时要求寄存人领取保管物；约定保管期间的，保管人无特别事由，不得要求寄存人提前领取保管物。

**第三百七十七条** 保管期间届满或者寄存人提前领取保管物的，保管人应当将原物及其孳息归还寄存人。

**第三百七十八条** 保管人保管货币的，可以返还相同种类、数量的货币。保管其他可替代物的，可以按照约定返还相同种类、品质、数量的物品。

**第三百七十九条** 有偿的保管合同，寄存人应当按照约定的期限向保管人支付保管费。当事人对支付期限没有约定或者约定不明确，依照本法第六十一条的规定仍不能确定的，应当在领取保管物的同时支付。

**第三百八十条** 寄存人未按照约定支付保管费以及其他费用的，保管人对保管物享有留置权，但当事人另有约定的除外。

## 第二十章 仓 储 合 同

**第三百八十一条** 仓储合同是保管人储存存货人交付的仓储物，存货人支付仓储费的合同。

**第三百八十二条** 仓储合同自成立时生效。

**第三百八十三条** 储存易燃、易爆、有毒、有腐蚀性、有放射性等危险物品或者易变质物品，存货人应当说明该物品的性质，提供有关资料。

存货人违反前款规定的，保管人可以拒收仓储物，也可以采取相应措施以避免损失的发生，因此产生的费用由存货人承担。

保管人储存易燃、易爆、有毒、有腐蚀性、有放射性等危险物品的，应当具备相应的保管条件。

**第三百八十四条** 保管人应当按照约定对入库仓储物进行验收。保管人验收时发现入库仓储物与约定不符合的，应当及时通知存货人。保管人验收后，发生仓储物的品种、数量、质量不符合约定的，保管人应当承担损害赔偿责任。

**第三百八十五条** 存货人交付仓储物的，保管人应当给付仓单。

**第三百八十六条** 保管人应当在仓单上签字或者盖章。仓单包括下列事项。

(一)存货人的名称或者姓名和住所；

(二)仓储物的品种、数量、质量、包装、件数和标记；

(三)仓储物的损耗标准；

(四)储存场所；

(五)储存期间；

(六)仓储费；

(七)仓储物已经办理保险的，其保险金额、期间以及保险人的名称；

(八)填发人、填发地和填发日期。

**第三百八十七条** 仓单是提取仓储物的凭证。存货人或者仓单持有人在仓单上背书并经保管人签字或者盖章的，可以转让提取仓储物的权利。

**第三百八十八条** 保管人根据存货人或者仓单持有人的要求，应当同意其检查仓储物或者提取样品。

**第三百八十九条** 保管人对入库仓储物发现有变质或者其他损坏的，应当及时通知存货人或者仓单持有人。

**第三百九十条** 保管人对入库仓储物发现有变质或者其他损坏，危及其他仓储物的安全和正常保管的，应当催告存货人或者仓单持有人做出必要的处置。因情况紧急，保管人可以做出必要的处置，但事后应当将该情况及时通知存货人或者仓单持有人。

**第三百九十一条** 当事人对储存期间没有约定或者约定不明确的，存货人或者仓单持有人可以随时提取仓储物，保管人也可以随时要求存货人或者仓单持有人提取仓储物，但应当给予必要的准备时间。

**第三百九十二条** 储存期间届满，存货人或者仓单持有人应当凭仓单提取仓储物。存货人或者仓单持有人逾期提取的，应当加收仓储费；提前提取的，不减收仓储费。

**第三百九十三条** 储存期间届满，存货人或者仓单持有人不提取仓储物的，保管人可以催告其在合理期限内提取，逾期不提取的，保管人可以提存仓储物。

**第三百九十四条** 储存期间，因保管人保管不善造成仓储物毁损、灭失的，保管人应当承担损害赔偿责任。因仓储物的性质、包装不符合约定或者超过有效储存期造成仓储物变质、损坏的，保管人不承担损害赔偿责任。

**第三百九十五条** 本章没有规定的，适用保管合同的有关规定。

## 第二十一章 委 托 合 同

**第三百九十六条** 委托合同是委托人和受托人约定，由受托人处理委托人事务的合同。

**第三百九十七条** 委托人可以特别委托受托人处理一项或者数项事务，也可以概括委托受托人处理一切事务。

**第三百九十八条** 委托人应当预付处理委托事务的费用。受托人为处理委托事务垫付的必要费用，委托人应当偿还该费用及其利息。

**第三百九十九条** 受托人应当按照委托人的指示处理委托事务。需要变更委托人指示的，应当经委托人同意；因情况紧急，难以和委托人取得联系的，受托人应当妥善处理委托事务，但事后应当将该情况及时报告委托人。

**第四百条** 受托人应当亲自处理委托事务。经委托人同意，受托人可以转委托。转委托经同意的，委托人可以就委托事务直接指示转委托的第三人，受托人仅就第三人的选任及其对第三人的指示承担责任。转委托未经同意的，受托人应当对转委托的第三人的行为承担责任，但在紧急情况下受托人为维护委托人的利益需要转委托的除外。

**第四百零一条** 受托人应当按照委托人的要求，报告委托事务的处理情况。委托合同终止时，受托人应当报告委托事务的结果。

**第四百零二条** 受托人以自己的名义，在委托人的授权范围内与第三人订立的合同，第三人在订立合同时知道受托人与委托人之间的代理关系的，该合同直接约束委托人和第三人，但有确切证据证明该合同只约束受托人和第三人的除外。

**第四百零三条** 受托人以自己的名义与第三人订立合同时，第三人不知道受托人与委托人之间的代理关系的，受托人因第三人的原因对委托人不履行义务，受托人应当向委托人披露第三人，委托人因此可以行使受托人对第三人的权利，但第三人与受托人订立合同时如果知道该委托人就不会订立合同的除外。受托人因委托人的原因对第三人不履行义务，受托人应当向第三人披露委托人，第三人因此可以选择受托人或者委托人作为相对人主张其权利，但第三人不得变更选定的相对人。

委托人行使受托人对第三人的权利的，第三人可以向委托人主张其对受托人的抗辩。第三人选定委托人作为其相对人的，委托人可以向第三人主张其对受托人的抗辩以及受托人对第三人的抗辩。

**第四百零四条** 受托人处理委托事务取得的财产，应当转交给委托人。

**第四百零五条** 受托人完成委托事务的，委托人应当向其支付报酬。因不可归责于受托人的事由，委托合同解除或者委托事务不能完成的，委托人应当向受托人支付相应的报酬。当事人另有约定的，按照其约定。

**第四百零六条** 有偿的委托合同，因受托人的过错给委托人造成损失的，委托人可以要求赔偿损失。无偿的委托合同，因受托人的故意或者重大过失给委托人造成损失的，委托人可以要求赔偿损失。受托人超越权限给委托人造成损失的，应当赔偿损失。

**第四百零七条** 受托人处理委托事务时，因不可归责于自己的事由受到损失的，可以向委托人要求赔偿损失。

**第四百零八条** 委托人经受托人同意，可以在受托人之外委托第三人处理委托事务。因此给受托人造成损失的，受托人可以向委托人要求赔偿损失。

**第四百零九条** 两个以上的受托人共同处理委托事务的，对委托人承担连带责任。

**第四百一十条** 委托人或者受托人可以随时解除委托合同。因解除合同给对方造成损失的，除不可归责于该当事人的事由以外，应当赔偿损失。

**第四百一十一条** 委托人或者受托人死亡、丧失民事行为能力或者破产的，委托合同终止，但当事人另有约定或者根据委托事务的性质不宜终止的除外。

**第四百一十二条** 因委托人死亡、丧失民事行为能力或者破产，致使委托合同终止将损害委托人利益的，在委托人的继承人、法定代理人或者清算组织承受委托事务之前，受托人应当继续处理委托事务。

**第四百一十三条** 因受托人死亡、丧失民事行为能力或者破产，致使委托合同终止的，受托人的继承人、法定代理人或者清算组织应当及时通知委托人。因委托合同终止将损害委托人利益的，在委托人做出善后处理之前，受托人的继承人、法定代理人或者清算组织应当采取必要措施。

## 第二十二章 行 纪 合 同

**第四百一十四条** 行纪合同是行纪人以自己的名义为委托人从事贸易活动，委托人支付报酬的合同。

**第四百一十五条** 行纪人处理委托事务支出的费用，由行纪人负担，但当事人另有约定的除外。

**第四百一十六条** 行纪人占有委托物的，应当妥善保管委托物。

**第四百一十七条** 委托物交付给行纪人时有瑕疵或者容易腐烂、变质的，经委托人同意，行纪人可以处分该物；和委托人不能及时取得联系的，行纪人可以合理处分。

**第四百一十八条** 行纪人低于委托人指定的价格卖出或者高于委托人指定的价格买入的，应当经委托人同意。未经委托人同意，行纪人补偿其差额的，该买卖对委托人发生效力。

行纪人高于委托人指定的价格卖出或者低于委托人指定的价格买入的，可以按照约定增加报酬。没有约定或者约定不明确，依照本法第六十一条的规定仍不能确定的，该利益属于委托人。

委托人对价格有特别指示的，行纪人不得违背该指示卖出或者买入。

**第四百一十九条** 行纪人卖出或者买入具有市场定价的商品，除委托人有相反的意思表示的以外，行纪人自己可以作为买受人或者出卖人。

行纪人有前款规定情形的，仍然可以要求委托人支付报酬。

**第四百二十条** 行纪人按照约定买入委托物，委托人应当及时受领。经行纪人催告，委托人无正当理由拒绝受领的，行纪人依照本法第一百零一条的规定可以提存委托物。

委托物不能卖出或者委托人撤回出卖，经行纪人催告，委托人不取回或者不处分该物的，行纪人依照本法第一百零一条的规定可以提存委托物。

**第四百二十一条** 行纪人与第三人订立合同的，行纪人对该合同直接享有权利、承担义务。

第三人不履行义务致使委托人受到损害的，行纪人应当承担损害赔偿责任，但行纪人与委托人另有约定的除外。

**第四百二十二条** 行纪人完成或者部分完成委托事务的，委托人应当向其支付相应的报酬。委托人逾期不支付报酬的，行纪人对委托物享有留置权，但当事人另有约定的除外。

**第四百二十三条** 本章没有规定的，适用委托合同的有关规定。

## 第二十三章 居间合同

**第四百二十四条** 居间合同是居间人向委托人报告订立合同的机会或者提供订立合同的媒介服务，委托人支付报酬的合同。

**第四百二十五条** 居间人应当就有关订立合同的事项向委托人如实报告。

居间人故意隐瞒与订立合同有关的重要事实或者提供虚假情况，损害委托人利益的，不得要求支付报酬并应当承担损害赔偿责任。

**第四百二十六条** 居间人促成合同成立的，委托人应当按照约定支付报酬。对居间人的报酬没有约定或者约定不明确，依照本法第六十一条的规定仍不能确定的，根据居间人的劳务合理确定。因居间人提供订立合同的媒介服务而促成合同成立的，由该合同的当事人平均负担居间人的报酬。

居间人促成合同成立的，居间活动的费用，由居间人负担。

**第四百二十七条** 居间人未促成合同成立的，不得要求支付报酬，但可以要求委托人支付从事居间活动支出的必要费用。

## 附　　则

**第四百二十八条** 本法自 1999 年 10 月 1 日起施行，《中华人民共和国经济合同法》《中华人民共和国涉外经济合同法》《中华人民共和国技术合同法》同时废止。

# 参考文献


[1] 刘长春，张嘉强，丛林. 中华人民共和国招标投标法释义[M]. 北京：中国法制出版社，1999.

[2] 王利明，房绍坤，王轶. 合同法[M]. 北京：中国人民大学出版社，2002.

[3] 李启明，朱树英，黄文杰. 工程建设合同与索赔管理[M]. 北京：科学出版社，2001.

[4] 中国建设监理协会. 建设工程合同管理[M]. 北京：知识产权出版社，2003.

[5] 成虎. 建设工程合同管理与索赔[M]. 3 版. 南京：东南大学出版社，2000.

[6] 王俊安. 招标投标案例分析[M]. 北京：中国建材工业出版社，2005.

[7] 陈贵民. 建设工程施工索赔与案例评析[M]. 北京：中国环境科学出版社，2005.

[8] 王平，李克坚. 招投标 · 合同管理 · 索赔[M]. 北京：中国电力出版社，2006.